實用機工學──知識單（第七版）

蔡德藏　編著

全華圖書股份有限公司

序　言

　　本書係說明機工相關知識與工作法，藉以幫助職業學校機械科、大專機械系學生在機工實習時同時獲得其相關知識與工作方法；以及一般從事於機工行業者之參考。

　　本書分知識單與工作單，以實際工作為主，理論知識為輔，說明各種工具機、工具與設備之工作方法與相關知識，文中取材力求廣泛深入，並配以精美圖片，使讀者易於瞭解。所使用名詞皆以教育部頒訂機械工程名詞為主，間以機工行業常用術語，每一名詞視實際需要附有原文以備查考。

　　本書之編寫承機械科同仁之鼓勵與協助，謹表謝意。編者才疏學淺，且利用課餘時間編著，加上付印匆促，誤謬之處尚祈同業先進、讀者諸君不吝指教是幸。

編者　蔡　德　藏

編輯部序

「系統編輯」是我們的編輯方針，我們所提供給您的，絕不只是一本書，而是關於這門學問的所有知識，它們由淺入深，循序漸進。

內容以實際工作爲主，理論知識爲輔，讀者可依其學習順序交互運用，以增進學習效果。本知識單用於說明各種工具機、工具與設備之工作方法與相關知識而且以能力本位教學之教學設計編輯，分爲鉗工、鑽床、鋸床、車床、銑床、磨床及熱處理等七大部份。適合工業職業學校及大學機械科系學生機工實習課程使用，並可供一般從事於機工行業者參考用。

同時，爲了使您能有系統且循序漸進研習相關方面的叢書，我們以流程圖方式，列出各有關圖書的閱讀順序，以減少您研習此門學問的摸索時間，並能對這門學問有完整的知識。若您在這方面有任何問題，歡迎來函聯繫，我們將竭誠爲您服務。

相關叢書介紹

書號：0512102
書名：切削刀具學(第三版)
編著：洪良德
20 K/328 頁/350 元

書號：0605702
書名：精密鑄造學(第三版)
編著：林宗獻
16 K/608 頁/600 元

書號：0572006
書名：CNC 綜合切削中心機程式
　　　設計與應用(第七版)
編著：沈金旺
20 K/456 頁/520 元

書號：0536001
書名：銲接學(修訂版)
編著：周長彬、蘇程裕
　　　蔡丕椿、郭央諶
20 K/392 頁/400 元

書號：0245508
書名：CNC 車床程式設計實務
　　　與檢定(第九版)
編著：梁順國
16 K/464 頁/500 元

書號：0553303
書名：銑床工作法(第四版)
編著：沈金旺
20 K/288 頁/320 元

書號：0320903
書名：CNC 綜合切削中心機程式設
　　　計(第四版)
編著：傅能展
16 K/368 頁/400 元

書號：0541006
書名：數控工具機(第六版)
編著：陳進郎
16 K/520 頁/560 元

書號：0282706
書名：工廠實習─機工實習
　　　(第七版)
編著：蔡德藏
16 K/432 頁/460 元

書號：0557404
書名：實用板金學(第五版)
編著：黎安松
20 K/560 頁/520 元

◎上列書價若有變動，請
以最新定價為準。

目 錄

知 識 單

目

錄

目 錄
CONTENTS

目
錄

目

錄

目錄

實用機工學

知識單

實用機工學知識單

項目	機械工作法的意義	學習目標	能正確的說出機械工作法的意義與分類

前 言

機械零件之製造乃利用已有之工具機(machine tool)、工具或刀具(tool)及設備(equipment)等，將工件(work)製成所需之尺寸與形狀。

說 明

在機械加工過程中可分為非切削加工和切削加工兩類。非切削加工有鑄造、塑性加工、熱處理及表面硬化、熔接、表面塗層等。其中塑性加工包括熱作之鍛造、滾軋、引伸、擠製及冷作之抽拉、衝剪、彎曲等，表面塗層包括電鍍、金屬噴佈、發藍等。切削加工則可分為刀具切削工作及磨料研磨工作。刀具切削工作如車削、鉋削、鑽削、銑削、拉削及鉗工；研磨如輪磨、搪光及研光等研磨工作。機械工作法為製造過程中各種工具機、工具或刀具與設備之相關知識與工作方法之說明。本知識單著重於說明「機工」之各種工具機(鑽床、車床、銑床及磨床)、工具或刀具與設備及鉗工、熱處理等之相關知識與工作方法。

機械工作法之範圍頗為廣泛，如機工、鉗工、木模、鑄造、鍛造、熱處理……等皆屬之。惟科學之日新月異，機械工作法亦隨之改進、創新，而使其工作方法趨於三個 S，即標準化(standardization)、簡單化(simplification)與專業化(specialization)(註 01-1)。

所謂標準化係以科學的有系統程序制定及應用於物件、設備、產品等之規模以及操作方法與文書處理程序等之標準。標準化具有可互換性(interchangeability)、均勻性(uniformity)與固定性(fixity)等三種特性，因此標準化可以產生簡單化及標準化的效果(註 01-2)。標準依其普及性可分為公司標準(company standards)、公會及學會標準(association and society standards)、國家標準(national standards)、區域標準(regional standards)與國際標準(international standards)。機械工業常用的標準有：

1. 國際標準：1946 年成立之國際標準組織(International Organization for Standardization 簡稱 ISO)所訂定。
2. 中國國家標準(Chinese National Standards 簡稱 CNS)：於民國 36 年由經濟部中央標準局(民國 88 年改制為經濟部標準檢驗局)開始制定。
3. 德國工業標準(Deutsche Industrie Norm 簡稱 DIN)。
4. 日本工業標準(Japanese Industrial Standards 簡稱 JIS)。
5. 美國標準學會(American National Standards Institute 簡稱 ANSI)標準。
6. 美國汽車工程師學會(Society of Automotive Engineers 簡稱 SAE)標準。
7. 英國標準學會(Birtish Standards Institution 簡稱 BS)標準。

學後評量

一、是非題

( ) 1.機械加工過程中可分為非切削加工與切削加工。

( ) 2.切削加工僅指刀具之切削加工而言。

( ) 3.標準化、簡單化、專業化是機械加工方法的趨勢。

( ) 4.機工場的五大工具機係指鑽床、鉋床、車床、銑床及磨床。

( ) 5.國際標準簡稱 CNS。

二、選擇題

( ) 1.下列何項加工屬於刀具切削加工？　(A)鍛造　(B)衝剪　(C)車削　(D)輪磨　(E)熱處理。

( ) 2.下列何項不是工具機？　(A)車床　(B)鑽床　(C)銑床　(D)磨床　(E)鉗台。

( ) 3.可互換性、均勻性及固定性是　(A)標準化　(B)簡單化　(C)專業化　(D)公司化　(E)區域化
的特性。

( ) 4.中國國家標準簡稱　(A)ISO　(B)CNS　(C)DIN　(D)ANSI　(E)JIS。

( ) 5.下列何項標準屬於學會標準？　(A)ISO　(B)CNS　(C)DIN　(D)ANSI　(E)JIS。

參考資料

註 01-1：蔡德藏：實用機工學。台中，正工出版社，民國 76 年，第 1 頁。

註 01-2：經濟部標準檢驗局：國家標準之編修。台北，經濟部標準檢驗局，民國 77 年，第 1～6 頁。

實用機工學知識單

項目	機工常用材料	學習目標	能正確的說出機工常用材料的性質與用途

前　言

　　金屬材料包括純金屬(pure metal)與合金(alloy)，純金屬係金屬元素中任何一種單獨存在者，其成份甚為純粹，機工工作中很少採用純金屬。合金為一種金屬元素與另一種或一種以上之金屬或非金屬元素融合而成。機工工作常用之合金，通常分為鐵類合金與非鐵類合金。

說　明

02-1　鐵類合金

　　鐵類合金為鐵與碳所組成之合金，依其含碳量分為純鐵、鋼與鑄鐵。

1. 　純鐵(pure iron)：以電解方法所得之純鐵，其含有雜質極微，含碳量在 0.020 ％以下。通常工業用純鐵之含鐵量為 99.92～99.96 ％。

2. 　鋼(steel)：係指含碳量在 0.020～2 ％之間的鐵碳合金。依所含之成份可分為碳鋼與合金鋼兩類。

　(1) 碳鋼(carbon steel)：為鐵與碳之兩元素合金，為一般機工最常用之金屬材料，依其加工性質可分為鑄鋼與鍛鋼。

　　① 鑄鋼(cast steel)：鑄鋼分為四種(CNS 2906)(註 02-1)，用以代替鑄鐵以鑄造需要較大強度之鑄件，如第四種(SC480)之抗拉強度在 49kgf/mm² 以上。唯鑄造較難，收縮量較大，施工不易，通常鑄件應予退火、正常化，或正常化及回火等熱處理。

　　② 鍛鋼(forged steel)；即一般所謂之鋼元，以 S××C 表示之(CNS109)(註 02-2)，依其含碳量分為：

　　　❶ 低碳鋼(low carbon steel)：其含碳量(C)在 0.3 ％以下，亦有稱之為鐵元者，適用於製造強度不大之機件，對(淬硬)熱處理沒有太大效果，含碳量在 0.1 ％以下者常做為滾製(rolling)、拉製(drawing)、鍛造(forging)、熔接(welding)等之材料。

　　　❷ 中碳鋼(medium carbon steel)：含碳量在 0.3～0.6 ％之間，通常以 S45C(即 AISI 1045)為最常用，其含碳量為 0.42～0.48 ％、矽 0.15～0.35 ％，錳 0.60～0.90 ％，為機工行業中用途最廣泛之鋼材，常用於一般之接頭、連桿、軸類、曲軸及螺絲等機件。經熱處理後之硬度為勃氏硬度(HBS)201～269，抗拉強度為 70kgf/mm²。S55C(即 AISI 1055)之含碳量為 0.52～0.58 ％(CNS 3828)(註 02-3)。

　　　❸ 高碳鋼(high carbon steel)：含碳量在 0.6 ％以上，有 SK1～SK7 等七種，常用者為 SK5(即 AISI 1086)與 SK2(即 AISI 10120)。SK5 的成份為碳 0.80～0.90 ％、矽 0.35 ％以下、錳 0.5

%以下，為碳、矽、錳組織之碳工具鋼，適於製造機械中各種工具，如鑿子、剪刀、冷作工模及衝頭、發條、銼刀、帶鋸條等各種工具，經正確之熱處理後，可獲堅韌之強度，硬度可達洛氏硬度C標度(HRC)59 以上。SK2 之成份為碳 1.10～1.30 ％、矽 0.35 ％以下、錳 0.5 ％以下，為高碳矽錳組織之碳工具鋼，具有高硬度與強韌性，適於製造各種衝模、銼刀、鋸條等工具和機件，經正確熱處理可獲得硬度達 HRC63 以上。SK3 之含碳量為 1.00～1.10 ％ (CNS2964)(註 02-4)。

(2) 合金鋼(alloy steel)：在碳鋼中加入金屬元素，使其具有特殊之性質，如鎳(nickel)(Ni)可增加鋼之強度及硬度而不減低其延性；矽(silicon)(Si)之含量如不超過 2 ％時，可增加鋼之強度；鉻(chromium)(Cr)之含量如不超過 2 ％時亦可增加鋼之強度和硬度，但稍減低其延性；釩(vanadium)(V)可增加鋼之韌性及對震動之抵抗力；鎢(tungsten)(W)、鉬(molybdnum)(Mo)可改良鋼之強度、延性及切削性；錳(manganese)(Mn)之含量約為 14 ％時，可得延性甚佳及耐磨之合金鋼；鈷(cobalt)(Co)可增加鋼之強度與密度。

一般常用的合金鋼如：

① 高速鋼(high speed steel)：為碳、鉻、釩、鎢、鈷、鉬、矽、錳等之合金，分為鎢系與鉬系，具有 600℃耐紅熱硬度。鎢系高速鋼有 SKH2、SKH3、SKH4、SKH10 等，SKH2 之成份為碳 0.73～0.83 ％、矽 0.40 ％以下、錳 0.40 ％以下、鉻 3.80～4.50 ％、鎢 17.00～19.00 ％、釩 0.80～1.20 ％，適於製作車刀、鑽頭及銑刀等一般切削刀具，經熱處理後之硬度為 HRC63 以上。鉬系高速鋼有SKH51～59 等 9 種，SKH55 之成份為碳 0.85～0.95 ％、矽 0.40 ％以下、錳 0.40 ％以下、鉻 3.80～4.50 ％、鉬 4.60～5.30 ％、鎢 5.70～6.70 ％、釩 1.70～2.20 ％、鈷 4.50～5.50 ％，適於製作較需韌性之高速重切削刀具，熱處理後之硬度為HRC64 以上(CNS2904) (註 02-5)。

② 鉻鉬鋼(chrome molybdenum steel)：有強韌、耐磨、耐蝕等性質，如SCM415(即 AISI 4115～4118)其成份為碳 0.13～0.18 ％、鉻 0.90～1.20 ％、鉬 0.15～0.30 ％、矽 0.15～0.35 ％、錳 0.60～0.85 ％，適用於製造齒輪、車軸、活塞桿、汽車零件、機車零件及各種機件之表面硬化用材料，其抗拉強度在 85kgf/mm² 以上，熱處理後之硬度為 HBS235～321(CNS3229)(註 02-6)。

③ 不銹鋼(stainless steel)：為Fe-Cr-C合金鋼，具有特殊抗蝕性之合金鋼，抗蝕性隨鉻之含量而增高，其含鉻量在 12 ％以上(12 ％以下稱為耐蝕鋼)，如 304 即 "18-8"，其含鉻量為 18～20 ％，含鎳 8～10.5 ％，富延展性可抽拉、壓型，亦可氣焊及鑞焊，且不為奶類、果汁及基本酸類所侵蝕(CNS3270)(註 02-7)。

3. 鑄鐵：係指含碳量在 2 ％以上之碳鐵合金。商業用鑄鐵之含碳量約 3.5 ％，常用者有兩種：

(1) 灰口鑄鐵(gray iron)：含矽量在 1.0～2.75 ％之間，斷面呈灰色，其碳大多數呈游離狀態，結晶粒粗大，質地柔軟，適合於鑄造承受壓力之機件，如機架、飛輪等，常用之灰口鑄件有 FC100、FC150、FC200、FC250、FC300、FC350 等六種(CNS2472)(註 02-8)。

(2) 白鑄鐵(white iron)：含矽量在 0.5～1.0 ％，主要斷面呈白色，所含之碳為碳化鐵(雪明碳鐵)(Fe₃C)，質極硬，結晶顆粒細密，加工困難，主要用於鑄造展性鑄鐵件，以代替鋼鑄件。

在熔鐵爐的操作中，凡以米漢納金屬公司(美國)(Meechanite Metal Company)提供的米漢納法(Meehanite-controll process)所熔融出來的鑄鐵稱之為米漢納鑄鐵(Meehanite cast iron)，米漢納鑄鐵所含之石墨呈彎曲狀，尖端鈍圓，其缺口作用之抗擴性高，同時具有更佳之耐蝕性與潤滑性，其堅韌性大，同等應力之應變力小，強度均一，受厚度變化之影響小，吸震力比鋼大一倍以上，抗壓強度高，適合於鑄造組織緻密之高級鑄件(註 02-9)。

02-2　非鐵類合金

非鐵類合金一般以非鐵類金屬為基本之合金，如銅合金、鋁合金、鈷鉻鎢合金、碳鎢合金及陶瓷刀具等均屬之。

1.　銅合金：銅之抗蝕性高，為商業上之最佳導電體，其主要合金有黃銅及青銅。

(1)　黃銅(brass)：為銅鋅合金，色黃耐蝕性大，易於鑄造及加工，依其不同之用途大致可分為鑄造黃銅、鍛造黃銅及特種黃銅。

①　鑄造黃銅(cast brass)：用於製造裝飾品、汽管(steam pipe)、閥(valve)及各種電機用具。

②　鍛造黃銅(wrought brass)：經軋延、冷作、熱作、壓鑄等加工可製成銅條、銅板及銅管。

③　特種黃銅係加以金屬或非金屬元素以獲得某種特殊性質之銅合金。如鉛黃銅(lead brass)之加工容易，常用於鐘錶齒輪；錫黃銅(tin brass)之耐蝕性更佳，用於船舶機械材料。

(2)　青銅(bronze)：為銅與錫之合金，凡含錫 30 ％以下再加鋁、矽、錳、砷等在銅中，或黃銅中加錳或鎳者，即以銅為主之合金中能耐腐蝕而有較大硬度、強度與磨蝕之抵抗，有時並有美麗色澤或發出佳音者，通常均稱之為青銅。分為普通青銅與特殊青銅兩種。

①　普通青銅即錫青銅(tin bronze)：如砲銅(gun metal)其延性及展性大，耐磨耐蝕，適於製造閥、旋塞(cock)、齒輪及螺旋槳(propeller)。軸承青銅(bearing bronze)乃含多量鉛之塑膠青銅(plastic bronze)，其塑性甚大，容易與軸承面吻合，可減少磨損。

②　特殊青銅：在青銅中加入磷、錳、矽、鋁、鎳等一種或多種元素以改善青銅之性質或脫氧等目的，常見者如磷青銅(phosphor bronze)。鍛造磷青銅有強韌及不易退火之性質，用以製造電機開關器之彈簧、閥、齒輪、軸承等；鑄造磷青銅比普通青銅強韌，耐磨耐蝕，常用為高壓之軸承合金，如活塞環、齒輪等。鋁青銅(aluminium bronze)在大氣中永久不變色，耐蝕性特強，優於砲銅或錳青銅，可用為耐酸合金，機械加工性質佳，常用於鑄造受高壓之氣缸及壓鑄件。

2.　鋁合金：鋁為銀白色金屬，質堅而輕，富延展性，為熱、電之良導體，純鋁不適合於鑄造，強度小，一般皆用於製造鋁合金。含銅 8 ％之鋁銅合金適於砂模鑄件，其強度雖較純鋁大，但延性低；鋁銅鋅合金用於壓鑄件，其強度及延性較鋁銅合金壓鑄件大，但抗蝕及抗熱性能低；鋁中亦可加入 5 ％～12 ％之矽，如加入量少，則鑄造性優良，加入量多則增其強度及延性。

杜拉鋁(duralumin)亦稱堅鋁，為主要鍛造用鋁合金系代表，其成份為鋁(Al)95.5 ％、銅(Cu)3 ％、錳 1 ％、鎂(Mg)0.5 ％，質輕而極強韌，為製造飛機、飛船之重要材料。

學後評量

一、是非題

( ) 1. 金屬材料可分為純金屬與合金，合金有鐵類合金與非鐵類合金。

( ) 2. 鋼的含碳量在 2 %～4 %。

( ) 3. 低碳鋼的含碳量在 0.6 %～0.8 %。

( ) 4. 碳工具鋼係指 SK5 與 SK2。

( ) 5. 手弓鋸條可以用中碳鋼製造。

( ) 6. 經熱處理後 SKH55 比 SKH2 的硬度高。

( ) 7. 高速鋼刀具的耐紅熱硬度約為 600℃。

( ) 8. 飛輪宜用白鑄鐵鑄造。

( ) 9. 金屬軸承宜用黃銅。

( ) 10. 杜拉鋁是主要的鍛造用鋁合金。

二、選擇題

( ) 1. 中碳鋼之含碳量在　(A)0.1 %以下　(B)0.1 %～0.3 %　(C)0.3 %～0.6 %　(D)0.6 %～0.9 %　(E)0.9 %～1.2 %。

( ) 2. 銼刀之材料是　(A)鉻鉬鋼　(B)高速鋼　(C)低碳鋼　(D)中碳鋼　(E)高碳鋼。

( ) 3. 高速鋼車刀之硬度約為　(A)HRC59　(B)HRC63　(C)HRC69　(D)HBS201～269　(E)HBS235～321。

( ) 4. 銑刀宜用何種材料製造？　(A)不銹鋼　(B)白鑄鐵　(C)米漢納鑄鐵　(D)高速鋼　(E)中碳鋼。

( ) 5. 工具機之床台及機柱宜用何種材料製造？　(A)米漢納鑄鐵　(B)中碳鋼　(C)高碳鋼　(D)白鑄鐵　(E)高速鋼。

參考資料

註 02-1： 經濟部標準檢驗局：碳鋼鑄鋼件。台北，經濟部標準檢驗局，民國 83 年，第 1 頁。

註 02-2： 經濟部標準檢驗局：鋼鐵符號。台北，經濟部標準檢驗局，民國 85 年，第 9 頁。

註 02-3： 經濟部標準檢驗局：機械構造用碳鋼鋼料。台北，經濟部標準檢驗局，民國 103 年，第 1 頁。

註 02-4： 經濟部標準檢驗局：碳工具鋼鋼料。台北，經濟部標準檢驗局，民國 86 年，第 1 頁。

註 02-5： 經濟部標準檢驗局：高速工具鋼鋼料。台北，經濟部標準檢驗局，民國 86 年，第 1～2 頁。

註 02-6： 經濟部標準檢驗局：機械構造用鉻鉬鋼鋼料。台北，經濟部標準檢驗局，民國 76 年，第 1～2 頁。

註 02-7： 經濟部標準檢驗局：不銹鋼棒。台北，經濟部標準檢驗局，民國 105 年，第 2 頁。

註 02-8： 經濟部標準檢驗局：灰口鑄鐵件。台北，經濟部標準檢驗局，民國 81 年，第 1 頁。

註 02-9： Erik Oberg and Franklin D. Jones. *Machinery's handbook*. New York: Industrial Press Inc., 1971, p.2090.

實用機工學知識單

項目	材料之規格與標識	學習目標	能正確的說出材料之規格與標識

前 言

　　常用與重要的材料和半成品，通常是儲存於材料庫，隨時提供工場加工之需要，材料規格有一定之標識方法，以方便於儲存與提取。

說 明

　　材料的儲存應分門別類，按其形狀、品質等加以分類，依形狀可分方料、圓料、六角形料……等如表03-1，依品質分，可標編號表明其成份如表 03-2(註 03-1)，採購或領用材料常以重量表示之，鋼材重量如表 03-3 及表 03-4(註 03-2)。

表 03-1　半成品之形狀符號與意義

品名	符號	舉例	說明
鋼板及鋼皮	P	P2	鋼板厚 2mm
圓鋼	ϕ	ϕ16	直徑 16mm
鋼管	◎	◎16×2	公稱直徑 16mm，壁厚 2mm
方鋼	□	□16	對邊長 16mm
六角鋼	⬡	⬡ 16	對邊長 16mm
扁鋼	▭	▭40×8	寬 40mm，厚 8mm
八角鋼	8	8 16	對邊長 16mm
等邊角鋼	∟	∟40×4	邊長 40mm，腳厚 4mm
不等邊角鋼	∟	∟40×20×4	長邊長 40mm，短邊 20mm，腳厚 4mm
工字鋼	I	I 120	高 120mm
槽鋼	⊏	⊏ 100	高 100mm
丁字鋼	⊤	⊤ 30	寬高皆 30mm
乙字鋼	⌐	⌐ 40	高 40mm

表 03-2　美國鋼鐵學會(AISI)–美國汽車工程師學會(SAE)鋼類編號

鋼材種類	AISI 編號
碳鋼	1 × × ×
普通碳鋼	1 0 × ×
易切鋼(S)	1 1 × ×
易切鋼(S)(P)	1 2 × ×
高錳鋼(Mn 1.60～1.90 %)	1 3 × ×
高錳鋼	1 5 × ×
鎳鋼(Ni 3.50～5.00 %)	2 × × ×
鎳鉻鋼(Ni 1.00～3.50 %，Cr0.50～1.75 %)	3 × × ×
鉬鋼	4 × × ×
鉬碳鋼(Mo 0.15～0.30 %)	4 0 × ×
鉻鉬鋼(Cr 0.40～1.10 %，Mo 0.08～0.35 %)	4 1 × ×
鉻鎳鉬鋼(Ni 1.65～2.00 %，Cr 0.40～0.90 %，Mo 0.20～0.30 %)	4 3 × ×
鉬碳鋼(Mo 0.35～0.60 %)	4 4 × ×
鎳鉬鋼(Ni 0.70～2.00 %，Mo 0.15～0.30 %)	4 6 × ×
鉻鎳鉬鋼(Ni 0.90～1.20 %，Cr 0.35～0.55 %，Mo 0.15～0.40 %)	4 7 × ×
鎳鉬鋼(Ni 3.25～3.75 %，Mo 0.20～0.30 %)	4 8 × ×
鉻鋼	5 × × ×
鉻鋼(Cr 0.20～0.60 %)	5 0 × ×
鉻鋼(Cr 0.70～1.15 %)	5 1 × ×
鉻釩鋼	6 × × ×
鉻釩鋼(Cr 0.50～1.10 %，V 0.10～0.15 %)	6 1 × ×
鎳鉻鉬鋼	8 × × ×
鎳鉻鉬鋼(Ni 0.20～0.40 %，Cr 0.30～0.55 %，Mo 0.08～0.15 %)	8 1 × ×
鎳鉻鉬鋼(Ni 0.40～0.70 %，Cr 0.40～0.60 %，Mo 0.15～0.25 %)	8 6 × ×
鎳鉻鉬鋼(Ni 0.40～0.70 %，Cr 0.40～0.60 %，Mo 0.20～0.30 %)	8 7 × ×
鎳鉻鉬鋼(Ni 0.40～0.70 %，Cr 0.40～0.60 %，Mo 0.30～0.40 %)	8 8 × ×
其他	9 × × ×
高矽鋼(Si 1.20～2.20 %)	9 2 × ×
鎳鉻鉬鋼(Ni 3.00～3.50 %，Cr 1.00～1.40 %，Mo 0.08～0.15 %)	9 3 × ×
鎳鉻鉬鋼(Ni 0.30～0.60 %，Cr 0.30～0.50 %，Mo 0.08～0.15 %)	9 4 × ×

註：××表示該種鋼料所含碳之點數，如 1045 即普通碳鋼，含碳量 0.45 %。

表 03-3　鋼板重量表(kgw)

厚 mm 寬×長	0.2	0.3	0.4	0.5	0.6	0.7	0.8	1.0	1.2	1.4	1.6	1.8	2.0	2.3	2.6	2.9	3.2	3.5	4.0
1m×1m	1.57	2.36	3.14	3.93	4.71	5.50	6.28	7.85	9.42	11.0	12.6	14.1	15.7	18.1	20.4	22.8	25.1	27.5	31.4
1m×2m	3.14	4.71	6.28	7.85	9.42	11.0	12.6	15.7	18.8	22.0	25.1	28.3	31.4	36.1	40.8	45.5	50.2	55.0	62.8
3'×6'	2.63	3.94	5.29	6.56	7.88	9.19	10.5	13.1	15.8	18.4	21.0	23.6	26.3	30.2	34.1	38.1	42.0	46.0	52.5
4'×8'	4.67	7.00	9.33	11.7	14.0	16.3	18.7	23.3	28.0	32.7	37.3	42.0	46.7	53.7	60.7	67.7	74.7	81.7	93.3
5'×10'	7.30	10.9	14.6	18.2	21.9	25.5	29.2	36.5	43.8	51.1	58.4	65.7	73.0	83.9	94.8	106	117	128	146

表 03-3　鋼板重量表(kgw) (續)

厚mm 寬×長	4.5	4.8	5.0	5.5	6.0	6.5	7.0	8.0	9.0	9.5	10	11	12	14	16	19	22	25	32
1m×1m	35.3	37.7	39.3	43.2	47.1	51.0	55.0	62.8	70.7	74.6	78.5	86.4	94.2	109.9	125.6	149.2	172.7	196.3	251.2
1m×2m	70.7	75.4	78.5	86.4	94.2	102	110	126	141	149	157	173	188	220	251	298	345	393	502
3'×6'	59.1	63.	65.6	72.2	78.8	85.3	91.9	105	118	125	131	144	158	184	210	249	289	328	420
4'×8'	105	112	117	128	140	152	163	187	210	222	233	257	280	327	373	444	513	583	747
5'×10'	164	175	182	201	219	237	255	292	328	347	365	401	438	511	584	693	802	912	1167

表 03-4　鋼材重量表(kgw/m)

徑mm	圓●	角■	八角●	六角⬡	徑mm	圓●	角■	寬mm／厚mm	3	5	6	8	9	10	13	16	19	25	32	38
6	.222	.283	.234	.245	75	34.7	44.2	10	.236											
7	.302	.385	.319	.333	80	39.5	50.2	11	.259											
8	.395	.502	.416	.435	85	44.5	56.7	13	.306	.510	.612	.816	.913	1.02						
9	.499	.636	.527	.551	90	49.9	63.6	16	.377	.628	.754	1.00	1.13	1.26	1.63					
10	.617	.785	.650	680	95	55.6	70.8	19	.447	.746	.895	1.19	1.34	1.47	1.94					
11	.746	.950	.787	.823	100	61.7	78.5	22	.518	.864	1.04	1.38	1.55	1.73	2.24	2.76	3.28			
12	.888	1.13	.936	.979	105	68.0	86.5	25	.589	.981	1.18	1.57	1.77	1.96	2.55	3.13	3.72			
13	1.04	1.33	1.10	1.15	110	74.6	95.0	32	.754	1.26	1.51	2.01	2.26	2.51	3.27	4.02	4.77	6.28		
14	1.21	1.54	1.27	1.33	115	81.6	104	38	.895	1.49	1.79	2.39	2.68	2.98	3.88	4.77	5.67	7.46		
16	1.58	2.01	1.66	1.74	120	88.8	113	45	1.06	1.77	2.12	2.83	3.18	3.53	4.59	5.65	6.71	8.83		
17	1.78	2.27	1.88	1.96	125	96.3	123	50	1.18	1.96	2.36	3.14	3.53	3.92	5.10	6.28	7.46	9.81	12.6	14.9
19	2.23	2.83	2.35	2.45	130	104	133	57	1.34	2.24	2.68	3.58	4.03	4.48	5.82	7.17	8.56	11.2	14.3	17.0
21	2.72	3.46	2.87	3.00	135	112	143	65	1.53	2.55	3.06	4.08	4.59	5.10	6.63	8.16	9.70	12.8	16.3	19.4
22	2.98	3.80	3.15	3.29	140	121	154	70	1.65	2.75	3.30	4.40	4.95	5.50	7.14	8.79	10.4	13.7	17.6	20.9
25	3.85	4.91	4.06	4.25	150	139	177	75	1.77	2.94	3.53	4.71	5.30	5.89	7.65	9.42	11.2	14.7	18.8	22.4
28	4.83	6.15	5.10	5.33	160	158	201	80	1.88	3.14	3.77	5.02	5.65	6.28	8.16	10.0	11.9	15.7	20.1	23.9
30	5.55	7.07	5.85	5.12	170	178	227	90	2.12	3.53	4.24	5.65	6.36	7.06	9.19	11.3	13.4	17.7	22.6	26.9
32	6.31	8.04	6.66	6.96	180	200	254	95	2.24	3.73	4.48	5.97	6.71	7.46	9.70	11.9	14.2	18.6	23.9	28.3
36	7.99	10.2	8.42	8.81	190	223	283	100	2.36	3.92	4.71	6.28	7.06	7.85	10.2	12.6	14.9	19.6	25.1	29.8
38	8.90	11.3	9.39	9.82	200	247	314	115	2.71	4.51	5.42	7.22	8.12	9.03	11.7	14.4	17.2	22.6	28.9	34.3
40	9.87	12.6	10.4	10.9	210	272	346	125	2.94	4.91	5.89	7.85	8.83	9.81	12.7	15.7	18.6	24.5	31.4	37.3
42	10.9	13.8	11.5	12.0	220	299	380	130	3.06	5.10	6.12	8.16	9.18	10.2	13.3	16.3	19.4	25.5	32.6	38.8
44	11.9	15.2	12.6	13.2	230	326	415	140	3.30	5.50	6.59	8.79	9.89	11.0	14.3	17.6	20.9	27.5	35.2	41.8
46	13.0	16.6	13.8	14.4	240	355	452	150	3.53	5.89	7.06	9.42	10.6	11.8	15.3	18.8	22.4	29.4	37.7	44.7
48	14.2	18.1	15.0	15.7	250	38.6	491	165	3.89	6.48	7.77	10.4	11.7	13.0	16.8	20.7	24.6	32.4	41.4	49.2
50	15.4	19.6	16.2	17.0	260	417	531	180	4.24	7.06	8.48	11.3	12.7	14.1	18.4	22.6	26.8	35.3	45.2	53.7
55	18.7	23.7	19.7	20.6	270	450	572	200	4.71	7.58	9.42	12.6	14.1	15.7	20.4	25.1	29.8	39.3	50.2	59.7
60	22.2	28.3	23.4	24.5	280	484	615	250	5.88	9.81	11.8	15.7	17.6	19.6	25.5	31.4	37.3	49.1	62.8	74.6
65	26.0	33.2	27.5	28.7	290	519	660	300	7.07	11.8	14.1	18.8	21.2	23.6	30.6	37.7	44.7	58.9	75.4	89.5
70	30.2	38.5	31.8	33.3	300	555	707	寬／厚	3	5	6	8	9	10	13	16	19	25	32	38

在較具規模的材料儲存場，通常均按上列方法予以標記，以便領用者不致誤領材料。然而較小規模的工廠之材料儲存無法給予理想的標示，或遇未有標記及標記消失時，則只好由領用者來判別，判別的方法非常多，如分裂與音響試驗、不加熱彎曲試驗或金屬材料試驗法等，然此等試驗均屬複雜，通常均以火花試驗法最為實用。

火花試驗法(spark test)包括砂輪火花試驗法、粉粒火花試驗法、玻璃板上埋粉試驗法及球粒試驗法等四種，然一般均以砂輪火花試驗法最為常用(CNS3915)(註 03-3)。

火花試驗法所用的砂輪機大致為 $\frac{1}{4} \sim \frac{1}{3}$ HP，1200m/min 以上，砂輪之粒度 36 或 46，結合度 P 或 Q 級 (屬中粒度、硬結合度)，於光度均勻，光線不過份明亮之室內行之，將材料以適當壓力壓觸於砂輪，使火花水平飛出，觀測各枝之流線如圖 03-1，由花根判定碳(C)、鎳(Ni)之微量；就其中央之明亮程度與花之形態而判定鎳、鉻(Cr)、錳(Mn)、矽(Si)、碳等，就其花端而判定錳、鉬(Mo)、氮(N)等，鋼材之識別判定由火花流線之色、形、長度、花之形態枝數及手中軟硬感覺(如鉻則感覺特硬)等綜合判別之，尤需與已知成份之試桿比較之。

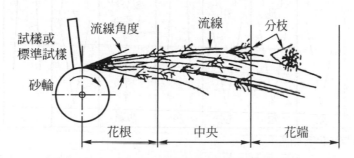

圖 03-1 火花之形狀與名稱(經濟部標準檢驗局)

鋼中含碳量對於火花之影響最大，含碳量愈多者，爆發破裂愈多，花數增多，形態愈複雜，如圖 03-2 與表 03-5。圖 03-3 與圖 03-4 為各種不同含碳量之碳鋼火花，其花數、花之大小及明亮度為最有效之判別基準。

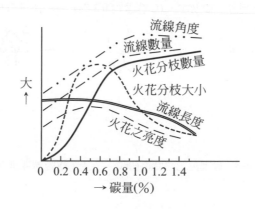

圖 03-2 碳鋼之火花特性(經濟部標準檢驗局)

表 03-5 碳鋼之火花特性(經濟部標準檢驗局)

C %	流			線		火 花 分 枝				手勁感覺
	顏色	亮度	長度	粗細	數量	形狀	大小	數量	花粉	
0.05 以下	橙色	暗	長	粗	少	無火花分枝①				軟
0.05						2 分枝	小	少	無	
0.10						3 分枝			無	
0.15						多分枝			無	
0.20						3 分枝 2 段花			無	
0.30						多分枝 2 段花			開始產生	
0.40		亮	長	粗		多分枝 3 段花	大		有	
0.50										
0.60										
0.70										
0.80										
0.80 以上	紅色	暗	短	細	多	複雜	小	多	多	硬

註①:雖無火花分枝,但有刺產生。

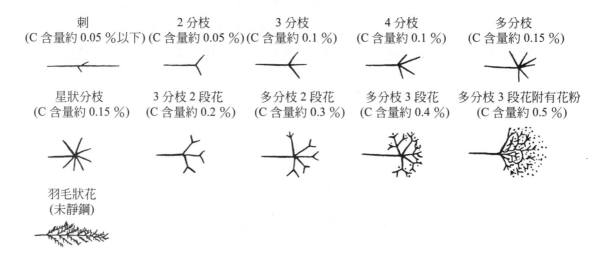

刺
(C 含量約 0.05 %以下)

2 分枝
(C 含量約 0.05 %)

3 分枝
(C 含量約 0.1 %)

4 分枝
(C 含量約 0.1 %)

多分枝
(C 含量約 0.15 %)

星狀分枝
(C 含量約 0.15 %)

3 分枝 2 段花
(C 含量約 0.2 %)

多分枝 2 段花
(C 含量約 0.3 %)

多分枝 3 段花
(C 含量約 0.4 %)

多分枝 3 段花附有花粉
(C 含量約 0.5 %)

羽毛狀花
(未靜鋼)

圖 03-3 碳鋼火花之特徵(碳之火花分枝)(經濟部標準檢驗局)

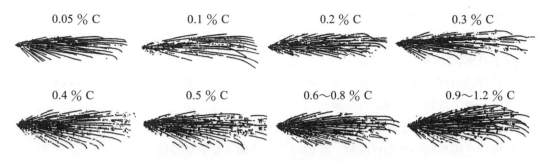

圖 03-4　碳鋼火花草圖實例(經濟部標準檢驗局)

　　合金鋼之火花因其合金元素之種類而異,大致上分為助長碳火花分枝及阻止碳火花分枝兩種,前者如錳、鉻、釩(V),後者如鎢(W)、矽、鎳、鉬等,其各元素之特殊火花形態如圖 03-5 與表 03-6。合金鋼火花顏色與合金元素之氧化熱大小有關,氧化性元素如鋁(Al)、錳、矽、鈦(Ti)增大火花之光輝,非氧化性元素如鉻、鎳、鎢減少其光輝,而火花呈橙色或紅色。

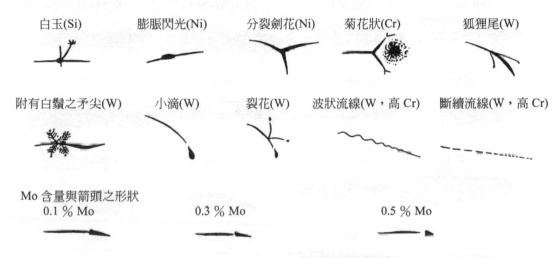

圖 03-5　合金鋼火花之特徵(經濟部標準檢驗局)

表 03-6　合金元素對火花特性之影響(經濟部標準檢驗局)

影響區別	合金元素	流線				火花分枝				手勁	特徵	
		顏色	亮度	長度	粗細	顏色	形狀	數量	花粉	感覺	形狀	位置
助長碳火花分枝	Mn	黃白色	明	短	粗	白色	複雜、細樹枝狀	多	有	軟	花粉	中央
	Cr	橙黃色	暗	短	細	橙黃色	菊花狀	不變	有	硬	菊花狀	花端
	V	變化少				變化少	細	多	—	—	—	—
阻止碳火花分枝	W	暗紅色	暗	短	細波狀斷續	紅色	小滴狐狸尾	少	無	硬	狐狸尾	花端
	Si	黃色	暗	短	粗	白色	白玉	少	無	—	白玉	中央
	Ni	紅黃色	暗	短	細	紅黃色	膨脹閃光	少	無	硬	膨脹閃光	中央
	Mo	橙黃帶紅	暗	短	細	橙黃帶紅	箭頭	少	無	硬	箭頭	花端

火花試驗判別鋼材,除常試驗比較外,其檢查程序爲:

⑴ 觀察火花內碳爆發之多少,即花之多少而推定其含碳量,由此區別構造用鋼(含碳量在0.6％以下)或工具鋼(含碳量在0.6％以上)。

⑵ 若爲構造用鋼可含有鎳、鉻、矽、錳、鉬等,若工具用鋼可含有鎢、鉻、鈷(Co)等,檢查此等元素之有無,以判別碳鋼或合金鋼。

⑶ 若爲合金則觀察合金元素之特徵而判別其含量。

⑷ 依現行之規格判別其鋼材種類。圖03-6示合金鋼火花實例草圖。

⑸ 判別後加以標示以便日後領用。

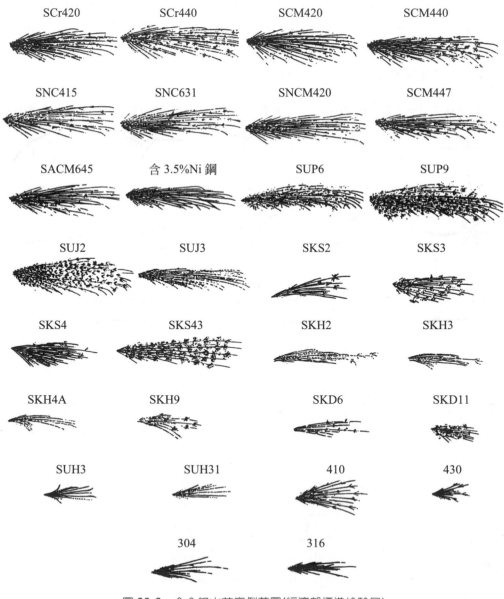

圖03-6　合金鋼火花實例草圖(經濟部標準檢驗局)

14

學後評量

一、是非題

(　)1. 工作圖上之材料規格為 S45Cφ50×105，係指材料為中碳鋼，直徑 50mm 的圓鋼，長度 105mm，其每件重量約 1.617 公斤。

(　)2. 工作圖上之材料規格為 S20C□75×19×55，係指材料為低碳鋼，長度為 75mm，厚度 19mm 的扁鋼，寬度 55mm，其每件重量約 1.617 公斤。

(　)3. 工作圖上之材料規格為 S20C□25×75，係指材料為低碳鋼，對邊長為 25mm 的方鋼，長度 75mm，其每件重量約 0.368 公斤。

(　)4. AISI-SAE 3140 係指鎳鉻鉬鋼。

(　)5. 鋼中含碳量愈多，火花爆裂愈多、花數增多、形態愈複雜。

二、選擇題

(　)1. 表示圓鋼直徑 16mm 的符號是　(A)P2　(B)φ16　(C)◎16×2　(D)□16　(E)⑧16。

(　)2. S45C 相當於　(A)SAE1045　(B)SAE1145　(C)SAE4045　(D)SAE5045　(E)SAE8745。

(　)3. 工作圖上材料規格為□75×10×75表示　(A)圓鋼直徑 75mm，長度 75mm　(B)方鋼邊長為 75mm 長度 10mm　(C)扁鋼寬 75mm，厚 10mm　(D)等邊角鋼邊長 75mm，腳厚 10mm。

(　)4. 碳鋼火花之特性是　(A)中碳鋼(S45C)比低碳鋼流線亮度暗　(B)中碳鋼(S45C)比低碳鋼之流線長度短　(C)中碳鋼(S45C)之流線粗度細　(D)高碳鋼火花分枝數量比中碳鋼少　(E)高碳鋼之火花分枝形狀比低碳鋼複雜。

(　)5. 含有鉻(Cr)之合金鋼，砂輪火花試驗時，其火花特徵為　(A)分裂劍花　(B)箭頭　(C)裂花　(D)菊狀花　(E)白玉。

參考資料

註 03-1： E.Paul DeGarmo, J. Temple Black, and Ronald A. Kohser. *Materials and processes in manufactuting*. New York: Macmillan Publishing Company, 1984, pp. 164～165.

註 03-2： 台隆書店編輯委員會編譯：機械設計圖表便覽。台北，台隆書店，民國 61 年，第 3b-23～3b-24 頁。

註 03-3： (1)經濟部標準檢驗局：鋼之火花試驗法。台北，經濟部標準檢驗局，民國 75 年，第 1～55 頁。

　　　　 (2)蔡德藏：鋼材之砂輪火花試驗研究。台中，樹德學報，民國 62 年 12 月，第二期，第 49～56 頁。

實用機工學知識單

項目	工場安全規則	學習目標	能遵守工場安全規則，養成良好工作態度

前　言

　　工作安全為在學習如何操作前應先學習者，一位優良的操作員，必須具備安全觀念，並應實踐各種有關之安全規則，進而養成良好的工作習慣。

說　明

04-1　工場安全規則

　　意外事件之發生有人為的疏忽與工作環境的不當，機工場之工作者，須隨時實踐工場安全規則，同時注意機器之安全。下列安全規則係參照美國國家安全協會所公認之條例而釐訂者(註 04-1)。

04-1-1　一般安全注意事項

1. 確實檢查所有機器都裝有良好的安全保護裝置，機器啟動時可保護工作人員安全。
2. 修理或調整機器之後，其安全保護裝置隨即裝回原處。
3. 對任何機器不得在迴轉中作潤滑、清洗、調整或修理工作，必須先停止機器之後再行之。
4. 沒有指導人員之許可或監督，不要操作沒學過之機器。
5. 機器之電源切斷之後，應俟機器停止始可離開，以免別人因不注意而被傷害。
6. 不論電源有否切斷，不要想用手或身體去停止機器轉動。
7. 機器啟動之前應檢查工件和刀具是否裝置牢固。
8. 保持地面清潔，鐵屑等應放於一定之容器內，不要留在地面上。清除鐵屑時，要用掃帚，不可用手。
9. 迴轉部份如有螺絲頭等突起物，宜小心靠近，以免衣服等被捲上。這些突起物應改良，例如六角頭固定螺釘應改為六角承窩固定螺釘。
10. 搬運長的或重的材料，應請人幫忙。並遵守抬東西之原理—用你的腿力，不要用背力。
11. 與同伴共同工作時，亦應一次一人操作機器。
12. 不得依靠著機器。
13. 不得在工場奔跑。
14. 集中精神於工作，操作機器中不要談話。
15. 不要突然與正在操作機器的人談話。

16. 任何小擦傷應即時接受急救處理。

17. 工作中必須有充分光線而看得清楚，否則告訴指導人員改善。

04-1-2 服裝和安全設備

1. 操作機器時，應即戴上安全眼鏡或面罩等安全設備。

2. 工作中宜穿皮鞋，尤其重工件之工作應穿專用之安全皮鞋。

3. 工作中宜穿短袖衣服，或把長袖捲及胳膊上。

4. 不戴上戒指或突出外頭的裝飾物工作。

5. 不結領帶或穿寬鬆的衣服工作。

6. 操作機器時不得戴手套，惟搬運粗糙、銳利材料時，要戴手套或用布或厚紙等墊上藉以保護手指。

04-1-3 工場整潔

1. 滴在地面上之油脂及其他液體應立即清除，以免有人滑倒。

2. 工場內走道上不得有任何妨礙交通的物件，以維持工作之迅速及安全。

3. 材料之存放不應妨礙工場內交通。

4. 不得將工具或工件直接擱在機器床台上。

5. 不再使用之工具應即放回原處，以避免工作環境雜亂。

6. 廢屑應置放於一定容器內。

04-2　工場安全顏色

為防止意外事件的發生，各種安全設備、器材及消防等其他防護設備的位置均須標誌規定的顏色(CNS9328)(註 01-2)。一般顏色的標誌列舉如下：

1. 紅色：用以標誌消防設備與器具、危險、停止、禁止等，如滅火器、消防系統、危險標誌、緊急停止按鈕、禁止進入等。

2. 橙色：用以指示機器或活動設備的危險位置，如齒輪、皮帶等傳動設備之活動防護罩之裡面，被打開時具有危險的標誌。

3. 黃色：用以指示具有撞擊、跌落、絆跌或被夾住的危險之注意、警告顏色，與黑色交互使用可增加其警覺性，如天橋式起重機通行區、舉高機或特殊突出物伸入正常操作區域者。

4. 綠色：用以表示安全和急救設備存放位置，如急救箱、防毒面具、安全佈告欄及通行旗號等。

5. 藍色：用以限制或警告他人啟動、使用、或移動正在修理中之設備如升降機、閥、電氣控制器等。

6. 紫紅色：與黃色組合用以指示放射性危險區域或容器等。

7. 白色：用以表示通道、指示方向、廢料桶位置等。

8. 黑色：專供作安全標識板，或為橙色、黃色、白色之輔助顏色。

學後評量

一、是非題

( ) 1. 啓動機器前，須先檢查安全裝置是否裝置完整。

( ) 2. 老師沒有教過的機器，不可隨便使用。

( ) 3. 搬運重物用腰力，不可用腿力。

( ) 4. 操作機器應穿寬鬆的衣服。

( ) 5. 工場內之急救設備用紅色標誌。

二、選擇題

( ) 1. 下列有關工場安全之敘述何項不正確？ (A)機器修好後，其安全保護裝置隨即裝回，始可試車 (B)停工時，切斷電源後，應等機器停止運轉後始可離開 (C)操作車床時，切斷電源後，用手去接觸夾頭，以求迅速停止 (D)清除鐵屑要用刷子，不可用手 (E)不可在工場中奔跑、喧嘩。

( ) 2. 下列有關工場安全之敘述何項不正確？ (A)操作車床應戴安全眼鏡 (B)不要戴飾物如戒指、項鍊等 (C)操作機器時，不可戴手套 (D)不要結領帶 (E)操作車床時，最好兩人同時操作。

( ) 3. 下列有關工場安全之敘述何項不正確？ (A)鐵屑應放於一定容器內 (B)滴在地面的油脂，應隨時清除 (C)不用的工具應隨即放回原處 (D)工具隨即放在床台上，以方便取用 (E)材料不要存放於走道上。

( ) 4. 急救箱的安全顏色是 (A)紅色 (B)綠色 (C)黃色 (D)橙色 (E)藍色。

( ) 5. 滅火器及消防系統的安全顏色是 (A)紅色 (B)綠色 (C)黃色 (D)橙色 (E)藍色。

參考資料

註 04-1： Henry D. Burghardt, Aaron Axelrod, and James Anderson. *Machine tool operation, part I.* New York: McGraw-Hill book Company, 1959, pp.35～36.

註 04-2： 經濟部標準檢驗局：安全顏色通則。台北，經濟部標準檢驗局，民國 76 年，第 1～2 頁。

實用機工學知識單

項目	工場人事組織	學習目標	能正確說出學校工場的人事組織，並身體力行

前 言

　　一般工場的人事組織不外直線式組織、直線及幕僚組織、職能組織、委員會組織等四種，尤以前兩種為一般中小型工場常採用者。

說 明

(1) 直線式組織(line organization)：為最早期最簡單的組織方式，廠長或經理直接指揮作業員，而作業員亦直接對廠長或經理負責，其特徵為部門工作並不分化，可視為自給自足的單位如表 05-1(註 05-1)。

表 05-1　直線式組織

(2) 直線及幕僚組織(staff and line organization)：較具規模之企業，管理者無法兼顧，而需有幕僚單位參與意見之必要，但其意見必須經過直線系統(執行單位)執行，管理者對參與意見不得擅自更改，惟可退回計畫部，而形成思與行的嚴格對分，計畫與執行分為兩部門如表 05-2(註 05-2)。

表 05-2 直線及幕僚組織

```
                    ┌─ 品管部門
                    │  (產品研究、檢驗
                    │  、控制及維護)
                    │
                    ├─ 生產技術部門                        ┌─ 作業員
                    │  (產品及工具設計          ┌─ 領班 ──┼─ 作業員
                    │  、程序設計、規格          │          └─ 作業員
                    │  擬訂)                     │
  廠長 ─────────────┤                           │          ┌─ 作業員
                    ├─ 製造部門 ────────────────┼─ 領班 ──┼─ 作業員
                    │                           │          └─ 作業員
                    │                           │
                    ├─ 器材部門                 │          ┌─ 作業員
                    │  (計畫、採購、管理)        └─ 領班 ──┼─ 作業員
                    │                                      └─ 作業員
                    └─ 管理部門
                       (人事、財務、總務)
```

(3) 學校工場人事組織：學校之工場人事組織多採用直線式組織，其人事及職掌如表 05-3。

表 05-3 學校工場人事組織職掌表

```
                              ┌─ 安全管理員 ─┬─ ①上課時視需要開啓窗戶，下課時關閉窗戶。
                              │              ├─ ②上課時依老師指示開啓電源，下課關閉電源。
                              │              ├─ ③注意使用後火爐或火星之熄滅及清除。
                              │              ├─ ④注意工場人員與機具之安全事項。
                              │              └─ ⑤協助因意外事故，受傷同學之救護。
                              │
              ┌─ ①分配各同學之職務
              ├─ ②傳達實習工作命令
              ├─ ③檢查工場收工情形
  領班 ───────┤              ┌─ 器材管理員 ─┬─ ①上課時協助同學領取材料及工具，並分配予
              ├─ ④收集同學有關建議      │              │    同學使用。
              └─ ⑤協助老師辦理例行       │              ├─ ②依老師指示準備材料。
                 事務                    │              ├─ ③保持器材室之整潔，維護器材之清潔。
                              │              ├─ ④報告老師有關工具遺失或損壞情形，並請示
                              │              │    處理辦法。
                              │              └─ ⑤下課時檢查工具、器材，歸還原處。
                              │
                              └─ 清潔管理員 ─┬─ ①下課時清掃工場。
                                             ├─ ②檢拾遺失地上及工作臺上工具、材料，交還
                                             │    器材管理員。
                                             ├─ ③清潔工作臺及機具。
                                             ├─ ④清潔洗手間或洗手池。
                                             └─ ⑤清潔工場之環境。
```

學後評量

一、是非題

( )1.直線組織由廠長直接指揮作業員。

( )2.直線及幕僚組織之生產技術部門的人員可以直接指揮作業員。

( )3.學校工場內，保持器材室整潔及維護器材是清潔管理員的工作。

( )4.學校工場內，下課時檢查工具、器材是器材管理員的工作。

( )5.學校工場內，領班負責分配同學的職務。

二、選擇題

( )1.計畫與執行分為兩部門的工場人事組織是　(A)直線式組織　(B)直線及幕僚組織　(C)職能組織　(D)委員會組織　(E)學校工場人事組織。

( )2.學校工場人事組織中，檢查收工情形者是　(A)班長　(B)副班長　(C)領班　(D)安全管理員　(E)器材管理員。

( )3.學校工場人事組織中，負責下課清潔工場者是　(A)服務股長　(B)領班　(C)安全管理員　(D)器材管理員　(E)清潔管理員。

( )4.作業員直接對廠長負責的工場人事組織是　(A)直線式組織　(B)直線及幕僚組織　(C)職能組織　(D)委員會組織　(E)學校人事組織。

( )5.學校工場人事組織中，負責上課依老師指示開啓電源，下課關閉電源者是　(A)副班長　(B)服務股長　(C)學藝股長　(D)安全管理員　(E)器材管理員。

參考資料

註 05-1：朱有功、魏天柱：工廠管理。台北，三民書局，民國 70 年，第 10 頁。

註 05-2：同註 05-1，第 12 頁。

實用機工學知識單

項目	幾何公差	學習目標	能正確的說出各項幾何公差的意義並應用於工作上

前 言

幾何公差(geometrical tolerance)是一種幾何形態之外形或其所在位置之公差,對於某一公差區域,該形態或其位置必須介於此區域內。當長度或角度之公差有時無法達到管制某種幾何形態之目的,即須註明幾何公差,幾何公差與長度或角度公差相牴觸時,則以幾何公差為準,即使未標註長度或角度公差時,亦可使用幾何公差(CNS3-4)(註 06-1)。

說 明

幾何公差分為形狀公差、方向公差、定位公差與偏轉公差,單一形態的形狀公差如真直度(straightness)(—)、真平度(flatness)(▱)、真圓度(circularity)(○)、圓柱度(cylindricity)(◯)；單一或相關形態的形狀公差如曲線輪廓度(profile of any line)(⌒)、曲面輪廓度(profile of any surface)(⌂)公差；相對形態之方向公差如平行度(parallelism)(∥)、垂直度(perpendicularity)(⊥)、傾斜度(angularity)(∠)；相關形態之定位公差如位置度(position)(⊕)、同心度或同軸度(concentricity)(◎)、對稱度(symmetry)(⹀),相關形態之偏轉度公差如圓偏轉度(run-out)(↗)、總偏轉度(total run-out)(↗↗)(CNS3-4)(註 06-2)。

幾何公差依照幾何形態的性質及該公差之標註方式以下列公差區域之一表示之(CNS3-4)(註 06-3)。

⑴ 一個圓內之面積。

⑵ 兩同心圓間之面積。

⑶ 兩等距線間或兩平行線間之面積。

⑷ 一圓柱體內之空間。

⑸ 兩同軸線圓柱面間之空間。

⑹ 兩等距平面或兩平行面之空間。

⑺ 一個平行六面體內之空間。

幾何公差之分類圖示與說明如表 06-1(CNS3-4)(註 06-4)。

表 06-1　幾何公差(經濟部標準檢驗局)

符號	公差區域的定義	圖例和說明
ー	**1 真直度公差** 當投影在一平面上時，公差區域限制在相距為t之兩平行直線間。 假如公差是以互相垂直的兩方向所標示，則公差區域限制在截面為$t_1 \times t_2$之平行六面體內。 當公差值前有"ϕ"符號時，公差區域限制在直徑為t的圓柱體內。 	任一在上表面平行於如圖所指之投影面的表面應位於相距為 0.1 的兩平行直線間。 箭頭所指圓柱表面的任一母線上，長度為 200 的任一部份應位於包含軸線的平面上，相距為 0.1 的兩平行直線間。 桿之軸線應位於高為 0.1 寬為 0.2 的平行六面體區域內。 與公差框格相連的圓柱體軸線，應位於直徑為 0.08 的圓柱區域內。
▱	**2 真平度公差** 公差區域限制在距離為t的兩平行平面間。 	表面應位於相距為 0.08 的兩平行平面間。

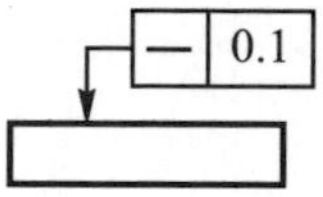

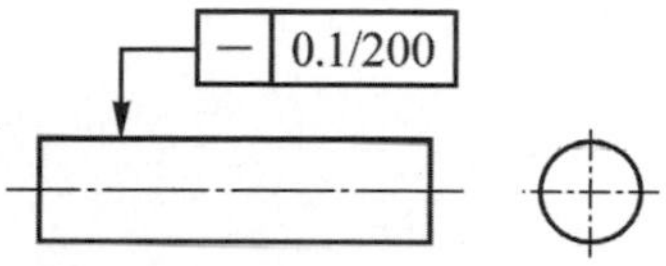

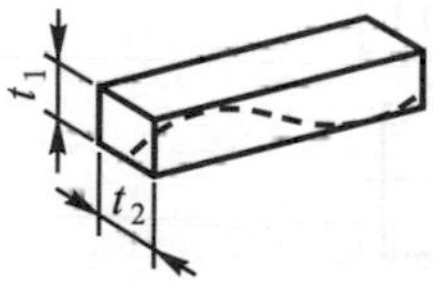

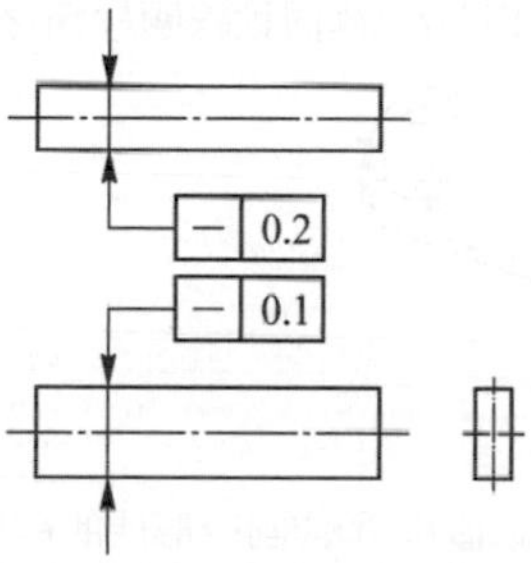

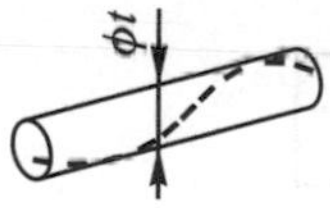

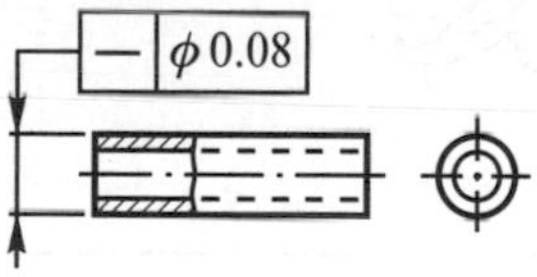

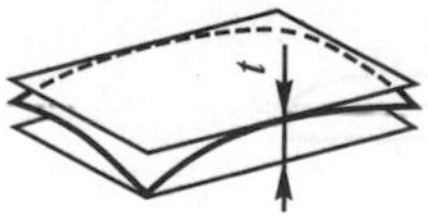

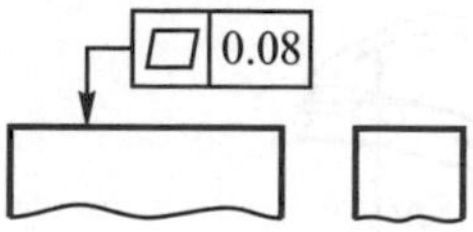

表 06-1 幾何公差(經濟部標準檢驗局) (續)

符號	公差區域的定義	圖例和說明
○	**3 真圓度公差** 在視圖平面內的公差區域限制在相距t之兩同心圓間。	外直徑每一截面之周界須位於相距 0.03 之同平面之兩同心圓之間。 ○ 0.03 每一截面之周界須位於相距 0.1 同平面之兩同心圓之間。 ○ 0.1
⌀	**4 圓柱度公差** 公差區域限制在相距t之兩同軸線圓柱面之間。	所指表面須位於相距 0.1 之兩共軸線圓柱面之間。 ⌀ 0.1
⌒	**5 曲線輪廓度公差** 公差區域限制在以直徑為t的圓所形成的兩包絡線之間,各圓之圓心均位於一有真確幾何形狀的曲線上。	在與投影面平行的截面內,所指的輪廓須位於由直徑為 0.04 的圓所成兩包絡線之間,各圓之圓心均位於一有真確幾何形狀的線上。 ⌒ 0.04
⌓	**6 曲面輪廓度公差** 公差區域限制在以直徑為t的球所形成的兩包絡面之間,各球心均位於一有真確幾何形狀的表面上。	所指表面須位於由直徑為 0.02 之球所形成的兩包絡表面之間,各球之球心均位於一有真確幾何形狀的表面上。 ⌓ 0.02

表 06-1　幾何公差(經濟部標準檢驗局) (續)

符號	公差區域的定義	圖例和說明
	7 平行度公差	
	7.1 以一個基準直線為依據的平行度公差	
//	若公差只標示在一個方向時，則投影在一平面上的公差區域為限制在相距t，且平行於基準線之兩直線之間。 	標註公差軸線必須位於相距0.1，平行於基準線A且在直立方向的兩直線間。
		標註公差軸線必須位於相距0.1，平行於基準軸線A，且在水平方向的兩直線間。
	當公差標示在相互垂直的兩平面上時，則公差區域限制在一個平行於基準線，且截面為$t_1 \times t_2$之平行六面體內。 	標註公差軸線應該位於平行於基準線A，且截面之寬為0.2高為0.1的平行六面體公差區域內。
	若公差值前有φ符號，則公差區域限制在一個直徑為t而平行於基準線之圓柱內。 	標註公差的軸線應該位於平行於基準軸線A(基準線)，且直徑為0.03的圓柱區域內。

表 06-1 幾何公差(經濟部標準檢驗局) (續)

符號	公差區域的定義	圖例和說明
//	**7.2 以一個基準面為依據的平行度公差** 公差區域限制在相距t，且平行於基準面的兩平面之間。 **7.3 以一個基準線為依據之面的平行度公差** 公差區域限制在相距t，且平行於基準線的兩平面之間。 **7.4 以一個基準面為依據之表面的平行度公差** 公差區域限制在相距t，且平行於基準面的兩平面之間。	孔的軸線應位於相距 0.01，且平行於基準面B的兩平面之間。 標註公差之表面應位於相距 0.1，且平行於孔之基準軸線C的兩平面之間。 標註公差之表面應位於相距 0.01，且平行於基準面D的兩平面之間。 在長度為 100 的標註公差之表面上任一點，應位於相距 0.01，且平行於基準面A的兩平面之間。

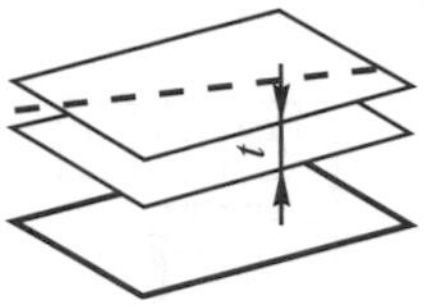

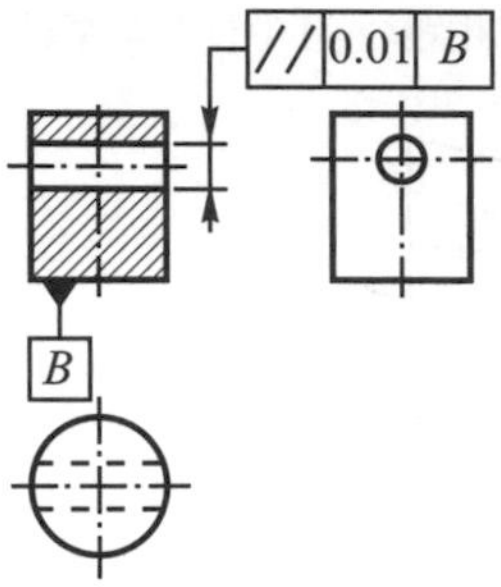

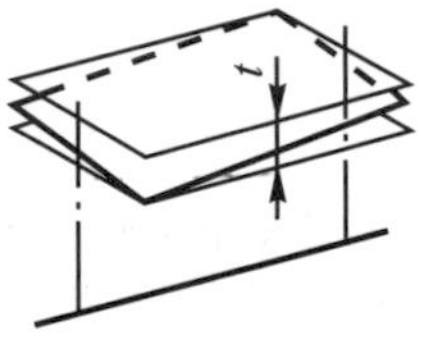

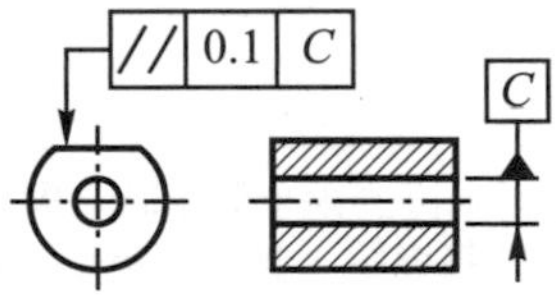

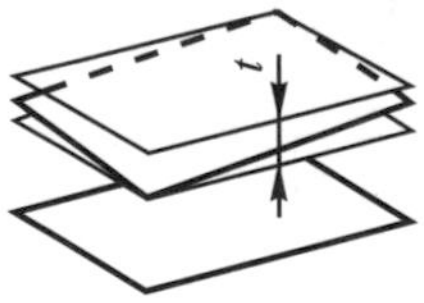

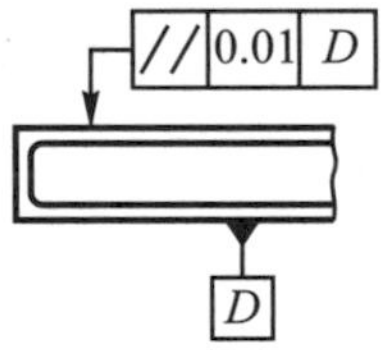

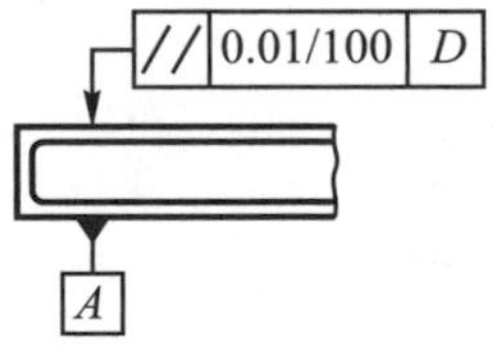

26

表 06-1　幾何公差(經濟部標準檢驗局) (續)

符號	公差區域的定義	圖例和說明
	8 垂直度公差	
	8.1 以一個基準直線為依據之直線的垂直度公差	
	投影在一平面之公差區域限制在相距*t*，且垂直於基準線之兩平行直線之間	斜孔的軸線應位於相距0.06且垂直於水平孔軸線*A*(基準線)之兩平行平面之間。
	8.2 以一個基準直線為依據之直線的垂直度公差	
	若公差只標示一個方向，則投影在一平面之公差區域限制在相距*t*，且垂直於基準平面之兩平行直線之間。	由公差框格所連接之圓柱軸線應位於相距0.1，且垂直於基準表面之兩平行平面之間。
⊥	當公差標示於兩個互相垂直的方向時，則公差區域限制在一個截面為 $t_1 \times t_2$，且垂直於基準平面之平行六面體之內。	圓柱之軸線應位於垂直基準表面且截面為 0.1×0.2 之平行六面體公差區域之間。
	若公差值前有φ符號，則公差區域限制在一個直徑為*t*，且垂直於基準面之圓柱體內。	由公差框格所連接之圓柱軸線應位於直徑為0.01，且垂直於基準表面*A*之圓柱區域內。
	8.3 以一個基準線為依據之表面的垂直度公差	
	公差區域限制在相距*t*，且垂直於基準線之兩平行直線之間	標註公差之表面應位於相距0.08，且垂直於軸線*A*(基準線)的兩平行平面之間。

表 06-1　幾何公差(經濟部標準檢驗局) (續)

符號	公差區域的定義	圖例和說明
⊥	**8.4 以一個基準表面為依據之表面的垂直度公差** 公差區域限制在相距 t，且垂直於基準平面之兩平行平面之間。 	標註公差之表面應位於相距 0.08，且垂直於水平基準表面 A 的兩平行平面之間。
∠	**9 傾斜度公差** **9.1 以一個基準線為依據之表面的傾斜度公差** (a)直線與基準線共平面，當公差區域投影至一平面時，應被限制在相距 t，且與基準線斜交成標註角度之兩平行直線之間。 (b)直線與基準線不共平面，若所指示的直線與基準不在同一平面，公差區域被用在該直線投影在包含基準線且平行於該直線之平面上。 	孔之軸線應位於相距 0.08，且與水平軸線 $A-B$(基準線)成60°之兩平行直線之間。 孔之軸線投影在一個含基準線之平面上時，應位於相距 0.08，且與水平軸線 $A-B$(基準線)成60°之兩平行直線之間。
	9.2 以一個基準表面為依據之線的傾斜度公差 投影於一平面時，公差區域限制在相距 t，且與基準表面斜交成標註角度之兩平行直線之間。 	孔之軸線應位於相距 0.08，且斜交表面 A(基準表面)成60°之兩平行平面之間。

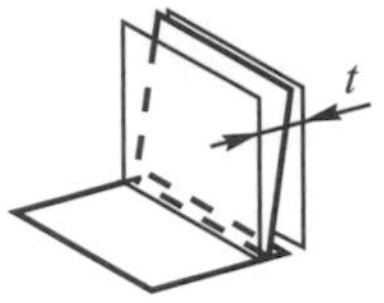

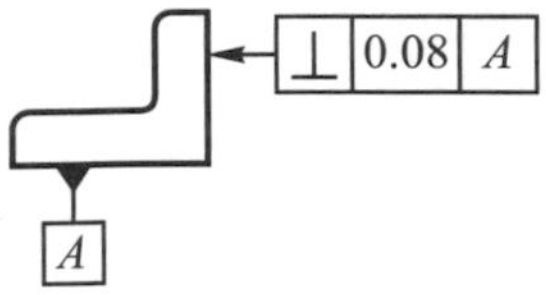

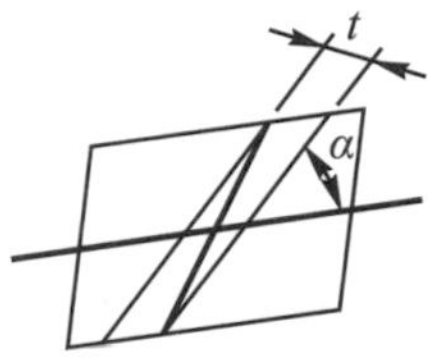

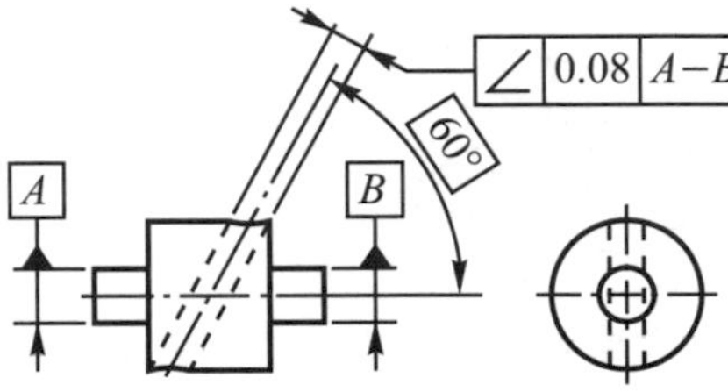

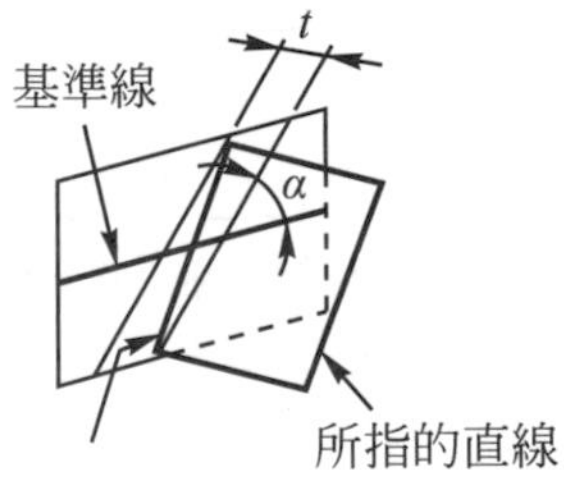

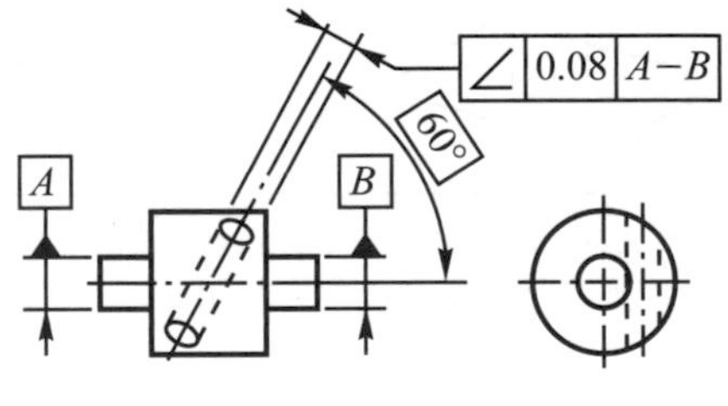

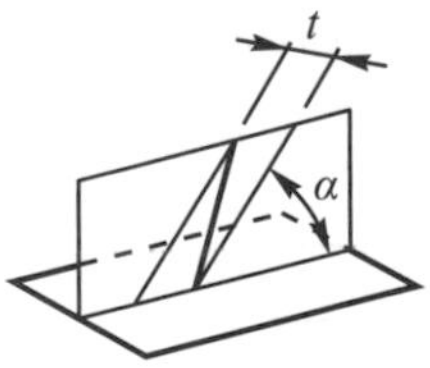

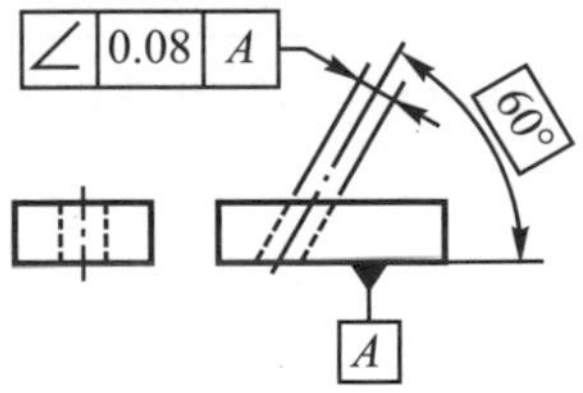

28

表 06-1　幾何公差(經濟部標準檢驗局) (續)

符號	公差區域的定義	圖例和說明
∠	**9.3 以一個基準線為依據之表面的傾斜度公差** 公差區域限制在相距t，且與基準線斜交成標註角度之兩平行平面之間。 	傾斜表面應位於相距 0.1，且與軸線A(基準線)斜交成75°之兩平行平面之間。
	9.4 以一個基準表面為依據之表面的傾斜度公差 公差區域限制在相距t，且與基準線表面斜交成標註角度之兩平行平面之間。 	傾斜表面應位於相距 0.08，且與表面A(基準面)斜交成40°之兩平行平面之間。
⊕	**10 位置度公差** **10.1 點的位置度公差** 公差區域限制在一個直徑為t，圓心在所指之點的理論上正確位置之圓內。 	實際之點，應位於直徑為 0.3，且圓心為該相交點之理論上正確位置之圓內。
	10.2 線的位置度公差 若公差只標示在一個方向，則公差區域限制在相距t，且對稱於所指之直線之理論上正確位置之兩平行直線之間。 	每一線應位於相距 0.05，且對稱於該直線之理論上正確位置的兩平行直線之間，此處以表面A(基準面)為依據。

表 06-1　幾何公差(經濟部標準檢驗局) (續)

符號	公差區域的定義	圖例和說明
$\bigoplus$	若公差標示於互相垂直的兩個方向時，則公差區域限制在一個以所指之直線之理論上正確的位置爲軸線，且截面爲$t_1\times t_2$之平行六面體內。 當公差值前有一ϕ符號時，則公差區域限制在一個直徑爲t，且軸線在所指之直線的理論上正確位置的圓柱之內。	八個孔中每孔的軸線應位於一個寬爲0.05、高爲0.2。且軸線在各孔的理論上正確位置的平行六面體的區域。 8 孔　$\bigoplus$ 0.05 8 孔　$\bigoplus$ 0.2 孔之軸線應位於一個直徑爲0.08，且軸線在該直線的理論上正確位置的圓柱區域內其參考表面爲A與B(兩基準面)。 $\bigoplus$ ϕ0.08 A B 八個孔中每孔的軸線都應個別位於一個直徑爲0.1，且軸線在該孔的理論上正確位置上的圓柱區域之內。 8×　$\bigoplus$ ϕ0.1

10.3 平的表面或中心平面的位置度公差

| | 公差區域限制在相距t，且對稱於所指之表面之理論上正確位置之兩平行平面之間。 | 傾斜面應位於相距0.05。且對稱於該表面的理論上正確位置的兩平行平面之間。其參考表面爲A(基準面)，參考直線爲基準圓柱B之軸線(基準線)。

35 A / B / 105° / $\bigoplus$ 0.05 A B |

30

表 06-1　幾何公差(經濟部標準檢驗局) (續)

符號	公差區域的定義	圖例和說明
◎	**11 同心度和同軸度公差** **11.1 點之同心度公差** 公差區域限制在一個直徑為t，且圓心與基準點重合的圓之內。 ϕt	與公差框格連接之圓的圓心應位於一個直徑 0.01，且與基準圓心A同心的圓內。 A ◎ $\phi0.01$ A
	11.2 軸線之同軸度公差 若公差值前有記號φ，則公差區域限制在一個直徑為t，且軸線與基準軸線重合在圓柱之內。 ϕt	與公差框格連接之圓柱軸線應位於一個直徑為 0.08，且與基準軸線A−B同軸線的圓柱區域內。 ◎ $\phi0.08$ A−B A　B
⟠	**12 對稱度公差** **12.1 中心平面的對稱度公差** 公差區域限制在相距t，且對於以基準軸線或基準面之中心平面為對稱的兩平行平面之間。	槽的中心應位於相距 0.08，且對稱於基準形態A的中心平面的兩平行平面之間。 A ⟠ 0.08 A
	12.2 線或軸線的對稱度公差 若公差只標示於一個方向，則投影於一平面的公差區域限制在相距t，且對稱於基準軸線(或基準面)的兩平行直線之間。 t	孔之軸線位於相距 0.08，且對稱於基準槽A及B之真確共同的中心平面的兩平行平面之間。 ⟠ 0.08 A−B A　B

表 06-1 幾何公差(經濟部標準檢驗局) (續)

符號	公差區域的定義	圖例和說明
≐	若公差標示於互相垂直的二個方向,則公差區域限制在截面為$t_1×t_2$,且軸與基準軸重合的平行六面體內。	孔的軸線應位於一個寬 0.1、高 0.05,且軸線與共同中心平面$A-B$及$C-D$相交之基準軸線相重合的平行六面體之區域內。
	13 圓偏轉度公差	
	13.1 圓偏轉度公差–徑向	
↗	在任一垂直於軸線的量測平面內,公差區域限制在半徑差為t(相距t),且圓心在基準線上的兩同心圓之間。	在繞基準軸線$A-B$旋轉時,在任一量測平面上,其徑向偏轉均不得超過 0.1。
	偏轉通常用於圍繞軸線的完全旋轉,但也可限用於旋轉的一部份。	在一個零件圍繞孔A之中心軸線(基準軸線),標註公差部份旋轉時,其徑向偏轉在任何量測平面上均不得超過 0.2。

表 06-1　幾何公差(經濟部標準檢驗局) (續)

符號	公差區域的定義	圖例和說明
	13.2 圓偏轉度公差–軸向	
	在任一徑向位置，在一量測圓柱面上，公差區域限制在相距t的兩圓之間，此圓柱面之軸線與基準軸線重合。 	在圍繞基準軸線D旋轉時，在任一量測位置，其軸向偏轉均不得超過0.1。
	13.3 在任何方向的圓偏轉度公差	
↗	公差區域限制在相距t，且在軸線與基準軸線重合的量測圓錐面上之兩圓之間。除非特別標示，量測方向均垂直於表面。 	在圍繞基準軸線C旋轉時，在任一量測圓錐面上，在箭頭所指方向的圓偏轉均不得超過0.1。 在圍繞基準軸線C旋轉時，在任一量測圓錐面上，在垂直於曲線表面切線方向的圓偏轉均不得超過0.1。
	13.4 指定方向的圓偏轉度公差	
	公差區域為限制在標註角度的量測圓錐面上，且相距t的兩圓之間，此圓錐面之軸線與基準軸線重合。	在圍繞基準軸線C旋轉時，在任一量測圓錐面上，依指定方向的圓偏轉均不得超過0.1。

表 06-1 幾何公差(經濟部標準檢驗局) (續)

符號	公差區域的定義	圖例和說明
⚼⚼	**14 總偏轉度公差** **14.1 總徑向偏轉度公差** 公差區域限在兩個相距爲*t*，且共軸線的圓柱面之間，其共同軸線與基準軸線重合。	在圍繞基準軸線*A*－*B*作數次旋轉中，指定表面上任一點及其與量測儀器在相對軸向移動時，其總徑向偏轉度均不得超過 0.1，同時，在相對移動時，儀器或機件應依一個具有理論上正確形狀導引之，且使之與基準軸線成相對位置。 ⚼⚼ | 0.1 | *A*－*B*
	14.2 總軸向偏轉度公差 公差區域限在兩個相距爲*t*，且垂直於基準軸線的兩平面之間。	在圍繞基準軸線*D*作數次旋轉中，指定表面上任一點及其與量測儀器在相對徑向移動時，其總軸向偏轉度均不得超過 0.1，同時，在相對移動時，儀器或機件應依一個具有理論上正確形狀導引之，且使之與基準軸線成相對位置。 ⚼⚼ | 0.1 | *D*

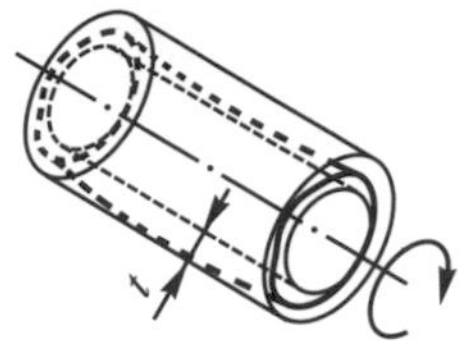

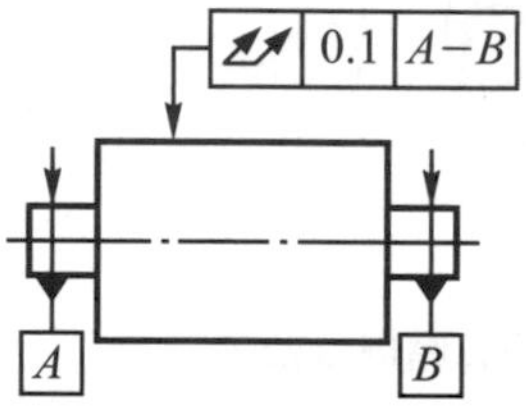

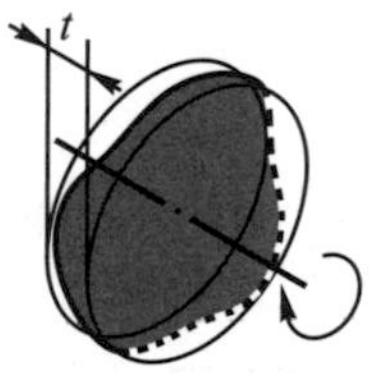

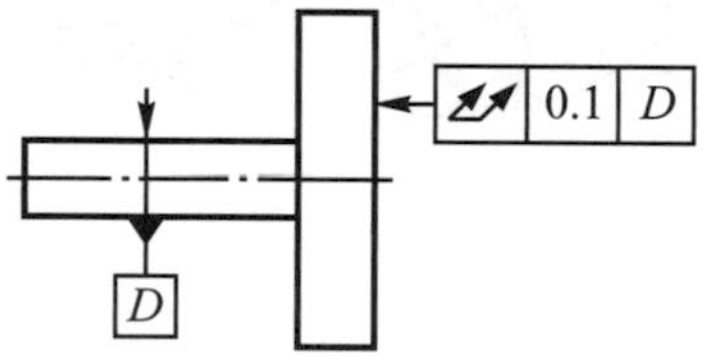

學後評量

一、是非題

( ) 1. 幾何公差是一種幾何形態外形或其所在位置之公差。

( ) 2. 工件標註之幾何公差與長度或角度公差相牴觸時以長度公差爲準。

( ) 3. 工作圖上標註如圖(一)，係指工件之眞圓度在任一與軸線正交的剖面上，其周圍須介於兩個同心而直徑差 0.1 的兩同心圓之間。

( ) 4. 工作圖上標註如圖(二)，係指工件上表面的平行度，須介於與基準面*D*平行，且相距 0.01 的兩平面之間。

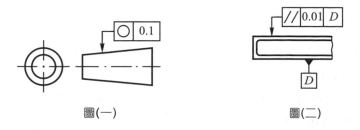

圖(一)　　　　　　　圖(二)

( )5.工作圖上標註如圖(三)，係指工件右方平面之垂直度，須介於與基準面A垂直，且相距 0.08 的兩平行平面之間。

( )6.工作圖上標註如圖(四)，係指工件傾斜面的傾斜度，須介於與基準面A成40°，且相距 0.08 的兩平行平面之間。

( )7.工作圖上標註如圖(五)，係指工件孔之軸線的真直度，須在一個半徑為 0.08 之圓形公差區域內，此圓柱之軸線即為孔軸線之真確位置。

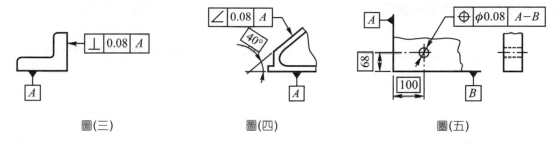

圖(三)　　　　　　　圖(四)　　　　　　　圖(五)

( )8.工作圖上標註如圖(六)，係指工件中央圓柱之軸線的真圓度，須在一個圓柱形公差區域內，此圓柱之直徑為 0.08，其軸線與左、右方基準軸線A、B重合。

( )9.工作圖上標註如圖(七)，係指工件右方槽之中心平面對稱度，須介於兩個相距 0.08 且對稱於基準形態A的中心平面的兩平行平面之間。

( )10.工作圖上標註如圖(八)，係指工件在繞基準軸線A－B旋轉時，沿圓柱面上之任何一點處，所量得與基準軸線垂直方向之徑向圓偏轉量不得超過 0.1。

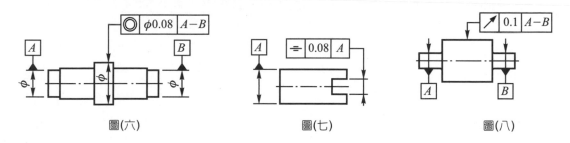

圖(六)　　　　　　　圖(七)　　　　　　　圖(八)

二、選擇題

( )1.下列何項幾何公差為單一形態的形狀公差？ (A)真平度 (B)曲線輪廓度 (C)平行度 (D)同心度 (E)偏轉度。

( )2.垂直度是何種幾何公差？ (A)形狀公差 (B)方向公差 (C)定位公差 (D)偏轉公差 (E)角度公差。

( )3.以一個圓柱體內之空間為公差區域表示者，如 (A)真直度 (B)真圓度 (C)圓柱度 (D)曲線輪廓度 (E)對稱度。

( )4.以平行線間之面積為公差區域表示者，如 (A)中心軸線之真直度 (B)真平度 (C)真圓度 (D)圓柱度 (E)線之位置度。

( )5.真平度的幾何公差符號是 (A)— (B)○ (C)∥ (D)□ (E)⌒。

參考資料

註06-1：經濟部標準檢驗局：工程製圖(幾何公差)。台北，經濟部標準檢驗局，民國88年，第1頁。

註06-2：同註06-1，第3頁。

註06-3：同註06-1。

註06-4：同註06-1，第12～24頁。

實用機工學知識單

項目	尺寸公差與配合	學習目標	能正確的說出尺寸公差的各項意義並應用於工作上

前 言

　　工件設計及製造時應考慮其尺寸精確度以控制其品質與成本。一工件可由該尺寸因受公差而產生限界之尺寸謂之標稱尺寸(nominal size)(標稱尺度)、(基本尺寸)(basic size)，即製造時之理想尺寸，事實上製造時不易達成，就其機件功能而言亦無此必要。通常在標稱尺寸之外，訂定一可允許之上(及/或)下限界尺寸，此二限界尺寸之差謂之公差(tolerance)，如機件製造後之尺寸在其公差內即能達到可互換性並保持其功能。(CNS4-1、CNS4-2 僅適用於長度所定義之尺寸(度)形態(feature of size)之圓柱型式及相對之二個平行表面。)(註 07-1)。

說 明

　　工作圖為工件加工之藍圖，通常均標註標稱尺寸與公差，如一孔的尺寸為 $\phi 20 \begin{smallmatrix} +0.033 \\ 0 \end{smallmatrix}$，則 $\phi 20$ 為標稱尺寸，$\phi 20.033$ 為可允許之最大尺寸即上限界尺寸(upper limit of size, ULS)，$\phi 20.000$ 為可允許之最小尺寸即下限界尺寸(lower limit of size, LLS)，上限界尺寸與下限界尺寸之差即為公差，即 $20.033 - 20.000 = 0.033$，公差為絕對值，無正負號。公差的表示有單向公差與雙向公差，單向公差(unilateral tolerance)只容許單一方向的差異，其表示方法可擇下列之一：

1. 表示上限界尺寸、下限界尺寸如：
   孔尺寸 $\phi \begin{smallmatrix} 20.033 \\ 20.000 \end{smallmatrix}$；軸尺寸 $\phi \begin{smallmatrix} 19.980 \\ 19.959 \end{smallmatrix}$。

2. 表示標稱尺寸及公差如：
   孔尺寸 $\phi 20.000 \begin{smallmatrix} +0.033 \\ 0 \end{smallmatrix}$；軸尺寸 $\phi 19.980 \begin{smallmatrix} 0 \\ -0.021 \end{smallmatrix}$。

3. 表示共同標稱尺寸及公差如：
   孔尺寸 $\phi 20.000 \begin{smallmatrix} +0.033 \\ 0 \end{smallmatrix}$；軸尺寸 $\phi 20.000 \begin{smallmatrix} -0.020 \\ -0.041 \end{smallmatrix}$。

　　雙向公差(bilateral tolerance)則容許雙方向的差異，如一尺寸 30 ± 0.039(即 $30 \begin{smallmatrix} +0.039 \\ -0.039 \end{smallmatrix}$)或 $30 \begin{smallmatrix} +0.039 \\ -0.021 \end{smallmatrix}$ 等。在公差與配合中，工件之內部尺寸(含圓柱)泛稱為孔(hole)，工件之外部尺寸(含圓柱)泛稱為軸(shaft)，公差單位為 μm，$\mu m = 0.001mm$。限界尺寸與標稱尺寸之代數差謂之偏差(deviation)，由標稱尺寸起算之上限界偏差或下限界偏差稱為限界偏差(limit deviation)，上限界尺寸與標稱尺寸之代數差謂之上限界偏差(upper limit deviation)，用於內部尺寸以 ES 表示，用於外部尺寸以 es 表示，下限界尺寸與標稱尺寸之代數差謂之下限界偏差(lower limit deviation)，用於內部尺寸以 EI 表示，用於外部尺寸以 ei 表示，上限界偏差、下限界偏差是帶有正負符號之數值，可為正、零或負。定義公差區間與標稱尺寸之相對位置之限界偏差謂之基礎偏差(fundamental deviation)，公差與偏差之用語定義及說明如圖 07-1(CNS4-1)(註 07-2)。

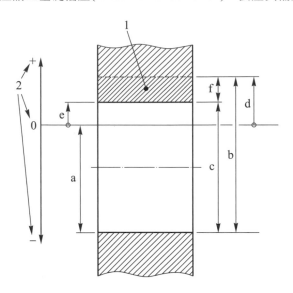

說明：
1 公差區間
2 偏差之符號
a 標稱尺寸
b 上限界尺寸
c 下限界尺寸
d 上限界偏差
e 下限界偏差(在此情況下也是基礎偏差)
f 公差

註：水平的連續實線為公差區之一個限界，代表孔之基礎偏差。虛線亦為公差區間之限界，代表孔之另一個限界偏差。

圖 07-1 公差與偏差之用語定義及說明(以孔為例)(經濟部標準檢驗局)

　　兩工件配合後尺寸公差的算術和，稱為配合的變異值(variation of fit)，其範圍之上限為最大孔減最小軸，下限為最小孔減最大軸，其變異值為正數數值時之配合，稱為餘隙配合(clearance fit)，即配合後有間隙者；負數數值時之配合，稱為干涉配合(interference fit)，即配合有干涉者；配合的變異值有時為正數數值，有時為負數數值之配合，稱為過渡配合(transition fit)，即配合後或間隙或干涉者。

　　公差與配合之大小，係依線性尺度之 ISO 公差編碼系統(ISO code system for tolerances on linear size)訂定，中國國家標準(CNS)之線性尺度編碼系統與國際標準(ISO)相同，其訂定標準有二：一為基孔制配合系統(holes-basis fit system)，簡稱基孔制；一為基軸制配合系統(shaft-basis fit system)，簡稱基軸制。一般用途應選擇基孔制，可避免工具及量規之不必要的多樣化。基孔制以孔作為基孔制配合系統之基準，孔之下限界偏差為零，即孔之公差不變，以不同之公差及配合變異值變化軸之尺寸，以獲得所需之配合，孔之最小尺寸即為標稱尺寸，以作為計算公差及配合變異值之標準，孔之最大尺寸則視公差而異，軸之尺寸視配合變異值及軸公差而異。基軸制係以軸之最大尺寸為標稱尺寸，以作為基軸制配合系統之基準，軸之上限界偏差為零，為訂定公差及配合變異值之標準，軸之公差不變，而變化配合變異值及孔之公差以獲得所需之配合。基孔制以 H 表示之，基軸制以 h 表示之。

　　中國國家標準線性尺寸公差編碼系統將配合分為三類二十八級，三類即餘隙(留隙)(鬆)配合、過渡配合、干涉(過盈)(壓)配合，二十八級即孔以 A、B、C、CD、D、E、EF、F、FG、G、H、JS、J、K、M、N、P、R、S、T、U、V、X、Y、Z、ZA、ZB、ZC 表示，軸以 a、b、c、cd、d、e、ef、f、fg、g、h、 js、j、k、m、n、p、r、s、t、u、v、x、y、z、za、zb、zc 表示如圖 07-2(CNS4-1)(註 07-3)，並將標準公差等級(standard tolerance grade)以 IT01、IT0、IT1～IT18 等表示之，IT 代表標準公差(standard tolerance/ International tolerance,IT)，各級公差值如表 07-1(CNS4-1)(註 07-4)。機件之公差及配合情況以上述二十八級之代表字母及標準公差組合表示之，基孔制以大寫字母 H 代表孔並書於前，小寫字母代表軸並書於後，孔與軸之公差級數各書於右方以表示其公差，如 45H8/g7($45\frac{H8}{g7}$)，45 代表標稱尺寸，H 與 g 分別代表孔與軸之配合等級，而其後之數字 8 與 7 則分別代表孔與軸之公差等級。基軸制以小寫字母 h 代表軸並書於前，以大寫字母代表孔書於後，軸與孔之公差等級各書於右方以表示其公差，如 32h6/G7。若 H、h 同時使用如 38H7/h6，則表示配合的變異值為零之配合，孔與軸均為標稱尺寸。

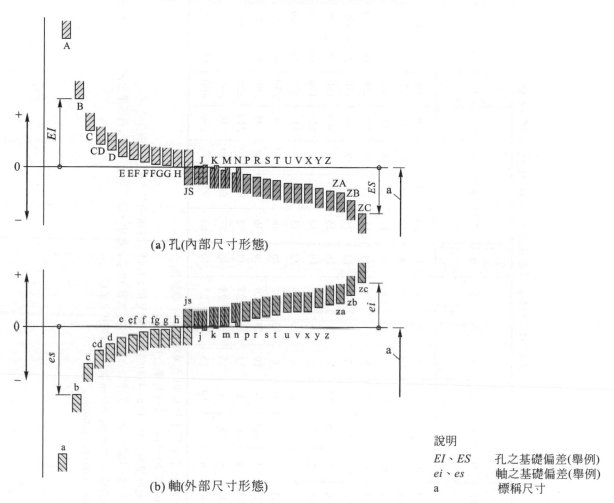

(a) 孔(內部尺寸形態)

(b) 軸(外部尺寸形態)

說明
EI、ES	孔之基礎偏差(舉例)
ei、es	軸之基礎偏差(舉例)
a	標稱尺寸

圖 07-2　圖示公差區間(基礎偏差)之位置與標稱尺寸之相對關係(經濟部標準檢驗局)

表 07-1　標準公差值 (節錄自 CNS4-1)(經濟部標準檢驗局)

單位 μm = 0.001mm

尺寸分段 (mm) ＼ 級別 (IT)	01	0	1	2	3	4	5	6	7	8	9	10	11	12	13	14	15	16	17	18
≤ 3	0.3	0.5	0.8	1.2	2	3	4	6	10	14	25	40	60	100	140	250	400	600	1000	1400
> 3 - 6	0.4	0.6	1	1.5	2.5	4	5	8	12	18	30	48	75	120	180	300	480	750	1200	1800
> 6 - 10	0.4	0.6	1	1.5	2.5	4	6	9	15	22	36	58	90	150	220	360	580	900	1500	2200
> 10 - 18	0.5	0.8	1.2	2	3	5	8	11	18	27	43	70	110	180	270	430	700	1100	1800	2700
> 18 - 30	0.6	1	1.5	2.5	4	6	9	13	21	33	52	84	130	210	330	520	840	1300	2100	3300
> 30 - 50	0.6	1	1.5	2.5	4	7	11	16	25	39	62	100	160	250	390	620	1000	1600	2500	3900
> 50 - 80	0.8	1.2	2	3	5	8	13	19	30	46	74	120	190	300	460	740	1200	1900	3000	4600
> 80 - 120	1	1.5	2.5	4	6	10	15	22	35	54	87	140	220	350	540	870	1400	2200	3500	5400
> 120 - 180	1.2	2	3.5	5	8	12	18	25	40	63	100	160	250	400	630	1000	1600	2500	4000	6300
> 180 - 250	2	3	4.5	7	10	14	20	29	46	72	115	185	290	460	720	1150	1850	2900	4600	7200
> 250 - 315	2.5	4	6	8	12	16	23	32	52	81	130	210	320	520	810	1300	2100	3200	5200	8100
> 315 - 400	3	5	7	9	13	18	25	36	57	89	140	230	360	570	890	1400	2300	3600	5700	8900
> 400 - 500	4	6	8	10	15	20	27	40	63	97	155	250	400	630	970	1550	2500	4000	6300	9700

註：①尺寸分段 > 3-6，表示尺寸自 3.001 至 6.000mm，餘類推。

　　②不包括 1mm 以下的 IT14～IT18 標準公差數值。

　　③IT01～IT4 用於量規公差；IT5～IT10 用於一般公差；IT11～IT18 用於不配合之機件公差。

　　④由 IT6 至 IT18，每隔五級，其標準公差為因數以乘以 10 倍之數值。此規則適用於所有標準公差，亦可用於未列於表 07-1 之 IT 等級之外插值。

例：標準尺寸之分段為 > 120mm-180mm 者，其 1T20 之值為

　　1T20=1T15×10=1600×10=16000μm

40

　　常用公差區域如表07-2(CNS4-1)(註07-5)，常用配合等級之偏差如表07-3、表07-4(CNS4-2)(註07-6)，表07-5為加工方法與公差等級(註07-7)。工件未標註尺寸公差時則按一般許可差加工，機械切削一般許可差如表07-6、表07-7(CNS4018)(註07-8)及表07-8(CNS 13533)(註07-9)。

表 07-2　常用公差區域(經濟部標準檢驗局)

(a) 孔用公差類別之一般選擇

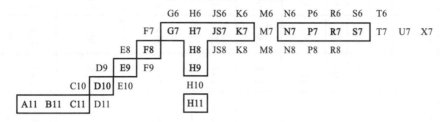

(b) 軸用公差類別之一般選擇

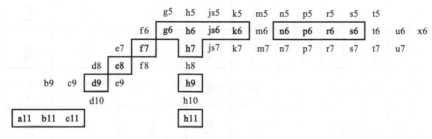

(c) 基孔制系統之較佳配合

基孔	軸用公差類別																	
	餘隙配合						過渡配合				干涉配合							
H6					g5	h5	js5	k5	m5		n5	p5						
H7			f6	g6	h6	js6	k6	m6	n6		p6	r6	s6	t6	u6	x6
H8		e7	f7		h7	js7	k7	m7					s7		u7
	d8	e8	f8		h8										
H9	d8	e8	f8		h8										
H10	b9	c9	d9	e9		h9									
H11	b11	c11	d10			h10									

(d) 基軸制系統之較佳配合

基軸	孔用公差類別													
	餘隙配合					過渡配合				干涉配合				
h5				G6	H6	JS6	K6	M6	N6	P6				
h6		F7	G7	H7	JS7	K7	M7	N7	P7	R7	S7	T7	U7	X7
h7	E8	F8		H8									
h8	D9	E9	F9	H9									
	E8	F8		H8									
h9	D9	E9	F9	H9									
	B11	C10	D10		H10								

註：①黑框內優先選擇。
　　②JS、js 亦可用 J、j。

表 07-3　常用配合等級之偏差(孔)(節錄自 CNS 4-2)(經濟部標準檢驗局)

偏差單位：μm ＝ 0.001mm

尺寸分段(mm)	A① 11 上+	A① 11 下+	B① 11 上+	B① 11 下+	B① 10 上+	B① 10 下+	C 11 上+	C 11 下+	D 9 上+	D 10 上+	D 11 上+	D 9-11 下+	E 8 上+	E 9 上+	E 10 上+	E 8-10 下+	F 7 上+	F 8 上+	F 9 上+	F 7-9 下+
≦ 3	330	270	200	140	100	60	120	60	45	60	80	20	28	39	54	14	16	20	31	6
> 3 - 6	345	270	215	140	118	70	145	70	60	78	105	30	38	50	68	20	22	28	40	10
> 6 - 10	370	280	240	150	138	80	170	80	76	98	130	40	47	61	83	25	28	35	49	13
> 10 - 18	400	290	260	150	165	95	205	95	93	120	160	50	59	75	102	32	34	43	59	16
> 18 - 30	430	300	290	160	194	110	240	110	117	149	195	65	73	92	124	40	41	53	72	20
> 30 - 40	470	310	330	170	220	120	280	120	142	180	240	80	89	112	150	50	50	64	87	25
> 40 - 50	480	320	340	180	230	130	290	130	142	180	240	80	89	112	150	50	50	64	87	25
> 50 - 65	530	340	380	190	260	140	330	140	174	220	290	100	106	134	180	60	60	76	104	30
> 65 - 80	550	360	390	200	270	150	340	150	174	220	290	100	106	134	180	60	60	76	104	30
> 80 -100	600	380	440	220	310	170	390	170	207	260	340	120	126	159	212	72	71	90	123	36
>100-120	630	410	460	240	320	180	400	180	207	260	340	120	126	159	212	72	71	90	123	36
>120-140	710	460	510	260	360	200	450	200	245	305	395	145	148	185	245	85	83	106	143	43
>140-160	770	520	530	280	370	210	460	210	245	305	395	145	148	185	245	85	83	106	143	43
>160-180	830	580	560	310	390	230	480	230	245	305	395	145	148	185	245	85	83	106	143	43
>180-200	950	660	630	340	425	240	530	240	285	355	460	170	172	215	285	100	96	122	165	50
>200-225	1030	740	670	380	445	260	550	260	285	355	460	170	172	215	285	100	96	122	165	50
>225-250	1110	820	710	420	465	280	570	280	285	355	460	170	172	215	285	100	96	122	165	50
>250-280	1240	920	800	480	510	300	620	300	320	400	510	190	191	240	320	110	108	137	186	56
>280-315	1370	1050	860	540	540	330	650	330	320	400	510	190	191	240	320	110	108	137	186	56
>315-355	1560	1200	960	600	590	360	720	360	350	440	570	210	214	265	355	125	119	151	202	62
>355-400	1710	1350	1040	680	630	400	760	400	350	440	570	210	214	265	355	125	119	151	202	62
>400-450	1900	1500	1160	760	690	440	840	440	385	480	630	230	232	290	385	135	131	165	223	68
>450-500	2050	1650	1240	840	730	480	880	480	385	480	630	230	232	290	385	135	131	165	223	68

註：①基礎偏差 A 及 B 不適用於標稱尺寸在 1mm 以下之任何標準公差。

表 07-3 常用配合等級之偏差(孔)(節錄自 CNS 4-2)(經濟部標準檢驗局)(續)

偏差單位：μm = 0.001mm

配合等級	G			H							JS						K						M					
公差等級	6	7	6-7	6	7	8	9	10	11	6-11	6		7		8		6		7		8		6		7		8	
偏差	上+	上+	下+	上+	上+	上+	上+	上+	上+	下	下+	上+	下+	上+	下+	上+	下-	上+	下-	上+	下-	上+	下-	上+	下-	上+	下-	上+
尺寸分段(mm)																												
≦3	8	12	2	6	10	14	25	40	60	0	3	3	5	5	7	7	6	0	10	0	14	0	8	2	12	2	—	—
>3 - 6	12	16	4	8	12	18	30	48	75	0	4	4	6	6	9	9	6	2	9	3	13	5	9	1	12	0	16	2
>6 - 10	14	20	5	9	15	22	36	58	90	0	4.5	4.5	7.5	7.5	11	11	7	2	10	5	16	6	12	3	15	0	21	1
>10 - 18	17	24	6	11	18	27	43	70	110	0	5.5	5.5	9	9	13.5	13.5	9	2	12	6	19	8	15	4	18	0	25	2
>18 - 30	20	28	7	13	21	33	52	84	130	0	6.5	6.5	10.5	10.5	16.5	16.5	11	2	15	6	23	10	17	4	21	0	29	4
>30 - 50	25	34	9	16	25	39	62	100	160	0	8	8	12.5	12.5	19.5	19.5	13	3	18	7	27	12	20	4	25	0	34	5
>50 - 80	29	40	10	19	30	46	74	120	190	0	9.5	9.5	15	15	23	23	15	4	21	9	32	14	24	5	30	0	41	5
>80 - 120	34	47	12	22	35	54	87	140	220	0	11	11	17.5	17.5	27	27	18	4	25	10	38	16	28	6	35	0	48	6
>120 - 180	39	54	14	25	40	63	100	160	250	0	12.5	12.5	20	20	31.5	31.5	21	4	28	12	43	20	33	8	40	0	55	8
>180 - 250	44	61	15	29	46	72	115	185	290	0	14.5	14.5	23	23	36	36	24	5	33	13	50	22	37	8	46	0	63	9
>250 - 315	49	69	17	32	52	81	130	210	320	0	16	16	26	26	40.5	40.5	27	5	36	16	56	25	41	9	52	0	72	9
>315 - 400	54	75	18	36	57	89	140	230	360	0	18	18	28.5	28.5	44.5	44.5	29	7	40	17	61	28	46	10	57	0	78	11
>400 - 500	60	83	20	40	63	97	155	250	400	0	20	20	31.5	31.5	48.5	48.5	32	8	45	18	68	29	50	10	63	0	86	11

表 07-3　常用配合等級之偏差(孔)(節錄自 CNS 4-2)(經濟部標準檢驗局)(續)

偏差單位：μm＝0.001mm

尺寸分段 (mm)	N6 上	N6 下	N7 上	N7 下	N8 上	N8 下	P6 上	P6 下	P7 上	P7 下	P8 上	P8 下	R6 上	R6 下	R7 上	R7 下	R8 上	R8 下	S6 上	S6 下	S7 上	S7 下	T6① 上	T6① 下	T7① 上	T7① 下	U7 上	U7 下	X7 上	X7 下
≦3	4	10	4	14	4	18	6	12	6	16	6	20	10	16	10	20	10	24	14	20	14	24	—	—	—	—	18	28	20	30
>3 - 6	5	13	4	16	2	20	9	17	8	20	12	30	12	20	11	23	15	33	16	24	15	27	—	—	—	—	19	31	24	36
>6 - 10	7	16	4	19	3	25	12	21	9	24	15	37	16	25	13	28	19	41	20	29	17	32	—	—	—	—	22	37	28	43
>10 - 14	9	20	5	23	3	30	15	26	11	29	18	45	20	31	16	34	23	50	25	36	21	39	—	—	—	—	26	44	33	51
>14 - 18	9	20	5	23	3	30	15	26	11	29	18	45	20	31	16	34	23	50	25	36	21	39	—	—	—	—	26	44	38	56
>18 - 24	11	24	7	28	3	36	18	31	14	35	22	55	24	37	20	41	28	61	31	44	27	48	—	—	—	—	33	54	46	67
>24 - 30	11	24	7	28	3	36	18	31	14	35	22	55	24	37	20	41	28	61	31	44	27	48	37	50	33	54	40	61	56	77
>30 - 40	12	28	8	33	3	42	21	37	17	42	26	65	29	45	25	50	34	73	38	54	34	59	43	59	39	64	51	76	71	96
>40 - 50	12	28	8	33	3	42	21	37	17	42	26	65	29	45	25	50	34	73	38	54	34	59	49	65	45	70	61	86	88	113
>50 - 65	14	33	9	39	4	50	26	45	21	51	32	78	35	54	30	60	41	87	47	66	42	72	60	79	55	85	76	106	111	141
>65 - 80	14	33	9	39	4	50	26	45	21	51	32	78	37	56	32	62	43	89	53	72	48	78	69	88	64	94	91	121	135	165
>80 - 100	16	38	10	45	4	58	30	52	24	59	37	91	44	66	38	73	51	105	64	86	58	93	84	106	78	113	111	146	165	200
>100 - 120	16	38	10	45	4	58	30	52	24	59	37	91	47	69	41	76	54	108	72	94	66	101	97	119	91	126	131	166	197	232
>120 - 140	20	45	12	52	4	67	36	61	28	68	43	106	56	81	48	88	63	126	85	110	77	117	115	140	107	147	155	195	233	273
>140 - 160	20	45	12	52	4	67	36	61	28	68	43	106	58	83	50	90	65	128	93	118	85	125	127	152	119	159	175	215	265	305
>160 - 180	20	45	12	52	4	67	36	61	28	68	43	106	61	86	53	93	68	131	101	126	93	133	139	164	131	171	195	235	295	335
>180 - 200	22	51	14	60	5	77	41	70	33	79	50	122	68	97	60	106	77	149	113	142	105	151	157	186	149	195	219	265	333	379
>200 - 225	22	51	14	60	5	77	41	70	33	79	50	122	71	100	63	109	80	152	121	150	113	159	171	200	163	209	241	287	368	414
>225 - 250	22	51	14	60	5	77	41	70	33	79	50	122	75	104	67	113	84	156	131	160	123	169	187	216	179	225	267	313	408	454
>250 - 280	25	57	14	66	5	86	47	79	36	88	56	137	85	117	74	126	94	175	149	181	138	190	209	241	198	250	295	347	455	507
>280 - 315	25	57	14	66	5	86	47	79	36	88	56	137	89	121	78	130	98	179	161	193	150	202	231	263	220	272	330	382	505	557
>315 - 355	26	62	16	73	5	94	51	87	41	98	62	151	97	133	87	144	108	197	179	215	169	226	257	293	247	304	369	426	569	626
>355 - 400	26	62	16	73	5	94	51	87	41	98	62	151	103	139	93	150	114	203	197	233	187	244	283	319	273	330	414	471	639	696
>400 - 450	27	67	17	80	6	103	55	95	45	108	68	165	113	153	103	166	126	223	219	259	209	272	317	357	307	370	467	530	717	780
>450 - 500	27	67	17	80	6	103	55	95	45	108	68	165	119	159	109	172	132	229	239	279	229	292	347	387	337	400	517	580	797	860

註：① 標稱尺寸在 24mm 以下，公差類別 T5 至 T8 並未列出，建議以公差類別 U5 至 U8 取代。

表07-4 常用配合等級之偏差(軸)(節錄自 CNS 4-2)(經濟部標準檢驗局)

偏差單位：μm = 0.001mm

尺寸分段 (mm)	a① 11 上	a① 11 下	b① 9 上	b① 9 下	b① 11 上	b① 11 下	c 9 上	c 9 下	c 11 上	c 11 下	d 8-10 上	d 8 下	d 9 下	d 10 下	e 7-9 上	e 7 下	e 8 下	e 9 下	f 6-8 上	f 6 下	f 7 下	f 8 下	g 5-6 上	g 5 下	g 6 下
≦3	270	330	140	165	140	200	60	85	60	120	20	34	45	60	14	24	28	39	6	12	16	20	2	6	8
>3 - 6	270	345	140	170	140	215	70	100	70	145	30	48	60	78	20	32	38	50	10	18	22	28	4	9	12
>6 - 10	280	370	150	186	150	240	80	138	80	170	40	62	76	98	25	40	47	61	13	22	28	35	5	11	14
>10 - 18	290	400	150	193	150	260	95	165	95	205	50	77	93	120	32	50	59	75	16	27	34	43	6	14	17
>18 - 30	300	430	160	212	160	290	110	194	110	240	65	98	117	149	40	61	73	92	20	33	41	53	7	16	20
>30 - 40	310	470	170	232	170	330	120	220	120	280	80	119	142	180	50	75	89	112	25	41	50	64	9	20	25
>40 - 50	320	480	180	242	180	340	130	230	130	290	80	119	142	180	50	75	89	112	25	41	50	64	9	20	25
>50 - 65	340	530	190	264	190	380	140	260	140	330	100	146	174	220	60	90	106	134	30	49	60	76	10	23	29
>65 - 80	360	550	200	274	200	390	150	270	150	340	100	146	174	220	60	90	106	134	30	49	60	76	10	23	29
>80 - 100	380	600	220	307	220	440	170	310	170	400	120	174	207	260	72	107	126	159	36	58	71	90	12	27	34
>100 - 120	410	630	240	327	240	460	180	320	180	400	120	174	207	260	72	107	126	159	36	58	71	90	12	27	34
>120 - 140	460	710	260	360	260	510	200	360	200	450	145	208	245	305	85	125	148	185	43	68	83	106	14	32	39
>140 - 160	520	770	280	380	280	530	210	370	210	460	145	208	245	305	85	125	148	185	43	68	83	106	14	32	39
>160 - 180	580	830	310	410	310	560	230	390	230	480	145	208	245	305	85	125	148	185	43	68	83	106	14	32	39
>180 - 200	660	950	340	455	340	630	240	425	240	530	170	242	285	355	100	146	172	215	50	79	96	122	15	35	44
>200 - 225	740	1030	380	495	380	670	260	445	260	550	170	242	285	355	100	146	172	215	50	79	96	122	15	35	44
>225 - 250	820	1110	420	535	420	710	280	465	280	570	170	242	285	355	100	146	172	215	50	79	96	122	15	35	44
>250 - 280	920	1240	480	610	480	800	300	510	300	620	190	271	320	400	110	162	191	240	56	88	108	137	17	40	49
>280 - 315	1050	1370	540	670	540	860	330	540	330	650	190	271	320	400	110	162	191	240	56	88	108	137	17	40	49
>315 - 355	1200	1560	600	740	600	960	360	590	360	720	210	299	350	440	125	182	214	265	62	98	119	151	18	43	54
>355 - 400	1350	1710	680	820	680	1040	400	630	400	760	210	299	350	440	125	182	214	265	62	98	119	151	18	43	54
>400 - 450	1500	1900	760	915	760	1160	440	690	440	840	230	327	385	480	135	198	232	290	68	108	131	165	20	47	60
>450 - 500	1650	2050	840	995	840	1240	480	730	480	880	230	327	385	480	135	198	232	290	68	108	131	165	20	47	60

註：①基礎偏差 a 及 b 不適用於標稱尺寸在 1mm 以下之任何標準公差。

表 07-4　常用配合等級之偏差(軸)(節錄自 CNS 4-2)(經濟部標準檢驗局)　(續)　　偏差單位：μm = 0.001mm

配合等級	h							js						k				m				n			
公差等級	5-11	5	6	7	8	9	11	5		6		7		5	6	7	5-7	5	6	7	5-7	5	6	7	5-7
偏差	上	下-	下-	下-	下-	下-	下-	上+	下-	上+	下-	上+	下-	上+	上+	上+	下+	上+	上+	上+	下+	上+	上+	上+	下+
≦3	0	4	6	10	14	25	60	2	2	3	3	5	5	4	6	10	0	6	8	—	2	8	10	14	4
>3 - 6	0	5	8	12	18	30	75	2.5	2.5	4	4	6	6	6	9	13	1	9	12	16	4	13	16	20	8
>6 - 10	0	6	9	15	22	36	90	3	3	4.5	4.5	7.5	7.5	7	10	16	1	12	15	21	6	16	19	25	10
>10 - 18	0	8	11	18	27	43	110	4	4	5.5	5.5	9	9	9	12	19	1	15	18	25	7	20	23	30	12
>18 - 30	0	9	13	21	33	52	130	4.5	4.5	6.5	6.5	10.5	10.5	11	15	23	2	17	21	29	8	24	28	36	15
>30 - 50	0	11	16	25	39	62	160	5.5	5.5	8	8	12.5	12.5	13	18	27	2	20	25	34	9	28	33	42	17
>50 - 80	0	13	19	30	46	74	190	6.5	6.5	9.5	9.5	15	15	15	21	32	2	24	30	41	11	33	39	50	20
>80 - 120	0	15	22	35	54	87	220	7.5	7.5	11	11	17.5	17.5	18	25	38	3	28	35	48	13	38	45	58	23
>120 - 180	0	18	25	40	63	100	250	9	9	12.5	12.5	20	20	21	28	43	3	33	40	55	15	45	52	67	27
>180 - 250	0	20	29	46	72	115	290	10	10	14.5	14.5	23	23	24	33	50	4	37	46	63	17	51	60	77	31
>250 - 315	0	23	32	52	81	130	320	11.5	11.5	16	16	26	26	27	36	56	4	43	52	72	20	57	66	86	34
>315 - 400	0	25	36	57	89	140	360	12.5	12.5	18	18	28.5	28.5	29	40	61	4	46	57	78	21	62	73	94	37
>400 - 500	0	27	40	63	97	155	400	13.5	13.5	20	20	31.5	31.5	32	45	68	5	50	63	86	23	67	80	103	40

尺寸分段 (mm)

表 07-4　常用配合等級之偏差(軸)(節錄自 CNS 4-2)(經濟部標準檢驗局)(續)　　　　偏差單位：μm = 0.001mm

尺寸分段 (mm)	p 5 上+	p 6 上+	p 7 上+	p 5-7 下+	r 5 上+	r 6 上+	r 7 上+	r 5-7 下+	s 5 上+	s 6 上+	s 7 上+	s 5-7 下+	t① 5 上+	t① 6 上+	t① 7 上+	t① 5-7 下+	u 6 上+	u 7 上+	u 6 下+	u 7 下+	x 6 上+	x 6 下+
≦3	10	12	16	6	14	16	20	10	18	20	24	14	—	—	—	—	24	28	18	18	26	20
>3 - 6	17	20	24	12	20	23	27	15	24	27	31	19	—	—	—	—	31	35	23	23	36	28
>6 - 10	21	24	30	15	25	28	34	19	29	32	38	23	—	—	—	—	37	43	28	28	43	34
>10 - 14	26	29	36	18	31	34	41	23	36	39	46	28	—	—	—	—	44	51	33	33	51	40
>14 - 18	26	29	36	18	31	34	41	23	36	39	46	28	—	—	—	—	44	51	33	33	56	45
>18 - 24	31	35	43	22	37	41	49	28	44	48	56	35	—	—	—	—	54	62	41	41	67	54
>24 - 30	31	35	43	22	37	41	49	28	44	48	56	35	50	54	62	41	61	69	48	48	77	64
>30 - 40	37	42	51	26	45	50	59	34	54	59	68	43	59	64	73	48	76	85	60	60	96	80
>40 - 50	37	42	51	26	45	50	59	34	54	59	68	43	65	70	79	54	86	95	70	70	113	97
>50 - 65	45	51	62	32	54	60	71	41	66	72	83	53	79	85	96	66	106	117	87	87	141	122
>65 - 80	45	51	62	32	56	62	73	43	72	78	89	59	88	94	105	75	121	132	102	102	165	146
>80 - 100	52	59	72	37	66	73	86	51	86	93	106	71	106	113	126	91	146	159	124	124	200	178
>100 - 120	52	59	72	37	69	76	89	54	94	101	114	79	119	126	139	104	166	179	144	144	232	210
>120 - 140	61	68	83	43	81	88	103	63	110	117	132	92	140	147	162	122	195	210	170	170	273	248
>140 - 160	61	68	83	43	83	90	105	65	118	125	140	100	152	159	174	134	215	230	190	190	305	280
>160 - 180	61	68	83	43	86	93	108	68	126	133	148	108	164	171	186	146	235	250	210	210	335	310
>180 - 200	70	79	96	50	97	106	123	77	142	151	168	122	186	195	212	166	265	282	236	236	379	350
>200 - 225	70	79	96	50	100	109	126	80	150	159	176	130	200	209	226	180	287	304	258	258	414	385
>225 - 250	70	79	96	50	104	113	130	84	160	169	186	140	216	225	242	196	313	330	284	284	454	425
>250 - 280	79	88	108	56	117	126	146	94	181	190	210	158	241	250	270	218	347	367	315	315	507	475
>280 - 315	79	88	108	56	121	130	150	98	193	202	222	170	263	272	292	240	382	402	350	350	557	525
>315 - 355	87	98	119	62	133	144	165	108	215	226	247	190	293	304	325	268	426	447	390	390	626	590
>355 - 400	87	98	119	62	139	150	171	114	233	244	265	208	319	330	351	294	471	492	435	435	696	660
>400 - 450	95	108	131	68	153	166	189	126	259	272	295	232	357	370	393	330	530	553	490	490	780	740
>450 - 500	95	108	131	68	159	172	195	132	279	292	315	252	387	400	423	360	580	603	540	540	860	820

註：①標稱尺寸在24mm以下，公差類別t5至t8並未列出，建議以公差類別u5至u8取代。

表 07-5　加工方法與公差等級

加工方法	標註	公差等級									
		4	5	6	7	8	9	10	11	12	13
研光	研光	←—→									
搪光	搪光	←—→									
圓筒磨削	輪磨		←——→								
平面磨削	輪磨		←———→								
拉削	拉		←———→								
鉸削	鉸			←———————→							
車削	車				←——————————————→						
搪削	搪					←———————————→					
銑削	銑							←——————→			
鉋削	鉋							←——————→			
鑽削	鑽							←——————→			

表 07-6　機械切削一般許可差(經濟部標準檢驗局)　　　　單位：mm

標註尺寸 等級	0.5 以上 至 3	超過 3 至 6	超過 6 至 30	超過 30 至 120	超過 120 至 315	超過 315 至 1000	超過 1000 至 2000	超過 2000 至 4000	超過 4000 至 8000	超過 8000 至 12000	超過 12000 至 16000	超過 16000 至 20000
精級(12級)	±0.05	±0.05	±0.1	±0.15	±0.2	±0.3	±0.5	±0.8	—	—	—	—
中級(14級)	±0.1	±0.1	±0.2	±0.3	±0.5	±0.8	±1.2	±2	±3	±4	±5	±6
粗級(16級)	±0.15	±0.2	±0.5	±0.8	±1.2	±2	±3	±4	±5	±6	±7	±8
最粗級	—	±0.5	±1	±1.5	±2	±3	±4	±5	±6	±8	±10	±12

註：①標註尺寸小於 0.5mm 時，應標註許可差。
　　②括號內等級別僅供參考。

表 07-7 機械切削一般許可差(去角及曲率半徑)(經濟部標準檢驗局)　　　　單位：mm

等級＼標註尺寸	0.5 以上至 3	超過 3 至 6	超過 6 至 30	超過 30 至 120	超過 120 至 400
精級、中級	±0.2	±0.5	±1	±2	±4
粗級、最粗級	±0.2	±1	±2	±4	±8

註：標註尺寸小於 0.5mm 時，應標註許可差。

表 07-8 中心距離許可差(節錄自 CNS13533)(經濟部標準檢驗局)　　　　單位：μm

中心距離(mm)		許可差				
超過	至	0 級 (參考)	1 級	2 級	3 級	4 級 (mm)
—	3	± 2	± 3	± 7	±20	±0.05
3	6	± 3	± 4	± 9	±24	±0.06
6	10	± 3	± 5	±11	±29	±0.08
10	18	± 4	± 6	±14	±35	±0.09
18	30	± 5	± 7	±17	±42	±0.11
30	50	± 6	± 8	±20	±50	±0.13
50	80	± 7	±10	±23	±60	±0.15
80	120	± 8	±11	±27	±70	±0.18

尺寸公差之應用，舉例說明如下：

【例 1】一孔尺寸為 28H11

　　查表 07-1 或表 07-3 知 IT11 級公差為 130μ，即該尺寸為 $28^{+0.130}_{0}$。

【例 2】一軸尺寸為 33h6

　　查表 07-1 或表 07-4 知 IT6 級公差為 16μ，即該尺寸為 $33^{0}_{-0.016}$。

【例 3】一配合尺寸為 25H8/f7

　　表示基孔制，標稱尺寸 25.000，孔之最小尺寸為 25.000，孔公差 8 級查表 07-1 或表 07-3 知公差為 0.033，即孔之尺寸為 $25^{+0.033}_{0}$，軸偏差查表 07-4 知−0.020～−0.041，即軸尺寸為 $25^{-0.020}_{-0.041}$或$24.980^{0}_{-0.021}$；其最大孔與最小軸之差(25.033−24.959 ＝ ＋ 0.074)及最小孔與最大軸之差(25.000−24.980 ＝ ＋ 0.020)，其配合的變異值為 ＋ 0.020～ ＋ 0.074；係正數數值，即

為餘隙配合。

【例4】一配合尺寸 35H6/k5

查表 07-1 或表 07-3 知其孔尺寸為 $35^{+0.016}_{0}$，查表 07-4 知軸尺寸為 $35^{+0.013}_{+0.002}$，其配合的變異值為 $-0.013 \sim +0.014$；係由負數數值至正數數值，即為過渡配合。

【例5】一配合尺寸 25H7/t6

查表 07-1 或表 07-3 知其孔尺寸為 $25^{+0.021}_{0}$，查表 07-4 知軸尺寸為 $25^{+0.054}_{+0.041}$，其配合的變異值為 $-0.020 \sim -0.054$；係負數數值，即為干涉配合。

在基軸制中配合的變異值，亦相當於最大孔減最小軸及最小孔減最大軸之差，正數數值時為餘隙配合，負數數值為干涉配合，基軸制僅用於同一軸須與多件不同偏差之孔配合時用之。

【例6】一配合尺寸 70h6/F7

表示基軸制，查表 07-1 或表 07-4 知其軸尺寸為 $70^{0}_{-0.019}$，查表 07-3 知孔尺寸為 $70^{+0.060}_{+0.030}$，其配合的變異值為 $+0.079 \sim +0.030$(即 $70.060 - 69.981 = +0.079$；$70.030 - 70.000 = +0.030$)；係正數數值，即為餘隙配合。

【例7】一配合尺寸 55h5/N6

查表 07-1 或表 07-4 知其軸尺寸為 $55^{0}_{-0.013}$，查表 07-3 知孔尺寸為 $55^{-0.014}_{-0.033}$，配合的變異值為 $-0.001 \sim -0.033$；係負數數值，即為干涉配合。

學後評量

一、是非題

( ) 1. 工件標稱尺寸的容許差異量稱為公差，亦即上限界尺寸與下限界尺寸之差。

( ) 2. 基孔制公差制度之最小孔尺寸，即為標稱尺寸。

( ) 3. 中國國家標準之線性尺度編碼系統，將配合分為三類 18 級。

( ) 4. 車削工作之公差等級 IT6～IT10。

( ) 5. 工作圖上一尺寸 $\phi 30$，未標註尺寸公差，惟註明以一般許可差中級精度加工，則其尺寸公差為 ±0.8。

( ) 6. 一尺寸 $\phi 35H9/e8$，則其孔之尺寸為 $\phi 35^{+0.062}_{0}$，軸之尺寸為 $\phi 35^{-0.050}_{-0.089}$。

( ) 7. 一尺寸 $40^{+0.039}_{0}$ 則其上限界偏差為 +0.039，公差 0.039。

( ) 8. 一尺寸 $\phi 20H8/f7$，表示干涉配合。

( ) 9. 一尺寸 30H8/g6，表示變異值為 $+0.009 \sim +0.064$。

( ) 10. 一尺寸 $\phi 70H7/s6$，表示餘隙配合。

二、選擇題

( ) 1. 下列有關尺寸公差與配合之敘述,何項不正確? (A)公差有正公差與負公差 (B)公差有單向公差與雙向公差 (C)偏差有上限界偏差與下限界偏差 (D)公差制度有基孔制與基軸制 (E)配合的變異值有正數數值與負數數值。

( ) 2. 一尺寸 50H7 則其尺寸為 (A)$50 - ^0_{0.030}$ (B)$50 - ^0_{0.025}$ (C)50 ± 0.025 (D)50 ± 0.030 (E)$50 ^{+\ 0.025}_{\quad 0}$。

( ) 3. 一尺寸標示 28H7/f6,下列敘述何項不正確? (A)標稱尺寸 28mm (B)是基軸制的公差制度 (C)是餘隙配合 (D)孔的上限界偏差為正數數值 (E)配合的變異值為正數值。

( ) 4. 尺寸 ϕ 35 的粗級機械切削一般許可差是 (A)± 0.05 (B)± 0.1 (C)± 0.3 (D)± 0.8 (E)± 1.2。

( ) 5. 尺寸 2×45° 的去角之最粗級機械切削一般許可差是 (A)$+ 0.2$ (B)-0.2 (C)± 0.2 (D)$+ 0.5$ (E)± 0.5。

參考資料

註 07-1: 經濟部標準檢驗局:產品幾何規範(GPS)—線性尺度之 ISO 公差編碼系統—第 1 部:公差、偏差及配合之基礎。台北,經濟部標準檢驗局,民國 101 年,第 3 頁。

註 07-2: 同註 07-1,第 1～5 頁。

註 07-3: 同註 07-1,第 6～7,17 頁。

註 07-4: 同註 07-1,第 6,13 頁。

註 07-5: 同註 07-1,第 26,28 頁。

註 07-6: 經濟部標準檢驗局:產品幾何規範(GPS)—線性尺度之 ISO 公差編碼系統—第 2 部:孔及軸之標準公差類別與限界偏差表。台北,經濟部標準檢驗局,民國 101 年,第 10～46 頁。

註 07-7: Erik Oberg and Franklin D. Jones. *Machinery's handbook*. New York: Industrial Press Inc., 1971, p.1517.

註 07-8: 經濟部標準檢驗局:一般許可差(機械切削)。台北,經濟部標準檢驗局,民國 76 年,第 1 頁。

註 07-9: 經濟部標準檢驗局:中心距離許可差。台北,經濟部標準檢驗局,民國 84 年,第 1 頁。

實用機工學知識單

項目	最大實體原理	學習目標	能正確的說出最大實體原理並應用於工作上

前 言

工件之幾何公差與尺寸公差之間的應用與工件之配合情況有關，例如留隙配合時，尺寸公差內之實際尺寸在最大實體狀況(maximum material condition，簡稱 MMC)下之尺寸(如最大軸和最小孔)，而幾何公差之實際值在最大值時其配合間隙最小；若實際尺寸未達最大實體狀況下之尺寸(如最小軸與最大孔)，即最小實體狀況(minimum material condition，簡稱LMC)，而幾何公差之實際值較最大值為小時，其配合間隙則較大。此種因實際尺寸未達最大實體狀況時，其幾何公差雖增大，但不影響其配合者，此即最大實體狀況之原理(CNS3-12)(註 08-1)。

說 明

工件之尺寸與幾何公差能應用最大實體狀況時，則在其公差之後加註"Ⓜ"之符號如圖 08-1(a)，如其基準有尺寸公差可應用最大實體狀況之原理時，則亦加註"Ⓜ"於基準之後如圖(b)，若公差與基準均應用時，則加註於兩者如圖(c)(CNS3-4)(註 08-2)。幾何公差最大實體狀況之應用於公差之實例，舉例說明如下(CNS3-12)(註 08-3)：

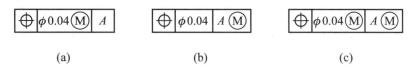

| ⊕ | φ0.04Ⓜ | A | | ⊕ | φ0.04 | A Ⓜ | | ⊕ | φ0.04Ⓜ | A Ⓜ |

(a)   (b)   (c)

圖 08-1　最大實體狀況之標註(經濟部標準檢驗局)

08-1　軸線的真直度公差

圖 08-2 示一軸線真直度公差例，圖中軸之尺寸公差為 0.2，即軸之合格尺寸為 ϕ12.0～ϕ11.8；其真直度公差為 ϕ0.4，應用最大實體狀況，即軸將被包絡於一 ϕ12.4 (ϕ12 ＋ϕ0.4＝ϕ12.4)在圓柱內，如圖 08-3。此時，當軸之尺寸為 ϕ12.0 時，其軸線須在 ϕ0.4 的真直度公差如圖(a)，但當軸之尺寸為 ϕ11.8 時，則其軸線真直度公差可增至 ϕ0.6 如圖(b)。

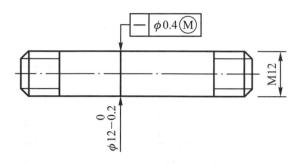

圖 08-2　軸線的真直度公差例(經濟部標準檢驗局)

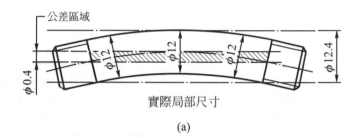

(a)

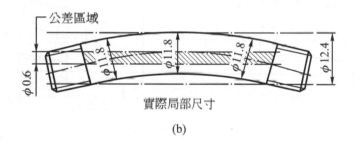

(b)

圖 08-3　軸線的真直度公差例之說明(經濟部標準檢驗局)

08-2　以基準平面為準之軸的平行度公差

　　圖 08-4 示一以基準平面為準之軸的平行度公差例，圖中軸之尺寸公差為 0.1，即軸之合格尺寸為 ϕ6.5～ϕ6.4；其平行度公差為 0.06，應用最大實體狀況，即軸將被包絡在一平行於基準平面 A 而相距 6.56(6.5＋0.06 ＝ 6.56)的兩平行平面間，如圖 08-5。此時，當軸之尺寸為 ϕ6.5 時，軸線應在與基準平面 A 平行，且相距 0.06 的兩平行平面間如圖(a)，當軸之尺寸為 ϕ6.4 時，則軸線應在與基準平面 A 平行，且相距 0.16 的兩平行平面間如圖(b)。圖 08-4 中註有 Ⓔ 者，應個別核對處於最大實體尺寸之正確圓柱。

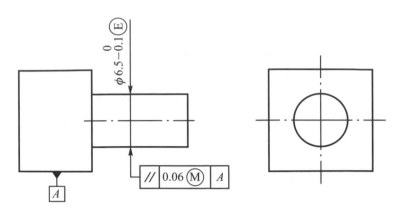

圖 08-4　以基準平面為準之軸的平行度公差例(經濟部標準檢驗局)

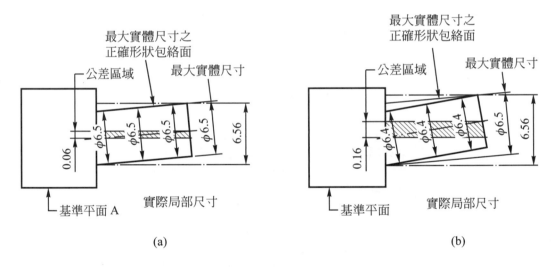

(a) (b)

圖 08-5　以基準平面為準之軸的平行度公差例之說明(經濟部標準檢驗局)

08-3 以基準平面為準之孔的垂直度公差

圖 08-6 示一以基準平面為準之孔的垂直度公差例，圖中孔之尺寸公差為 0.13，即孔之合格尺寸為 $\phi50.00\sim\phi50.13$；其垂直度公差為$\phi0.08$，應用最大實體狀況，即孔將內接包絡在一垂直於基準平面A，直徑為$\phi49.92$ ($\phi50.00-\phi0.08=\phi49.92$)的圓柱如圖 08-7。此時，當孔之尺寸為$\phi50.00$ 時，孔中心線應在一個與基準平面A垂直，且為$\phi0.08$ 的公差區域內如圖(a)，當孔之尺寸為$\phi50.13$ 時，孔中心線應在一個與基準平面A垂直，且為$\phi0.21$ 的公差區域內如圖(b)。

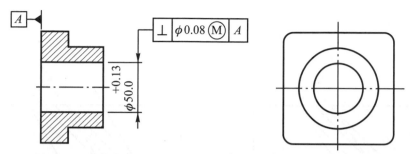

圖 08-6　以基準平面為準之孔的垂直度公差例(經濟部標準檢驗局)

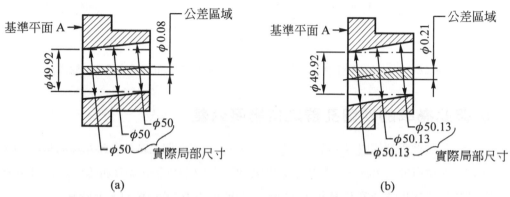

圖 08-7　以基準平面為準之孔的垂直度公差例之說明(經濟部標準檢驗局)

08-4　以一個基準平面為準之槽孔的傾斜度公差

圖 08-8 示一以基準平面為準之槽孔的傾斜度公差例，圖中孔之公差為 0.16，即孔之合格尺寸為ϕ6.32～ϕ6.48；其傾斜度公差為 0.13，應用最大實體狀況，即孔將被包絡在與基準平面A傾斜45°而相距 6.19(6.32－0.13＝6.19)的圓柱如圖 08-9。此時，當孔之尺寸為ϕ6.32 時，孔中心線應在一與基準平面A傾斜45°，且相距 0.13 的兩平行平面間如圖(a)，當孔之尺寸為ϕ6.48 時，孔中心線應在一與基準平面A傾斜45°而相距 0.29 的兩平行平面間如圖(b)。

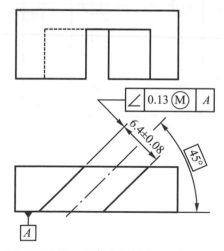

圖 08-8　以基準平面為準之槽孔的傾斜度公差例(經濟部標準檢驗局)

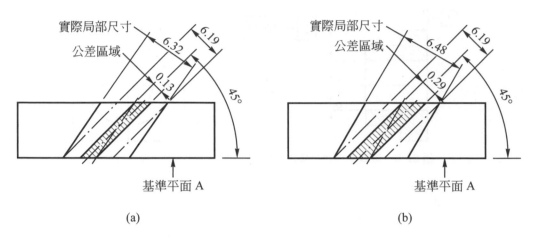

圖 08-9 以基準平面為準之槽孔的傾斜度公差例之說明(經濟部標準檢驗局)

08-5 以彼此為準的四個孔群之位置度公差

圖 08-10 示一以彼此為準的四個孔群之位置度公差例,圖中四個孔之各自公差均為 0.1,即孔之合格尺寸為ϕ8.1～ϕ8.2;其位置公差ϕ0.1,應用最大實體狀況,即孔將內接包絡在ϕ8 (ϕ8.1－ϕ0.1＝ϕ8)的圓柱,而其每一圓柱被定位在相關於其他圓柱相距 32mm,且90°的位置如圖 08-11,此時當孔之尺寸為ϕ8.1 時,各孔之中心線應在ϕ0.1 的位置度公差區域內如圖(a)。當孔之尺寸為ϕ8.2 時,則各孔之中心線應在ϕ0.2 的位置度公差區域內如圖(b)。

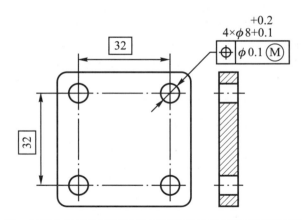

圖 08-10 以彼此為準的四個孔群之位置度公差例(經濟部標準檢驗局)

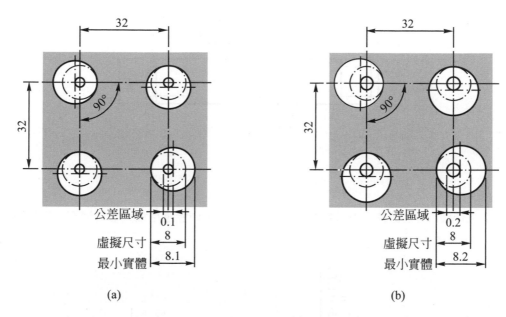

圖 08-11　以彼此為準的四個孔群之位置度公差例之說明(經濟部標準檢驗局)

　　一般而言，公差區域幾不可能標示為零，但幾何公差應用最大實體狀況即可能為零，如圖 08-10 所舉之例，其極限情形是將整體公差安置於尺寸公差內，並指定一個零位置度公差，如圖 08-12。此時，尺寸公差增加了，並成為先前所定的尺寸公差與位置度公差的總和。當理論上，正確尺寸在最大和最小之間變化時，其位置度公差也在 $\phi 0 \sim \phi 0.2$ 之間變化，"0Ⓜ"的符號也可以和其他幾何特性共同使用。

　　當應用最大實體狀況的原理時，其形狀與位置公差之誤差可用量規檢查，當不足(或不能)應用最大實體狀況時，則形狀與位置公差的誤差必須單獨檢查，而不涉及外形實際完成的尺寸，當不論其外形實際完成尺寸，測量時不得超出其原來公差時，則標註Ⓢ(regardless of feature size 簡稱 RFS)—不論外形尺寸。

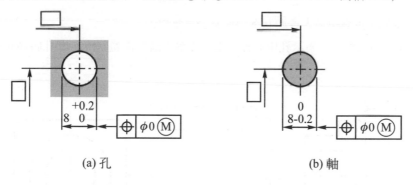

圖 08-12　零幾何公差的標註(經濟部標準檢驗局)

學後評量

一、是非題

　　(　) 1. 工作圖(一)之標註，表示工件之真直度公差可應用最大實體狀況之原理而增大。

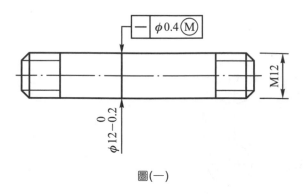

圖(一)

( )2.工作圖(二)之標註,表示軸中心線之平行度公差均能應用最大實體狀況,即軸將被包絡在一ϕ0.06的圓柱內。

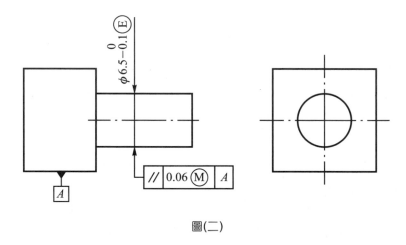

圖(二)

( )3.垂直度公差可應用最大實體狀況而使其公差量增大。

( )4.工作圖(三)之標註,表示孔中心線之垂直度應用最大實體狀況,即孔將被包絡在ϕ50.13的圓柱內。

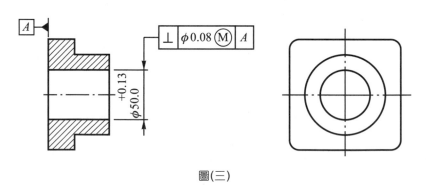

圖(三)

( )5.幾何公差應用最大實體狀況時,其幾何公差可能為零。

58

二、選擇題

( )1.下列有關最大實體狀況(MMC)之敘述何項錯誤？　(A)工件之幾何公差與尺寸公差之間的運用與工件之配合情況有關　(B)留隙配合時，尺寸公差內之實際尺寸在最大實體狀況，而幾何公差之實際值在最大值時，其配合間隙較大　(C)工件尺寸公差與幾何公差能應用最大實體狀況時，在其公差之後加註"M"　(D)當應用最大實體狀況的原理時，其形狀與位置公差之誤差可用量規檢查　(E)當不論外形實際完成尺寸，測量時不得超出其原來公差時，則標註"Ⓢ"。

( )2.工件之尺寸公差與幾何公差能應用最大實體狀況時，則其最大實體狀況之標誌為

(A) $\boxed{\oplus \;\; \phi 0.04 \;\text{Ⓜ}\;\; A}$ 　(B) $\boxed{\oplus \;\text{Ⓜ}\;\; \phi 0.04 \;\; A}$ 　(C) $\boxed{\oplus \;\; \phi 0.04 \;\; A \;\text{Ⓜ}}$

(D) $\boxed{\oplus \;\text{Ⓜ}\;\; \phi 0.04 \;\text{Ⓜ}\;\; A}$ 　(E) $\boxed{\oplus \;\; \phi 0.04 \;\text{Ⓜ}\;\; A \;\text{Ⓜ}}$ 。

( )3.工作圖(一)中之標註，表示當軸之尺寸為$\phi 12.0$時，其軸線真直度在　(A)$\phi 0$　(B)$\phi 0.02$　(C)$\phi 0.2$　(D)$\phi 0.4$　(E)$\phi 0.6$。

( )4.工作圖(三)中之標註，表示當孔之尺寸為$\phi 50.13$時，孔中心線應在一個與基準平面A垂直，其垂直度公差可增大至　(A)$\phi 0.08$　(B)$\phi 0.13$　(C)$\phi 0.21$　(D)$\phi 0.29$　(E)$\phi 0.34$。

( )5.在工作圖(四)中之標註，表示當孔之尺寸為$\phi 8.2$時，各孔之中心線之位置公差在　(A)$\phi 0$　(B)$\phi 0.01$　(C)$\phi 0.1$　(D)$\phi 0.15$　(E)$\phi 0.2$。

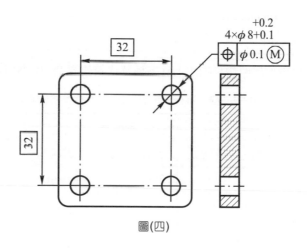

圖(四)

參考資料

註 08-1： 經濟部標準檢驗局：工程製圖(幾何公差–最大實體原理)。台北，經濟部標準檢驗局，民國 83 年，第 1 頁。

註 08-2： 經濟部標準檢驗局：工程製圖(幾何公差)。台北，經濟部標準檢驗局，民國 88 年，第 10 頁。

註 08-3： 同註 08-1，第 7～19 頁。

實用機工學知識單

項目	長度測量的單位與換算	學習目標	能正確的說出長度測量的單位與換算方法

前 言

　　精密測量是確保工件達成可互換性的關鍵，機工機密測量包含長度測量、真平度測量、角度測量、特殊距離角度測量、表面粗糙度測量及硬度測量等。測量標準溫度為20℃(CNS35)(註09-1)。

說 明

　　國際單位制(international system of units，簡稱SI)的長度測量單位是公尺(meter，簡稱m)(CNS10987)(註09-2)。惟機工測量皆以公厘(millimeter，簡稱mm)為單位，尺寸公差以0.001mm(1μm)為單位。其單位之換算是：

　　　1公尺(m)＝10公寸(decimeters)(dm)

　　　1公寸＝10公分(centimeters)(cm)

　　　1公分＝10公厘(mm)

國際單位制之倍數及分數使用前綴詞表示，其名稱及代號如表09-1(CNS10987)(註09-3)

表 09-1　國際單位制前綴詞(經濟部標準檢驗局)

係數因子	前綴詞		
	名稱	代號	說明
10^{24}	佑	Y	佑(yotta)
10^{21}	皆	Z	皆(zetta)
10^{18}	艾	E	艾(exa)
10^{15}	拍	P	拍(peta)
10^{12}	兆	T	兆(tera)
10^{9}	吉	G	吉(giga)
10^{6}	百萬	M	百萬(mega)
10^{3}	千	k	千(kilo)
10^{2}	百	h	百(hecto)；百(h)與時(h)代號相同，使用時需特別注意。

表 09-1 國際單位制前綴詞(經濟部標準檢驗局)(續)

係數因子	前綴詞		
	名稱	代號	說明
10	十	da	十(deca)
10^{-1}	分	d	分(deci)；分(d)與日(d)代號相同，使用時需特號注意。
10^{-2}	厘	c	厘(centi)
10^{-3}	毫	m	毫(milli)
10^{-6}	微	μ	微(micro)
10^{-9}	奈	n	奈(nano)
10^{-12}	皮	p	皮(pico)
10^{-15}	飛	f	飛(femto)
10^{-18}	阿	a	阿(atto)
10^{-21}	介	z	介(zepto)
10^{-24}	攸	y	攸(yocto)

機工長度測量的英制單位是(吋)($''$)，可用分數 $\frac{1}{2}''$、$\frac{1}{4}''$、$\frac{1}{8}''$、$\frac{1}{16}''$、$\frac{1}{32}''$ 及 $\frac{1}{64}''$ 表示，亦可用小數0.1$''$、0.01$''$及0.001$''$表示。分數的表示即將每吋等分為 8 格，每格 $\frac{1}{8}$ 吋，再將每 $\frac{1}{8}$ 吋等分為兩格，每格 $\frac{1}{16}$ 吋，每 $\frac{1}{16}$ 吋等分為兩格，每格 $\frac{1}{32}$ 吋，每 $\frac{1}{32}$ 吋等分為兩格，每格 $\frac{1}{64}$ 吋，其單位之換算是：

1 碼(yard)＝ 3 呎(feet)(ft)($'$)

1 呎＝ 12 吋(inchs)(in)($''$)

公制與英制單位之換算以 1 吋＝ 25.4 公厘，1 公厘＝ 0.039370 吋$\left(\frac{1}{25.4}吋\right)$為計算依據，其換算數值如表 09-2，表 09-3 為吋–公厘對照表(CNS37)(註 09-4)。

表 09-2 公制英制長度單位換算表

公厘 (mm)	吋 ($''$)	呎 ($'$)	公尺 (m)
1	0.03937	0.003281	0.001
25.4	1	0.08333	0.0254
304.8	12	1	0.3048
914.4	36	3(＝ 1 碼)	0.9144
1000	39.37	3.281	1

表 09-3　吋-公厘對照表

分數 (吋)	小數 (吋)	公厘 (mm)	分數 (吋)	小數 (吋)	公厘 (mm)	分數 (吋)	小數 (吋)	公厘 (mm)	分數 (吋)	小數 (吋)	公厘 (mm)
	.003937	.1000									
	.007874	.2000									
	.011811	.3000									
1/64	.015625	.3969									
	.015748	.4000									
	.019685	.5000									
	.023622	.6000									
	.027559	.7000						.511811	13.0000			
1/32	.031250	.7938	17/64	.265625	6.7469	33/64	.515625	13.0969	49/64	.765625	19.4469
	.031496	.8000		.275591	7.0000						
	.035433	.9000	9/32	.281250	7.1438	17/32	.531250	13.4938	25/32	.781250	19.8438
	.039370	1.0000								.787402	20.0000
3/64	.046875	1.1906	19/64	.296875	7.5406	35/64	.546875	13.8906	51/64	.796875	20.2406
							.551181	14.0000			
1/16	.062500	1.5875	5/16	.312500	7.9375	9/16	.562500	14.2875	13.16	.812500	20.6375
				.314961	8.0000					.826772	21.0000
5/64	.078125	1.9844	21/64	.328125	8.3344	37/64	.578125	14.6844	53/64	.828125	21.0344
	.078740	2.0000					.590551	15.0000			
3/32	.093750	2.3813	11/32	.343750	8.7313	19/32	.593750	15.0813	27/32	.843750	21.4312
				.354331	9.0000						
7/64	.109375	2.7781	23/64	.359375	9.1281	39/64	.609375	15.4781	55/64	.859375	21.8281
	.118110	3.0000								.866142	22.0000
1/8	.125000	3.1750	3/8	.375000	9.5250	5/8	.625000	15.8750	7/8	.875000	22.2250
							.629921	16.0000			
9/64	.140625	3.5719	25/64	.390625	9.9219	41/64	.640625	16.2719	57/64	.890625	22.6219
				.393701	10.0000					.905512	23.0000
5/32	.156250	3.9688	13/32	.406250	10.3188	21/32	.656250	16.6687	29/32	.906250	23.0188
	.157480	4.0000					.669291	17.0000			
11/64	.171875	4.3656	27/64	.421875	10.7156	43/64	.671875	17.0656	59/64	.921875	23.4156
				.433071	11.0000						
3/16	.187500	4.7625	7/16	.437500	11.1125	11/16	.687500	17.4625	15/16	.937500	23.8125
	.196850	5.0000								.944882	24.0000
13/64	.203125	5.1594	29/64	.453125	11.5094	45/64	.703125	17.8594	61/64	.953125	24.2094
							.708661	18.0000			
7/32	.218750	5.5563	15/32	.468750	11.9063	23/32	.718750	18.2563	31/32	.968750	24.6063
				.472441	12.0000					.984252	25.0000
15/64	.234375	5.9531	31/64	.484375	12.3031	47/64	.734375	18.6531	63/64	.984375	25.0031
	.236220	6.0000					.748031	19.0000			
1/4	.25000	6.3500	1/2	.500000	12.7000	3/4	.750000	19.0500	1	1.00000	25.4000

學後評量

一、是非題

( ) 1. SI 的長度測量單位是公尺。

( ) 2. 1mm $= 10^{-3}$m。

( ) 3. 1μm $= 0.001$mm。

( ) 4. 1$\mu''= 0.001''$。

( ) 5. $\frac{7}{8}''= 0.785''= 22.225$mm。

二、選擇題

( ) 1. 測量的標準溫度是 (A)20℃ (B)20℉ (C)36℃ (D)36℉ (E)40℃。

( ) 2. 1μm 等於 (A)0.01m (B)0.001m (C)0.0001m (D)0.00001m (E)0.000001m。

( ) 3. 1000 公里等於 (A)1Gm (B)1Mm (C)1km (D)1cm (E)1mm。

( ) 4. 下列有關公英制長度單位之換算，何項錯誤？ (A)1mm $=0.03937''$ (B)1$''= 25.4$mm (C)1$'= 0.3048$m (D)1m $= 32.81'$ (E)1$'=12''$。

( ) 5. 下列有關公英制長度之換算，何項錯誤？ (A)$\frac{3}{8}''=0.375''$ (B)$\frac{1}{2}''= 12.7$mm (C)$\frac{5}{8}''= 0.625$mm (D)$\frac{3}{4}''= 19.05$mm (E)$\frac{15}{16}''= 23.8125$mm。

參考資料

註 09-1：經濟部標準檢驗局：標準檢驗溫度。台北，經濟部標準檢驗局，民國 36 年，第 1 頁。

註 09-2：經濟部標準檢驗局：國際單位制(SI)。台北，經濟部標準檢驗局，民國 96 年，第 1 頁。

註 09-3：同註 09-2，第 3 頁。

註 09-4：經濟部標準檢驗局：公釐與吋換算表。台北，經濟部標準檢驗局，民國 75 年，第 1～2 頁、第 5 頁。

實用機工學知識單

項目	表面織構符號	學習目標	能正確說出表面織構符號的意義並使用於工作上

前　言

　　材料經加工而成製品，其表面或配合面均須達到一定之加工程度，若加工程度不夠，則成品不能使用，過份精製則增加成本。故一般工件之加工程度，視其實際需要而規定。中國國家標準以表面織構符號表示其加工方法與表面粗糙度等。

說　明

　　表面織構符號又稱表面符號，用於表示工件之表面織構(surface texture)，以標註其表面織構參數及數值等。表面織構的完整符號用以說明表面織構特徵(加工型態)，如圖 10-1(a)爲允許任何加工方法(any process allowed, APA)，圖(b)爲必須去除材料(material removal required, MRR)如切削等，圖(c)爲不得去除材料(no material removed, NMR)。(CNS3-3)(註 10-1)。

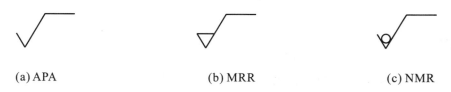

(a) APA　　　　　　　　(b) MRR　　　　　　　　(c) NMR

圖 10-1　表面織構完整符號

　　當工件輪廓(投影視圖上封閉的輪廓)所有表面有相同織構時，須在圖 10-1 完整符號中加上一圓圈如圖 10-2。但若環繞之標註會造成任何不清楚時，各個表面必須個別的標註如圖 10-3(CNS3-3)(註 10-2)。

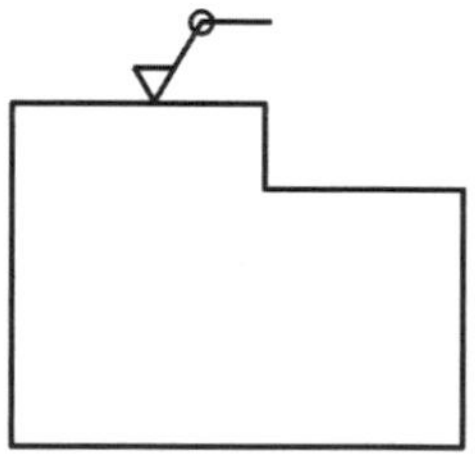

圖 10-2　工件輪廓所有表面有相同織構時之表示

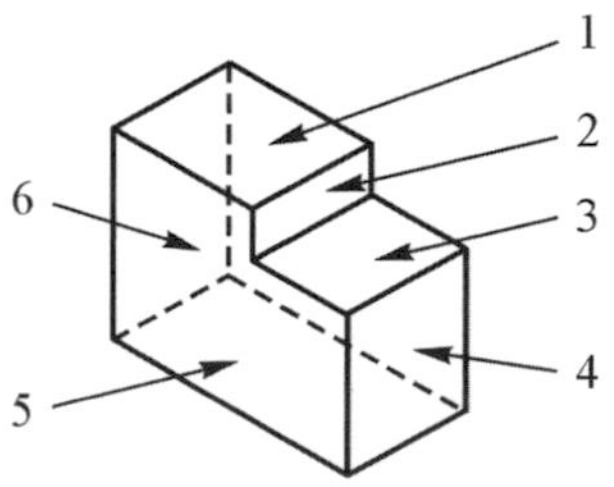

圖 10-3　對所有 6 個平面之表面織構要求以工件輪廓表示
〔圖中之輪廓代表 3D 視圖中工件的 6 個面(前後平面不包括)〕

　　爲確保對表面織構之要求，可能必須加註表面織構參數及數值兩項，以及增加特別要求事項，如：

傳輸波域、取樣長度(sample length)、加工方法、表面紋理及方向和加工裕度。且必須依照規定將其標註於符號中特定的位置如圖 10-4(CNS3-3)(註 10-3)。

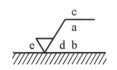

說明：
a：標註單一項表面織構要求事項
b：標註對兩個或更多表面織構之要求事項
c：標註加工方法
d：標註表面紋理及方向
e：標註加工裕度

圖 10-4　標註表面織構要求事項(a-e)的位置

1. 圖中位置 a 標註單一項表面織構要求標出之表面織構參數代號、限界數值，及傳輸波域/取樣長度如圖 10-5(CNS3-3)(註 10-4)。

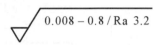

$0.008 - 0.8 / Ra\ 3.2$

說明：必須去除材料，單邊上限界規格，傳輸波域 0.008-0.8 mm，R輪廓，表面粗糙度輪廓之算術平均偏差 $3.2\mu m$，評估長度為 5 倍取樣長度(預設值)，〝16%-規則〞(預設值)。

圖 10-5　位置 a 之標註

2. 圖中位置 b 標註對兩個或更多表面織構之要求事項。第一個表面織構要求事項標註在位置 a。 第二個表面織構要求事項標註在位置 b，如圖 10-6。若有第三個或更多表面織構要求事項要標註，為有足夠空間標註多列，在符號的垂直方向必須加長。當圖形加長時，a、b位置須上移。(CNS3-3)(註 10-5)。

U Ramax 3.2
L Ra 0.8

說明：不得去除材料，雙邊上下限界規格，兩限界傳輸波域均為預設值，R輪廓。上限界：表面粗糙度輪廓之算術平均偏差 $3.2\mu m$，評估長度為 5 倍取樣長度(預設值)，〝最大-規則〞；下限界：表面粗糙度輪廓之算術平均偏差 $0.8\mu m$，評估長度為 5 倍取樣長度(預設值)，〝16%-規則〞(預設值)。

圖 10-6　補充要求事項(a-b)位置的標註

3. 圖中位置 c 標註加工方法。對於指定表面之加工方法之要求事項等的標註。如車削、研磨、電鍍…等如圖 10-7(CNS3-3)(註 10-6)。

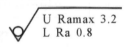

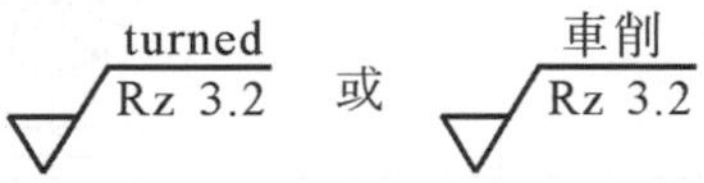

turned
Rz 3.2　　或　　車削
Rz 3.2

說明：必須去除材料，車削加工，單邊上限界規格，傳輸波域(預設值)，R輪廓，表面粗糙度最大輪廓高度 3.2 μm，評估長度為 5 倍取樣長度(預設值)，〝16%-規則〞(預設值)。

圖 10-7　加工方法及粗糙度之標註

4. 圖中位置 d 標註表面紋理及方向。對於表面紋理及方向之符號的標註(若有需要)如圖 10-8。表面紋理及方向標註符號如表 10-1(CNS3-3)(註 10-7)。

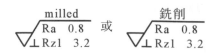

說明：必須去除材料，銑削加工，雙邊上下限界規格，兩限界傳輸波域均為預設值，R輪廓。上限界：表面粗糙度輪廓之算術平均偏差 0.8μm，評估長度為 5 倍取樣長度(預設值)，〝16%-規則〞(預設值)；下限界：紋理方向與其所指加工方向之邊緣垂直，表面粗糙度最大輪廓高度 3.2μm，評估長度為 1 倍取樣長度，〝16%-規則〞(預設值)。

圖 10-8　紋理方向之標註

表 10-1　表面紋理及方向標註符號(經濟部標準檢驗局)

符號	範例說明
＝	紋理方向與其所指加工面之邊緣平行。 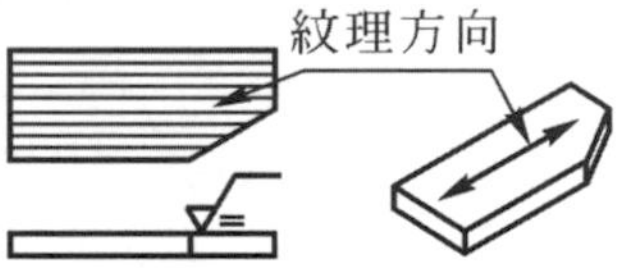
⊥	紋理方向與其所指加工面之邊緣垂直。 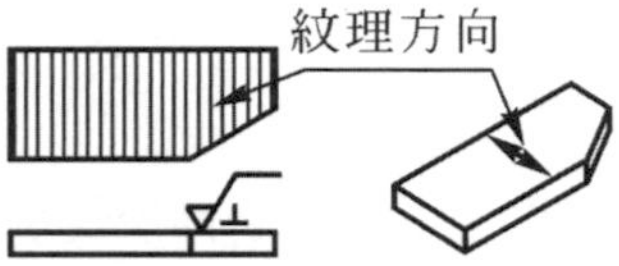
X	紋理方向與其所指加工面之邊緣成兩方向傾斜交叉。 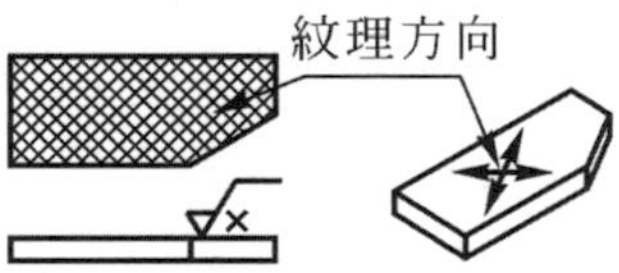
M	紋理呈多方向。 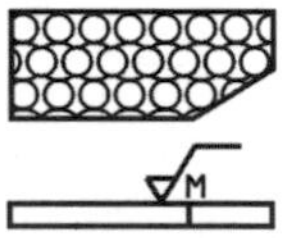
C	紋理呈同心圓狀。 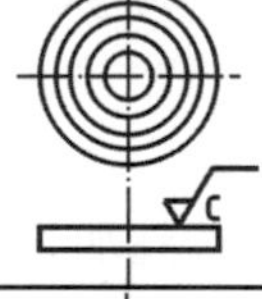
R	紋理呈放射狀。 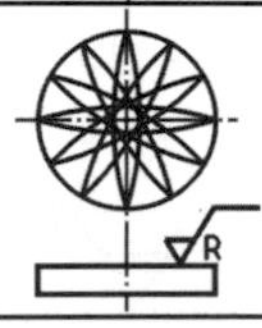
P	表面紋理呈凸起之細粒狀。 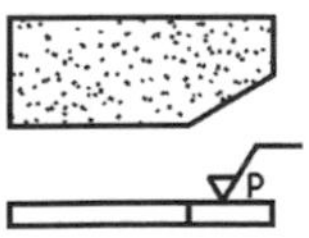
備考：如使用本表中未定義的符號，則必須在圖面另加註解。	

5. 圖中位置e標註加工裕度(若有需要)，單位爲mm。加工裕度通常僅標註在多重加工階段，例如在鑄造或鍛造的工件粗胚圖面上，同時呈現最後工件形貌如圖 10-9(CNS3-3)(註 10-8)。

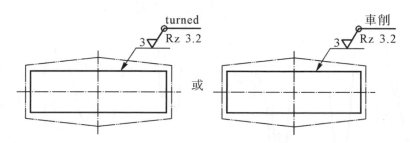

說明：所有表面之加工裕度爲 3 mm，必須去除材料，工件輪廓所有表面有相同織構，車削加工，單邊上限界規格，傳輸波域(預設值)，R輪廓，表面粗糙度最大輪廓高度 3.2μm，評估長度爲 5 倍取樣長度(預設值)，〝16%-規則〞(預設值)。

圖 10-9　加工裕度之標註

織構參數之標註，至少應該包括四項資訊：(CNS3-3)(註 10-9)。

1. 標註三項表面輪廓(R、W 或 P)中的任一項。

　　表面織構參數(surface texture parameter)分爲輪廓參數(profile parameter)、圖形參數(motif parameter)和材料比曲線參數(parameters related to the material ratio curve)。

　　輪廓參數有粗糙度輪廓(roughness profile, R 輪廓)之粗糙度參數(roughness parameter, R-parameter)、波紋輪廓(waviness profile, W 輪廓)之波紋參數(waviness parameter, W- parameter)和結構輪廓(primary profile, P 輪廓)之結構參數(primary parameter, P- parameter)。輪廓參數係採用高斯濾波器(Gaussian filter)來定義。(CNS3-3)(註 10-10)。

2. 標註任一種表面織構特徵。

　　粗糙度輪廓(R 輪廓)之粗糙度參數分爲振幅參數(amplitude parameter)、間隔參數(spacing parameter, RSm)、混合參數(hybrid parameter, RΔq)和曲線及相關參數(curves and related parameter, Rmr(c), Rδc, Rmr)。

　　振幅參數分峰谷(peak and valley)值參數(Rp, Rv, Rz, Rc, Rt)和平均值(average of ordinates)參數(Ra, Rq, Rsk, Rku)。(CNS3-3)(註 10-11)。其參數定義請參考 CNS7868。(CNS7868, ISO4287)(註 10-12)。其中：

　　峰谷值參數中Rz表面粗糙度(surface roughness)，即最大輪廓高度(maximum height of profile)，亦即在取樣長度(ℓr)範圍內，輪廓之最大波峰高度Zp與最大波谷深度Zv相加之高度如圖 10-10。(註：在 ISO4287-1:1984，Rz 曾定義爲〝十點平均粗糙度〞，ISO4287:1997 修訂爲最大輪廓高度，使用時應特別注意。)(CNS7868, ISO4287)(註 10-13)。

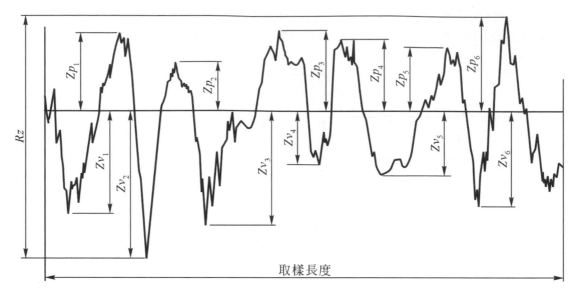

圖 10-10 Rz 求法(ISO4287-1997)

平均值參數中 Ra 表面粗糙度,即輪廓之算術平均偏差(arithmetical mean deviation of the assessed poofile),亦即在取樣長度範圍內,縱座標Z(x)絕對值的算術平均數(CNS7868, ISO4287)(註 10-14)。

3. 評估長度為取樣長度之倍數。

若參數代號標註未予指定,表示所要求之事項為預設評估長度,粗糙度輪廓之粗糙度參數的預設評估長度(evaluation length, ℓ_n)為取樣長度(ℓ_r)的 5 倍(包含 5 倍),即$\ell_n=5\times\ell_r$,如表 10-2。若預設定義未說明評估長度為若干倍之取樣長度,此時取樣長度之倍數應該加註在參數代號上,如 Rz3、Ra3…。(CNS3-3, ISO4288)(註 10-15)。

表 10-2 粗糙度取樣長度與評估長度(節錄自 ISO4288)(ISO)

Ra/Rz μm	取樣長度 ℓ_r mm	評估長度 ℓ_n mm
(0.006)< Ra ≤ 0.02	0.08	0.4
0.02 < Ra ≤ 0.1	0.25	1.25
0.1 < Ra ≤ 2	0.8	4
2 < Ra ≤ 10	2.5	12.5
10 < Ra ≤ 80	8	40
(0.025)< Rz ≤ 0.1	0.08	0.4
0.1 < Rz ≤ 0.5	0.25	1.25
0.5 < Rz ≤ 10	0.8	4
10 < Rz ≤ 50	2.5	12.5
50 < Rz ≤ 200	8	40

4. 應說明所標註的限界規格。

限界之標註以〝16%-規則〞(16%-rule)或〝最大-規則〞(max-rule)來標註及說明表面織構的限界規格。

〝16%-規則〞係指參數以上限界方式標註時，依據一評估長度，在所有選定參數的測量值中，只允許16%以下的測量值超過圖示的要求。參數以下限界方式標註時，依據一評估長度，在所有選定參數的測量值中，只允許16%以下的測量值低於圖示的要求。若參數以上限界或下限界方式標註時，在指定參數值時不應標註〝max〞。

〝最大-規則〞係指參數以最大值方式標註時，在整個表面不同區域所測定出來的參數值，每一個都不能超過圖面要求所標註的最大值。圖面應在指定參數值時加上〝max〞，如Rz1 max。

輪廓參數適用〝16%-規則〞及〝最大-規則〞。圖形參數僅適用〝16%-規則〞。以材料比曲線為基礎之參數適用〝16%-規則〞及〝最大-規則〞。(CNS3-3,ISO4288)(註10-16)。

表面織構要求事項應該以單邊或雙邊標註。限界應該標註參數代號、參數數值及傳輸波域。表面織構參數以單邊限界標註參數代號、參數數值及傳輸波域時，其參數〝16%-規則〞或〝最大-規則〞應該被當成為單邊上限界；若參數代號、參數數值及傳輸波域之標註，其參數〝16%-規則〞或〝最大-規則〞被解釋成單邊下限界時，則參數代號前要加註〝L〞。如：L Ra 0.32。

表面織構參數的雙邊限界應該以完整符號標註，要求事項加註在每一限界上，上限界標註(〝16%-規則〞或〝最大-規則〞)前面加註〝U〞，下限界標註前面加註〝L〞，參考圖10-6。當上下限界有相同的參數代號，但限界值不同時，〝U〞及〝L〞可以省略。上下限界規定，不需以相同的參數代號及傳輸波域表示。(CNS3-3)(註10-17)。

傳輸波域為包含在評估過程中的一段波長範圍，表面織構是定義在一個傳輸波域上，介於兩個濾波器間之波長範圍，亦即經由一短波濾波器截止短波長，及另一長波濾波器截止長波長來限制其範圍，濾波器以截止值為其特徵值。長波濾波器的截止值即為取樣長度。若為圖形方法(motif method)則介於兩限界間之波長範圍。

若參數代號並未加註傳輸波域，則預設傳輸波域適用於表面織構要求事項，參考圖10-6、圖10-7、圖10-8。為確保表面織構要求項目能明確的約束所規定之表面，傳輸波域應該標註在參數代號之前並以斜線〝/〞分開。輪波域之加註包含濾波器的截止值(單位 mm)，首先標註短波濾波器，接著標註長濾波器，中間以符號〝-〞分開，參考圖10-5。(CNS3-3)(註10-18)。

圖10-11為一示例與說明(CNS3-3)(註10-19)。

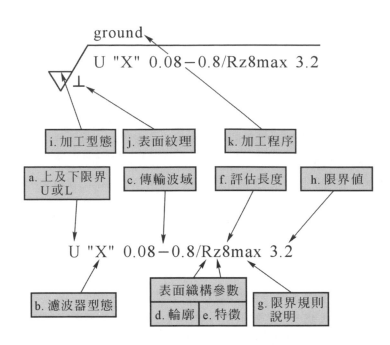

説明：
a. 上(U)下(L)限界之標註。
b. 濾波器型態〝X〞。標準濾波器是高斯濾波器。
c. 傳輸波域可以標註成短波濾波器或長波濾波器。
d. 輪廓(R、W 或 P)。
e. 特徵/參數。
f. 評估長度為多少倍取樣長度。
g. 限界規則說明(〝16%-規則〞或〝最大-規則〞)。
h. 限界值(單位為μm)。
i. 加工型態。
j. 表面紋理。
k. 加工方法(加工程序)。

圖 10-11　表面織構符號的標註示例

　　粗糙度測量可利用觸針式粗糙度測定機如圖 10-12 測定之。觸針在工件表面輪廓(surface profile)之粗糙度輪廓截取取樣長度，使用相位校正帶通過濾波器，從主輪廓中獲得粗糙度曲線。

圖 10-12　觸針式粗糙度測定機(台灣三豐儀器公司)

　　利用表面粗糙度比較標準片，比較工件之表面粗糙度為一實用的方法，表面粗糙度標準片係以代表性加工方法加工製得如圖 10-13 ，其粗糙度區分值之標準片範圍如表 10-3(CNS10793)(註 10-20)。使用時可用放大鏡或比測儀比較之。

(a) 砂光、銼削

(b) 平面銑削、普通銑刀銑削

(c) 圓筒磨削、車削

(d) 平面磨削、鉋削

圖 10-13　表面粗糙度標準片(惠豐貿易行公司)

表 10-3　粗糙度區分值之標準片範圍(經濟部標準檢驗局)

粗糙度區分值		0.025a	0.05a	0.1a	0.2a	0.4a	0.8a	1.6a	3.2a	6.3a	12.5a	25a	50a
表面粗糙度範圍 (μm Ra)	最小值	0.02	0.04	0.08	0.17	0.33	0.66	1.3	2.7	5.2	10	21	42
	最大值	0.03	0.06	0.11	0.22	0.45	0.90	1.8	3.6	7.1	14	28	56
粗糙度編號		N1	N2	N3	N4	N5	N6	N7	N8	N9	N10	N11	N12

學後評量

一、是非題

（　）1. 工作圖上標註 $\sqrt{}^{\text{Ra 0.8}}$，表示不得去除材料。

（　）2. 工作圖上標註 ，表示工件輪廓所有平面有相同織構。

（　）3. 輪廓參數中粗糙度輪廓，簡稱 R 輪廓。

（　）4. 粗糙度輪廓之粗糙度參數的預設評估長度，為取樣長度的 5 倍。

（　）5. 工作圖上加工面標註 $\sqrt{}^{\text{Ra 0.8}}$，表示該加工面之最大輪廓高度表面粗糙度為 0.8μm。

二、選擇題

( ) 1. 最大輪廓高度表面粗糙度符號是　(A)Ra　(B)Rz　(C)Rp　(D)RSm　(E)R。

( ) 2. 輪廓之算數平均偏差表面粗糙度的符號是　(A)Ra　(B)Rz　(C)Rp　(D)RSm　(E)R。

( ) 3. 標註車削工件端面之表面紋理方向的符號為　(A)R　(B)✕　(C)C　(D)⊥　(E) ∥ 。

( ) 4. 工件加工刀痕之方向與其所指加工面之邊緣平行時之符號為　(A)R　(B)✕　(C)C　(D)⊥　(E) ∥ 。

( ) 5. 工件加工面標註 $\sqrt{^{0.008-0.8/\text{Ra } 3.2}}$，表示該加工面之表面粗糙度輪廓之算術平均偏差為　(A) 0.008mm　(B)0.008μm　(C)0.8μm　(D)3.2μm　(E)3.2mm。

參考資料

註 10-1：經濟部標準檢驗局：工程製圖(表面織構符號)。台北，經濟部標準檢驗局，民國 99 年，第 5 頁。

註 10-2：同註 10-1，第 6 頁。

註 10-3：同註 10-1，第 6~7 頁。

註 10-4：同註 10-1，第 23 頁。

註 10-5：同註 10-4。

註 10-6：同註 10-1，第 7,12 頁。

註 10-7：同註 10-1，第 7,12~13 頁。

註 10-8：同註 10-1，第 7,13~14 頁。

註 10-9：同註 10-1，第 7 頁。

註 10-10：同註 10-1，第 8,33 頁。

註 10-11：同註 10-1，第 33 頁。

註 10-12：1. 經濟部標準檢驗局：產品幾何規範(GPS)-表面織構：輪廓曲線法-用語、定義及表面織構參數。台北，經濟部標準檢驗局，民國 100 年，第 8~13 頁。

2. International Organization for Standardization. *Geometrical Product Specifications(GPS)-Surface texture: Profile method-Terms, definitions and surface texture parameters*. Switzerland: International Organization for Standardization,1997, pp.10~18.

註 10-13：1. 同註 10-12-1，第 9 頁。

2. 同註 10-12-2，第 12 頁。

註 10-14：1. 同註 10-12-1，第 10 頁。

2. 同註 10-12-2，第 13 頁。

註 10-15：1. 同註 10-1，第 8,36 頁。

2. International Organization for Standardization. *Geometrical Product Specifications(GPS)-Surface texture: Profile method-Rules and procedures for the assessment of surface texture.*

Switzerland: International Organization for Standardization,1997, p.5.

註 10-16：1. 同註 10-1，第 9~10 頁。

2. 同註 10-15-2，第 2~3 頁。

註 10-17：同註 10-1，第 11 頁。

註 10-18：同註 10-1，第 10,37 頁。

註 10-19：同註 10-1，第 30~31 頁。

註 10-20：經濟部標準檢驗局：表面粗糙度比較標準片。台北，經濟部標準檢驗局，民國 73 年，第1頁。

實用機工學知識單

項目	刻度量具	學習目標	能正確的說出刻度量具的種類與使用方法

前 言

測量(measuring)所用之設備可分為兩大類,即測定儀器(measuring instrument)及量規(gage)。測定儀器係指可以量取實際尺寸數值者,而量規則屬比較性質,僅可用以比較或測量一定尺寸是否正確而已。測定儀器均刻有刻度註明數字,在其測量範圍內可直接量取任何尺寸之實際數值,故凡利用測定儀器以測量者稱為度量(measuring),而利用量規以測量者稱之為規測(gaging)。測定儀器如各種尺類、分厘卡或光學儀等,量規如塞規、環規或卡規等。

說 明

長度測量設備依其性質可分為尺或刻度量具(rules or graduate tools)、可調整量器(adjustable measuring instruments)、移量量器(transfer tools)、量規或定值量具(gage or fixed-value measuring tools)。

最基本之刻度量具為尺,尺依其形式及用途有鋼尺(steel rule)、摺尺(folding rule)、鋼捲尺或捲尺(steel tape rule or flexible rule)、帶鈎尺(hook rule)。其形式如圖 11-1。其用途最廣者為鋼尺,鋼尺分為 A、B、C 三型(CNS7548)(註 11-1),C 型長度自 150 公厘至 2000 公厘,以 0.5 公厘為最小單位如圖(a)。

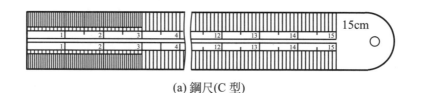

(a) 鋼尺(C 型)

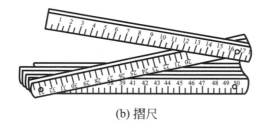

(b) 摺尺

(c) 捲尺

圖 11-1　尺

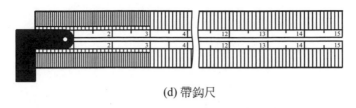

(d) 帶鉤尺

圖 11-1　尺 (續)

使用鋼尺度量時需注意下列幾點(註 11-2)：

1.　鋼尺需直接橫過其被度量的長度上，平行於其面且垂直於其邊如圖 11-2。

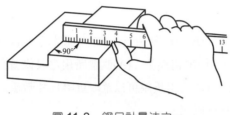

圖 11-2　鋼尺計量法之一

2.　儘可能的依著肩如圖 11-3。

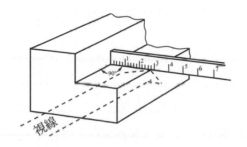

圖 11-3　鋼尺計量法之二

3.　因刻度線亦有寬度，故視線應垂直於尺面，且視刻度線之中央爲準如圖 11-4。

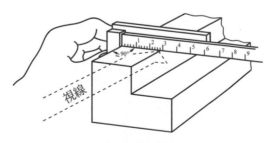

圖 11-4　鋼尺計量法之三

4.　購買時應注意尺端之準確性，並經常保持尺端之準確性。

5.　除作度量之外，不可作鬆緊螺釘等其他用途，並經常保持清潔。

學後評量

一、是非題

( )1. 鋼尺是一種量規。

( )2. 使用鋼尺測量長度是度量的工作。

( )3. 使用鋼尺測量時，視線應垂直於尺面，且視刻度線之中央為準。

( )4. 使用鋼尺測量時，須直接橫過被度量的長度上。

( )5. 鋼尺的頭部可用於卸裝螺釘。

二、選擇題

( )1. 鋼尺是 (A)刻度量具 (B)可調整量具 (C)移量量具 (D)量規 (E)定值量具。

( )2. 下列有關測量之敘述，何項錯誤？ (A)測量所用之設備分為測定儀器與量規 (B)測定儀器可以量取實際尺寸數值 (C)使用量規可以量取實際尺寸數值 (D)使用測定儀器之測量稱為度量 (E)使用量規之測量稱為規測。

( )3. 車削外徑量取長度常用 (A)摺尺 (B)鋼尺 (C)捲尺 (D)鋼捲尺 (E)皮尺。

( )4. 下列有關使用鋼尺度量的敘述，何項錯誤？ (A)鋼尺需平行於測量面 (B)購買鋼尺應注意尺端之準確性 (C)使用鋼尺經常保持尺端之準確性 (D)鋼尺儘可能依著肩測量 (E)測量直徑最好使用帶鈎尺。

( )5. 公制鋼尺之最小單位是 (A)0.01mm (B)0.05mm (C)0.1mm (D)0.5mm (E)1mm。

參考資料

註 11-1： 經濟部標準檢驗局：金屬直尺。台北，經濟部標準檢驗局，民國 70 年，第 1 頁。

註 11-2： Labour Departement for Industrial Professional Education. *Measuring*. Labour Departement for Industrial Professional Education, 1958, p.02-21-24-3.

實用機工學知識單

項目	移量量具	學習目標	能正確的說出移量量具的種類與使用方法

前 言

移量量具僅作尺寸之轉移而非直接量取尺寸之工具，如外卡鉗(external caliper)、內卡鉗(internal caliper)、複合卡鉗(combination caliper)、異腳卡鉗(hermaphrodite caliper)、分規(divider)。異腳卡鉗與分規亦常用於畫線，請參考"畫線工具與畫線"單元。

說 明

(1) 外卡鉗：外卡鉗為測量工件之外徑、長短、厚薄之工具，其形式如圖 12-1，外卡鉗應具備質輕、剛強、平衡良好與尖端正確光滑之優點，始有良好的使用效果。大幅度之開閉應用手，小幅度的開閉應輕擊兩腳內緣或外緣，而不應敲其尖端如圖 12-2(註 12-1)，外卡鉗在量尺寸時應注意兩腳尖端連線與尺緣平行如圖 12-3，一腳靠尺端另一腳平吻尺面所需尺寸之刻度中央，利用游標卡尺量尺寸時亦應注意平行於本尺如圖 12-4，在測量工件外直徑時須使其兩尖端之連線與工件之軸線垂直如圖 12-5，使外卡鉗本身之重量能輕輕滑過為準確。大型外卡鉗之測量須用雙手扶持如圖 12-6。

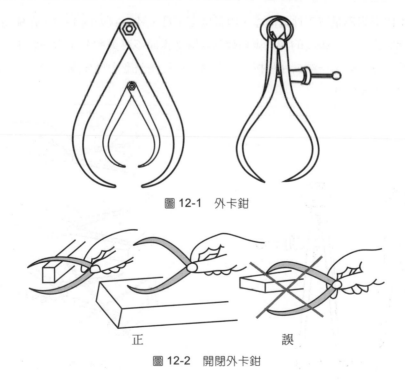

圖 12-1　外卡鉗

正　　　　　　　　誤

圖 12-2　開閉外卡鉗

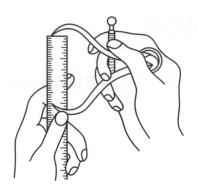

圖 12-3　外卡鉗量取尺寸之(一)

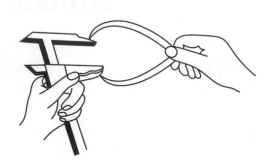

圖 12-4　外卡鉗量取尺寸之(二)

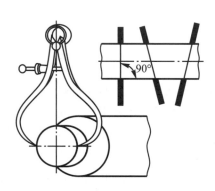

圖 12-5　外卡鉗量取尺寸之(三)

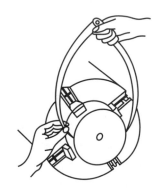

圖 12-6　外卡鉗量取尺寸之(四)

(2) 內卡鉗：內卡鉗為量取工件之內徑、內長度之工具，其形式如圖 12-7，在構造上亦應注意其平衡性及尖端的光滑。小幅度的調整應輕擊其兩腳邊緣而不應敲擊其尖端如圖 12-8(註 12-2)，其兩尖端連線應平行尺緣，一端抵住平板，一端靠於尺且在刻度中央如圖 12-9，用游標卡尺務必使之與本尺平行如圖 12-10。

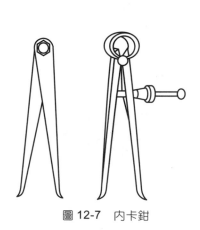

圖 12-7　內卡鉗

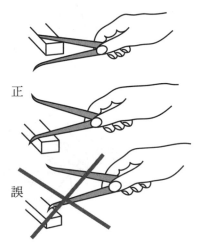

圖 12-8　內卡鉗調整

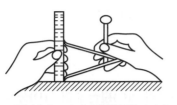

圖 12-9　內卡鉗量取尺寸之(一)

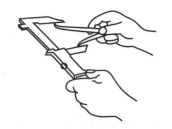

圖 12-10　內卡鉗量取尺寸之(二)

在測量工件內徑時其兩尖端之連線與工件之軸線垂直，使其兩腳輕觸於內直徑之面沿軸線為最小值，沿徑向為最大值如圖 12-11。

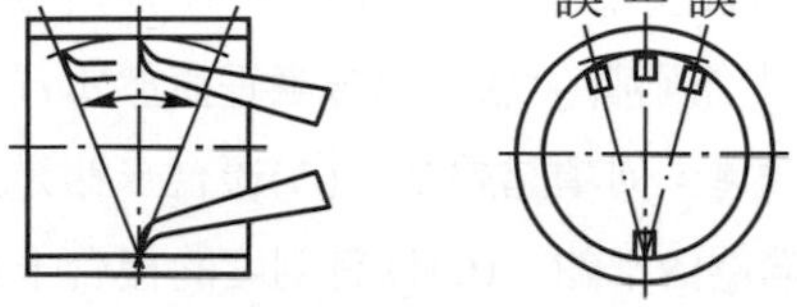

圖 12-11　內卡鉗量取尺寸之(三)

(3)　複合卡鉗：複合卡鉗乃外卡鉗與內卡鉗組合而成如圖 12-12，其一端為外卡鉗，另一端為內卡鉗，如具有刻度之複合卡鉗，其卡鉗之兩腳可應用如外卡鉗或內卡鉗。

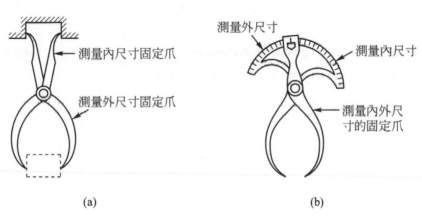

(a)　　　　　　　　　　　　　　(b)

圖 12-12　複合卡鉗

各種移量量具使用時應經常保持清潔，使用時不得敲擊腳端，使用後應懸掛於工具室。

學後評量

一、是非題

(　)1. 外卡鉗是測量外長度的移量量具。

(　)2. 閉合內卡鉗應輕敲尖端。

( )3.外卡鉗測量工件外直徑時，須使其尖端之連線與工件之軸線垂直。

( )4.內卡鉗測量內徑時，沿軸線量取最小值，沿徑向量取最大值。

( )5.複合卡鉗僅用於測量外長度。

二、選擇題

( )1.下列何項不是移量量具？ (A)外卡鉗 (B)內卡鉗 (C)複合卡鉗 (D)分規 (E)鋼尺。

( )2.下列有關外卡鉗之使用敘述，何項錯誤？ (A)小幅度開關外卡鉗應輕擊兩腳內側 (B)使用鋼尺測量尺寸時兩腳尖端連線應與尺線垂直 (C)利用游標卡尺量尺寸時應平行於本尺 (D)測量外徑時應以外卡鉗之重量輕輕滑過爲準確 (E)大型外卡鉗之測量需用雙手扶持。

( )3.下列有關內卡鉗之敘述，何項錯誤？ (A)內卡鉗用鋼尺量取尺寸時，一端抵於平板，一端靠尺且在線中央 (B)小幅調整應輕擊兩腳邊緣 (C)內卡鉗之構造應注意其平衡及尖端的光滑 (D)使用游標卡尺時，卡鉗兩腳尖端之連線應垂直於本尺 (E)內卡鉗用於測量內長度。

( )4.下列有關複合卡尺之敘述，何項錯誤？ (A)複合卡鉗是外卡鉗與內卡鉗組合而成 (B)複合卡鉗一端爲外卡鉗，一端爲內卡鉗 (C)具有刻度的複合卡鉗，其兩腳僅用於測量外長度 (D)使用複合卡鉗不得敲擊腳端 (E)卡鉗使用時應經常保持清潔。

( )5.下列何項量具不能作爲卡鉗量取尺寸之用？ (A)分規 (B)帶鈎尺 (C)游標卡尺 (D)分厘卡 (E)鋼尺。

參考資料

註 12-1：Labours Department for Industrial Prefessional Education. *Measuring*. Labours Department for Industrial Prefessional Education, 1958, p.02-21-24-3.

註 12-2：同註 12-1。

實用機工學知識單

項目	游標卡尺	學習目標	能正確的說出游標卡尺的規格、原理與使用方法

前 言

在度量上通常以尺為最方便，但利用鋼尺量取長度僅可讀至 0.5 公厘，且刻度線本身亦佔有相當之寬度，因此欲讀出較精確之尺寸，惟有使用游標卡尺(vernier calipers)與分厘卡(micrometer)。

說 明

游標卡尺為 1631 年法人威尼氏(Pierce Vernier)所發明，為利用分度直尺量取精確數值之唯一方法，依其精度可分為 1、2 兩級，依其型式可分為 M1 型、M2 型、CB 型及 CM 型(CNS4175)(註 13-1)，其中 M1型、M2 型及 CM 型之游尺為槽型，CB 型之游尺為箱型；M2 型、CB 型及 CM 型具有微動調整裝置；M1型及 M2 型具有內側測定之喙部，CB 型及 CM 型之顎夾為外側及內側測量用。圖 13-1 示一 M1 型的游標卡尺，其游尺與本尺並列，可沿本尺移動，在同一長度內本尺與游尺之分度數目不等，游尺之分度常較本尺上之分度增加或減少一分度，使本尺與游尺相錯之間獲得精確之尺寸。

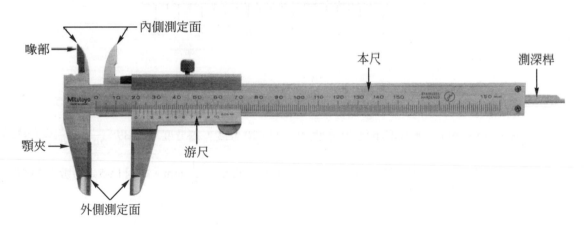

內側測定面

喙部

本尺

測深桿

顎夾

游尺

外側測定面

圖 13-1　游標卡尺(M1 型)(台灣三豐儀器公司)

各種不同精度游標卡尺之分度說明如下：

13-1 精度 1/20mm 游標卡尺

1. 本尺每分度為 1mm：游尺取本尺 19 分度長等分為 20 分度，每分度＝ $1 \times 19 \times \frac{1}{20} =$ 0.95mm 如圖

   13-2，則本尺與游尺每一分度相差 $1 - 0.95 = 0.05 = \frac{1}{20}$mm。如圖 13-3 之讀數法為游尺之 0 分度

線對準本尺21～22mm間，游尺第7格(如＊所示)對準本尺某一分度線，則其讀數爲 21 ＋ 0.05×7 ＝ 21.35mm。

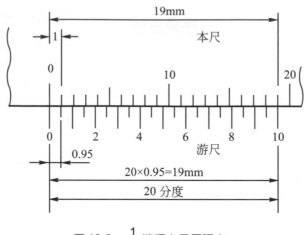

圖 13-2　$\dfrac{1}{20}$游標卡尺原理之一

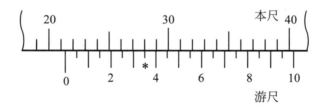

圖 13-3　$\dfrac{1}{20}$游標卡尺讀數法之一

2. 本尺每分度爲 1mm：游尺取本尺 39 分度長等分爲 20 分度，每分度＝ $1×39×\dfrac{1}{20}＝\dfrac{39}{20}＝1.95mm$ 如圖 13-4，則本尺 2 分度與游尺 1 分度相差 $1×2－1.95＝0.05＝\dfrac{1}{20}$mm。如圖 13-5 之讀數爲 23.90mm。

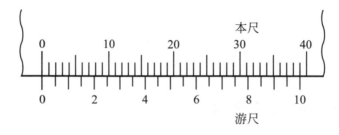

圖 13-4　$\dfrac{1}{20}$游標卡尺原理之二

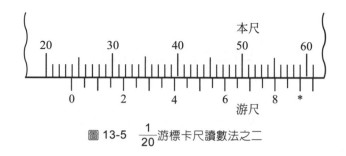

圖 13-5　$\dfrac{1}{20}$ 游標卡尺讀數法之二

13-2　精度 1/50mm 游標卡尺

1.　本尺每分度為 1mm：游尺取本尺 49 分度長等分為 50 分度，每分度 $= 1 \times 49 \times \dfrac{1}{50} = \dfrac{49}{50} = 0.98$mm 如

圖 13-6，則本尺與游尺每分度相差 $1 - 0.98 = 0.02 = \dfrac{1}{50}$mm。如圖 13-7 之讀數為 37.36mm。

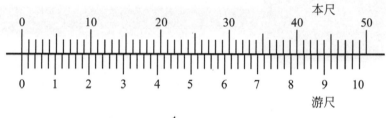

圖 13-6　$\dfrac{1}{50}$ 游標卡尺原理之一

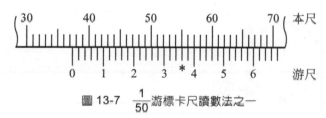

圖 13-7　$\dfrac{1}{50}$ 游標卡尺讀數法之一

2.　本尺每分度為 0.5mm：游尺取本尺 49 分度等分為 25 分度，每分度 $= 0.5 \times 49 \times \dfrac{1}{25} = 0.98$mm 如圖

13-8，則本尺 2 分度與游尺 1 分度相差 $0.5 \times 2 - 0.98 = 0.02 = \dfrac{1}{50}$mm。如圖 13-9 之讀數為 10.72mm。

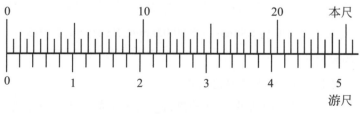

圖 13-8　$\dfrac{1}{50}$ 游標卡尺原理之二

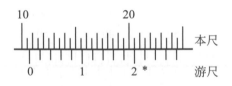

圖 13-9 $\frac{1}{50}$ 游標卡尺讀數法之二

目前常用游標卡尺有 $\frac{1}{20}$ mm、$\frac{1}{50}$ mm，其精度視實際需要而選用，或選用數字顯示型游標卡尺(digimatic caliper)、針盤型游標卡尺(dial caliper)，如圖 13-10、圖 13-11。利用游標卡尺可量取內外徑、內外長度、深度測量及階級長度測量等，圖 13-12 示其應用(註 13-2)。

圖 13-10　數字顯示型游標卡尺(台灣三豐儀器公司)

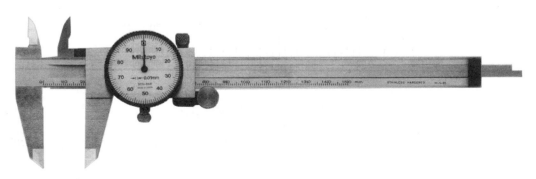

圖 13-11　針盤型游標卡尺(台灣三豐儀器公司)

在測量尺寸時應先將本尺與游尺推合，檢查 0 分度線是否對準，兩顎夾無光線透過，以確定兩顎夾在規定間隙內，如 $\frac{1}{50}$ mm 之 1 級精度為 100mm 以下±0.02mm(CNS4175)(註 13-3)。

1. 外徑或外長度的測量：
   (1) 先將游尺顎夾推開，使較大於工件之尺寸。
   (2) 將本尺顎夾輕置於工件一面(基準面)，再推合游尺顎夾靠緊另一面(欲測面)。
   (3) 除因使用顎夾之平端會影響工件尺寸之精確外，應使用顎夾之平端如圖 13-13，以避免因推力之大小而影響尺寸之精確。

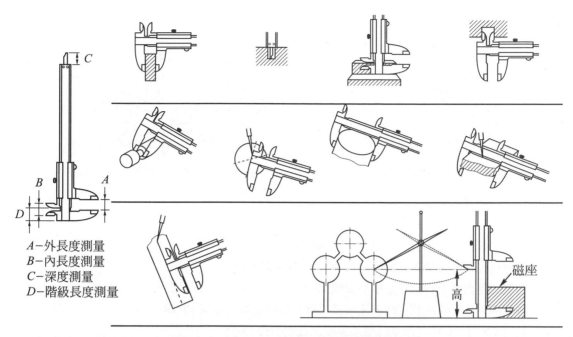

A−外長度測量
B−內長度測量
C−深度測量
D−階級長度測量

圖 13-12　游標卡尺之應用(台灣三豐儀器公司)

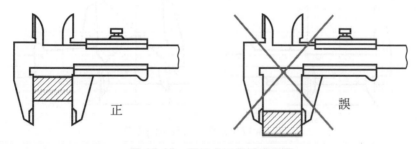

圖 13-13　游標卡尺測量外長度

⑷　測量圓槽或凹部時應用刀端如圖 13-14 及圖 13-15。

⑸　測量外徑時游標卡尺應與軸線成 90°如圖 13-16。

⑹　欲測量大工件之尺寸時應用雙手扶持(參見圖 13-16)。

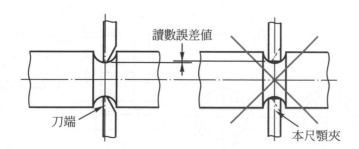

圖 13-14　測量圓槽用刀端

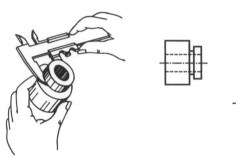
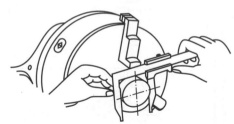

圖 13-15　測量凹部尺寸用刀端　　　　圖 13-16　游標卡尺應與中心線垂直

2.　內徑或內長度的測量：

  (1)　先將游尺喙部推合使小於工件尺寸。

  (2)　將本尺喙部置於工件尺寸之一端(基準面)。

  (3)　將游尺喙部拉開使緊靠於工件尺寸另一端(欲測面)。

  (4)　內側測定面應平行於孔之中心如圖 13-17。

  (5)　將喙部伸入圓孔內測定時務使喙部平行且於中心線上如圖 13-18。

  (6)　利用 CB 型、CM 型測量時應加顎夾之寬度如圖 13-19。

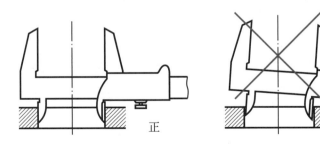

圖 13-17　游標卡尺測量內長度

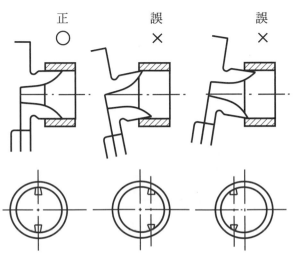

圖 13-18　游標卡尺測量內徑

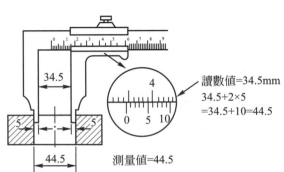

圖 13-19　利用 CB 型、CM 型測量內長度

讀數值=34.5mm
34.5+2×5
=34.5+10=44.5

測量值=44.5

3. 兩中心距離的測量如圖 13-20 及圖 13-21 ：

(1) 設 M 為兩孔(或兩圓柱)之中心距離。

(2) A 為兩孔之外長度，B 為兩孔之內長度。

(3) D_1、D_2 為孔之直徑。

(4) 則 $M = A - \dfrac{D_1 + D_2}{2} = B + \dfrac{D_1 + D_2}{2} = \dfrac{A + B}{2}$。

(5) 若孔之內徑小於喙部時可用塞規配合小孔再測量。

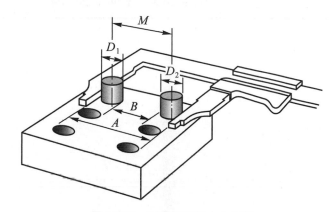

圖 13-20　測量兩圓柱中心距離

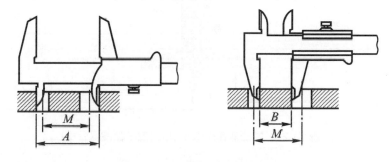

圖 13-21　測量兩孔中心距離

13-3　游標測深規

　　游標測深規(vernier depth gage)有 DM 型、DB 型與 DS 型三種，其分度方法如表 13-1(CNS4752)(註 13-4)，圖 13-22 示一 DS 型，用於測量孔深度或孔的低凹部份之深度，其尺寸之讀數與游標卡尺內長度測量相同。

　　測量時應注意：

1. 將游尺測定面緊靠工件基準面。

2. 將本尺測定面推抵於孔底。

3. 固定本尺再讀尺寸，其測量值等於實際值。

表 13-1　游標測深規之分度方法

種類	分度		最小讀取值
	本尺	游尺	
DM 型	1mm	49mm 50 等分	0.02mm
DB 型	0.5mm	12mm 25 等分或 24.5mm 25 等分	0.02mm
DS 型	1mm	19mm 20 等分或 39mm 20 等分	0.05mm

游尺測定面　　本尺測定面

圖 13-22　游標測深規(DS 型)(台灣三豐儀器公司)

13-4　游標高度尺

　　游標高度尺(vernier height gage)可分為 HB 型、HM 型與 HT 型，其中 HB 型及 HT 型之游尺為箱型，HM 型之游尺為槽型；HB 型及 HM 型之本尺為固定式，HT 型之本尺具有移動裝置(CNS8189)(註 13-5)，如圖 13-23 示一 HM 型，多用於畫線，或以比較方式量取兩線或兩面間之距離。如度量絕對高度時，則與同高度之規矩塊比較。

　　例如，欲在如圖 13-24 所示工件上畫 A、B 兩孔中心線，使其兩孔中心距離為 31.50mm 時，其步驟為：

1. 用畫刀求得 A 孔中心線距基準面 X 17.30mm 處時，其游標高度尺之尺寸讀數為 40.70mm。

2. 調整游標高度尺至 40.70 + 31.50 = 72.20mm 處。

3. 畫 B 孔中心線。在此 40.70mm 與 72.20mm 之尺寸對實際上之尺寸並無意義，所取者為兩者之差而已。如此亦可利用平板求取兩工件高度差。如以底座底面為基準時，使用前應注意游尺是否歸零。

游標卡尺使用時應注意其使用範圍及有效精度,避免劇烈震動,並須經常保持清潔防止銹蝕。

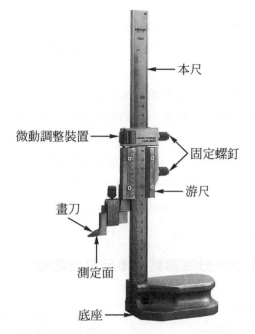

本尺

微動調整裝置

固定螺釘

游尺

畫刀

測定面

底座

圖 13-23 游標高度尺(HM 型)(台灣三豐儀器公司)

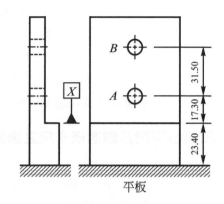

平板

圖 13-24 游標高度尺的應用

學後評量

一、是非題

( )1. $\frac{1}{20}$mm 游標卡尺最小讀數值是 0.05mm。

( )2. 游標卡尺之喙部亦可當畫刀畫線。

( )3. 測量圓槽用游標卡尺之平端可得準確的尺寸。

( )4. 內孔測量時,游標卡尺之喙部應平行且於中心線上。

( )5. 游標高度尺亦可當畫線台畫線。

二、選擇題

( )1. 下列有關游標卡尺之分度敘述,何項錯誤? (A)本尺每分度為 1mm,游尺取本尺 19 分度長等分為 20 分度者之精度為 $\frac{1}{20}$mm (B)本尺每分度為 1mm,游尺取本尺 39 分度長等分為 20 分度者之精度為 $\frac{1}{20}$mm (C)本尺每分度為 1mm,游尺取本尺 49 分度等分為 50 分度者之精度為 $\frac{1}{50}$mm (D)本尺每分度為 0.5mm,游尺取本尺 49 分度長等分為 25 分度者之精度為 $\frac{1}{50}$mm (E)本尺每分度為 1mm,游尺取本尺 49 分度長等分為 25 分度者之精度為 $\frac{1}{50}$mm。

(　)2.下列何項不是游標卡尺的應用？　(A)畫線　(B)量取內長度　(C)量取外長度　(D)深度測量 (E)階級長度測量。

(　)3.下列有關游標尺測量外長度之敘述，何項錯誤？　(A)先將游尺顎夾推開使較大於工件尺寸 (B)本尺顎夾置於欲測面，游尺顎夾緊靠基準面　(C)測量凹部用刀端　(D)測量外徑時應與軸線 垂直　(E)測量外徑應使用顎夾平端。

(　)4.下列有關游標尺測量內長度之敘述，何項錯誤？　(A)先將游尺喙部推合，使小於工件尺寸 (B)本尺喙部置於基準面　(C)使用 CB 型測量值等於讀數值　(D)內側測定面之平端應平行於孔 之中心　(E)游尺之喙部緊靠欲測面。

(　)5.下列有關游標測深規與游標高度尺之敘述，何項錯誤？　(A)使用游標測深規時，游尺測定面 緊靠工件基準面　(B)使用游標測深規時，本尺測定面抵於孔底　(C)游標測深規之測量值等於 實際值　(D)游標高度尺度量絕對高度時應與分厘卡比較　(E)游標高度尺以底座底面為基準時， 使用前應注意游尺是否歸零。

三、試讀出下列各圖游標卡尺之讀數：(＊表示游尺分度線對準本尺某分度線)

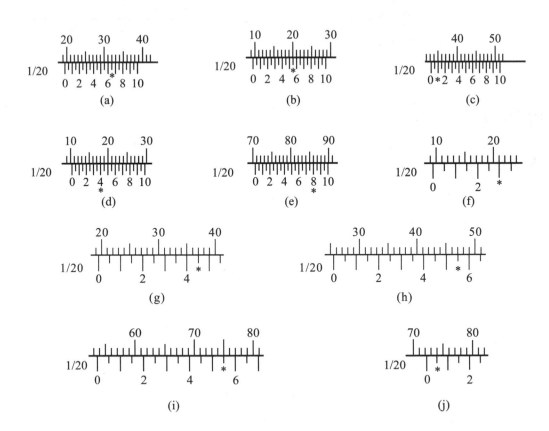

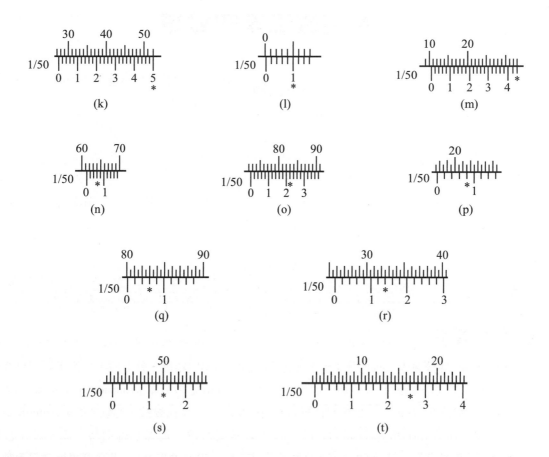

參考資料

註 13-1： 經濟部標準檢驗局：游標卡尺。台北，經濟部標準檢驗局，民國 70 年，第 1 頁。

註 13-2： Mitutoyo Mfg. Co., Ltd.. *Mitutoyo precision measuring instruments*. Japan: Mitutoyo Mfg. Co., Ltd., 1986, p.108.

註 13-3： 同註 13-1，第 2 頁。

註 13-4： 經濟部標準檢驗局：游標測深規。台北，經濟部標準檢驗局，民國 71 年，第 1 頁。

註 13-5： 經濟部標準檢驗局：游標高度尺。台北，經濟部標準檢驗局，民國 71 年，第 1 頁。

實用機工學知識單

項目	分厘卡	學習目標	能正確的說出分厘卡的規格、原理與使用方法

前 言

　　分厘卡(micrometer)亦稱測微器或千分卡，為一般精密工件主要測定儀器，其精確尺寸並非心軸與砧之直接推合來獲得，而係螺桿迴轉於固定螺帽間，使之獲得心軸與砧間的距離。公制分厘卡之螺桿螺距為0.5mm 單線。

說 明

14-1 外分厘卡

1. 精度 0.01mm 外分厘卡：每把分厘卡上都會標明測定範圍與精度，外分厘卡之測定範圍自 0～15 至 475～500 等 21 種，精度 1、2 兩級，如圖 14-1 為 0～25mm 之外分厘卡(outside micrometer)(CNS4174) (註 14-1)，精度 0.01mm，其螺桿與螺帽之螺距為 0.5mm 之單線螺紋，心軸或螺桿(spindle or screw) 原為一體，連結於手動套筒(thimble)上，當手動套筒迴轉一周即心軸迴轉一周，同時心軸前進 0.5mm，而手動套筒上等分 50 分度，即每分度為 0.5×1/50 = 0.01mm，此分度線稱之為手動套筒分度線(thimble graduation)，而固定套筒(sleeve)上之直線稱之為刻線(index line)，在刻線上方 1mm 長刻有一線，下方於每 1mm 之中央刻有一線代表 0.5mm，即心軸迴轉一周所進退之長度，刻線上下方之分度線稱為固定套筒分度線(sleve graduation)。如圖 14-2 之尺寸為：手動套筒分度線 0(如＊所示)對準刻線，而手動套筒之緣對準於固定套筒分度線之 10mm 處，故其所示之尺寸為 10.00mm；圖 14-3 所示之尺寸為：手動套筒分度線 1(如＊所示)對準刻線，而手動套筒之緣對準於固定套筒分度線之 13mm 多，即 13mm + 0.01×1 = 13.01mm；圖 14-4 所示之尺寸為：手動套筒分度線 20(如＊所示)對準刻線，而手動套筒之緣對準於固定套筒分度線之 15.5mm 多，即 15.5mm ＋ 0.1×20 = 15.70mm。

2. 精度 0.001mm 外分厘卡：外分厘卡在一般應用上為 0.01mm 者，但在更精細之測量上有 0.001mm 之外分厘卡，兩者的構造相同，惟利用一游尺來獲得更精確之尺寸而已，即取手動套筒分度線之 9 分度，等分為固定套筒游尺 10 分度如圖 14-5，即當固定套筒游尺與手動套筒分度線每分度相錯時，相差 $0.01×\left(1-\dfrac{9}{10}\right)=$ 0.001mm，其讀數法即綜合外厘卡與游標卡尺之讀數法，如圖 14-6 之讀數為：手動套筒分度線 33 與 34 之間(如＊所示)對準刻線，手動套筒之緣對準固定套筒分度線之 20 多，而固定套筒游尺之分度 3(如＊所示)，對準手動套筒分度線之某分度，其尺寸為 20 ＋ 0.33 ＋ 0.001×3

＝ 20.333mm。

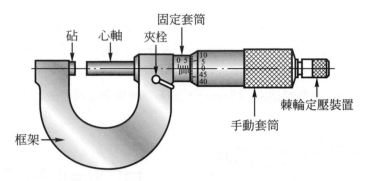

圖 14-1　公制外分厘卡(經濟部標準檢驗局)

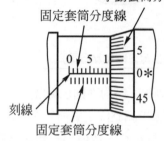

圖 14-2　0.01mm 外分厘卡讀數法之一

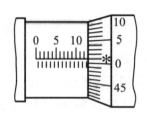

圖 14-3　0.01mm 外分厘卡讀數法之二

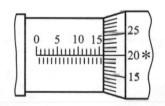

圖 14-4　0.01mm 外分厘卡讀數法之三

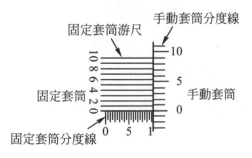

圖 14-5　0.001mm 外分厘卡原理

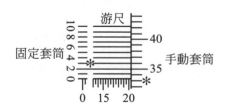

圖 14-6　0.001mm 外分厘卡讀數法

外分厘卡在測量時應注意下列幾點：

1. 測量前應先將外分厘卡歸零：

(1) 清拭心軸與砧。以四個不同厚度(12.00、12.12、12.25 及 12.37mm)的光學平板檢查心軸與砧在不同角度的位置之真平度及平行度，250mm 以下分厘卡之真平度，1 級在 0.6μ 以下，75mm 以下之平行度在 2μ 以下(CNS4174)(註 14-2)，如圖 14-7。

(2) 旋轉手動套筒使心軸接觸砧(0～25mm)，或以基準棒接觸心軸與砧之間(25mm 以上)。

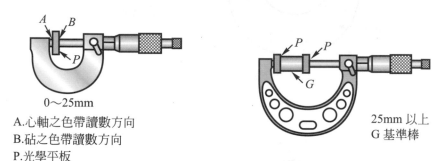

0～25mm
A.心軸之色帶讀數方向
B.砧之色帶讀數方向
P.光學平板

25mm 以上
G 基準棒

圖 14-7　檢查砧之真平度與平行度(台灣三豐儀器分司)

(3) 觀察手動套筒分度線 0 之位置是否對準固定套筒之刻線，若對準則已歸零。

(4) 若未對準而誤差在±0.01mm 時，則上緊夾栓，利用扳手調整固定套筒，使之對準如圖 14-8(a)。

(5) 若誤差大於±0.01mm 時，則旋鬆棘輪定壓裝置，上緊夾栓，放鬆手動套筒調整，使之對準如圖 14-8(b)。

(6) 以規矩塊校正精度(75mm 以下，1 級±2μ 以下)(CNS4174)(註 14-3)。

(a) 調整固定套筒

(b) 調整手動套筒

圖 14-8　調整外分厘卡(台灣三豐儀器公司)

2. 先將外分厘卡旋開之尺寸大於欲測量之尺寸，旋開較長時，可用手掌觸轉手動套筒，切勿搖動如圖 14-9。

3. 將砧輕觸於工件之一面(基準面)。

4. 旋轉心軸接觸於工件另一面(欲測面)，須有適當壓力，或用棘輪定壓裝置獲得適當壓力，(100mm以下分厘卡 400-600gf)(CNS4174)(註 14-4)，接觸後轉棘輪定壓裝置 $1\frac{1}{2}$～2 轉，壓力過小或過大將會影響尺寸之準確性。

5. 測量固定之工件時，用雙手測量如圖 14-10。

6. 測量小零件時，應一手扶持工件，另一手扶持外分厘卡如圖 14-11。

7. 若測量多件零件時，可用分厘卡夾持座(micrometer holder)夾持外分厘卡如圖 14-12。

8. 若為移轉量具之原尺寸時，可用夾栓固定以便量取。

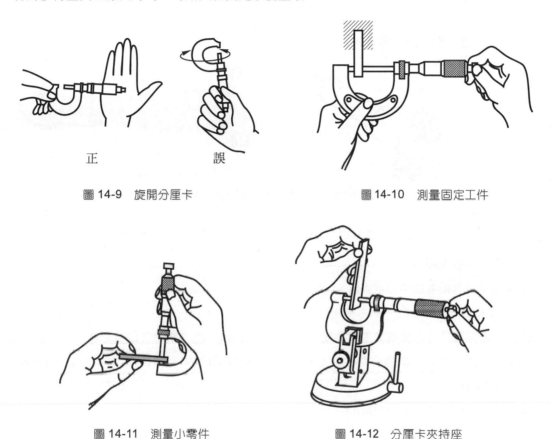

正　　　　　誤

圖 14-9　旋開分厘卡　　　　　　　圖 14-10　測量固定工件

圖 14-11　測量小零件　　　　　圖 14-12　分厘卡夾持座

14-2　內分厘卡

　　內分厘卡(inside micrometer)之基本原理與讀數法均與外分厘卡相同，唯分度線之讀數方向相反。依其構造可分為卡式、直桿式與孔徑分厘卡。卡式內分厘卡如圖 14-13，其內腳與固定套筒固定一起，外腳則隨手動套筒旋轉而進退，但因有鍵與鍵槽之裝置，使外腳只能進退而不旋轉，其測量範圍不得小於兩腳所佔寬度。直桿式內分厘卡如圖 14-14，其活動圓桿可隨時裝換不同長度之圓桿而獲得不同之測量範圍，此分厘卡適用於大尺寸之測量。測孔分厘卡(holtest)(三點式內徑分厘卡)如圖 14-15，用以測量孔徑、內螺紋節徑、方槽或 V 槽等。

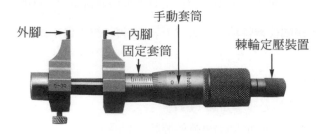

圖 14-13　卡式內分厘卡(台灣三豐儀器公司)

圖 14-14　直桿式內分厘卡(台灣三豐儀器公司)

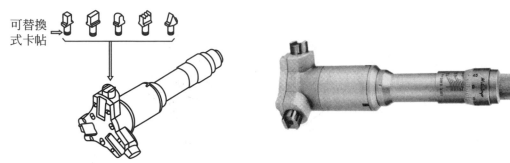

圖 14-15　測孔分厘卡(台灣三豐儀器公司)

在使用時應注意下列各點：

1. 在使用以前應先歸零。

2. 先將旋開之內長度值小於欲測值。

3. 輕置內腳於工件長度之一端(基準面)。

4. **轉動手動套筒使外腳接觸於工件長度之另一端(欲測面)，壓力須適當以免影響尺寸之精確性。**

5. 測量圓孔直徑時務使兩腳於中心線上，即徑向取最大值(即中心線長)而非小值(弦長)，軸向取最小值如圖 14-16。

6. 測量內長度時取其最小值如圖 14-17。

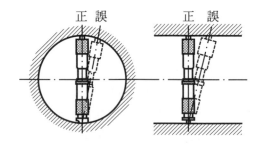

圖 14-16　內分厘卡測量孔徑

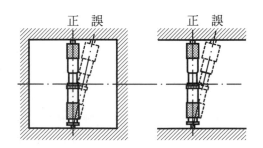

圖 14-17　內分厘卡測量內長度

7. 測孔分厘卡測量時其軸線要一致如圖 14-18。

8. 讀數時應注意固定套筒分度線與手動套筒分度線之讀數方向，以免誤讀(應注意內分厘卡與外分厘卡之分度線讀數方向相反)。

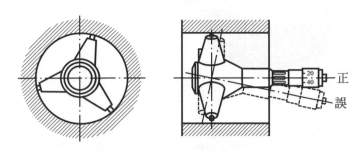

圖 14-18 測孔分厘卡測量孔徑

14-3 測深分厘卡

圖 14-19 為測量孔或階級之深度用的測深分厘卡(depth micrometer)，使用時與游標測深規方式相同，先將測定面緊靠孔之表面，而後轉動手動套筒使心軸下端抵於孔底，而讀取其數值如圖 14-20，由於心軸可換裝，故讀數時應注意其基本值，即實際數值為基本數值加讀數值。使用上應注意事項參見游標測深規，並應注意固定套筒分度線與手動套筒分度線之讀數方向，以免誤讀。

圖 14-19 測深分厘卡(台灣三豐儀器公司)

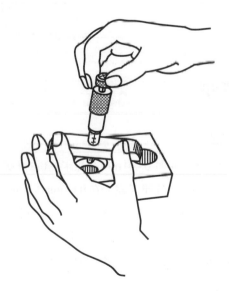

圖 14-20 測深分厘卡的應用

分厘卡除上述三種為常用之外，尚有螺紋用分厘卡用以測量螺紋之節徑(參考 "螺紋檢驗單元")等特殊分厘卡如圖 14-21(註 14-5)。使用時應選用適合之範圍，並注意讀數時只讀出其讀數值，實際尺寸須加最小測量範圍(基本值)，保持清潔，不可劇烈震動，不可測量高溫工件，以免損傷分厘卡。

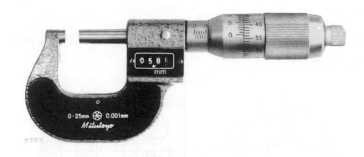

(a) 直進、數字顯示型

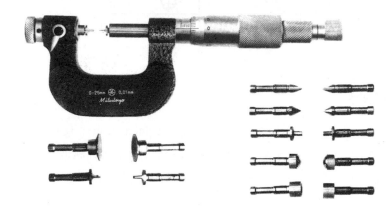

(b) 可替換型及砧

圖 14-21　特殊分厘卡(台灣三豐儀器公司)

學後評量

一、是非題

（　）1. 0.01mm 與 0.001mm 分厘卡的(心軸)螺桿之螺距是 0.5mm。

（　）2. 0.01mm 分厘卡誤差在 0.01mm 以內時，調整固定套筒。

（　）3. 內分厘卡測量孔徑時，沿徑向取最小值。

（　）4. 使用分厘卡前，均須先歸零。

（　）5. 測深分厘卡用於測量孔徑。

二、選擇題

（　）1. 下列有關分厘卡之敘述何項錯誤？　(A)公制分厘卡之手動套筒迴轉一周，則心軸移動 0.5mm　(B)0.001mm 分厘卡係取手動套筒分度線之 9 刻度等分為固定套筒游尺 10 刻度　(C)外分厘卡與卡式內分厘卡分度線之讀數方向相同　(D)卡式內分厘卡與測深分厘卡分度線之讀取方向相同　(E)測孔分厘卡用以測量孔徑。

( )2. 下列有關外分厘卡測量之敘述，何項錯誤？　(A)測量前應先歸零　(B)以砧輕觸工件之欲測面　(C)以棘輪定壓裝置獲得適當壓力　(D)測量小零件時，應一手扶持工件，另一手扶持分厘卡　(E)測量多件工件時宜用分厘卡夾持座。

( )3. 下列有關分厘卡歸零之敘述，何項錯誤？　(A)以光學平板檢查砧之真平度與平行度　(B)25mm以上外分厘卡之歸零需以基準棒歸零　(C)手動套筒分度線 0 對準固定套筒之刻線時即已歸零　(D)以規矩塊校驗平行度　(E)若誤差大於±0.01mm 則調整手動套筒。

( )4. 下列有關內分厘卡使用之敘述，何項錯誤？　(A)旋開之內長度值大於欲測值　(B)內腳接觸基準面　(C)外腳接觸欲測面　(D)測量內長度取最小值　(E)測量孔徑時，兩腳須於中心線上。

( )5. 下列有關分厘卡使用之敘述，何項錯誤？　(A)旋開較長之尺寸時，宜用手掌觸轉　(B)測量固定工件時，宜用雙手測量　(C)測孔分厘卡測量時，其軸線要一致　(D)測深分厘卡使用時，將測表面緊靠孔之表面　(E)100～150mm 的直桿式內分厘卡之讀數值即為實際值。

三、試讀出下列各圖分厘卡之讀數。(＊表示手動套筒分度線對準刻線，或游尺之分度線對準手動套筒分度線)

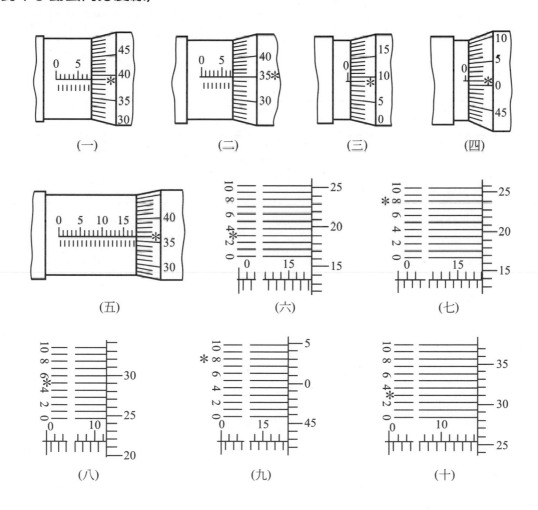

(一)　　　　　(二)　　　　　(三)　　　　　(四)

(五)　　　　　(六)　　　　　(七)

(八)　　　　　(九)　　　　　(十)

參考資料

註 14-1：經濟部標準檢驗局：外分厘卡。台北，經濟部標準檢驗局，民國 72 年，第 1 頁。

註 14-2：同註 14-1，第 4～5 頁。

註 14-3：同註 14-1，第 5 頁。

註 14-4：同註 14-1。

註 14-5：Mitutoyo Mfg. Co., Ltd.. *Mitutoyo precision measuring instruments*. Japan:Mitutoyo Mfg. Co., Ltd., 1986, p.21, p.36.

實用機工學知識單

項目	固定規	學習目標	能正確的說出固定規的種類與使用方法

前　言

凡用以規測尺寸之量具皆稱量規，依其功用有固定規與比測儀。固定規(fixed gage)係指在使用時之尺寸為固定在某一範圍(必要時或可調整尺寸)。可分為(註 15-1)：

(1) 限規(limit gage)：如塞規、卡規、環規、深度規等，以規測工件尺寸之最大與最小兩限界值。

(2) 功用規(function gage)：用以檢驗工件之功用而不規測尺寸，如位置規(position gage)、同心規(concentricity gage)、校準規(alignment gage)等。

說　明

15-1　限　規

利用刻度量具量取尺寸有不可避免之誤差，約於 1840 年波馬(Bodmer)乃設計環形、塞形量規，而為接觸量法之始，用以規測工件是否在規定限界尺寸內，限規依其上下兩限界之尺寸而分為通過規(go)及不通過規(no go)(not go)，通過者即可通過進入工件之規測部份，不通過者反之，不能通過或進入工件之規測部份。

1. 塞規(plug gage)：用以規測圓孔之直徑者，規體係用高碳鋼製成，經適當熱處理再鍍鉻，其標準形式如圖 15-1，圖(a)為最常見者，長端為 "通過" 規，代表孔之最小限界尺寸，短端為 "不通過" 規，代表孔之最大限界尺寸，直徑在 50mm 以內者多採用之。圖(b)為級進式(progressive type)塞規，"通過" 規與 "不通過" 規順列以使檢驗迅速。圖(c)為可逆式(reversible type)塞規，用在直徑 50mm～120mm，當一側磨損時可反向裝置使用，以延長壽命。圖(d)為平板形(flat plug gage)塞規，用於直徑更大的孔，以減少塞規本身之重量。

2. 卡規(snap gage)：用以規測外徑或外長度之量規，形狀因需要而異，圖 15-2 為最常用的兩種。

3. 環規(ring gage)：用以規側外徑如圖 15-3，圖(a)為常用於 13mm 以下，圖(b)為 13mm 以上用之，在 75mm 以上者用凸緣式。通常 "不通過" 規之外圓有一溝槽以資識別，150mm 以上則加柄如圖(c)，環規之檢驗為圓周面之檢驗而不是卡規的線徑規測，但如兩心間工作時，則工件須卸下始能規測，而卡規則不必。

限規之種類及規格，請參考 CNS13373(註 15-2)。

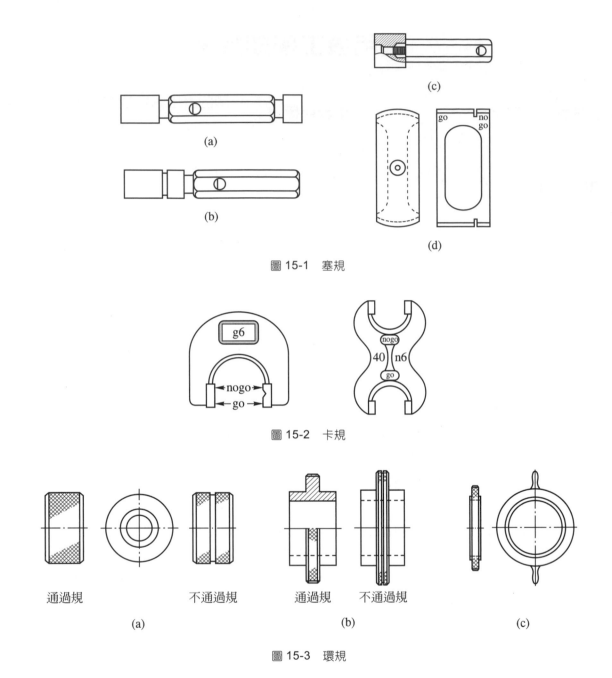

圖 15-1 塞規

圖 15-2 卡規

通過規　　　　　不通過規　　　　通過規　　　不通過規

(a)　　　　　　　　　　(b)　　　　　　　　　(c)

圖 15-3 環規

15-2 功用規

　　功用規在規測機件各部重要尺寸間之關係，以確定在裝配或應用時不致發生牴觸，功用規雖不度量其真實尺寸，然尺寸上有誤差時亦必失其功用，故亦不能通過功用規之檢驗，圖 15-4 為同心規。

　　固定規依其用途可分：

1. 工作規(working gage)：在製造過程當中，規測機件之尺寸，以迅速定奪去取者如塞規，此等限規操於施工者之手，在施工時隨時使用。

2. 檢驗規(inspection gage)：轉移施工部門或送倉庫貯存之前用以檢驗各部份之尺寸，以定奪是否貯存，此種限規多與工作規相同，間雜有功用規，可一次檢驗加工總結果，此規操之於檢驗人員之手，精度較工作規高。

3. 校對規或標準規(reference gage or master gage)：當工作規或檢驗規使用日久漸生磨損時，其精度應以更精確之標準規來校驗，此等標準規操之於工具室檢驗工具人員之手。

利用固定規檢查工件，將因固定規之製造公差及磨損裕量而使工件之有效公差量減少。

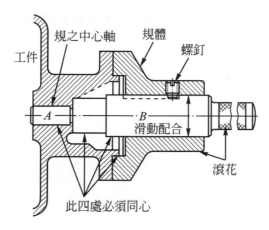

圖 15-4　同心規

學後評量

一、是非題

( )1. 規測工件之尺寸是否在最大與最小限界尺寸之間，而不必度量其實際尺寸時用限規規測。

( )2. 規測外長度可用塞規或卡規。

( )3. 環規規測工件之圓周面，而卡規規測工件線徑。

( )4. 環規之"不通過"規通常以環槽表示，塞規之"不通過"規則較長。

( )5. 車床工作常用檢驗規檢驗車削中之工件尺寸，以確定工件尺寸是否合格。

二、選擇題

( )1. 下列固定規，何者不是限規？　(A)塞規　(B)環規　(C)卡規　(D)深度規　(E)位置規。

( )2. 下列有關限規之敘述，何項錯誤？　(A)"通過"規可通過或進入工件之規測部份　(B)塞規用以規測孔徑　(C)塞規之"通過"規代表孔最小限界尺寸　(D)級進式塞規可顛倒裝置以使檢驗迅速　(E)平板形塞規用於大直徑孔之測量。

( )3. 下列有關固定規之敘述，何項錯誤？　(A)功用規在規測機件之尺寸　(B)同心規是一種功用規　(C)兩心間車削外徑，用卡規規測時不必卸下工件　(D)利用固定規檢查工件時，工件之有效公差量減少　(E)限規在規測工件是否在規定限界尺寸內。

( )4.品管員常用之固定規為 (A)工作規 (B)檢驗規 (C)校對規 (D)標準規 (E)母規。

( )5.製造過程中,不使用何種固定規? (A)塞規 (B)卡規 (C)標準規 (D)工作規 (E)功用規。

參考資料

註 15-1： Francis T. Farago. *Handbook of dimensional measurement*. New Jersey: General Motors Corporation, 1974, pp.27〜43.

註 15-2：經濟部標準檢驗局：限界量規。台北,經濟部標準檢驗局,民國 83 年,第 1 頁。

實用機工學知識單

項目	規矩塊	學習目標	能正確的計算規矩塊的組合並正確的使用

前 言

規矩塊亦稱塊規(gage blocks)為一般精密測量之長度標準,其應用始於1908年瑞典工程師約翰笙(C.E. Johanson),故亦稱約翰笙規矩塊(Johanson block)或瑞典規(Swedish gage)。

說 明

規矩塊如圖16-1,是用高碳高鉻鋼、碳化鉻(CC)或碳化鎢(TC)(CNS8092)(註16-1),經熱處理、研磨、材料安定、精磨加工後測定其硬度、真平度、平行度、尺寸再予以編組分類,規矩塊之組件分類有S112、S103、S76、S47、S32、S18、S9(+)、S9(−)、S8等(註16-2),常用者如:

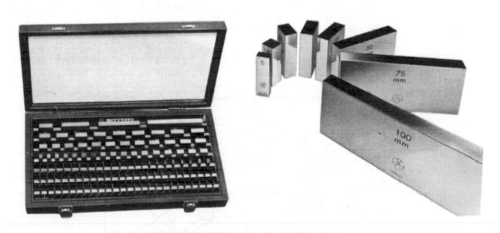

圖 16-1　規矩塊(台灣三豐儀器公司)

⑴　103件組(S103)

1.005mm		1塊
1.01～1.49mm	每塊相差0.01mm	共49塊
0.50～24.50mm	0.50mm	共49塊
25～100mm	25mm	共4塊
共計		103塊

測量範圍2.000～225mm,測量精度0.005mm。

(2)　47 塊組(S47)

1.005mm		1 塊
1.01～1.09mm	每塊相差 0.01mm	共 9 塊
1.10～1.90mm	0.1mm	共 9 塊
1～24mm	1mm	共 24 塊
25～100mm	25mm	共 4 塊
共計		47 塊

測量範圍 3.000～225mm，測量精度 0.005mm。

規矩塊的組合通常以最右方的數字為基數，取最大之規矩塊以使塊數達於最少，誤差(規矩塊仍有製造公差)達至最小程度。例如利用 103 塊組選擇 77.335mm 有下列三種以上之組合，即

1.005	1.005	1.005
1.330	1.330	1.030
75.000	25.000	1.300
	50.000	24.000
		50.000
77.335……①	77.335……②	77.335……③

但以第一組塊數較少(即誤差較少)，故取第一組為最佳。塊規的疊合宜遵照廠商的說明，一般疊合程序如圖 16-2(註 16-3)：

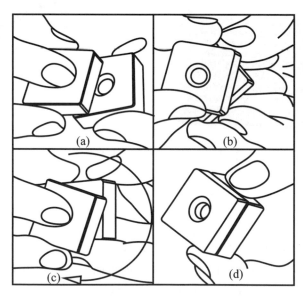

圖 16-2　規矩塊疊合(台灣三豐儀器公司)

1.　用拇指及食指握持規矩塊長方向如圖(a)。

2.　接合面在乾淨棉布或軟皮革上清拭。

3. 上下端接觸輕輕滑上如圖(b)。

4. 旋轉規矩塊不加壓力如圖(c)，規矩塊疊合後如圖(d)，可承受 4.9kgf/cm² 之拉力，取下時以反方向爲之，擦拭後再塗油後保存於盒中。

規矩塊的精度標準分爲 00、0、1、2 等四級(CNS8092)(註 16-4)。

00 級 ：10～25mm 者之精度，其尺寸公差爲 ±0.07μm，平行度 0.05μm，眞平度在 150mm 以下 0.05μm，用於最精密之檢驗、實驗等測量工作，使用時保持標準檢驗溫度 20℃。

0 級 ：10～25mm 者之精度，其尺寸公差爲 ±0.14μm，平行度 0.10μm，眞平度在 150mm 以下 0.10μm，用於儀規校驗。

1 級 ：10～25mm 者之精度，其尺寸公差爲 ±0.30μm，平行度 0.16μm，眞平度在 150mm 以下 0.15μm，用於一般檢驗工作。

2 級 ：10～25mm 者之精度，其尺寸公差爲 ±0.60μm，平行度 0.30μm，眞平度在 150mm 以下 0.25μm，用於工廠一般工作用。

規矩塊配有附件以增廣其用途，規矩塊的附件如圖 16-3，包括：

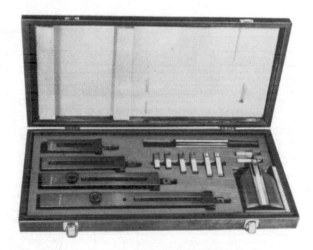

圖 16-3　規矩塊附件(台灣三豐儀器公司)

1. 內外卡顎支架–用於支持內外卡顎。

2. 內卡顎–用於內長度之精測。

3. 外卡顎–用於外長度之精測。

4. 畫針–畫線用。

5. 中心針–校核內外圓、螺紋螺距。

6. 底座–組合規矩塊卡顎等。

7. 螺釘–夾持規矩塊

規矩塊之用途大致可分七類(註 16-5)：

1. 模具、夾具及工具之畫線：如圖 16-4，模具夾具在加工前常畫線以決定加工位置、加工量及加工法。

2. 核校模具夾具或工具之精度：製造工件之工具精度常比工件為高，常用規矩塊核校。

3. 校驗機器刀具位置：將規矩塊用於機器刀具之安置，可增加精度，如圖16-5之銑刀的一邊與工件中心距離可用規矩塊測量。

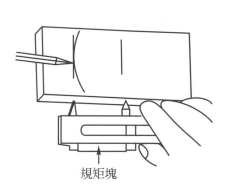

圖 16-4　利用規矩塊畫線

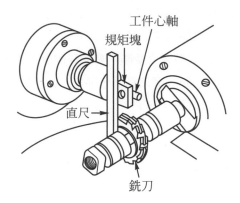

圖 16-5　校驗刀具位置

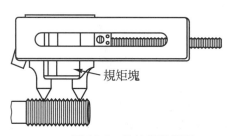

圖 16-6　核校螺紋螺距

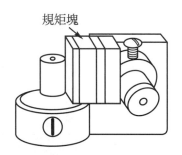

圖 16-7　核校兩中心距離

圖 16-8　校對量規

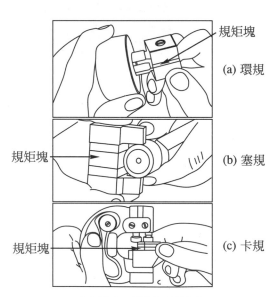

圖 16-9　校對量規精度

4. 在製造中核校工件：規矩塊之測量，使精度控制者預知工件趨向上限或下限，以便於超前糾正之，及定期的工件檢驗以免浪費。

5. 直接核校零件：成品之檢驗，如圖 16-6 核校螺紋螺距，圖 16-7 核校兩中心距離，圖 16-8 校對量規(螺紋塞規)。

6. 校定可調整之檢驗量具：如內外分厘卡之調整，比測儀零點之校正。

7. 核校工作規及校對量規之精度如圖 16-9。

學後評量

一、是非題

( ) 1. 規矩塊組合時以塊數較少者為佳。

( ) 2. 工場一般工作，用 2 級規矩塊。

( ) 3. 規矩塊不可以用於直接核校零件尺寸。

( ) 4. 分厘卡之尺寸不可以用規矩塊校定。

( ) 5. 規矩塊使用後可直接置於工具箱內。

二、選擇題

( ) 1. 一般檢驗工件用之規矩塊等級為　(A)00 級　(B)0 級　(C)1 級　(D)2 級　(E)3 級。

( ) 2. 下列何項不是規矩塊的附件？　(A)螺帽　(B)畫針　(C)中心針　(D)底座　(E)內外卡顎。

( ) 3. 下列何項不宜用規矩塊？　(A)模具畫線　(B)校驗刀具的角度　(C)製造中核校工件　(D)核校調整分厘卡　(E)成品檢驗。

( ) 4. 下列有關規矩塊疊合之敘述，何項錯誤？　(A)用拇指及食指握持規矩塊長方向　(B)接合面用軟皮革清拭　(C)上下端輕輕滑上　(D)旋轉規矩塊　(E)取下時用力拔開。

( ) 5. 規矩塊疊合後可承受的拉力為　(A)0.49kgf/cm²　(B)1.49kgf/cm²　(C)4.9kgf/cm²　(D)14.9kgf/cm²　(E)49kgf/cm²。

參考資料

註 16-1：經濟部標準檢驗局：規矩塊。台北，經濟部標準檢驗局，民國 70 年，第 5 頁。

註 16-2：同註 16-1，第 6 頁。

註 16-3：Willard J. McCarthy & Victor E. Repp. *Machine tool technology*. Illinois: Mcknight Publishing Company, 1979, p.60.

註 16-4：同註 16-1，第 2～3 頁。

註 16-5：張厚基：機工精密測量。高雄，張厚基，民國 57 年，第 24～31 頁。

實用機工學知識單

項目	比測儀	學習目標	能正確的說出比測儀的原理、規格與使用方法

前 言

　　比測儀(comparator)分為兩種型式：(1)指示比測儀(indicating comparator)：用以指明確實之尺寸，如針盤指示錶(dial indicator)。(2)限界比測儀(limit comparator)：用以指明受驗尺寸是否在規定限界內，如電氣式、空氣式及光學式等限界比測儀。

說 明

　　一般測量儀器與量規使用之精確性與使用人有關，如使用卡規測量公差在 0.001mm 時，將因壓力之關係而使測量產生誤差。故凡公差為 0.001mm 或以下者，均不宜採用固定尺寸之量規，而用比測儀如針盤指示錶等則較佳。

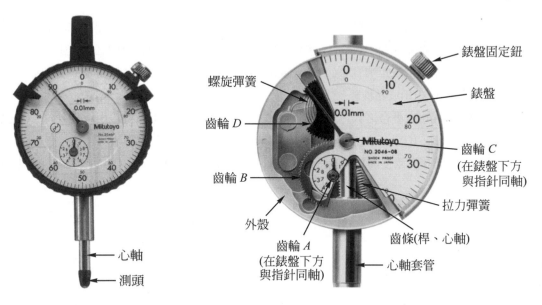

圖 17-1　針盤指示錶(台灣三豐儀器公司)　　　　圖 17-2　針盤指示錶之構造(台灣三豐儀器公司)

　　針盤指示錶如圖 17-1，為指示比測儀之一種，其構造如圖 17-2，心軸由桿部伸出，前端接有可替換之測頭，左邊具有齒條，與其齒輪組之齒輪A嚙合(同時指示 1mm)，經同軸之齒輪B傳動另一組之齒輪C連接指針指示 0.01mm，即心軸之微動則被放大於指示針。其回復係由拉力彈簧之收縮而退回原位。以平衡桿保持全測量範圍壓力的一致性，如 0.01mm 針盤指示錶之心軸垂直向下時之最大測定壓力不得超過 140gf (CNS4176)(註 17-1)；外殼與心軸套管一體，以保持心軸之靈敏性。螺旋彈簧一端固定於外殼，一端經齒輪

*DCBA*加力於心軸[心軸與齒條(桿)爲一體]，而消除齒輪間隙，以免影響針盤指示錶之精度，針盤指示錶不能任意加油，以免發生遲滯現象。

　　針盤指示錶依其分度分爲 0.01mm、0.001mm，分度 0.001mm 之指示精度許可值爲$3\mu m$(測量範圍 1mm 之全範圍精度)(CNS4177)(註 17-2)。圖 17-3 爲 T 型槓桿式針盤指示錶(CNS4753)(註 17-3)。圖 17-4 爲含立座數字顯示型指示錶(digimatic upright gage)。使用時應選擇適當之測頭，心軸垂直於工件，壓下 0.3～0.5mm 爲宜，避免左右移動測量，以防損害精度。圖 17-5 爲針盤指示錶或比測儀應用於各種量具的情形。圖 17-6 爲光學比測儀之一。圖 17-7 爲電子式比測儀之一。圖 17-8 爲空氣流量式測微儀。

圖 17-3　T 型槓桿式針盤指示錶(台灣三豐儀器公司)　　圖 17-4　含立座數字顯示型指示錶(台灣三豐儀器公司)

(a) 內徑規

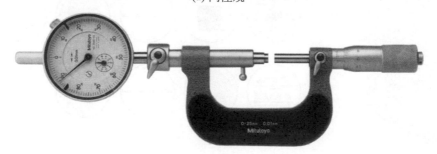

(b) 附針盤指示錶之外分厘卡

圖 17-5　針盤指示錶及比測儀的應用(台灣三豐儀器公司)

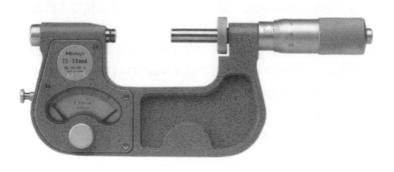

(c) 指示分厘卡　　　　　　　　　　　　(d) 針盤指示錶及磁座

(e) 內針盤卡規

圖 17-5　針盤指示錶及比測儀的應用(台灣三豐儀器公司) (續)

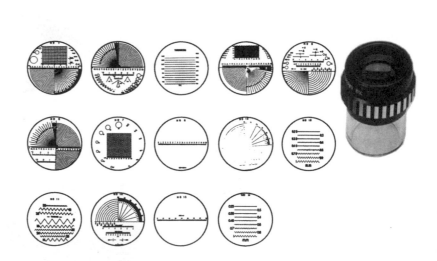

(a) 輪廓投影機　　　　　　　　　　　　(b) 袖珍型比測儀

圖 17-6　光學比測儀(台灣三豐儀器公司)

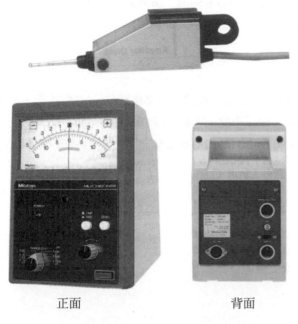

正面　　　　　　　　背面

圖 17-7　電子比測儀(台灣三豐儀器公司)

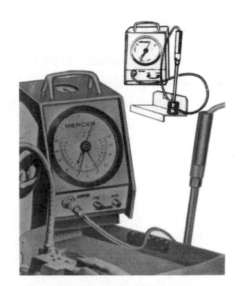

圖 17-8　空氣流量式測微儀(受記精機工業公司)

學後評量

一、是非題

( )1.指示比測儀可以指明受驗尺寸是否在規定限界內，而不讀出確實尺寸。

( )2.針盤指示錶內平衡桿的目的，在保持測量範圍內壓力的一致性。

( )3.針盤指示錶應隨時加油保養。

( )4.使用針盤指示錶時心軸要垂直於工件，並前後移動，避免左右移動測量。

( )5.公差在 0.001mm 或以下者，宜用量規測量。

二、選擇題

( )1.下列何項不是限界比測儀？　(A)光學式比測儀　(B)電子式比測儀　(C)空氣流量式測微儀　(D)針盤指示錶　(E)空氣壓力式測微儀。

( )2.下列有關針盤指示錶之敘述，何項錯誤？　(A)心軸與桿是一體的　(B)測頭是可替換的　(C)與齒條嚙合之齒輪指示 0.01mm　(D)心軸之退回係由拉力彈簧之收縮　(E)外殼與心軸套筒一體。

( )3.針盤指示錶之指示精度，下列何項不能指示？　(A)0.001mm　(B)0.01mm　(C)0.10mm　(D)0.50mm　(E)0.0001mm。

( )4.0.01mm 針盤指示錶之最大測定壓力不得超過　(A)0.14gf　(B)1.4gf　(C)14gf　(D)140gf　(E)1400gf。

( )5.使用針盤指示錶時下壓之距離以多少為宜？ (A)3～5mm (B)0.3～0.5mm (C)0.1～0.2mm (D)0.05～0.1mm (E)0.01～0.03mm。

參考資料

註 17-1： 經濟部標準檢驗局：針盤指示錶(分度 0.01mm)。台北，經濟部標準檢驗局，民國 78 年，第 4 頁。

註 17-2： 經濟部標準檢驗局：針盤指示錶(分度 0.001mm)。台北，經濟部標準檢驗局，民國 86 年，第 4 頁。

註 17-3： 經濟部標準檢驗局：槓桿式針盤指示錶。台北，經濟部標準檢驗局，民國 71 年，第 2 頁。

實用機工學知識單

項目	直規與平板	學習目標	能正確的說出直規與平板的規格及使用方法

前　言

　　粗略的測量平面的真平度時，多用直規或角尺之稜或緣緊靠工件欲測面上，觀察光線透過情形而判定是否真平，但此種"瞄視法"僅能測量"是否"真平而已，至於真平到什麼程度無法用實際數值表示。大平面之測量亦僅能用平板的"接觸法"來獲得。若欲測知實際真平度之數值，須用光學平板等精密測量法才能獲得。

說　明

18-1　直　規

　　直規(straight edge)通常可分為平直型直規、約翰笙型直規(Johanson straight edge)、布朗‧沙普型直規(Brown & Sharp straight edge)(B&S)及方形斷面型直規等四種如圖 18-1，平直型為一300×40×8 至 3000×120×18 之長方形或I形斷面如圖(a)(CNS4759)(註 18-1)；約翰笙型直規之斷面為三角形，有三個工作稜，每一工作稜之頂端為半徑甚小之圓弧如圖(b)；B&S 型直規僅有一工作稜，工作稜頂端圓弧半徑亦甚小如圖(c)；方形斷面型，直規有四個工作稜如圖(d)。在測量時將直規之稜橫觸於欲測面上，對著明亮的背景瞄視，以察覺其真平情況。

(a) 平直型　　　　　(b) 約翰笙型　　　　　(c) 布朗‧沙普型　　　　　(d) 方形斷面形

圖 18-1　直規

18-2　平　板

　　平板(surface plate)是一強度足夠且平面經過刮削之 FC200 以上之鑄鐵或花崗岩如圖 18-2。其大小通常自 250×250 至 2500×1600mm，精度有 0、1 及 2 三級(CNS7549)(註 18-2)，依需要而選擇，測量工件之真平度採用接觸法，即將工件置於塗有染色劑，如紅丹膏或普魯士藍之平板上，輕輕相觸而使平板上之染色劑附著於工件突出部，由工件染色點之分佈情形察覺其真平情況。

圖 18-2　平板(台灣三豐儀器公司)

學後評量

一、是非題

(　)1. 使用瞄視法或接觸法，均可表示真平度之真實數值。

(　)2. 平直型直規有三個工作稜。

(　)3. 平板的精度有 1、2、3 等三級。

(　)4. 平直型直規的規格是長×寬×厚。

(　)5. 平板的規格是長×寬。

二、選擇題

(　)1. 下列何項工具，不能測量真平度？　(A)直規　(B)角尺　(C)平板　(D)光學平板　(E)分厘卡。

(　)2. 能測知真平度之數值者是　(A)直規　(B)角尺　(C)平板　(D)光學平板　(E)分厘卡。

(　)3. 斷面為三角形的直規為　(A)平直型直規　(B)約翰笙直規　(C)方形斷面直規　(D)布朗‧沙普型直規　(E)角尺。

(　)4. 製作平板的材料是　(A)鑄鐵　(B)高速鋼　(C)不銹鋼　(D)銅　(E)鋁。

(　)5. 下列何項工作，不需使用平板？　(A)檢查工件真平度　(B)使用畫針盤畫線　(C)測量工件直徑　(D)檢查六面體平行度　(E)檢查六面體垂直度。

參考資料

註 18-1：經濟部標準檢驗局：直規。台北，經濟部標準檢驗局，民國 71 年，第 1 頁。

註 18-2：經濟部標準檢驗局：精密平板。台北，經濟部標準檢驗局，民國 70 年，第 1 頁。

實用機工學知識單

項目	光學平板	學習目標	能正確的說出光學平板的規格與使用方法

前 言

光在空間傳播為波動(wave motion)，速度為30萬公里／每秒，光波可使之反射、折射及干涉等，光波之波浪每波有波峰(crest)及波谷(trough)之分。同相之波其振幅(amplitude)相加而更明亮，反相之波則相互抵消而無光，光學平板係利用光波干涉原理測量尺寸之微小差異及表面眞平度等的測量工具。

說 明

光學平板(optical flat)為利用一極度光滑而平之玻璃或石英製成一圓板，依其測定面分為單面與雙面，直徑由45～130mm，厚度由9～32mm，其精度分為三級：

① 1 級：眞平度在0.05μm 以內(0.00005mm)；

② 2 級：眞平度在0.1μm 以內(0.0001mm)；

③ 3 級：眞平度在0.2μm 以內(0.0002mm)(CNS10490)(註 19-1)。

圖 19-1 為一組光學平板，其所備四塊光學板之兩塊用以檢查表面，另兩塊作為標準規以校驗其他兩塊。使用前應先以標準規校驗，或以三塊平板相互檢驗以確知其眞平度精確與否。

將光學平板置於一工件欲測面上方傾斜空隙如圖 19-2，光波由光源射入，一部份被光學平板之表面反射而折回(此項反射僅產生普通照明與測量無關)，一部份光波由光學平板之底面A所反射，一部份光波為工件欲測面B所反射，光波由A進行至B反射回A時，需多進行2d，若d距離為$\frac{1}{2}$波長時，則 2d為波長之整倍數，此時兩波互相相干涉而產生暗帶，若 d 為$\frac{1}{4}$波長時，則 2d 為波長之$\frac{1}{2}$倍此時，兩波同相產生亮帶。

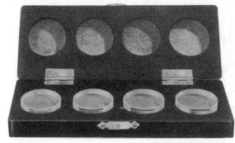

圖 19-1 光學平板(台灣三豐儀器公司)

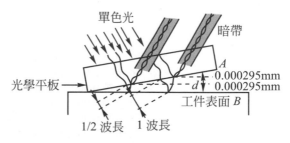

圖 19-2 光學平板的原理

如使光學平板之一側與工件接觸，一側抬高d之距離如圖 19-3，進入之光波被AB及CD面反射，當d之距離為波長之半，即 2d為波長整數倍時，則反射之光互遇干涉，觀察者即不能見光反射，所見者為一暗帶，倘 2d 爲波長之 $\frac{1}{2}$ 倍，則觀察者可見亮光，因之表面上現一亮帶，故 d 每距半波長之距離即現一暗帶，由所見之暗帶之數目即可算出 d 之距離。日光係由若干顏色之色帶組成，各色光之波長互異，目力可見者其波長由 0.000399mm～0.000617mm，平均爲 0.000508mm，日光經光學平板反射後，亦現出若干色帶，但辨認頗爲困難，故應採用單色光(monochromatic light)，單色光爲一種顏色(色之種類別並無限制)，波長爲一定值，可使顯現之色帶清晰顯明。可採用之單色光甚多，如鎘光、氦光及鈉光等，其中以氦光(helium)採用最多，氦光燈如圖 19-4，所發出者爲黃色光，波長爲 0.00059mm，故使用黃色光時，每一色帶即代表 d 爲 0.000295mm 之距離。

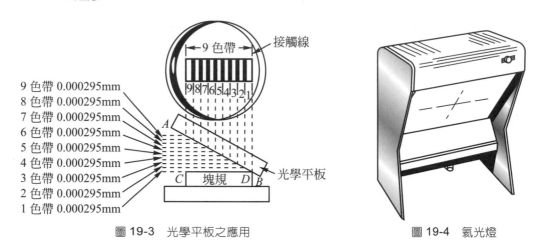

圖 19-3　光學平板之應用　　　　　圖 19-4　氦光燈

1. 光學平板實際應用之一(尺寸測量)：在光學平板上置一標準規矩塊，或其他標準量規與受驗工件，再將另一光學平板置於其上如圖 19-5，則工件與規矩塊尺寸之差異，可由所見之色帶數目而知，此即光學平板實際應用於精密測量之方式。如圖 19-5 所示，共現出七個色帶，即工件A高出 7 個色帶之距離，即 7×0.000295mm＝0.002065mm，因色帶之寬度頗大，以目力估計至 $\frac{1}{2}$ 甚至 $\frac{1}{10}$ 之寬度，誤差不致過鉅，故利用光學平板測量至 0.03μm(0.00003mm)並不困難。

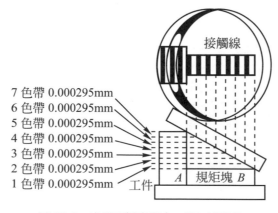

圖 19-5　光學平板應用之一(尺寸測量)

2. 光學平板實際應用之二(眞平度測量)：光學平板之另一重要用途，爲檢驗規矩塊或其他精密量具表面之眞平度，上例之色帶均爲直線，此即表示所驗之平面極爲平坦，否則即呈彎曲，色帶彎曲之程度即表示表面不平之程度，彎曲之方向則可表明平面爲凸或爲凹，如圖 19-6(a)、(c)爲平面之中部凸出。以接觸線爲準，凡色帶之形狀爲凸出者其表面凸出，反之則爲凹陷如圖(b)、(d)所示。色帶凸出與凹入之程度即表示平面凸凹之程度，如圖所示其凸凹亮約$\frac{1}{4}$色帶寬度，故表面之凸凹量約

$\frac{1}{4}×0.000295mm = 0.00007375mm$。

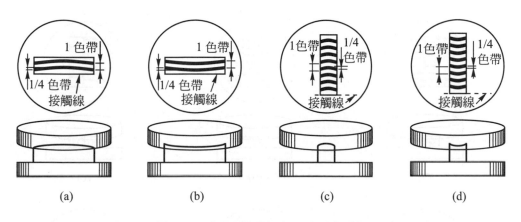

(a)　　　　　　　(b)　　　　　　　(c)　　　　　　　(d)

圖 19-6　光學平板應用之二(真平度測量)

　　圖 19-7 各圖所示爲磨損之平面在光學平板上所呈現之色帶形狀，各圖中均以AB表示接觸線，圖(a)爲中部平坦，接近兩側之處低$\frac{1}{2}$色帶寬即0.1475μm(0.0001475mm)；圖(b)爲兩側凸出，中部與兩側邊均凹陷，凸出部份約爲$\frac{5}{6}$色帶寬即0.2458μm(0.0002458mm)；圖(c)爲中部凸出，向左逐漸變平，向右則凸出更多，在EF線處凸出量爲0.1475μm($\frac{1}{2}$色帶寬)，在GH線處凸出量達0.295μm(1 色帶寬)；圖(d)僅有兩處高點A及B與光學平板接觸，各距X、Y線有四個色帶，故X、Y部份爲一達1.18μm(4 色帶寬)深之凹面。

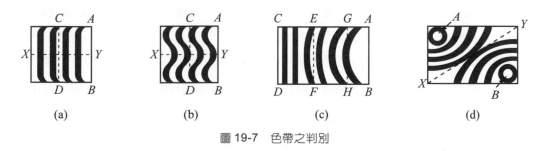

(a)　　　　　　　(b)　　　　　　　(c)　　　　　　　(d)

圖 19-7　色帶之判別

3. 光學平板實際應用之三(平行度測量)：平行度測量如圖 19-8 所示，M爲標準規經檢驗爲確實平行者，U爲受驗之規矩塊。圖(a)所示之色帶型式，證實U規之兩面亦平行者，縱使規厚度不同亦可獲

得相同之色帶型式；圖(b)所示之U規沿寬度FH方向不平行於底面，其差異為$\frac{1}{2}$色帶即0.1475μm，因M為已知平行之標準規，故每次測量應調整光學平板，使M規上所呈現之色帶均沿寬度方向且平行以利比較；圖(c)所示為兩面沿寬度方向平行而沿長度方向則否，U規所現之色帶雖互平行，但分佈距離較寬，如前所述，光學平板與工件之含角愈大，色帶數目愈多，U規之色帶數較少，即與平板間之含角亦小，如以BD為接觸線，即EG邊高於FH邊，其相差之量等於色帶相差數所代表之距離，在此圖中色帶相差數為$7\frac{1}{2}-5 = 2\frac{1}{2}$，即相差：$2\frac{1}{2}×0.000295 = 0.0007375$mm。

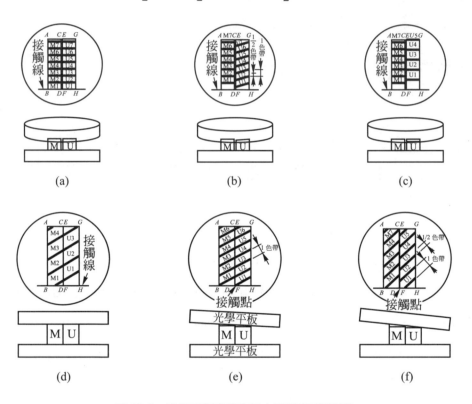

圖 19-8　光學平板實際應用之三(平行度測量)

上述圖(a)之情形，兩規雖不同高亦不顯示同型色帶，此種現象僅在規高度相差適為一個色帶或其整數倍時始可存在。倘將光學平板給掀動成色帶成對角線方向如圖(d)所示，M規上之第一色帶仍與U上之第一色帶相接合時，此規之高度始為相同，否則其高度不等。圖(e)示接觸線已非BDFH而是DH兩點，因U規現出一色帶，故其高度較M規為低，兩者相錯一色帶之距離，即U規較M規低 0.000295mm。圖 (f) 示相錯 $1\frac{1}{2}$ 色帶，故U較M低 $1\frac{1}{2}×0.000295$ 即0.4425μm。

光學平板最重要之用途為規矩塊之定期檢驗真平度，檢驗不需標準規，但平行度及磨損尺寸需賴與標準規比較始能獲知，此項標準規即專指準備檢驗用之 00 級規矩塊，校驗時將標準規及受驗之規矩塊同置于光學平板上，其底面必須附著緊密，可將光學平板連同規矩塊反轉視之，無任何色帶現出即表示黏附緊密,如有色帶存在即兩者之間仍有間隙存在,等候數分鐘時間,俟規矩塊與平板各部之溫度均勻後,始可將上方之光學平板安放於檢驗位置,人手之接觸恆使規矩塊之溫度變化,在極精密之測量中應予避免。觀察者眼睛與光源之夾角愈小愈好,愈接近垂直則觀察愈精確如圖 19-9。

圖 19-9　光學平板之觀察

學後評量

一、是非題

(　)1.光學平板之精度分為 1、2、3 三級。

(　)2.利用氦光燈為光源時,光學平板每一色帶相差0.0295μm。

(　)3.利用光學平板以氦光測量A、B兩規矩塊,兩者相差 2 個色帶,則兩者尺寸相差 0.000590mm。

(　)4.光學平板可以測量精密工件之尺寸真平度、平行度及垂直度。

(　)5.觀察光學平板之色帶,愈接近垂直則觀察愈精確。

二、選擇題

(　)1.下列有關光學平板之敘述,何項錯誤? 　(A)光學平板可由石英製成 　(B)光學平板之測定面為單面 　(C)四塊一組的光學平板,其中兩塊用以檢查平面,另兩塊作為標準規 　(D)使用前應檢查其真平度 　(E)光學平板係利用光波干涉原理以測量。

(　)2.氦光之波長為 　(A)0.000295mm 　(B)0.00295mm 　(C)0.00059mm 　(D)0.0059mm 　(E)0.059mm。

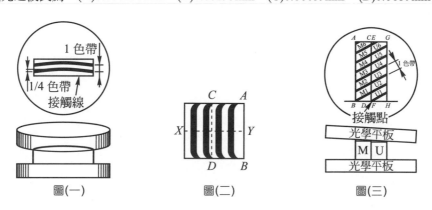

圖(一)　　　　　　　圖(二)　　　　　　　圖(三)

(　)3.由圖(一)之光學平板測量得知工件中央凸出 　(A)0.000295mm 　(B)0.00295mm 　(C)0.00095mm

(D)0.00007375mm　(E)0.0002375mm。

(　)4.由圖(二)之光學平板測量得知工件　(A)中央平坦兩側低陷　(B)左側平坦右側凸出　(C)左側平坦右側低陷　(D)中間凸出向左逐漸變平　(E)中央平坦兩側凸出。

(　)5.由圖(三)之光學平板測量得知　(A)U規沿寬度GH方向不平　(B)兩規沿長度方向平行　(C)兩規高度相同　(D)M規較低　(E)U規較低。

參考資料

註 19-1：經濟部標準檢驗局：光學平板。台北，經濟部標準檢驗局，民國 72 年，第 1～2 頁。

實用機工學知識單

項目	角尺與圓筒直角規	學習目標	能正確的說出角尺與圓筒直角規的規格及使用方法

前 言

　　角度測量工具可分為兩大類，一為固定角規，一為可調整角規。固定角規通常用瞄視法來規測工件角度之是否準確，而無法測出其實際誤差值，如角尺、120°角度規、磨鑽規及車刀規等，可調整角規之移量角度量規亦無法直接量出其角度，而量角器則可在其有效分度內獲得其角度大小之值。

說 明

20-1 角 尺

　　角尺(square)有刃型、I型、平型與臺型，係由一短邊與長邊所組成，有75～1000mm(長邊長度)等8種規格(CNS7343)(註20-1)，其內外兩角均經校正之直角，除用於規測工件之直角外，尚可用於規測平面之真平度。使用角尺時應注意下列各點：

1. 將短邊緊靠已知之平面，長邊置於欲測面之上方並留以空隙。
2. 緩緩移下角尺使長邊接觸欲測之面如圖 20-1。
3. 瞄視長邊與欲測面之接觸情形，判定工件之直角是否準確，全面吻合時則其直角必準確，反之則不準確。
4. 若利用角尺之外角時，先將短邊緊靠已知平面，再推角尺使長邊接觸，視其接觸情形判定之如圖 20-2。

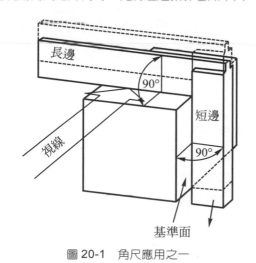

圖 20-1　角尺應用之一　　　　　圖 20-2　角尺應用之二

5.　若工件需要檢驗數處時，切勿將角尺沿工件表面推拉，應規測後提離工件再規測他處。

6.　使用時輕輕放置，不能亂摔，保持清潔，用後注意儲存。其餘各種角度規如 120°(正六邊形兩鄰邊夾角)、135°(正八邊形兩鄰邊夾角)之使用亦同。磨鑽規或車刀規等，於鑽床工作法及車床工作法中再予說明。

20-2　圓筒直角規

　　圓筒直角規(cylindrical square)係以鑄鐵或鋼製成，其軸向直徑誤差及端面垂直度公差皆在 2.8μ(150mm長時)，表面粗糙度在 0.2a(鋼製)，硬度在維克氏硬度(HV)450 以上(碳工具鋼)(CNS8093)(註 20-2)的圓柱，分為肋型及塞型，將端面置於平板上用以檢驗工件是否垂直。另一種圓筒直角規如圖 20-3，其一端面與軸線垂直，另一端面與軸線略為傾斜，在圓柱面上以圓點標示其測量範圍，並在上方標其垂直度誤差，每一單位為 5.08μm，使用時將傾斜端置於精密平板上，圓筒直角規靠近工件後輕輕旋轉使其吻合，沿其接觸圓點線上方讀出其垂直度誤差，圓筒直角規之垂直度誤差係成對標出，因此可在兩處讀出，並自行測量其圓筒直角規之誤差。

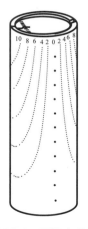

圖 20-3　圓筒直角規

學後評量

一、是非題

（　）1. 角尺可以規測直角外，亦可當直規規測工件真平度。

（　）2. 使用角尺規測時，應先以短邊緊靠欲測面，長邊靠近基準面。

（　）3. 使用角尺可以推拉於工件之垂直表面上，以規測工件全部垂直面。

（　）4. 圓筒直角規係將端面置於平板，以檢驗工件之垂直度。

（　）5. 標註垂直誤差的圓筒直角規係成對標出。

二、選擇題

( )1. 下列何項是可調整角規？　(A)磨鑽規　(B)車刀規　(C)量角器　(D)角尺　(E)120°角度規。

( )2. 下列有關角尺之敘述，何項錯誤？　(A)角尺有刃型、平型等型式　(B)角尺以長邊長度為規格　(C)角尺之內外角均可使用　(D)角尺可以讀出其誤差值　(E)角尺用以測量直角。

( )3. 圓筒直角規的材料是　(A)鑄鐵　(B)高速鋼　(C)不銹鋼　(D)銅　(E)鋁。

( )4. 下列有關圓筒直角規之敘述，何項錯誤？　(A)圓筒直角規有肋型、塞型　(B)圓筒直角規之兩端均與軸略為傾斜　(C)標註垂直度誤差的圓筒直角規可自行測量誤差　(D)標註垂直度誤差之圓筒角尺可在兩處讀出　(E)圓筒直角規用以測量直角。

( )5. 標註垂直度誤差的圓筒直角規，其每一單位為　(A)0.2μm　(B)0.295μm　(C)0.508μm　(D)2μm　(E)5.08μm。

參考資料

註 20-1：經濟部標準檢驗局：角尺。台北，經濟部標準檢驗局，民國 70 年，第 1～2 頁。

註 20-2：經濟部標準檢驗局：圓筒直角規。台北，經濟部標準檢驗局，民國 70 年，第 1～2 頁。

實用機工學知識單

項目	可調整角度量規	學習目標	能正確的說出可調整角度量規的種類與使用方法

前　言

　　可調整角度量規包括移量角度量規、量角器、組合角尺之量角器與萬能量角器等，其中移量角度量規僅用於移轉角度而無法直接讀出其角度外，餘均能視其分度直接讀出角度。

說　明

21-1　量角器

　　圖 21-1(a)示一具有分度可迴轉葉之簡單量角器(protractor)，此種量角器之分度均以度為單位，精確度較低，若欲得較高之精確度則應用萬能量角器。

　　簡單量角器測量工件之銳角與鈍角的方法如圖 21-2，讀數值等於工件角度值(註 21-1)。

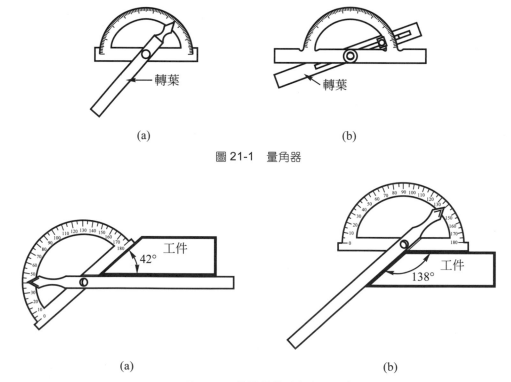

轉葉

轉葉

(a)　　　　　　　　　　　　(b)

圖 21-1　量角器

工件

42°

(a)

工件

138°

(b)

圖 21-2　簡單量角器之應用

21-2 組合角尺

　　組合角尺(combination square set)係將直尺、固定規尺、中心規尺與量角器組合爲一組如圖 21-3，以直尺爲主與其中之一規尺組合，可組成爲一種量規而達到各種測量目的，唯其量角器以度爲單位，但使用範圍頗爲廣泛，其測量讀數法與萬能量角器相同，圖 21-4 爲固定規尺之應用，圖 21-5 爲中心規尺應用於求圓桿工件端面中心的情形。

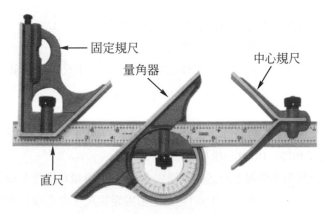

圖 21-3　組合角尺(台灣三豐儀器公司)

圖 21-4　固定規尺的應用

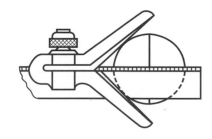

圖 21-5　中心規尺的應用

學後評量

一、是非題

( )1. 簡單量角器測量工件之銳角與鈍角，其工件角度與讀數值相同。

( )2. 組合角尺之量角器以度為單位。

( )3. 組合角尺之固定規尺，可以直接求圓桿工件端面之中心。

( )4. 組合角尺之中心規尺，可以測量任意角度。

( )5. 組合角尺的固定規尺，可以測量工件之外直角；中心規尺可以測量工件之內直角。

二、選擇題

( )1. 下列何項角度量規不是可調整角度量規？ (A)簡單角度量規 (B)量角器 (C)組合角尺之量角器 (D)萬能量角器 (E)中心規尺。

( )2. 下列有關可調整角度量規之敘述何項錯誤？ (A)簡單量角器之分度以度為單位 (B)組合角尺之量角器的分度以度為單位 (C)組合角尺由固定規尺、中心規尺與量角器組合而成 (D)一工件夾角為 30°，則簡單量角器之讀數為 150° (E)一工件夾角為 30°，則組合角尺量角器的讀數為 30°。

( )3. 在圓桿工件端面畫線、求中心，是用組合角尺的 (A)中心規尺與固定規尺 (B)直尺與中心規尺 (C)直尺與固定規尺 (D)直尺與量角器 (E)直尺。

( )4. 組合角尺之固定規與直尺組合後，可以測量之角度為 (A)10° (B)30° (C)45° (D)60° (E)75°。

( )5. 組合角尺之量角器與直尺組合時，可以測量之角度為 (A)10° (B)10°10′ (C)30°30′ (D)45°45′ (E)60°50'。

參考資料

註 21-1： Labour Department for Industrial Professional Education. *Measuring*.Labour Department for Industrial Professional Education, 1958, p.02-22-22-3.

實用機工學知識單

項目	萬能量角器	學習目標	能正確的說出萬能量角器的原理與使用方法

前 言

測量角度之精確度在"度"以下為單位時可使用萬能量角器，萬能量角器係以量角器與游尺組合而成的精密角度測量工具。

說 明

萬能量角器(universal bevel protractor)如圖 22-1，本尺每分度 1°，游尺取本尺 23 分度之弧長等分為 12 分度，則游尺每分度 $1° \times 23 \times \dfrac{1}{12} = \dfrac{23}{12}°$，即本尺兩分度與游尺一分度相差 $1° \times 2 - \dfrac{23}{12}° = \dfrac{1}{12}° = 5'$，如圖 22-2，即游尺每分度代表 5′之分度。當要讀出量角器角度時，首先讀出本尺之度數，且注意 0°之起始方向，游尺之讀法與游標卡尺相同，但應注意與本尺之方向需一致，如圖 22-3 之讀數為 54° + 5'×5 = 54° 25'，圖 22-4 之讀數為 50° + 5'×11 = 50°55'。

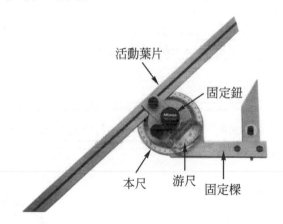

圖 22-1 萬能量角器(台灣三豐儀器公司)

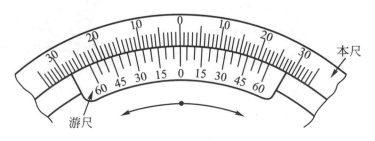

圖 22-2 萬能量角器游尺原理

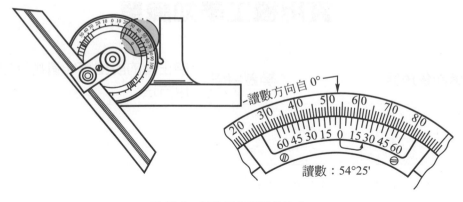

圖 22-3 萬能量角器讀數法之一

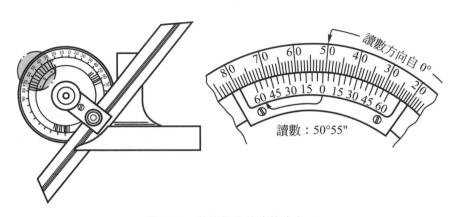

圖 22-4 萬能量角器讀數法之二

萬能量角器使用時應注意下列各點：

1. 使用萬能量角器時，以一基準面緊靠固定樑，移動活動葉片使之吻合工件兩面。

2. 用萬能量角器測量工件之銳角時，讀數值等於工件角度值如圖 22-5，測量鈍角時工件角度值等於 180°減讀數值如圖 22-6(註 22-1)。

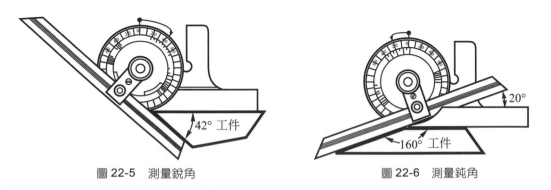

圖 22-5 測量銳角 　　　　　　 圖 22-6 測量鈍角

萬能量角器之應用如圖 22-7(註 22-2)。

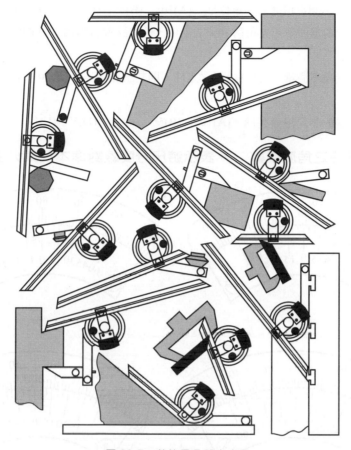

圖 22-7　萬能量角器之應用

學後評量

一、是非題

( )1. 萬能量角器是量角器與游尺組成。

( )2. 萬能量角器的本尺每分度 1°，游尺每分度 5'。

( )3. 萬能量角器的最小測量單位是 5'。

( )4. 使用萬能量角器時，固定樑緊靠基準面，活動葉片吻合欲測面。

( )5. 萬能量角器測量鈍角時，工件角度值等於讀數值。

二、選擇題

( )1. 下列有關萬能量角器之敘述，何項錯誤？　(A)萬能量角器是量角器與游尺組合而成　(B)萬能量角器的游尺取本尺 23 分度之弧長等分為 12 分度　(C)使用萬能量角器時基準面靠近固定樑　(D)測量工件夾角為 45°，則其讀數為 45°　(E)測量工件夾角為 120°時，則其讀數為 120°。

( )2.萬能量角器之測量精度最小單位是 (A)10° (B)5° (C)1° (D)5′ (E)1′。

( )3.使用萬能量角器測量一夾角為160°之工件,則其讀數值應為 (A)20° (B)40° (C)60° (D)80° (E)100°。

( )4.使用萬能量角器測量一夾角為60°之工件,則其讀數值為 (A)30° (B)60° (C)80° (D)100° (E)120°。

( )5.萬能量角器的本尺每分度為 (A)10° (B)5° (C)1° (D)5′ (E)1′。

三、試讀出下列各圖之角度讀數。(＊表示游尺分度線對準本尺某分度線)

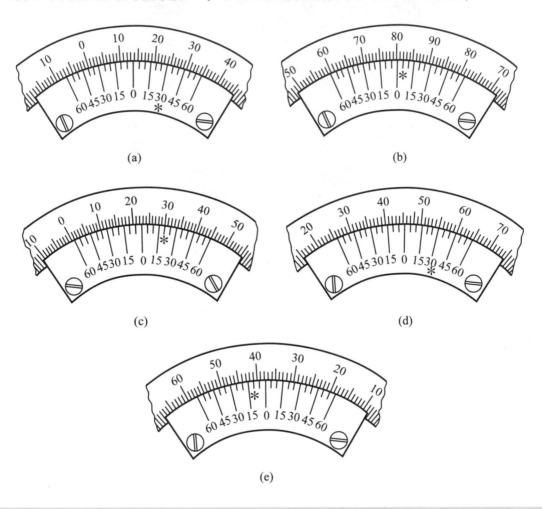

(a)

(b)

(c)

(d)

(e)

參考資料

註 22-1： Labour Department for Industrial Professional Education. *Measuring*.Labour Department for Industrial Professional Education, 1958, p.02-22-21-2, p.02-22-22-3.

註 22-2： Warren T. White, John E. Neely, Richard R. Kibbe, and Roland O. Meyer. *Machine tools and machining practices*. New York: John Wily & Sons, 1977, p.251.

實用機工學知識單

項目	正弦規與角度規矩塊	學習目標	能正確的說出正弦規的原理，計算角度規矩塊的組合與使用方法

前 言

萬能量角器之精度為 5 分，若需 5 分以下之精度則以正弦規或角度規矩塊來測量。

說 明

23-1 正弦規

正弦規(sine bar)係由本體及其兩端切口接觸之兩輥子組成，其規格由兩輥子之中心距離表示之，有 100mm 及 200mm 兩種(CNS4756)(註 23-1)如圖 23-1。其測定面之真平度、輥子之中心距離及相互平行度等精度均有一定之許可差。測量時正弦規之位置必須與含角之斷面平行，否則所量得的角度並非真正的含角，使用時可分兩方面來說明：

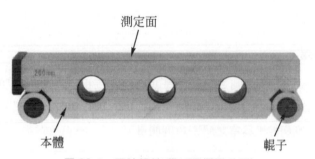

圖 23-1　正弦規(台灣三豐儀器公司)

1.　已知角度求規矩塊之高度如圖 23-2。其公式為 H = C×sinθ

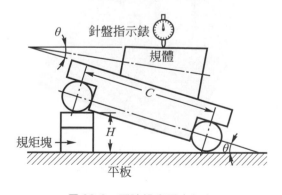

圖 23-2　正弦規應用之(一)

133

【例1】 規體之含角爲2°52′28″，以中心距(C)100mm 之正弦規檢驗時，規矩塊之高度(H)應爲多少？

H＝C×sin2°52′28″＝ 100×0.05014 ＝ 5.014mm

2. 已知規矩塊高度求其角度如圖 23-3，其公式則爲$\sin\theta=\dfrac{H}{C}$。

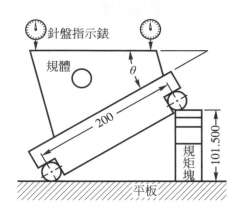

圖 23-3 正弦規應用之(二)

【例2】 如圖 23-3 之規體，以中心距 200mm 之正弦規測量，其規矩塊高度爲 101.500mm，則其含角(θ)應爲若干？

$\sin\theta=\dfrac{101.500}{200}=$ 0.5075

∴$\theta=30°29′51″$

23-2 角度規矩塊

角度規矩塊(angle gage blocks)如圖 23-4，可提供0°～99°每相差1°或 1′或1″的測量，相差1″的角度規矩塊共有 16 件，內含1°、3°、5°、15°、30°、45°、1′、3′、5′、20′、30′、1″、3″、5″、20″、30″等及平行規、刀口規共 18 件(註 23-2)，應用於工具室之精密角度測量。

圖 23-4 角度規矩塊

學後評量

一、是非題

( )1. 正弦規適用於精度 5 分以下的測量。

( )2. 以中心距離 100mm 之正弦規，測量一莫氏錐度(Morse taper)柄#3 的塞規，其含角為1°26'16″則需使用 2.509mm 的規矩塊高度。

( )3. 以中心距離 200mm 之正弦規測量一塞規，其規矩塊高度 39.603mm，則其含角為11°42'。

( )4. 角度規矩塊之測量精度可達1″。

( )5. 角度規矩塊適用於銑床操作之使用。

二、選擇題

( )1. 下列有關正弦規之敘述，何項錯誤？ (A)正弦規用以測量工件角度 (B)計量時正弦規之位置必須與含角之斷面平行 (C)正弦規兩輥子之心軸線與本體測定面垂直 (D)正弦規兩輥子之心軸各與測定面距離絕對相等 (E)正弦規之規格以兩輥子中心距離表示之。

( )2. 工件夾角精度在 5'以下時，宜用何種測定儀器度量？ (A)組合角尺 (B)萬能量角器 (C)正弦規 (D)游標尺 (E)測微器。

( )3. 以中心距 100mm 的正弦規測量一工件夾角為30°時，其規矩塊高度為若干？ (A)10 (B)20 (C)25 (D)50 (E)100。

( )4. 以中心距 200mm 的正弦規測量一工件夾角，其規矩塊高度為 5.24mm 時，則其工件夾角為 (A)1° (B)1°30' (C)10° (D)10°30' (E)30°。

( )5. 角度規矩塊可測量之最小精度為 (A)10° (B)5° (C)1° (D)1' (E)1″。

參考資料

註 23-1：經濟部標準檢驗局：正弦規。台北，經濟部標準檢驗局，民國 71 年，第 1 頁。

註 23-2：The L.S. Starret Company. *Starret tools*. Massachusetes: The L.S. Starret Company. 1979, pp.385～386.

實用機工學知識單

項目	線號規、測隙規、半徑規與角度規	學習目標	能正確的說出線號線、測隙規、半徑規及角度規的規格與使用方法

前　言

在機械加工中，工件之尺寸、形狀公差常以特定形狀量規規測，特定形狀量規種類繁多，如線號規、測隙規、半徑規、角度規、螺紋螺距規、漸開線輪齒規、梯形螺紋車刀規、中心規及磨鑽規等，視需要選用，本單元在介紹線號線、測隙規、半徑規與角度規，其餘各種特定形狀量規參見各相關單元。

說　明

24-1　線號規

線號規用以測量金屬線之直徑如圖 24-1 及圖 24-2，線規上小孔旁之數字表示線之號數，代表一定尺寸，測金屬線直徑時，可將其試穿，恰能穿過缺口者即該金屬線為幾號，至於其直徑則需查表。圖 24-3 為開口金屬片號規，用以測量金屬片厚度，其用法與線號規相同。

圖 24-1　圓形線號規

圖 24-2　方形線號規

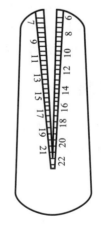

圖 24-3　開口金屬片號規

24-2　測隙規

測隙規如圖 24-4，亦稱厚薄規，用以測量兩工件之間隙大小，有 10、13、19、25 片組(CNS4755)(註24-1)，各規上之數字即為其厚度，使用時可以單片或多片組合使用。

圖 24-4 測隙規(台灣三豐儀器公司)

24-3 半徑規

半徑規如圖 24-5，用以測量工件之內外圓弧半徑，有各種不同級距而組合成一組。視需要選用之。

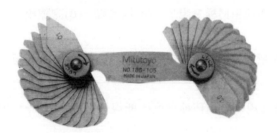

圖 24-5 半徑規(台灣三豐儀器公司)

24-4 角度規

角度規如圖 24-6，用以測量工件之角度，常見者為1°、2°、3°、4°、5°、7°、8°、9°、10°、12°、14°、14$\frac{1}{2}$°、15°、20°、25°、30°、35°、45°等 18 件組合。

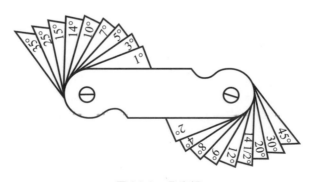

圖 24-6 角度規

學後評量

一、是非題

( )1.金屬線之直徑以號數稱呼，常以線號規測量規上數字即為金屬線之直徑。

( )2.測量兩工件組合後之間隙常用測隙規，規上數字即為規之厚度。

( )3.測量圓溝槽的半徑可用半徑規。

( )4.測量工件角度可以用角度規。

( )5.測隙規與半徑規均可兩片或兩片以上組合使用。

二、選擇題

( )1.測量鉗工配合件之間隙應使用何種量規？　(A)線號規　(B)測隙規　(C)半徑規　(D)角度規　(E)金屬片號規。

( )2.下列有關量規之敘述何項錯誤？　(A)線號規試穿時以穿過量規缺口為準　(B)測隙規亦稱厚薄規　(C)半徑規用以測量工件之內外圓弧半徑　(D)角度規可以測量10°10′　(E)測隙規可以兩片以上組合使用。

( )3.測量工件之圓角應使用何種量規？　(A)線號規　(B)測隙規　(C)半徑規　(D)角度規　(E)金屬片號規。

( )4.金屬片厚度之測量應使用何種量規？　(A)線號規　(B)測隙規　(C)半徑規　(D)厚度規　(E)金屬片號規。

( )5.常見 18 件組角度規，下列何種角度不能規量？　(A)$10\frac{1}{2}°$　(B)$14\frac{1}{2}°$　(C)20°　(D)30°　(E)45°。

參考資料

註 24-1：經濟部標準檢驗局：測隙規。台北，經濟部標準檢驗局，民國 71 年，第 3 頁。

實用機工學知識單

項目	切削劑	學習目標	能正確的說出切削劑的種類與使用方法

前　言

　　使用切削劑是有效提高切削效率的方法之一，惟切削劑種類繁多，應視切削的方法適當的選擇。

說　明

25-1　切削劑

　　切削性加工係利用刀具或磨料在工件上產生切削作用以獲得所需工件之形狀與尺寸，切削時約有 90 ％以上的能量變爲熱量，熱來自刀具與切屑及工件間的摩擦，如圖 25-1 示一單刃刀具切削時熱之來源，當切屑越厚時剪力角 α 愈小如圖 25-2，因此在剪力面(A-B)，切屑斷裂所產生的熱會增加，另外切削速度與切削深度增加時亦會增加其熱量，尤以切削速度之增加影響最大，因此欲獲得高切削效率，除寧可增加進刀而不提高切削速度外，使用切削劑爲一有效的方法，因使用切削劑使金屬塑性流動距離降低，以增加剪力角，降低熱的產生，減少切屑與刀具間的摩擦，並改善切削韌性材料造成的刀口積屑(built-up)現象。

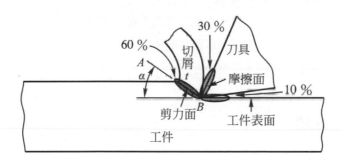

圖 25-1　單刃刀具切削之熱源

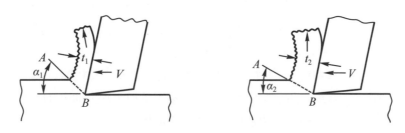

圖 25-2　單刃刀具正交切削形成之切屑

25-2 使用切削劑的目的

切削劑，或稱切削用液亦稱冷卻劑(coolant)係切削時加於切削點以增進切削性能之流質。

使用切削劑的目的有五：

1. 冷卻刀具防止過熱以延長刀具壽命，冷卻工件防止工件受熱變形。
2. 潤滑刀面減少刀面與切屑之摩擦、磨蝕，減少切削力，使加工面光滑。
3. 防止刀具上產生焊疤(cratering)。
4. 磨削時可防止磨料的鈍化，避免切屑熔著填塞砂輪。
5. 冷卻切屑使易於折斷、清除。

25-3 切削劑的性質

為使切削劑達到上述目的，切削劑必須具備下列主要性質：

1. 具有較高的比熱，能吸收切削時所生之熱量，即需有良好的冷卻力。
2. 具有適當的潤滑性，以減少各接觸面間的磨蝕(或摩擦)。
3. 具有適當的抗壓性質，使在切削時防止切屑與刀面附著。
4. 具有適當的抗熔性，以防止膠附層過量積聚。
5. 具有沾濕能力(wetting power)，使切削劑容易流至切削點，尤其磨削時，速度高、距離長更需具有此能力。

良好的切削劑除具備上述主要性質外，視需要而具備下列條件之一部份或全部：

1. 含有防銹劑(rust inhibitor)，以防機械、工件生銹。
2. 具有低表面張力以使切屑容易沈澱，以免因回流而傷及工件。
3. 磨削工作，視需要採用透明切削劑，以觀察磨削點。
4. 不腐臭、不生菌以免危害操作者之健康。
5. 不發泡、不沈澱、不易燃。

25-4 切削劑的種類

常用之切削劑有五：

1. 水溶液(aquesous solution)：以水加 1％～2％的碳酸鈉或硼砂及苛性鈉的水溶液。適於切削及沖除切屑，因其散熱力高而價廉，但缺乏潤滑作用，表面張力高，切屑不易沈澱。
2. 調水油或乳化液(soluble oil or emulsion)：為具有水溶液之高散熱性能及良好的潤滑能力，對刀具壽命的延長及加工精度的維持均具效果，常用者有三型：
   (1) 乳化型(emulsion)：係將皂化之動物、植物或礦物油，加入於水中攪拌成乳白色的非完全水溶液，用於一般切削，調製乳化油時先將油加入水中(絕不可把水加入油中)且同時加以攪拌，初期乳化液之水約為 6～7 倍，調成後再用水稀釋至 10～100 倍。
   (2) 可溶化型(soluble)：與乳化型相似。唯界面活性劑較多而礦物油較少，有較小的表面張力，較佳的沾濕能力。

(3) 溶液型(solution)：是有機與無機鹽類的水溶液，有良好的冷卻與防銹能力，適用於磨削作業。

3. 淨油(straight oil)：指純礦油及脂油。礦油係由石油蒸餾而得，脂油係動物油，尤以豬油(lard oil)的油性最大，沾濕力特強，並且有高抗壓的潤滑性，極薄的油層亦有顯著的減磨作用，適用於欲求表面光滑之加工。

4. 礦豬油混合劑(mineral lard oil)：淨豬油爲攻螺紋、鑽深孔之最佳切削劑，但遇高熱易於碳化而燃燒生惡臭，如與礦油混合(豬油約 10％～40％)，則可獲得豬油之潤滑效果，比豬油價廉且不生惡臭。

5. 硫化油(sulphurized oil)：將硫粉混入油內或高溫將硫調入油內，而獲得抗蝕性能的切削劑，間以氯、磷與硫合用，可分爲五類：

(1) 加硫於油或菜油中煉煎而成：性能優於礦豬油混合劑，適用於合金鋼之切削。用時加入石臘油(paraffin oil)稀釋之。含硫量爲 10％，唯具有硫化氫之惡臭，使用時應加入香料中和之。

(2) 硫氯化之脂油或菜油：油中所含之硫係完全化合，性質安全無惡臭，使用時需以價廉之油類稀釋成透明硫化切削劑。一般切削及金屬衝製及抽製均大量採用。如與其他適當油類混合，則可應用於自動車床、拉床、滾齒機、鑽床、銑床等之切削劑。

(3) 加硫於礦油煎煉而成：硫分子懸浮於油內，含硫量 1％～2.5％，多與(5)項硫化油混合使用。

(4) 硫氯化礦油：硫氯眞正化合，含活性硫約 3.6％，抗壓與抗熔性最佳。

(5) 含天然硫的礦物油。

25-5 切削劑的選擇

切削劑之選擇視加工性質及工件、刀具材料而定。一般而言，鋼件之切削均宜採用切削劑，但亦非絕對必要，但爲增高切削效率保護刀具起見，仍宜用切削劑。

低碳鋼於切削時，易形成甚多之膠附層，宜用含活性硫氯之油類，增加膠附層之流動；易削鋼之膠附層較少，可適當的保護刃口，不宜用硫氯化油類，而宜用硫化脂油。

鑄鐵易切削成屑片或碎末狀而使切削劑混濁，故多用乾切，必要時以壓縮空氣冷卻或用水沖除。

非鐵金屬不宜具有腐蝕性硫氯化油，宜使用淨油或含有惰性硫脂油。粗切削鋁片宜用調水油以散熱，細切削鋁片宜用豬油混合劑以獲得光滑的表面，切削鎂時亦同，唯不得使用含水之切削劑，因鎂與水易起化學作用而燃燒。黃銅之切削通常不用切削劑，尤以質脆者，若需冷卻則用調水油。

就加工性質而言，粗切削用調水油以冷卻，若以碳化物刀具粗切削鋼料時宜用調水油，因硫氯化油中之活性物質易使碳化物刀具之膠結劑(cement)軟化；細切削宜採用豬油及含硫量少之硫化油。高速切削時以水或稀釋調水油爲佳，以大量散熱並迅速附著於切削部份。低速切削宜用較濃之切削劑，以使持久附著於工件上。

鑽孔、鉸孔等工作，因刀具隱藏高熱於孔內，與切削劑大量接觸的機會較少，需藉刀具之槽流至切削點，故所用之切削劑宜流動性大者如調水油，輕礦油或煤油之混合劑。拉孔、攻螺紋、鉸螺紋宜採用高硫脂油或礦油以使易附著於刃口。

磨床工作以冷卻爲主，多採用調水油，成形磨削壓力較大，宜用具有抗壓性之油類，以防砂輪高熱及保護砂輪的形狀。

　由上述知切削劑之應用並無一定原則可資遵循，端視實際應用而作判斷。表 25-1 係各種不同材料及加工方式之切削劑選用參考表。

表 25-1　切削劑的選擇

材料	鑽孔	鉸孔	車削	銑削	攻鉸內(外)螺紋
鋁	煤油與豬油 煤油 調水油	煤油 調水油 礦物油	調水油	調水油 豬油 礦物油、乾	調水油 煤油與豬油
黃銅	乾 調水油 煤油與豬油	乾 調水油	調水油	乾 調水油	調水油 豬油
青銅	乾 調水油 礦物油 豬油	乾 調水油 礦物油 豬油	調水油	豬油 乾 調水油 礦物油	豬油 調水油
鑄鐵	乾 調水油	乾 調水油 礦物豬油	乾 調水油	乾 調水油	硫化油 礦物豬油
鑄鋼	乾 礦物豬油 硫化油	調水油 礦物豬油	調水油	調水油 礦物豬油	礦物豬油
銅	乾 調水油 礦物豬油 煤油	調水油 豬油	調水油	乾 調水油	調水油 豬油
展性鑄鐵	乾 蘇打水	乾 蘇打水	調水油	乾 蘇打水	蘇打水 豬油
軟鋼	調水油 礦物豬油 硫化油 豬油	調水油 礦物豬油	調水油	調水油 礦物豬油	調水油 礦物豬油
工具鋼	調水油 礦物豬油 硫化油	調水油 豬油 硫化油	調水油	調水油 豬油	硫化油 豬油

25-6 切削劑的應用

切削劑的應用方法大大的影響了刀具壽命與切削效率，切削劑需在低壓力而充分的流出，使工件與刀具都全部遮蓋著，噴嘴的內徑約為刀具寬度的 3/4，切削劑需直接向著切屑形成的地方，以減少並控制切削時熱的產生，並延長刀具的壽命。

車削、搪削時，切削劑需供應在刀具切削的部份，一般車外徑與車端面時，切削劑需直接遮蓋刀具，使噴口接近切屑形成處如圖 25-3。在重切削時採用雙噴口，一個在刀具的上方，一個在刀具的下方如圖 25-4。

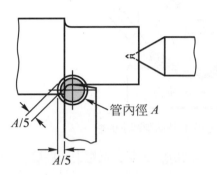

圖 25-3　車削時切削劑之供給

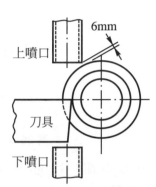

圖 25-4　重車削時切削劑之供給

鑽削或鉸削時最好採用自動給油系統，如油孔鑽頭或油孔鉸刀，可使切削劑直接注在切邊，同時使切屑流出，如圖 25-5 示一油孔鉸刀的鉸削，若使用一般鑽頭或鉸刀時需充分供應切削劑於切邊。

普通銑刀銑平面時，切削劑需在銑刀兩側用扁口噴口直接沖於銑刀，扁口之寬度約為銑刀寬度的 3/4 如圖 25-6，平面銑刀銑平面時，採用環形分佈噴口，以能完全遮蓋銑刀，保持銑刀每一齒在任何時間均浸在切削劑內，如此可增加銑刀壽命達 100 %。

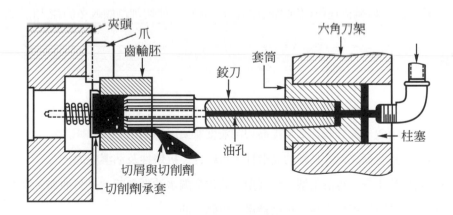

圖 25-5　油孔鉸孔切削劑之供給

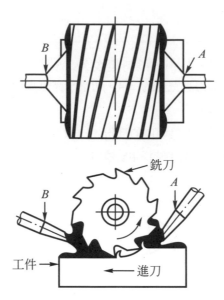

圖 25-6　普通銑刀銑平面時切削劑之供給

　　磨削時切削劑用以冷卻工件並避免砂輪的填塞，切削劑在大量且低壓力下供給。平面磨削時可採用下列三種方法供給切削劑：

1. 大量法(flood method)是最常用的，切削劑以固定的流量噴出，但因床台往復運動，如採用雙噴口(參見圖 25-6)則效率更為顯者。

2. 穿透砂輪法(through-the-wheel method)是利用自動給油系統注入砂輪緣盤而被摔注於輪緣與磨削點。

3. 噴霧法(mist spray method)是切削劑由一接收器，空氣虹吸而噴口直接噴在磨削點。圓柱磨削時砂輪與工件間的磨削點需有大量、穩定、清潔且冷卻的切削劑供應，扁口的噴口需略寬於砂輪。內磨削時切削劑由孔內排除磨屑與磨料，因為內孔磨削常要求盡可能用較大的砂輪而導致切削劑注入的困難，此時則應在砂輪直徑與切削劑的注入做一折衷，使切削劑能較多的注入(註 25-1)。

學後評量

一、是非題

(　) 1. 欲提高切削效率最好的方法是提高切削速度並使用切削劑。

(　) 2. 切削劑需具有高比熱、良好的潤滑性、抗壓性、抗熔性及沾濕能力。

(　) 3. 調水油有乳化型、可溶化型、溶液型，乳化型調水油調製時，是將油加入水中。

(　) 4. 低碳鋼車削時宜用調水油，車削鑄鐵宜用礦物油。

(　) 5. 普通銑刀銑平面時，需在銑刀之兩側用扁口噴口直接沖於銑刀。

二、選擇題

(　　)1.下列有關切削的敘述，何項錯誤？　(A)單刃刀具切削之熱來自刀具與切削工件間的摩擦　(B)刀具切削時，切削速度增加會減少熱量　(C)刀具切削時，切屑越厚，會增加熱量　(D)使用切削劑可以減少切屑與刀面的摩擦　(E)使用切削劑，可改善切削韌性材料造成的刃口積屑。

(　　)2.下列有關應用切削劑目的之敘述，何項錯誤？　(A)冷卻刀具與工件　(B)潤滑刀面減少切削力　(C)防止刀面上產生焊疤　(D)磨削時會使切屑熔著砂輪　(E)使切屑易於折斷、清除。

(　　)3.下列有關切削劑性質之敘述，何項錯誤？　(A)高比熱　(B)潤滑性　(C)易熔性　(D)抗壓性　(E)具有沾濕能力。

(　　)4.下列有關切削劑的敘述，何項錯誤？　(A)水溶液散熱力差、價廉　(B)調水油有高散熱性能及良好的潤滑能力　(C)淨油油性佳，沾濕能力強　(D)礦豬油混合劑潤滑效果佳，且不生惡臭　(E)硫化油具有抗蝕性能的切削劑。

(　　)5.下列有關切削劑選擇的敘述，何項正確？　(A)非鐵金屬宜使用硫氯化油　(B)粗切削鎂材料使用水　(C)切削鋁不用切削劑　(D)碳化物刀具粗切削鋼料使用硫氯化油　(E)磨床工作使用調水油。

參考資料

註 25-1：S.F. Krar, J.W. Oswald and J.E. St. Amand. *Technology of machine tools*. New York: McGraw-Hill Book Company, 1977, pp.329.

實用機工學知識單

項目	品質管制	學習目標	能正確的說出品質管制的目的與方法

前　言

　　為了經濟的製造符合消費者需求之特性與功能的產品，或服務的管理體系稱之為品質管制(quality control，簡稱 QC)。早期的品質管制由於應用統計分析的方法來管制製品的規格，故有時稱之為統計的品質管制(statistical quality control，簡稱 SQC)(CNS2579)(註 26-1)。而現代的品質管制已不限於製程，舉凡市場調查、產品設計、銷售及服務均需對品質負責，故稱全面品質管理(total quality management，簡稱 TQM)。

說　明

26-1　品質與管制

　　為決定產品或服務是否符合使用目的，而成為評價對象之固有性質與性能之全部，稱之為品質(quality)，作為製造目標所追求之品質稱之為設計品質(quality of design)，亦稱之為目標品質。相對的，使用者所要求的品質，或適合使用者對品質的要求程度稱為適合使用品質(fitness for use quality)。企劃設計品質時，須充分研究使用品質，才能使產品的設計品質符合使用者的需求(CNS2579)(註 26-2)。

　　產品設計完成後，須有一份「規格書」，規定材料、產品、工具及設備等所要求之特定形狀、構造、尺寸、成分、能力、精度、性能、製造方法及試驗方法等，以作為生產部門製造的依據，生產部門依據規格(specification)，在既定的品質標準、材料標準及操作標準下生產的產品品質，亦即以設計品質為目標而實際製造出之產品品質稱之為製成品質(quality of conformance)。

　　產品的製成品質，會因材料品質的不一，加工的不當，操作的不良或設備故障等原因而無法達到設計品質，如何採取改善措施以使製成品質與設計品質一致，即須加以管制，管制係指擬定計畫(plan)、訂定標準，依作業標準執行(do)作業，查核(chack)執行結果，與訂定之標準作差異分析，再採取必要的改善措施(action)，回饋修標準，然後再執行，此種計畫、執行、查核及改善措施等循環稱為管制，即品管大師載明的管制循環(Deming's circle)、PDCA 管理循環。

26-2　品質管制之應用技巧

　　品質管制是基層員工為維持產品或服務的品質，達成定標準的一種作業技術與活動，工廠品質改善的活動有品管圈計畫。品管圈(quality control circle，簡稱 QCC)的作法是以工廠內的領班或組長為核心，把工作性質類似或在一起工作的作業員，以 3～15 人組成一圈，以進行品質改善，其精神是企業全體人員能自動自發的發掘問題，同心協力改善而達成全面品質管制(total quality control，簡稱 TQC)的目標。品管圈的活動必須配合統計分析及品質管制改善手法才能發揮具體的效果，品質管制的應用技巧包括：(1)特性要因圖、(2)查檢表、(3)柏拉圖、(4)直方圖、(5)散布圖、(6)層別法、(7)管制圖，即所謂的 QC 七大手法。

1. 特性要因圖(cause and effect diagram，characteristic diagram)是以人(men)、機械(machine)、材料(material)及工作方法(method)等四大重要因素，來分析影響作業績效之關係圖(註 26-3)，以作爲改善問題點之管制，由於圖形之故，又稱魚骨圖，圖 26-1 示造成機台停頓時間的特性要因圖。

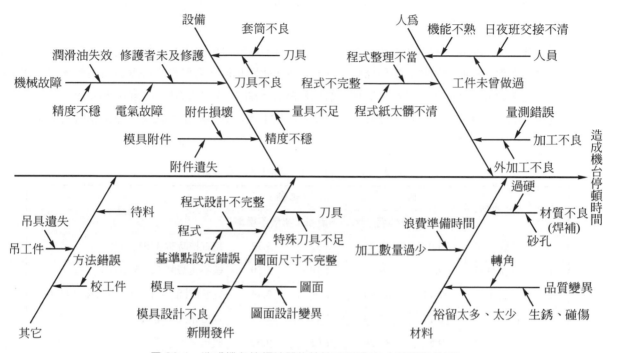

圖 26-1　造成機台停頓時間的特性要因圖(台中精機廠公司)

表 26-1　改善前查檢表(台中精機廠公司)

時間＼日期　問題點	7／26-16	7／17-23	7／24-30	8／1-6	8／7-13	8／14-20	8／21-27	8／28-30	合計	不良率百分比
經驗不足	20.38	18.45	20.01	21.35	19.05	19.6	21.05	18.95	158.84	3.32
機械故障	13.15	10.95	8.9	12.15	14.05	16.0	14.95	15.0	105.15	2.18
程式更改	12.47	11.75	9.9	12.45	10.65	13.0	12.85	11.15	93.754	1.96
換　　刀	6.7	7.2	6.35	5.95	7.4	6.15	6.95	6.67	53.37	1.11
待　　料	6.27	7.0	5.4	5.95	5.38	6.4	6.85	6.97	50.22	1.05
品質變異	5.14	6.03	5.05	4.9	4.2	5.8	5.35	4.7	41.17	0.86
其　　它	3.15	4.0	3.75	2.0	3.3	3.0	3.7	4.1	26.0	0.54
總不良數	67.26	65.38	59.36	64.7	64.03	69.95	70.07	67.95	528.5	11.02
總查檢數	612	611	501	599	516	622	680	650	4791	
不良率%	10.99	10.7	11.84	10.8	11.7	11.2	10.3	10.4	11.02	

2. 查檢表(check list)是一種爲了便於收集數據而設計的表格，以作爲分析、核對或檢討之用，如表 26-1 示造成機台停頓時間改善前的查檢表(註 26-4)。

3. 柏拉圖(Pareto diagram)係依產品項目別爲水平軸，出現次數或百分比爲垂直軸，同時表示個別值與累積值之圖(註 26-5)，如圖 26-2 示造成機台停頓時間改善前柏拉圖，該圖係依表 26-2 之統計繪製而成。

4. 直方圖(chistogram))係將測定值之全距分爲若干組，以各組組距爲水平軸，並以屬於各該組測定值發生之次數爲垂直軸所構成矩形條狀之圖形，各組組距相同，各條形之高度將與屬於各組內測定值發生之次數成正比，因此其高度是按次數比例繪製，圖 26-3 爲直方圖示例(註 26-6)。

5. 散布圖(scatter diagram)係取兩變數在水平及垂直軸上畫出其各測定值之圖，藉由相關與迴歸之統計分析，可求得兩變數之關係方程式。如圖 26-4 爲散布圖示例(註 26-7)。

表 26-2　改善前問題點之總計(台中精機廠公司)

編號	問題點	停頓		停頓		備註
		百分比	累積百分比	不良率	累積不良率	
A	經驗不足	30.05	30.05	3.32	3.32	總查檢時數 4791 小時
B	機械故障	19.9	49.95	2.18	5.50	總不良費時 528.5 小時
C	程式更改	17.74	67.69	1.96	7.46	查檢時間 73 年 7 月 16 日至 9 月 3 日
D	換　　刀	10.1	77.79	1.11	8.57	查檢方式：全檢
E	待　　料	9.5	87.29	1.05	9.62	收集人：全員
F	品質變異	7.79	95.08	0.86	10.48	記錄方式：時間記次
G	其　　它	4.92	100	0.54	11.02	數據來源：停頓數據表
合　　計		100		11.02		

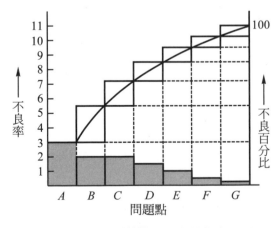

圖 26-2　改善前柏拉圖(台中精機廠公司)

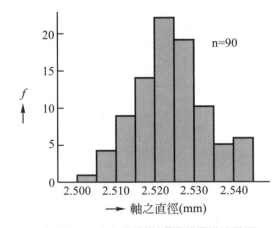

圖 26-3　直方圖示例(經濟部標準檢驗局)

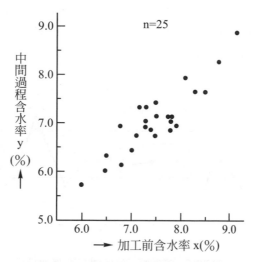

圖 26-4　散布圖示例(經濟部標準檢驗局)

6.　層別法(stratification)：為區別不同原因對結果的影響，而以其個別層組如作業員別、日期別、工作方法別或設備別為主體，依其特徵作分類、統計及分析，亦即將群體分成若干層別(stratum)。進行分層時，盡可能使層內均一，而使其各層間之差異變大(註26-8)。表26-3示以作業員、機械及日期與問題點層別表。

表 26-3　層別表示例

日期 月 日	作業員 機械 問題點	A												
		NO.1						NO.2						
		經驗不足	機械故障	程式更改	換刀	待料	品質變異	其他	經驗不足	機械故障	程式更改	換刀	待料	品質變異	其他
7	10	/		//	/				/		/			/	
	11		/			/							/		

日期 月 日	作業員 機械 問題點	B												
		NO.3						NO.4						
		經驗不足	機械故障	程式更改	換刀	待料	品質變異	其他	經驗不足	機械故障	程式更改	換刀	待料	品質變異	其他
7	10	/	//				/		/				/	/	
	11			//			/		/			//		/	

7. 管制圖(control chart)是一種瞭解製造程序是否在穩定狀態下，或者製造程序已有變異，產生某種趨勢變化所用之圖，應用管制圖來研究製造程序是否在穩定狀態之下，取平均值為中心線，上、下各三個標準差值為管制上限與管制下限，如圖 26-5。

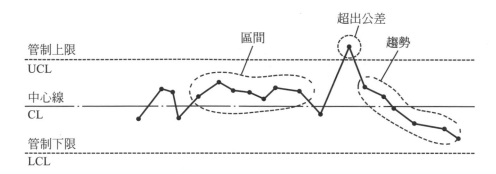

圖 26-5　管制圖示例(台灣三豐儀器公司)

上述 QC 七大手法，一般用於製造現場的改善。日本科學技術聯盟為有別於上述 QC 七大手法，亦提出了「QC 新七大手法」，「QC 新七大手法」包括：

(1)分析原因及結果的關連圖法(cause effect)。

(2)從混沌狀態中應用互斥性來分類資料的親和圖法(Kawasaki Jiro，簡稱 KJ 法)。

(3)為了達成目標尋求最適合之手段及策略方法的系統圖法(end method)。

(4)經由二元配置獲得問題解決矩陣圖法(matrix diagram)。

(5)以計畫評核術(PERT)或是要徑法(CPM)等網線圖來表示日程計畫的箭頭圖法(arrow diagram)。

(6)事先預測各種製程可能結果的製程決定計畫圖法(process decision program chart，簡稱 PDPC 法)。

(7)以矩陣與要素關連分析的矩陣資料解析法(factor analysis)。

由作業員或品質管制人員收集製程資料，填寫數據作統計分析、發掘問題，並適時改善製造程序，此即統計製程管制(statistical process control，簡稱 SPC)，如此將可確保產品的品質，俾達成品質保證的目的。

學後評量

一、是非題

(　)1.作為製造目標所追求的品質稱為使用品質。

(　)2.計畫、執行、查核及改善措施的循環稱之為管制。

(　)3.品管圈是達成全面品質管制的基本品管活動。

(　)4.品質管制時以人、機械、材料及工作方法來分析影響作業績效之關係圖稱為柏拉圖。

(　)5.應用統計分析的方法管制產品的規格稱為統計的品質管制。

二、選擇題

( )1.現代的品質管制,已不限於製程,舉凡市場調查、產品設計、銷售及服務均需對品質負責,故稱為 (A)品質管制 (B)統計的品質管制 (C)品管圈 (D)全面品質管理 (E)QC新七大手法。

( )2.下列何項不是品質管制的應用技巧? (A)特性要因圖 (B)柏拉圖 (C)散布圖 (D)管制圖 (E)統計圖。

( )3.以人、機械、材料及工作方法等四大重要因素,來分析影響作業績效的關係圖稱為 (A)特性要因圖 (B)查檢表 (C)柏拉圖 (D)直方圖 (E)散布圖。

( )4.用於瞭解製造程序是否在穩定狀態下,或者製造程序已有變異,產生某種趨勢變化之圖是 (A)散布圖 (B)層別法 (C)管制圖 (D)統計圖 (E)查檢表。

( )5.下列何項不是日本科學技術聯盟的「QC新七大手法」? (A)關連圖法 (B)管制圖 (C)親和圖法 (D)箭頭圖法 (E)系統圖法。

參考資料

註 26-1: 經濟部標準檢驗局:品質管制詞彙。台北,經濟部標準檢驗局,民國 76 年,第 1 頁。

註 26-2: 同註 26-1。

註 26-3: 台中精機廠股份有限公司:縮短機台停頓時間。台中,台中精機廠股份有限公司,民國 71 年,第 3 頁。

註 26-4: 同註 26-3。

註 26-5: 同註 26-1,第 5 頁。

註 26-6: 同註 26-1,第 6 頁。

註 26-7: 同註 26-6。

註 26-8: 同註 26-5。

註 26-9: 同註 26-1,第 13 頁。

實用機工學知識單

項目	鉗桌與鉗工虎鉗	學習目標	能正確的說出鉗桌與鉗工虎鉗的規格及使用方法

前 言

在機工場中有許多的操作係利用雙手與手工具來完成，如畫線、衝中心眼、鋸割、鑿削、銼削及裝配等，此等操作謂之鉗工。使用之工具包括手錘、銼刀、鑿子、手弓鋸、螺絲攻、螺紋模、鉸刀及量具、畫線工具、小手工具等。這些操作一般皆於鉗桌上工作，通稱(桌上)鉗工(bench work)，但大工件有時須於地面上工作，則此等操作謂之地面鉗工(floor work)。

說 明

F01-1 鉗 桌

鉗工所用之工作桌稱為鉗桌，鉗桌通常為堅實榆木所製成，桌面高度約1000mm左右，視工作性質而不同，其安放位置應視廠房之光線而定。如係精細工作者，以廠房之北邊為宜，因此面光線整日均勻，各項佈置應有適當寬度並注意安全。

F01-2 鉗工虎鉗

鉗工虎鉗(bench vise)用以固定工件以利進行加工者，有方膛、圓膛等型式如圖 F01-1，然底座可旋轉之鉗工虎鉗最適宜鉗工工作。鉗工虎鉗之構造甚為簡易，當轉動手柄時螺桿隨之旋轉，活動叉頭則前後進退以放鬆或夾緊工件。鉗口部份附裝有叉頭鐵片，其表面製有齒紋可使所夾之工件更為牢固。虎鉗之上部可在底座上旋轉，以獲得最佳之工作方向。虎鉗之規格係以鉗口之寬度表示之，有75、100、125及150等四種(CNS4037、CNS4038)(註 F01-1)。

虎鉗之安裝高度為鉗口位於操作者拳置於顎下時之肘下，如圖 F01-2(a)，或舉平手臂低約 50～80mm如圖(b)(註F01-2)。虎鉗過高或過低時，身體將站立不穩而影響工作效率。虎鉗太低時可用木板墊高虎鉗；太高時可用腳踏板補救如圖 F01-3。

利用虎鉗夾持已加工之表面均用鉗口套保護之、以免鉗口叉頭鐵片之齒紋傷害工件。圓形工件應用 V槽塊，夾持螺紋應用螺紋模或螺帽等以保護工件。鑿削時應以固定叉頭受力，切忌用手錘擊手柄以求夾緊。

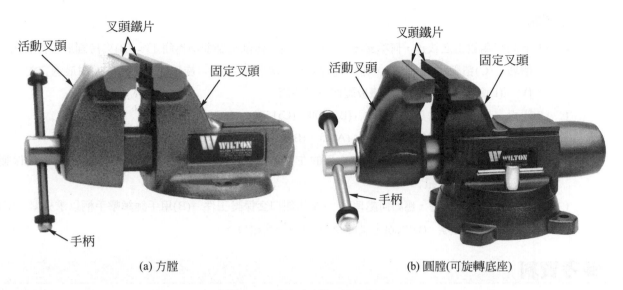

(a) 方膛   (b) 圓膛(可旋轉底座)

圖 F01-1 鉗工虎鉗(璟龍企業公司)

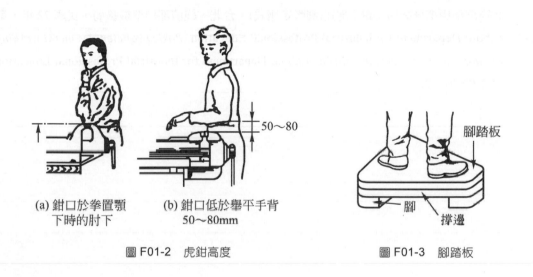

(a) 鉗口於拳置顎   (b) 鉗口低於舉平手背
下時的肘下   50～80mm

圖 F01-2 虎鉗高度   圖 F01-3 腳踏板

學後評量

一、是非題

( ) 1. 鉗工虎鉗之規格以鉗口寬度表示。

( ) 2. 鉗工虎鉗之高度,以操作者拳置顎下時之肘下,或舉平手臂約低 50～80mm。

( ) 3. 利用虎鉗夾持已加工之表面,宜用鉗口套保護之。

( ) 4. 鏨削工件時,應以虎鉗之活動叉頭受力。

( ) 5. 為求夾緊工件,可用手錘錘擊虎鉗之手柄。

二、選擇題

( )1. 下列有關鉗工之敘述，何項錯誤？ (A)鋸割、銼削及裝配均爲鉗工 (B)夾持圓形工件宜用V槽塊 (C)精細鉗工工作時，鉗桌宜置放於廠房北面 (D)可旋轉底座之鉗工虎鉗最適宜鉗工工作 (E)鉗桌最好用角鋼或鐵板製作以求堅固。

( )2. 鉗桌之桌面高度約爲 (A)500 (B)1000 (C)1500 (D)2000 (E)2500 mm。

( )3. 鉗工虎鉗以何種規格最常用？ (A)25 (B)50 (C)125 (D)200 (E)250 mm。

( )4. 虎鉗鉗口叉頭鐵片表面製有齒紋之目的在 (A)易於夾緊工件 (B)美觀 (C)耐磨蝕 (D)保護工件 (E)減少重量。

( )5. 於鉗工虎鉗鑿削時，應如何處理？ (A)用鉗口套保護工件 (B)用手錘錘擊手柄以求夾緊 (C)以活動叉頭受力 (D)以固定叉頭受力 (E)墊高鉗桌。

參考資料

註 F01-1：(1)經濟部標準檢驗局：鉗工虎鉗(方膛定座式)。台北，經濟部標準檢驗局，民國72年，第1頁。
　　　　　(2)經濟部標準檢驗局：鉗工虎鉗(圓膛定座式)。台北，經濟部標準檢驗局，民國72年，第1頁。

註 F01-2：Labour Department for Industrial Professional Education. *Basic proficiencies metal working-filing, sawing, shearing, scraping, fitting*. Labour Department for Industrial Professional Education, 1958, p.02-02-012-2.

實用機工學知識單

項目	銼刀與銼削	學習目標	能正確的說出銼刀的種類、規格與銼削方法

前 言

　　銼刀為鉗工基本工具之一，用於削除工件之餘量使其達於一定尺寸、形狀與加工面。銼削工作之應用範圍非常廣泛，由零件之製造至組合皆常用到銼削。初學者應盡其可能的學習並達於純熟。

說 明

F02-1 銼刀各部份名稱

　　圖 F02-1 為扁平銼刀的各部份名稱，茲分別說明如下：

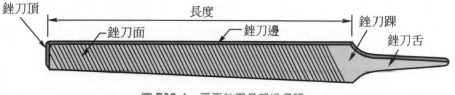

圖 F02-1　扁平銼刀各部份名稱

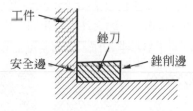

圖 F02-2　安全邊的功用

1. 長度：銼刀長度為自頂端至踝部之距離，但不包括舌部。
2. 面：銼刀面指具有切齒部份的兩銼削面。
3. 邊：銼刀邊指銼刀之兩邊，一邊具有切齒者為銼削邊，一邊無切齒者稱為安全邊。安全邊用於銼削肩時避免傷及工件垂直邊如圖 F02-2。
4. 頂：銼刀頂指其頂端，其形狀為平或稜形。
5. 踝：為銼刀本體靠近銼刀舌無銼齒部份。
6. 舌：銼刀舌指銼刀之末端，使用時套於銼刀柄內，具韌性，俾使受壓力而不致折斷。

F02-2 銼刀種類

銼刀依長度、齒紋形式、銼齒密度及斷面形狀等四大特徵而分類，銼刀材料爲 SK2 或 SKS8 等製成 (CNS1185)(註 F02-1)。

1. 銼刀長度：自 75mm 至 500mm(CNS1186)(註 F02-2)。

2. 齒紋形式：銼刀的齒紋形式有：單齒紋(single cut)、雙齒紋(double cut)、三重齒紋(triple cut)、波形齒紋(circular arc cut)及木銼齒紋(rasp cut)，機工廠用的銼刀，其常見的齒紋形式有單齒紋、雙齒紋兩種如圖 F02-3。單齒紋銼刀常用於銼削量少，表面需細緻者；雙齒紋銼刀之上齒紋(右齒紋)是有切削作用，下齒紋(左齒紋)具有排屑作用，常用於銼削量多但表面較粗糙者。一般工作時宜先用雙齒紋銼刀除去其餘量再用單齒紋銼細表面。圓及半圓銼刀則常用波形齒紋。

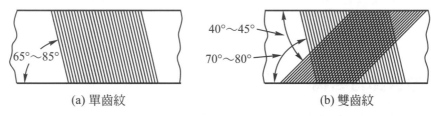

(a) 單齒紋   (b) 雙齒紋

圖 F02-3 齒紋形式

3. 銼齒密度：銼刀依銼齒密度分爲粗銼、中銼及細銼三種，300mm 以上之大銼刀分爲特粗(rough)、粗(bastard)、中(second cut)、細(smooth)、特細(dead smooth)等五種如圖F02-4，銼齒密度隨銼刀長度而改變，銼刀愈長則銼齒愈粗，圖 F02-5 示一自100mm 至 400mm 的粗銼銼齒密度，如 300mm 粗銼比 200mm 粗銼銼齒粗，長度相同的銼刀，其平行銼齒間的距離粗銼最大，中銼次之，細銼最小，即長度相同密度相同，雖其斷面形狀不同，但其平行銼齒間之距離相等，如 250mm 粗扁平銼與 250mm 粗三角銼相等。一 100mm 粗銼(每 10mm 16 齒)之銼齒比 250mm 中銼(每 10mm 15 齒)之銼齒爲細，350mm 中銼(每 10mm 12 齒)之銼齒比 250mm 中銼之銼齒粗，其乃因欲銼削一寬大平面時，一 400mm 粗扁平銼與 250mm 粗扁平銼之銼齒若相同，則因銼齒較細，使工件與銼齒之接觸較多，而增加銼削時之推力，反而不易推進工作，銼齒密度之規格參考 CNS1186。

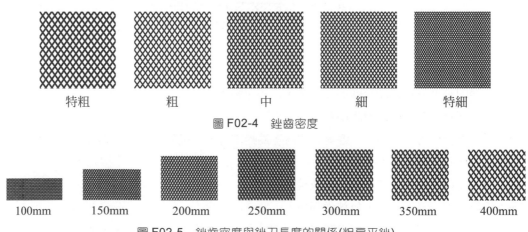

特粗   粗   中   細   特細

圖 F02-4 銼齒密度

100mm   150mm   200mm   250mm   300mm   350mm   400mm

圖 F02-5 銼齒密度與銼刀長度的關係(粗扁平銼)

4. 銼刀斷面形狀：銼刀依斷面形狀可分為扁平、四角、三角、扁圓、圓、刀形等如圖 F02-6 及針銼如圖 F02-7 等多種。

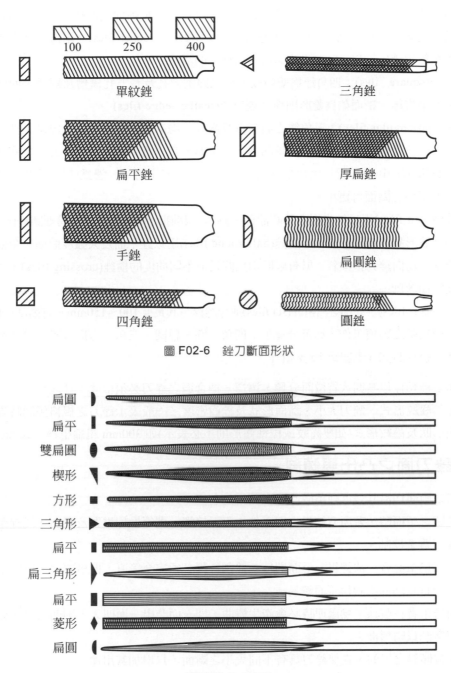

圖 F02-6　銼刀斷面形狀

圖 F02-7　針銼

(1) 扁平銼(flat files)：為銼削中最常用之銼刀，適用快速不求精細的銼削，其斷面為長方形，由踝向頂漸薄漸窄，通常為雙齒紋，最常用者為 300mm 粗扁平銼，與扁平銼斷面相同者有單紋銼(mill

files)及手銼(hand files)，以適用於精細加工，單紋銼為單齒紋，銼刀長度之三分之一段間其寬度與厚度逐漸減小，有圓稜及方稜，亦有一邊為安全邊者。

手銼適用於平面之修整，銼刀兩邊平行而面稍凸；另一種斷面寬度較窄的厚扁銼(pillar files)適用於銼削溝槽及鍵槽，銼齒為雙齒紋，四邊皆平行；鈎針銼(crochet files)之兩邊皆為圓稜用於倒圓孔角之銼削；鎖鑰用銼(warding files)為雙切齒用於銼窄的溝槽。

(2) 四角銼(square files)：四角銼為雙齒紋，用以銼削方孔及長方孔構槽及鍵槽，四面均向銼刀頂傾斜，亦稱方銼。斷面如為菱形則稱為菱形銼(feather-edge files)。

(3) 三角銼(triangular files)：三角銼之面皆為雙齒紋，均向頂端傾斜，用於銼削工件之銳角及修整螺紋等。平三角銼(barrette files)之斷面為平三角形，有一寬平面，用於長方孔之修整，為單齒紋。刀形銼(knife files)常用以代替平三角銼，有一邊為安全邊，一邊為小斷面以做類似三角銼之工作，唯工件孔斷面可更小。

(4) 圓銼(round files)用以銼光圓孔及圓曲面、圓角。其圓面向頂端傾斜亦稱細圓銼(rat tail files)，一般均為波形齒紋或單齒紋。半圓銼(half round files)用以銼平面及大弧度曲面，平面為雙齒紋，兩邊及兩面均向銼刀頂傾斜。另有兩面均為圓弧但不同曲度的橫銼(crossing files)，以適合各種不同之圓曲面銼削。

(5) 針銼(needle files)，亦稱之為組銼(set files)或什錦銼，其長度100～150mm，有齒部份佔約1/3～1/2，適用於精細之製模工作，亦可分扁平、四角、圓、扁圓、三角、刀形、菱形等多種，選用時應表示其一組件數如5支組或10支組等。

以上所述之種類係以其四大特徵而分類，選擇一把合適之銼刀必須根據工件之材料、大小、形狀及加工程度來決定其齒紋形式、銼刀大小、斷面形狀及銼齒密度。一般表示銼刀之規格係同時表示其長度、銼齒密度、斷面形狀及齒紋形式(如雙齒紋或標準齒形則不必表示)如300mm粗扁平銼、200mm中圓銼等。

F02-3　銼刀面之凸出與傾斜

多數銼刀之兩面均沿其長度而稍微凸出，其目的有三：

1. 銼一廣闊之平面時，若所有銼齒均與工件之表面接觸，則須增加推力及壓力才能銼削，則工作不易且使銼刀難予控制。

2. 若銼刀面為筆直者，欲銼得一平面則每一銼削行程必須完全筆直，但事實上銼削時常有前後較重之情況，如具有凸面則獲得平面較易。

3. 若兩面皆平者在製造上熱處理時必會產生彎曲，即一面凸出一面凹入，則凹入邊等於無法使用，故須兩面微凸以防彎曲。

另銼刀具有傾斜之目的，在使銼刀具有不同大小之斷面，以增加其用途。

F02-4　銼刀把

在使用時，每一銼刀均須配一適合之銼刀把，銼刀把的大小隨銼刀長度及工作性質而定，大銼刀之銼刀把，以容易握持為宜，過大或過小均將影響銼削之操作，小銼刀之銼刀把則與銼刀大小相稱為佳，如

300mm 銼刀宜用φ32 銼刀把(CNS329)(註 F02-3)，銼刀把係由木料所製，銼刀把口裝有銅箍，木質紋理必須直紋最好無木節，裝銼刀時須先鑽孔，孔之大小與舌厚相當，裝銼刀把時應把木錘敲擊或雙手扶持、插上、頓入以免造成意外如圖 F02-8，裝入深度需足夠且與銼刀把同中心。卸除銼刀把時可於虎鉗鉗口間為之，或於鐵砧上卸除之如圖 F02-9(註 F02-4)，銼刀把亦有用塑膠材料所製成的。

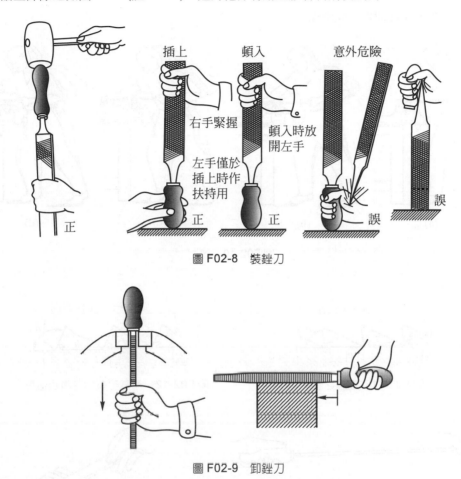

圖 F02-8 裝銼刀

圖 F02-9 卸銼刀

F02-5 銼 削

　　利用銼刀之銼齒去除工件多餘量之工作謂之銼削，包括向前的切削運動及後退的回復運動。如圖 F02-10 (a)為前推開始身體略向前傾，右臂向後伸，圖(b)為銼至三分之一，身體繼續前傾，右臂角度不變，圖(c)為右臂前推身體續傾，圖(d)為前推至終止時臂前推，身體微向後，切削運動施以向下切削壓力，同時去除切屑，回復運動則除去壓力且無切削(註F02-5)。切屑的去除係一連串靠銼齒的陷入材料切削而得，理想的除屑工作以如圖 F02-11 之理想齒形而獲得，其切削角δ小於 90°即所謂銑削齒形(milled tooth)，但一般截鏨截出的齒形如圖 F02-12，其切削角δ大於 90°，即所謂的切成齒形(cut tooth)(註 F02-6)。

　　銼削時用右手緊握銼刀柄，柄端壓掌上，姆指置於上端，以便施以推力輔導銼刀的活動；左手使銼刀保持水平，使用大銼刀時掌僅輕置於銼刀頂如圖 F02-13；使用中銼時左手姆指僅輕輕夾持銼刀頂如圖

F02-14；使用小銼刀時僅用一手扶持，食指於柄上端如圖 F02-15；開孔之銼削時，雙手握於銼刀把及踝，如圖F02-16；孔開至足以通過時右手握持柄端，以左手兩指扶持如圖F02-17；細銼平面可指壓銼刀面如圖 F02-18(註 F02-7)。站立時左足指向鉗桌，右足與左足跟之空間約 200～300mm，雙足站穩右膝使力；一般獲得正確與自然之足部位可如圖F02-19。身體自臀部以上可向前傾參見圖F02-10，右臂彎曲 90°儘量後伸，右手置於跨部之間，左臂則近乎成直線。

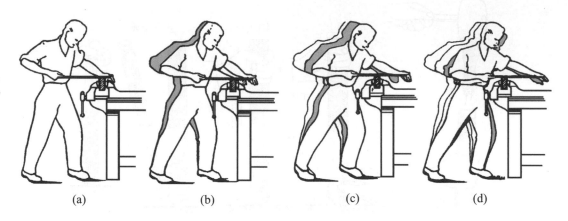

(a)　　　　　　(b)　　　　　　(c)　　　　　　(d)

圖 F02-10　銼削

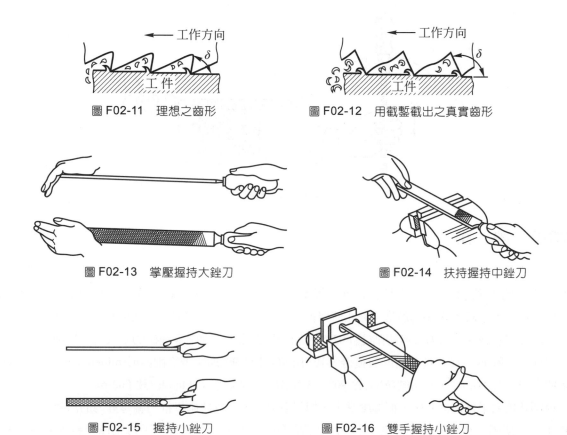

圖 F02-11　理想之齒形　　　　　圖 F02-12　用截鑿截出之真實齒形

圖 F02-13　掌壓握持大銼刀　　　　圖 F02-14　扶持握持中銼刀

圖 F02-15　握持小銼刀　　　　圖 F02-16　雙手握持小銼刀

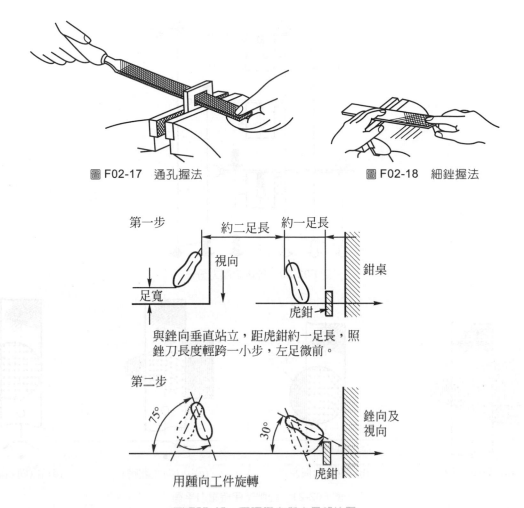

圖 F02-17　通孔握法　　　　　圖 F02-18　細銼握法

圖 F02-19　正確與自然之足部位置

　　最初三分之一銼程身體續稍前傾，右臂角度不變，前推時右臂前推身體續傾，前推終止時，臂向後拉同時身體微向後退回開始之位置。銼削時應注意姿勢之正確與自然，並適當的施以壓力使雙手平衡才能使前推平直，若上身前後搖動過甚成弧形動作，則銼削工作面將成弧形狀。

F02-6　銼削平面、圓曲面

　　銼平面時銼削的向前切削運動包括了推力與壓力，銼平面時左右兩手之壓力務必隨時保持平衡，如圖 F02-20，首先在開始銼削時，左手施以較大之壓力，銼削一半時兩手均等，在最後銼削時，右手施以較大之壓力，亦即右手壓力處於漸增狀態，左手處於漸減狀態(註F02-8)。除注意前後壓力的均衡之外，同時保持銼刀左右兩邊對工件斷面的壓力均衡，當銼削圓斷面或斷面不等時，應使銼刀之左右對工件斷面的壓力保持平衡，以免因對工件斷面的壓力不均造成傾斜面如圖 F02-21(a)、(b)，此時，如圖(c)應將銼刀面向左略為翻轉，如圖(d)則向右略為翻轉，以使銼削壓力對工件斷面保持均衡(註 F02-9)。

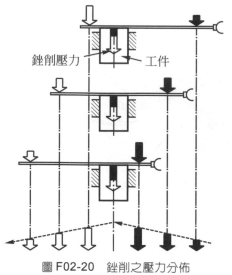

圖 F02-20　銼削之壓力分佈

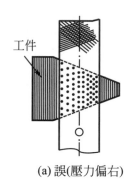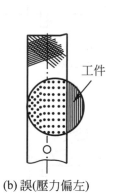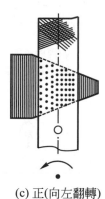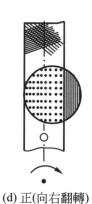

(a) 誤(壓力偏右)　　(b) 誤(壓力偏左)　　(c) 正(向左翻轉)　　(d) 正(向右翻轉)

圖 F02-21　銼削時保持壓力平衡

　　一工件若為鑄件，須先用舊銼刀除其表面，然後用新銼刀以免損壞新銼刀。銼削平面時，銼刀應順銼刀之長方向工作，並每隔一次相互變換其銼削方向，以便由其銼削後陰暗部份獲知是否銼平如圖F02-22。長平面應橫向銼削，大平面之工件從角處銼削，將平面銼成數個小平面以銼削如圖F02-23。銼削時應常以角尺用瞄視法檢查平面或直角，其檢查方向應如圖F02-24，平行面可以針盤指示錶測量之，銼方塊的順序如圖F02-25。銼圓曲面，開始銼時應橫向銼削而後縱向銼削如圖F02-26。銼軸時可將工件夾於木製或銅製之V槽塊中。工件旋轉方向與銼削方向相反如圖F02-27，如削除量多時，則先銼成多角形再銼圓，銼樞時應先銼除角隅再銼圓如圖 F02-28，圖 F02-29 示銼圓球的情形(註 F02-10)。

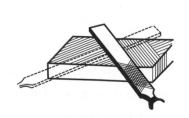

圖 F02-22　交叉銼削以獲知是否銼平

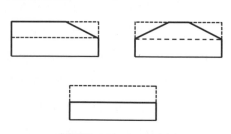

圖 F02-23　大平面銼削

162

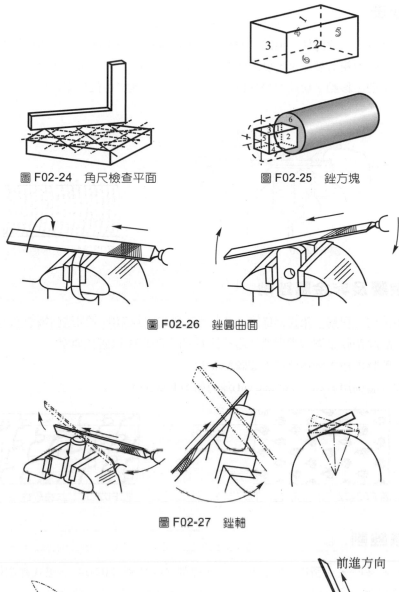

圖 F02-24　角尺檢查平面

圖 F02-25　銼方塊

圖 F02-26　銼圓曲面

圖 F02-27　銼軸

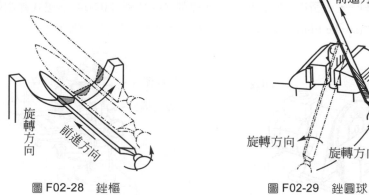

圖 F02-28　銼樞

圖 F02-29　銼圓球

163

F02-7　推銼法

工件經粗銼銼削後，正確的使用推銼，通常可以獲得較細的加工面。銼刀的推銼如圖 F02-30，銼刀保持平面壓於工件上，壓力視需要而定，無論前推或回復均施以壓力，但避免使用鈍銼刀或夾雜銼屑，以免刮傷工件表面，有時把手移動，使銼刀得到較好的平衡。在推銼法中使用單紋銼可得較好效果。

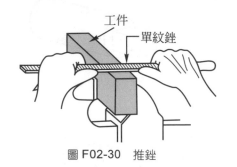

圖 F02-30　推銼

圖 F02-31　波形齒紋銼刀

F02-8　軟金屬及非金屬銼削

銼削軟金屬如黃銅、焊錫、鉛或鋁條等，若以普通雙齒紋銼刀則常因銼齒被填塞而失去銼削作用，且填塞物除去困難，故銼削軟金屬時常用波形齒紋銼刀如圖 F02-31 以避免填塞。

銼削木料、皮革時則用木銼齒紋銼刀如圖 F02-32。

銼削塑膠及輕金屬則用斜齒紋(oblique cut)銼刀如圖 F02-33。

圖 F02-32　木銼齒紋銼刀

圖 F02-33　斜齒紋銼刀

F02-9　機械銼削

工件之銼削量較多時，或製模具時常用銼削機銼削之，如圖 F02-34 為檯式銼削機(bench filing)，圖 F02-35 為往復式銼削機(stroke filing machine)，亦可利用帶鋸機裝置銼刀銼削之。

圖 F02-34　檯式銼削機

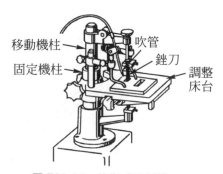

圖 F02-35　往復式銼削機

　　檯式銼削機係利用 50～300mm 之圓盤銼刀(circular files)，迴轉數為 100～300rpm，工件用人工推進銼削之；往復式銼削機係利用 100、125、150 或 200mm 等不同長度及斷面形狀之銼刀，以每分鐘 50～350 次的衝程次數往復銼削；帶式銼削機(band filing machine)如圖 F02-36，係利用約 80mm 以上，不同長度及斷面形狀之銼刀環接，以 10～100m/min 的速度銼削(參考"帶鋸機"單元)(註 F02-11)。

　　銼削時常因銼屑刺入銼齒內，而造成工件表面的刮傷或失去銼削作用，此時應當用銼刀刷或銅片給予去除其填塞。

　　當一般工件之材料填塞時用銼刀刷刷除，刷除方向則順銼刀之齒紋如圖F02-37，若是軟金屬如鉛等，則用銅片剔除如圖 F02-38，若因油漆、木材或塑膠填塞時用肥皂水煮或浸於石油中，使之去除填塞(註 F02-12)。

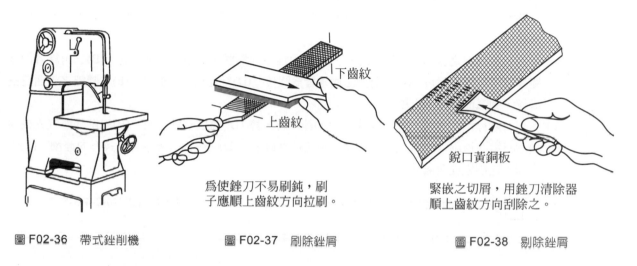

下齒紋

上齒紋

為使銼刀不易刷鈍，刷子應順上齒紋方向拉刷。

銳口黃銅板

緊嵌之切屑，用銼刀清除器順上齒紋方向刮除之。

圖 F02-36　帶式銼削機　　　　圖 F02-37　刷除銼屑　　　　圖 F02-38　剔除銼屑

F02-10　安全規則

1. 使用銼刀時必須隨時裝妥銼刀把。

2. 銼刀應存於於乾燥之處，不得受潮或接觸油脂。

3. 銼刀與銼刀間應避免接觸以免銼齒磨損。

4. 不可用銼刀當做撬具，或當做手鎚敲擊。

5. 不可用銼刀銼削業經淬火之工件。

6. 銼刀用後應即用銼刀刷刷去銼屑，切勿用口吹除以免侵入眼睛。

學後評量

一、是非題

（　）*1.* 銼刀依長度、齒紋形式、銼齒密度及斷面形狀等四大特徵而分類。

（　）*2.* 銼刀愈長銼齒愈粗，因此 100mm 粗銼比 250mm 中銼銼齒粗。

（　）*3.* 300mm 粗扁平銼，適用於鉗工粗銼平面。

（　）*4.* 銼內圓弧可以用圓銼或扁平銼。

( )5. 銼刀兩面沿其長度稍微凸出的目的，在於易銼平工件及熱處理不易變形。
( )6. 可用手錘錘擊卸除銼刀把。
( )7. 小銼刀宜用掌壓握持。
( )8. 銼平面應維持前後及左右壓力之平衡。
( )9. 推銼宜用單紋銼。
( )10. 銼刀刷刷除銼屑時，應沿下齒紋方向拉刷。

二、選擇題

( )1. 下列有關銼刀之敘述，何者錯誤？ (A)銼刀長度為頂端至踝部的距離 (B)銼刀面均具有銼齒 (C)無銼齒之銼刀邊稱為安全邊 (D)銼刀踝無銼齒 (E)銼刀舌具有韌性。

( )2. 300mm 粗扁平銼之齒形形式為 (A)單齒紋 (B)雙齒紋 (C)三重齒紋 (D)波形齒紋 (E)木銼齒紋。

( )3. 下列有關銼刀之敘述，何項錯誤？ (A)四角銼各面為雙齒紋用以銼削方孔 (B)三角銼各面為雙齒紋用以銼削銳角 (C)鈎針銼之兩邊皆為圓稜 (D)針銼以長度稱之 (E)半圓銼之平面為雙齒紋，圓弧面為波形齒紋。

( )4. 下列有關銼削之敘述，何項錯誤？ (A)銼削時，銼刀均需裝有銼刀把 (B)銼削圓弧宜先橫向銼削再縱向銼削 (C)使用交叉銼削可獲知是否銼平 (D)長平面之銼削宜沿長方向銼削 (E)大平面之銼削宜從角處銼削。

( )5. 如圖示銼方塊之順序，下列何項正確？ (A)1-2-3-4-5-6 (B)1-6-2-4-3-5 (C)1-6-4-2-3-5 (D)1-5-3-6-4-2 (E)1-3-5-2-6-4。

參考資料

註 F02-1 ：經濟部標準檢驗局：銼(總則)。台北，經濟部標準檢驗局，民國 67 年，第 1 頁。
註 F02-2 ：經濟部標準檢驗局：銼齒密度。台北，經濟部標準檢驗局，民國 67 年，第 1 頁。
註 F02-3 ：經濟部標準檢驗局：銼刀把。台北，經濟部標準檢驗局，民國 62 年，第 1 頁。
註 F02-4 ：Labour Department for Industrial Professional Education. *Basic proficiencies working-filing*, *sawing*, *chiselling*, *shearing*, *scraping*, *fitting*. Labour Department for Industrial Professional Education, 1958, p.02-02-13-2.
註 F02-5 ：同註 F02-4，p.02-02-23-2。
註 F02-6 ：同註 F02-4，p.02-02-01-2。
註 F02-7 ：同註 F02-4，p.02-02-20-2。
註 F02-8 ：同註 F02-4，p.02-02-21-2。
註 F02-9 ：同註 F02-4，p.02-02-22-2。
註 F02-10：同註 F02-4，p.02-02-24-2，pp.02-02-80-3～02-02-82-3。
註 F02-11：同註 F02-4，p.02-02-08-2。
註 F02-12：同註 F02-4，p.02-02-14-2。

實用機工學知識單

項目	畫線工具與畫線	學習目標	能正確的說出各種畫線工具的規格與使用

前　言

　　畫線是從工作圖、另一工件或已知資料中，傳達一尺寸至材料或工件之表面，做為工件加工依據的一種操作，以獲得最經濟的加工效率。畫線的方式繁多，如在平面上用尺、角尺、模板與畫針畫線，用畫針盤(平面規)、分規等畫線，但皆以獲得標準之尺寸為目的，做一個良好的畫線技工，除必須對畫線技巧熟練外且須有高水準的測量技術。

　　任何需要加工之工件，操作者須知表面加工程度、削除量、加工位置及加工方式。在工作圖上除可知道加工位置、加工方式及表面加工程度之外，並不知道其削除量，而削除量對整個加工過程來說卻是最重要的，它可確定毛胚之是否合用，或補救毛胚之缺陷，及決定其加工之方式。

說　明

F03-1　平　板

　　平板為畫線工作中最重要的設備，它用以支持工件及畫線工具，畫線的精確與否均以台面之是否精確為依據(參考 "直規與平板" 單元)。

F03-2　畫線針

　　畫線針(scriber)係用工具鋼圓條製成並加以熱處理，可以在硬工件上畫線，其式樣繁多如圖 F03-1。常用者為直徑$\phi 5$，長度 200～300mm，尖端經淬火硬化。使用時應先查看尖端是否尖銳，否則應先磨尖成針狀，磨尖畫線針時，在油石上左右移動，並時時用姆指與食指將畫針轉動，俾使磨成針狀如圖 F03-2。畫線針有時以銅合金製成，以便在已加工過的表面畫線以免傷害已加工之表面。畫線時應使尖端沿尺緣畫線，且沿畫線方向傾斜，才能獲得真正尺寸之直線如圖 F03-3。使用時應注意下列事項(註 F03-1)：

1. 保持畫線針尖端尖銳。
2. 畫線時用力不宜太大，應在表面銼平之工件上畫線。
3. 避免衝擊以免折斷尖端。
4. 僅可供畫線用。

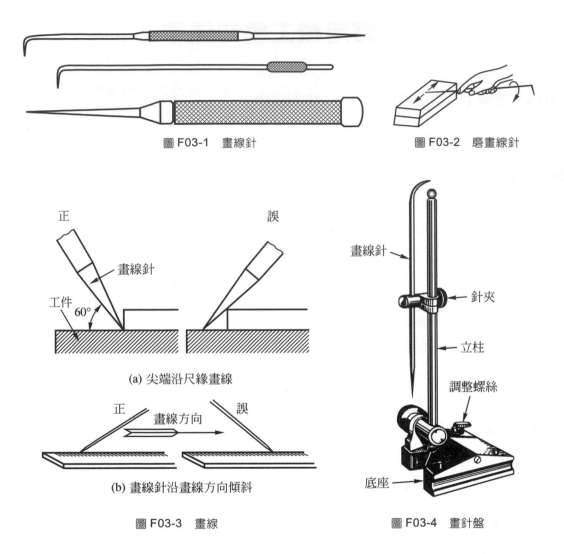

圖 F03-1　畫線針

圖 F03-2　磨畫線針

(a) 尖端沿尺緣畫線

(b) 畫線針沿畫線方向傾斜

圖 F03-3　畫線

圖 F03-4　畫針盤

F03-3　畫針盤

　　畫針盤(surface gage)亦稱平面規，係工場中重要之工具，除在鉗工用以畫平行線、中心線外，尚於車工中用以校正工件，其形式如圖 F03-4。為底座(base)、立柱(spindle)、畫線針及針夾(scriber snug nut)四者所組成，畫線針及針夾可沿立柱上下而固定於合適的位置，較好的畫針盤尚可調整任意角度，底座尚且有 V 形槽，以適應各種畫線工作如圖 F03-5。

　　利用畫針盤畫線時，先將畫線針調整至所需的尺寸位置，將針夾稍為捻緊，視實際而要輕擊畫針使針尖略向下傾，以獲得所需高度後再捻緊針夾。畫線時應使畫針與工件成一角度並沿其方向滑動畫針盤如圖 F03-6。

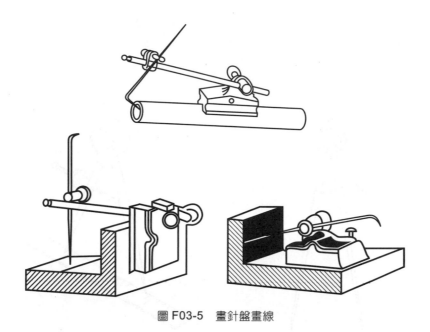

圖 F03-5 畫針盤畫線

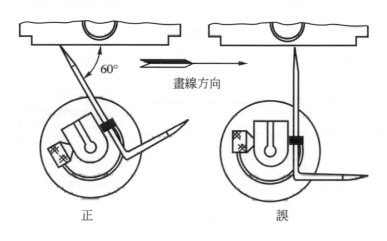

60°

畫線方向

正 誤

圖 F03-6 畫針盤畫線方法

F03-4 分 規

分規(dividers)通常用於測定距離、比較距離及畫圓或圓弧如圖F03-7，使用時應注意下列事項(註F03-2)：

1. 圓心必須根據畫線的交點中央所衝之中心眼為準。
2. 半徑得自圓弧至中心距離或同一平面的直線距離，不同平面求半徑應用墊片墊平求得，才是真正的半徑如圖 F03-8(a)、(b)，圖(c)示不同平面求得之半徑將有誤差 a。
3. 分規尖端必須保持單面斜尖狀如圖 F03-9，而其接樺必須固緊，以避免畫線時產生誤差。
4. 畫線前將分規開張至所需半徑，一端置於圓心。

5. 用拇指食夾持於接樺使分規與工作面成一角度，傾向順時針方向且順時針旋轉如圖 F03-10。

6. 旋轉時其傾斜度應保持一定，接樺點亦隨其縱軸迴轉一週。

7. 畫圓時重心置於內腳，外腳隨工件之軟硬而施以不同之力。

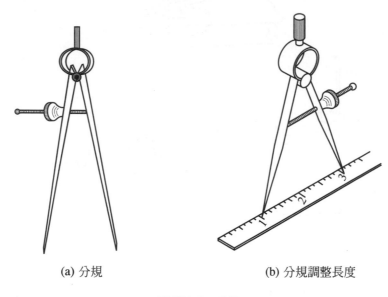

(a) 分規   (b) 分規調整長度

圖 F03-7 分規

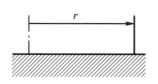   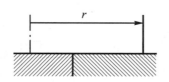   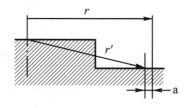

(a) 半徑在同一平面求得   (b) 不同平面求半徑需墊平   (c) 不同平面求得之半徑將有誤差 a

圖 F03-8 求半徑

圖 F03-9 分規的腳尖

(a) 分規的扶持

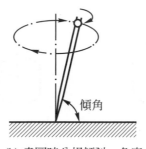
(b) 畫圓時分規傾斜一角度

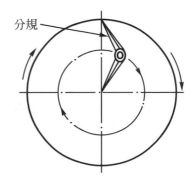
分規
(c) 畫圓時順時針畫圓

圖 F03-10　畫圓

F03-5　異腳卡鉗

異腳卡鉗(hermaphrodite calipers)或稱單腳卡鉗，常用於車工上長度的測量或鉗工上沿基準面畫平行線如圖 F03-11。尤其用於求內圓中心最為方便，使用時應：

1. 墊一木塊於孔內如圖 F03-12(a)。
2. 將異腳卡鉗張開大於孔之半徑，將腳靠於孔緣(位置要一致)，尖腳在木塊上畫弧。
3. 如上法連取四個相對點畫弧。
4. 連接一對圓弧之交點，求得兩直線交點即為圓心。
5. 求圓柱中心亦同如圖 F03-12(b)。

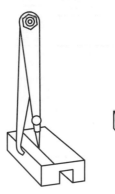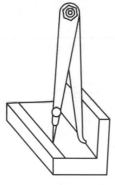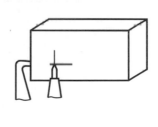

圖 F03-11　異腳卡鉗之應用

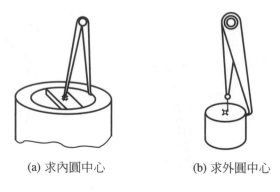

(a) 求內圓中心　　　　(b) 求外圓中心

圖 F03-12　求圓心

F03-6　梁　規

　　分規在畫半徑很大的圓弧或圓時，其兩腳分開太大，將會影響其畫圓，因此半徑大的圓弧及圓都用梁規(trammels)來畫，梁規係由一任意長度的圓鋼桿及經熱處理的兩腳所組成，其兩腳可在鋼桿上任意移動，並可固定在任何位置，使用時一腳為圓心，一腳為畫線針，使用時應(註 F03-3)：

1.　展開雙腳至所需半徑。

2.　左手固定中心腳於圓心，右手持畫線針，傾斜一定角而畫圓，使中心腳亦隨之畫圓如圖 F03-13。

3.　梁規若附有卡顎則可當內卡用，用以測量大的內長度。

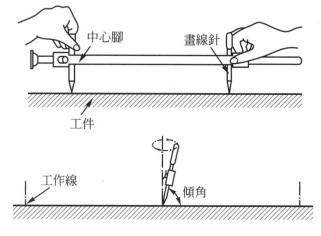

圖 F03-13　梁規畫圓

F03-7　空心平行塊與平行規

　　空心平行塊與平行規(box parallels and parallels)如圖 F03-14，為畫線之輔助工具，各面互相垂直，以使工件之基準面與平板平行或垂直，而使畫線容易。

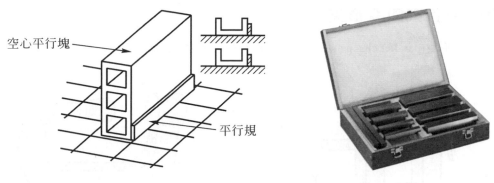

空心平行塊

平行規

圖 F03-14 空心平行塊與平行規(維昶機具廠公司)

F03-8 角 板

角板(angle plate)如圖 F03-15,其兩面互相垂直,使工作之基準面垂直於平板。

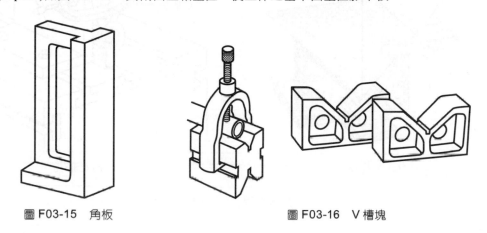

圖 F03-15 角板

圖 F03-16 V 槽塊

F03-9 V 槽塊、千斤頂

V槽塊(V block)如圖 F03-16,用於支持圓形工件於其 V 形槽中,任意迴轉以利畫線。千斤頂(jack)用於調整工件之高低,圖 F03-17 示其應用。

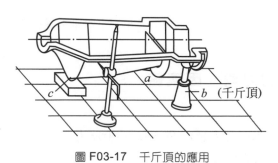

a

c

b (千斤頂)

圖 F03-17 千斤頂的應用

F03-10 平行夾與 C 形夾

平行夾及 C 形夾(parallel clamp and C clamp)用於夾持工件如圖 F03-18。

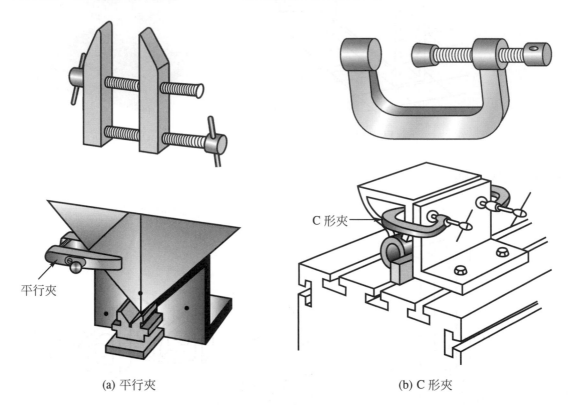

(a) 平行夾　　　　　　　　　　　　　(b) C 形夾

圖 F03-18　平行夾與 C 形夾

F03-11 畫線前的準備

1. 工件表面先予處理：未加工表面除去其毛頭後塗粉筆；已加工表面塗以普魯士藍、藍色硫酸銅或奇異墨水等染色劑。
2. 如有圓孔則先鑲嵌必要空間以便求中心。
3. 尋求基準面：基準面之尋求依據加工之需要及事實之需求來獲得，基準面選定是否適當，直接影響畫線、加工程序及精確性。

F03-12 正多邊形的內角、因素值

1. 正多邊形的內角如表 F03-1。
2. 正多邊形與外接圓半徑(R)、邊長(ℓ)、內切圓半徑(r)等相對的換算因素值(n)如表 F03-2。例如，若一正三邊形之邊形之邊長為 ℓ，由表查知外接圓半徑 R = ℓ×n，n = 0.5774；內切圓半徑 r = ℓ×n，n = 0.2887。

表 F03-1　正多邊形的內角

邊數	角度
3	60°
4	90°
5	108°
6	120°
7	128°34'17"
8	135°
9	140°
10	144°
11	147°16'22"
12	150°

表 F03-2　正多邊形的因素值(n)

邊數	外接圓半徑 R		邊長 ℓ		內切圓半徑 r	
	$= \ell \times n$	$= r \times n$	$= R \times n$	$= r \times n$	$= R \times n$	$= \ell \times n$
3	0.5774	2.0000	1.7320	3.4641	0.5000	0.2887
4	0.7071	1.4142	1.4142	2.0000	0.7071	0.5000
5	0.8507	1.2361	1.1756	1.4531	0.8090	0.6882
6	1.0000	1.1547	1.0000	1.1547	0.8660	0.8660
7	1.1524	1.1099	0.8678	0.9631	0.9010	1.0383
8	1.3066	1.0824	0.7654	0.8284	0.9239	1.2071
9	1.4619	1.0642	0.6840	0.7279	0.9397	1.3737
10	1.6180	1.0515	0.6180	0.6498	0.9511	1.5388
11	1.7747	1.0422	0.5635	0.5873	0.9595	1.7028
12	1.9319	1.0353	0.5176	0.5359	0.9659	1.8660

學後評量

一、是非題

（　）1. 畫線工作可以知道工件之加工位置及削除量，以確定加工方法。

（　）2. 以畫線針畫線時，應使尖端沿尺緣畫線，且沿畫線方向傾斜。

（　）3. 畫針盤可以沿平板，畫與平板垂直之線。

（　）4. 以分規求半徑時，須在同一平面上。

（　）5. 畫線針的尖端是針狀，分規的尖端亦是一針狀。

（　）6. 異腳卡鉗適合求內圓孔端面的中心，而不適於求外圓周端面的中心。

( )7. 梁規適合畫較小直徑的圓。

( )8. 角板的兩面互相垂直。

( )9. 如欲在空心的工件上求端面中心時,須先鑲嵌必要空間。

( )10. M20 六角螺帽的對邊是 30mm,則其對角長度是 32.64mm。

二、選擇題

( )1. 下列有關畫線工作之敘述,何項錯誤? (A)畫線針之柄端經淬火硬化 (B)畫針盤畫線時,畫針與工件成一角度並沿其方向滑動畫針盤 (C)分規可用於畫圓 (D)V 槽塊用於支持圓形工件 (E)C 形夾用於夾持工件。

( )2. 在圓桿端面求中心點宜用 (A)分規 (B)異腳卡鉗 (C)平行規 (D)角板 (E)梁規。

( )3. 下列何項不是畫線前的準備事項? (A)欲畫線之表面先予處理 (B)鑲崁必要空間 (C)尋求基準面 (D)準備分厘卡 (E)詳閱工作圖。

( )4. 欲使工件之基準面垂直於平板,可以使用 (A)C 形夾 (B)千斤頂 (C)角板 (D)平行夾 (E)分規。

( )5. 在已加工的表面畫線,宜使用何種染色劑? (A)粉筆 (B)水彩 (C)炭粉 (D)紅丹膏 (E)奇異墨水。

參考資料

註 F03-1:Labour Department for Industrial Professional Education. *Basic proficiencies metal working-indenting work and laying-out*. Labour Department for Industrial Professional Education, 1958, p.02-01-3-20.

註 F03-2:同註 F03-1,p.02-01-3-22。

註 F03-3:同註 F03-1,p.02-01-3-24。

實用機工學知識單

項目	衝眼與衝字	學習目標	能正確的說出衝眼工具及鋼字模的種類與使用方法

前　言

衝眼工作是利用尖衝及手錘，在工件表面上經畫線針畫出所需之線條上留以記號的一種工件。其目的在使畫線針所畫的線永久留存，材料被加工後尚可檢驗其畫線的準確性。用中心衝衝眼，可防止鑽頭死點在未鑽孔之前就碰底。一般而言畫線後的衝眼皆用尖衝，中心衝用於擴大眼孔而已。

說　明

衝眼工作分為衝頭的扶持、置放與敲擊等三步驟，扶持衝頭是用拇指與其餘四指分別夾持衝頭，將衝頭與工件成 60°，使尖端易於對準線之中心或交點如圖 F04-1(如為衝模工作則衝眼於線外)。

對準之後再立起衝頭使之與工件表面成 90°，用手錘輕敲衝頭柄端。施力須垂直於工件表面，且視眼孔的大小而施不同之力，眼孔大小視實際需要而定，但以確能一目瞭然之最小孔為原則，直線部份眼孔分佈較疏，曲率半徑越小之曲線則越密。

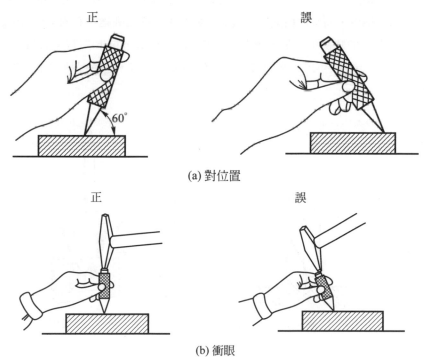

正　　　　　　　誤

(a) 對位置

正　　　　　　　誤

(b) 衝眼

圖 F04-1　衝眼

177

F04-1 衝 頭

衝頭(punch)係由工具鋼 SK7 或 S45C 製成,其尖端部份經熱處理後硬度在 HRC40～45,柄部硬度在 HRC21～25(CNS3095)(註 F04-1),尖端磨成圓錐尖且與柄部同中心,依其柄部尺寸表示其規格,依其用途分為兩種:

1. 尖衝(prick punch):尖衝之尖端成 30°～60°頂角之圓錐形如圖 F04-2,畫線後的工件表面常因工作時不慎塗抹,或時隔較久而失清晰致使工作不便,故在畫線之後常在線上以相當距離用尖衝衝眼以利工作,或用於氧氣切割使視覺方便。一般工件及精細畫線皆用 30°,較硬工件用 60°以免尖端變鈍或破碎。

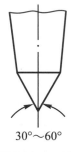 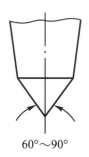

30°～60°   60°～90°

圖 F04-2　尖衝   圖 F04-3　中心衝

2. 中心衝(center punch):中心衝之尖端成 60°～90°頂角之圓錐形如圖 F04-3,用以擴大眼孔,使鑽孔工作容易,防止鑽頭之死點在鑽刃未切削時就碰底如圖 F04-4;中心衝不屬於畫線工具,中心衝除如圖所示之單直柄外,尚有互相配合之裝置,如圖 F04-5 之圓錐中心衝(centering cone punch)用以求內圓中心位置且同時衝中心眼,鐘形中心衝(bell center punch)用以求外圓心同時衝中心眼如圖 F04-6。尖衝及中心衝只可用於衝眼且不可衝擊堅硬的工作,隨時保持圓錐尖端尖銳,研磨錐尖時勿使之過大。

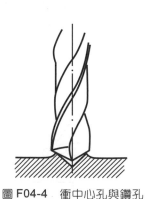 

圖 F04-4　衝中心孔與鑽孔   圖 F04-5　圓錐中心衝

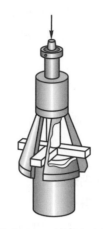

圖 F04-6　鐘形中心衝

F04-2　鋼字模

　　與衝眼工件相似的一種工作法為衝印。任何一工件完成後常加以衝印以資區別批號、件號或學生成品的記號等，這種記號常用鋼字模衝印之，鋼字模分為數字的號碼衝(figure punch)與英文字母的衝字模(letter punch)兩大類如圖 F04-7，其大小有 1、1.5、2、2.5、3、4、5、6mm……等，視需要選用。衝印時與衝眼相似，將字模垂直於工件表面，手錘垂直敲擊鋼字模頭部，視字模之大小施以不同種之敲擊力(參考衝眼工作法)。

圖 F04-7　鋼字模

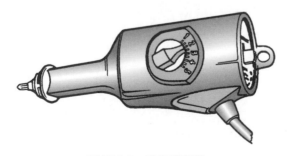

圖 F04-8　電動雕刻機

　　工件記號除使用鋼字模衝印外，亦可使用電動雕刻機(electric engraver)雕刻如圖 F04-8，電動雕刻機可更換碳化物或鑽石尖端，調整雕刻深度而適用於金屬、玻璃或塑膠等材料之雕刻。

學後評量

一、是非題

(　) 1. 衝眼留痕用中心衝。

(　) 2. 鑽孔前以尖衝擴孔，以免鑽頭死點碰底。

(　) 3. 衝眼的三步驟是扶持、置放與敲擊。

(　) 4. 衝眼留痕時，直線部份眼較密，曲線部份則隨曲率半徑愈小愈疏。

(　) 5. 鋼字模以字體大小為規格。

二、選擇題

(　) 1. 下列有關衝眼之敘述，何項錯誤？　(A)鑽孔中心點先用中心衝留眼，用尖衝擴孔　(B)鐘形中心衝用於求外圓中心　(C)衝印批號用鋼字模　(D)尖衝之尖端成 30°～60°　(E)衝頭尖端經熱處理淬火與回火。

(　) 2. 畫線後留痕宜用　(A)中心衝　(B)尖衝　(C)圓錐中心衝　(D)鐘形中心衝　(E)鋼字模。

(　) 3. 工件批號之衝印宜用　(A)中心衝　(B)尖衝　(C)圓錐中心衝　(D)鐘形中心衝　(E)鋼字模。

(　) 4. 衝眼時衝頭應與工件表面成　(A)30°　(B)45°　(C)60°　(D)90°　(E)120°。

(　) 5. 中心衝之尖端頂角為　(A)30°　(B)45°　(C)90°　(D)120°　(E)150°。

參考資料

註 F04-1：經濟部標準檢驗局：9.5mm 中心衝。台北，經濟部標準檢驗局，民國 74 年，第 1 頁。

實用機工學知識單

項目	手 錘	學習目標	能正確的說出手錘的種類與使用方法

前 言

手錘為鉗工中一種錘擊用的手工具，俗稱榔頭，依其材料可分為硬面(鋼製)手錘、與軟面手錘兩種。

說 明

鋼製手錘係由機械構造用碳鋼料(如 S45～S58C)或碳工具鋼(如 SK6 或 SK5)之鋼料經淬火、回火而製成，兩端之硬度以 HRC45～58 為準，手錘的大小皆以其重量而分為#1/4～#3(CNS1026)(註 F05-1)，鉗工常用者為#1$\frac{1}{2}$(0.67kg)者居多，錘面用於一般錘擊，錘頭用於延展、冷鍛等，錘頭之形狀常用者為球頭；若用於彎曲、校直或鉚接時則用平頭及交叉頭如圖 F05-1。柄楔在使手柄與錘牢固，裝置手柄時務必保持錘與柄之垂直，錘之方向與木柄之橢圓方向一致如圖 F05-2。當用鋼製手錘足以傷害工件時，則用軟面手錘，軟面手錘由鉛、銅、橡皮、皮革或塑膠等製成如圖 F05-3，用以錘擊已加工之工件表面、軟金屬或經淬硬之工作面，以防意外。

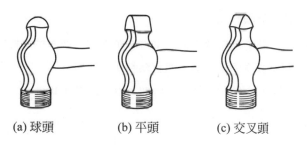

(a) 球頭   (b) 平頭   (c) 交叉頭

圖 F05-1　鋼製手錘

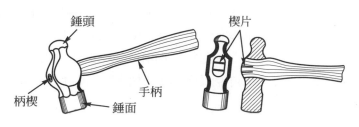

圖 F05-2　手錘構造

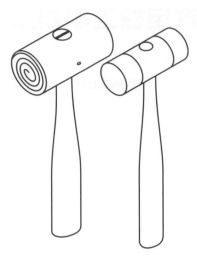

圖 F05-3　軟面手錘

　　使用手錘時應確實將手柄裝緊，如鬆動時切勿使用。鋼製手錘不可錘擊尖或硬工件，軟面手錘切勿錘擊粗糙表面，或用以打擊衝頭及鐵釘等。

學後評量

一、是非題

( )1.鉗工常用的手錘為球頭#1$\frac{1}{2}$。

( )2.裝置手錘手柄時，務必保持錘與柄的垂直，錘之方向與木柄之橢圓方向一致。

( )3.使用手錘時，應確實將手柄裝緊，如有鬆動切勿使用。

( )4.軟金屬、已經淬硬的工件或已加工的表面，宜用鋼製手錘。

( )5.打擊衝頭宜用軟面手錘。

二、選擇題

( )1.鋼製手錘的材料是　(A)低碳鋼　(B)碳工具鋼　(C)高速鋼　(D)鎳鉻鋼　(E)碳化物。

( )2.鑿削時所用之手錘是　(A)鉛製　(B)橡膠　(C)鋼製　(D)銅製　(E)皮革。

( )3.常用手錘之錘頂形狀是　(A)球頭　(B)平頭　(C)交叉頭　(D)方頭　(E)尖頭。

( )4.鋼製手錘的手柄材料通常是　(A)鉛料　(B)鋼料　(C)銅料　(D)皮革　(E)木材。

( )5.鋼製手錘的規格表示是　(A)手柄長度　(B)手柄直徑　(C)手錘直徑　(D)手錘重量　(E)手錘長度。

參考資料

註 F05-1：經濟部標準檢驗局：手用鋼鎚。台北，經濟部標準檢驗局，民國 75 年，第 1～2 頁。

實用機工學知識單

項目	手工鋸割	學習目標	能正確的說出弓鋸架及鋸條的選擇與鋸割方法

前　言

在工作中除鑄、鍛成形之工件外，許多材料皆免不了要下料，而下料則須用鋸割，鋸割乃利用許多齒之鋸齒安排於鋸條上，用以去除切屑的一種工作方法，手工鋸割除鋸割下料外，尚可開槽等。在向前的切削運動中是向前的推力與向下的壓力，回復時除去壓力而往後拉而已。

說　明

鋸割之方法可分為手工鋸割及機械鋸割。手工鋸割之工具稱為手弓鋸，其構造包括鋸條與鋸架如圖 F06-1。

圖 F06-1　手弓鋸(Ⅰ型)

F06-1　鋸條的種類與選擇

鋸條(saw blades)為許多鋸齒所構成，依其長度可分為 200、250 及 300mm 等三種，長度為兩銷孔之間的距離。依鋸齒的多寡可分為每 25.4mm 有 10、12、14、18、24 及 32 齒等數種如圖 F06-2。最粗齒鋸條10、12 齒，適用於鋸割石棉板，粗齒 14 齒適用於軟金屬材料或斷面大的工件的鋸割，因有充分的鋸齒間隙使鋸割輕快自如；中齒 18 齒者為一般鋸割用如鋼料、鑄鐵及白合金等之鋸割，有充分的鋸齒間隙且齒節較細，不需太大之推力即可鋸割自如。細齒 24 齒用於較硬材料及斷面較小之材料，如角鋼、工字鋼、厚鋼管及大於(SWG)18 號(1.219mm)之鋼板等的鋸割，因齒節較細能有兩齒以上橫跨工件斷面，不致割裂工件表面並獲得較快的鋸割較硬工件；最細齒 32 齒適用於硬或強韌及斷面薄的材料，如硬鑄鐵、工具鋼及小於 18 號的鋼板、薄鋼管等，使之能較快鋸割並有兩齒以上橫跨工件斷面如圖 F06-3。

鋸條係由厚度為 0.64mm，寬度 12 或 12.7mm 之高級工具鋼如 SK3、SKS7 或高速鋼如 SKH51 或 SKH55(CNS1433)(註 F06-1)所製成，在熱處理時若僅將鋸齒部份淬硬約 3mm 者稱之為撓性鋸條(flexible blades)，因除鋸齒部份淬硬外皆較韌，故折斷機會較少，另有全部淬硬者稱之為全硬鋸條(all hard blades)則較易折斷。通常以長度與齒數表示鋸條之規格，如 300mm － 24T，有時亦將寬度及厚度同時表示之，如 300×12×0.64mm － 24T。

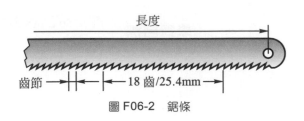

圖 F06-2　鋸條

正	齒數 (每 25.4mm)	工件材料	厚度或直徑 (mm)	誤
有充分的鋸齒間隙 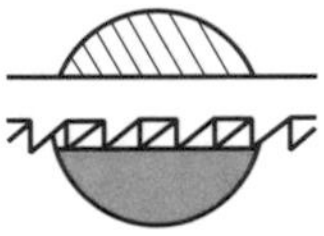	14	碳鋼（軟鋼）	25 以上	細齒節無鋸齒間隙鋸齒填塞 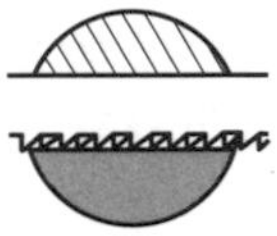
		鑄鋼、合金鋼、輕合金	6～25	
		鐵軌	－	
有充分的鋸齒間隙 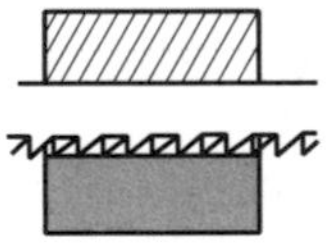	18	碳鋼 （軟鋼、硬鋼）	6～25	細齒節無鋸齒間隙鋸齒填塞 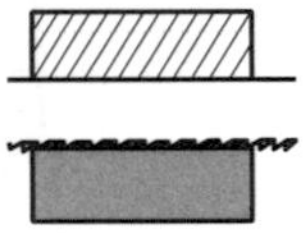
		鑄鐵、合金鋼、	25 以上	
有兩個或兩個以上的鋸齒接觸 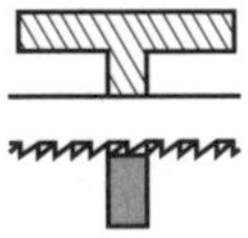	24	鋼管	壁厚 4 以上	粗齒節鋸齒跨於工件上損壞工件 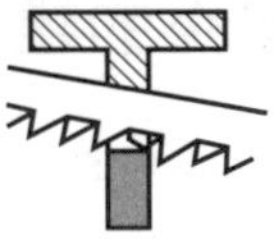
		合金鋼	6～25	
		角鋼	－	
有兩個或兩個以上的鋸齒接觸 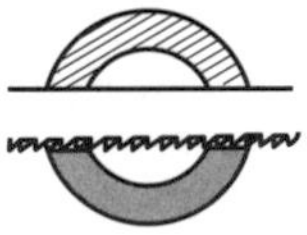	32	薄鋼板、薄鋼管	－	粗齒節鋸齒跨於工件上損壞工件 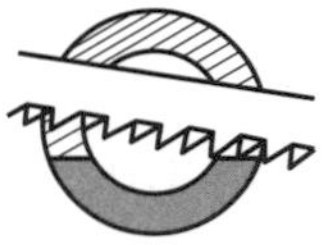
		合金鋼	6 以下	

圖 F06-3　鋸條的選擇

F06-2　鋸條的易削作用

　　鋸削效果的良好與否，除須正確的選擇適當的齒節與工件材料之關係外，齒條的易削作用亦有相當的影響。齒條的易削作用在於齒刃的排列，齒刃的排列方式與齒節的粗細有關，單交叉排列方式的齒刃適用於最細齒(32 齒)如圖 F06-4(a)。其相鄰兩齒一齒向左，一齒向右，使鋸齒只左右兩齒邊鋸割而齒背不致於與工件之兩旁摩擦，使鋸削輕快，如圖 F06-5(a)。雙交叉排列用於細齒(24 齒)，其排列方式為兩齒向左，兩齒向右如圖F06-4(b)。波形排列用於中齒(18 齒)，齒刃左右排列成波浪形而產生易削作用如圖F06-4(c)、圖 F06-5(b)。交叉及中間排列用於粗齒(14 齒)，齒刃之排列係一齒向左，一齒向右，一齒中間依序排列如圖 F06-4(d)(註 F06-2)。

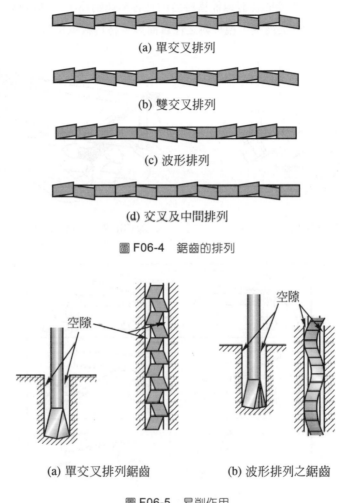

(a) 單交叉排列

(b) 雙交叉排列

(c) 波形排列

(d) 交叉及中間排列

圖 F06-4　鋸齒的排列

空隙

空隙

(a) 單交叉排列鋸齒　　　(b) 波形排列之鋸齒

圖 F06-5　易削作用

F06-3　弓鋸架

弓鋸架(hack saw frames)分為 I～VII等七種型式(CNS3659)(註 F06-3)，依其調整方式可分為可調節式及固定式兩種，可調節式可以裝不同長度之鋸條，用途較廣，而固定式只可裝一種長度，若按其手柄形式可分為手槍柄(pistol-grip handle)與直柄兩種，前者由翼形螺帽的旋轉來調整鋸條的鬆緊，易於握持施力參見圖 F06-1。

F06-4　鋸條的裝置與鋸割

　　裝置鋸條時應注意其鋸齒方向，手工鋸鋸割為向前切削運動，因此鋸齒應向前如圖 F06-6 之鋸齒方向。左手握持鋸架前端，起鋸時，以右手握持鋸架手柄，左手拇指引導鋸割如圖 F06-7，鋸割深入後，向前施以推力及壓力，回復時僅施以拉力。鋸割時應保持鋸條的垂直，使用鋸條的全長，開始時僅用手臂運動，而後用身體施以適當的運動，身體的位置以能獲得自由且容易運動為主，即能獲得最佳鋸割效果位置如圖 F06-8。並以每分鐘鋸割 30～60 次為宜，視材料之性質而異，材質較軟則較快。

鋸割方向

圖 F06-6　鋸齒向前

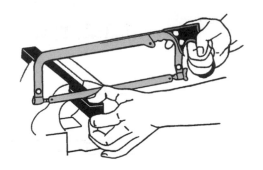

圖 F06-7　起鋸時以左手拇指引導鋸割

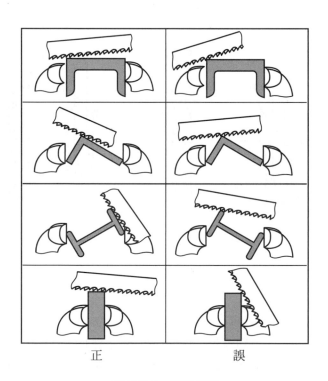

正　　　　　　　　　　誤

圖 F06-8　鋸割位置

　　開始鋸割時，若先鋸 b 邊如圖 F06-9(a)，則順前端方向稍施壓力；若先鋸 a 邊，鋸角「α」應小，鋸條可立即鋸入，導鋸穩定，鋸齒不易咬住而折斷鋸條如圖 F06-10(a)。若在一平面同時鋸割，則鋸條不易鋸入，工件表面易被刮壞，難於適當的畫線處鋸割如圖 F06-9(b)；若鋸角「α」過大，順箭頭方向起鋸 a 邊，則鋸條無法鋸割，鋸齒易咬住，鋸條易折斷如圖 F06-10(b)。

　　鋸割扁平工件，則平鋸可使鋸條引導良好、鋸縫平直。如直立鋸割，鋸條引導少鋸縫彎曲如圖 F06-11。小於 18 號的薄板應夾於板內可使引導好，鋸縫直，若與鉗口平行鋸割，工作不準確，如圖 F06-12。同時鋸一個以上之工件時，可將工件一併夾持，則鋸縫直、工件長度相等、節省時間、鋸架夠高，若是豎立夾持，則鋸縫彎曲、工件長度不等、浪費時間，且常有鋸架不夠高之現象如圖 F06-13。鋸深縫時，如鋸架不夠高，則將鋸條轉 90°如圖 F06-14。鋸割薄管，應選最細齒(32 齒)鋸條，且不宜一次鋸穿，須時時迴轉，然後鋸割如圖 F06-15，以免因一次鋸穿使管之內壁咬住鋸齒使鋸條折斷。大直徑圓桿亦可迴轉鋸割如圖 F06-16，以免斷面太大而難以鋸割。

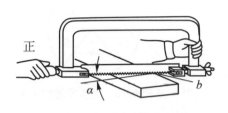

(a) 先鋸 b 邊，順前端方向鋸割

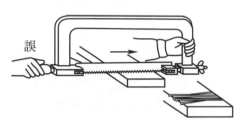

(b) 無鋸角，不易鋸割

圖 F06-9　鋸角與鋸割之一

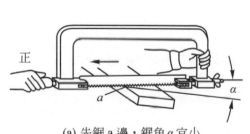

(a) 先鋸 a 邊，鋸角 α 宜小

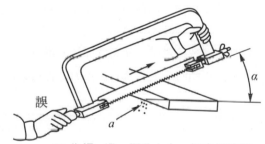

(b) 先鋸 a 邊，鋸角太大，鋸齒易咬住

圖 F06-10　鋸角與鋸割之二

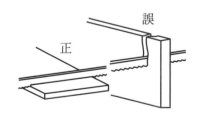

圖 F06-11　鋸割扁平工件

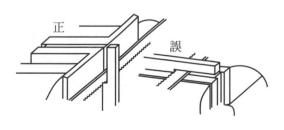

圖 F06-12　薄片鋸割

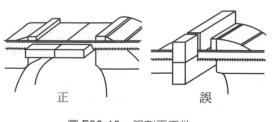

圖 F06-13　鋸割兩工件

正　　　　　誤

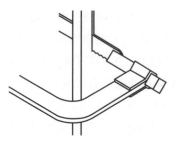

圖 F06-14　手弓鋸轉 90°的鋸割

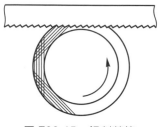

圖 F06-15　鋸割薄管

圖 F06-16　大直徑圓桿鋸割

F06-5　安全規則

1. 不可鋸割未經夾緊之工件。
2. 注意使用正確之鋸條以適應各種不同之工作，如粗齒鋸條不得鋸割薄金屬片。
3. 鋸割堅硬工件時不可鋸得太快。
4. 鋸割薄邊或尖端時，不可立即往前推鋸。
5. 如鋸條折斷時，應立即停加壓力並緩緩取出。換新鋸條不要沿原路徑鋸割。

學後評量

一、是非題

( )1. 鋸割 6～25mm 的碳鋼，適用 18 齒/25.4mm 的鋸條。

( )2. 300mm － 18T 鋸條的鋸齒排列為交叉及中間排列。

( )3. 鋸條裝置於鋸架時，鋸齒應向前。

( )4. 鋸割薄管宜一次鋸過，鋸割大斷面圓桿宜迴轉鋸割。

( )5. 鋸割中途鋸條折斷，換新後不可沿原路徑鋸割。

二、選擇題

( )1. 下列有關鋸割的敘述何項錯誤？　(A)鋸割大斷面的軟金屬適用粗齒節 14 齒，因有充分的鋸齒間隙　(B)弓鋸架轉 90°鋸割適用於斷面小的工件　(C)鋸條之齒刃排列與齒節粗細有關，以達易削作用　(D)小於 18 號之鐵板宜用最細齒節 32 齒，因有兩齒以上橫跨工件斷面　(E)鋸割扁平工件宜沿平面鋸割。

（ 　）2. 鋸削φ20 的低碳鋼，宜用　(A)12　(B)14　(C)18　(D)24　(E)32　齒/25.4mm 的鋸條。

（ 　）3. 鋸條齒刃排列採用波形排列的是　(A)10　(B)12　(C)14　(D)18　(E)24　齒/25.4mm 的鋸條。

（ 　）4. 下列何種規格之材料宜用迴轉鋸割？　(A)□75×10×75　(B)□25×7　(C)P10×75×75　(D) φ12 ×50　(E)φ32×150。

（ 　）5. 鋸條的材料是　(A)高速鋼　(B)低碳鋼　(C)中碳鋼　(D)鉻鉬鋼　(E)不銹鋼。

參考資料

註 F06-1：經濟部標準檢驗局：手弓鋸用鋸條。台北，經濟部標準檢驗局，民國 75 年，第 1～2 頁。

註 F06-2：Labour Department for Industrial Professional Education. *Basic proficiencies metal working-filing, sawing, chiselling, shearing, scraping, fitting.* Labour Department for Industrial Professional Education, 1958, p.02-03-32-2.

註 F06-3：經濟部標準檢驗局：弓鋸架。台北，經濟部標準檢驗局，民國 62 年，第 1 頁。

實用機工學知識單

項目	鉸刀與鉸削	學習目標	能正確的說出鉸刀的種類與使用方法

前 言

　　以鑽床鑽過的孔徑均略大於鑽頭尺寸，如φ6 以下約大φ0.08；φ6～φ13 約大φ0.10～φ0.13、φ13～φ19 約大φ0.13～φ0.18、φ19～φ25 約大φ0.20～φ0.25，因此若欲得到一個尺寸準確、加工面精細、真圓度足夠之圓孔，通常以鉸刀鉸削之。

說 明

F07-1　鉸刀的種類

　　鉸刀係以高速鋼或碳化物材料製成如圖 F07-1，其尺寸視實際需要而定，通常均以標準尺寸製之，其製造公差一般為 m5 以獲得 H7 或 H8 之鉸孔精度。鉸刀分為去角、鉸刀體及鉸刀柄三部分，去角為鉸刀之切削部份，鉸刀體之刃口為支持部分，鉸刀柄用以配合手工或機器之套筒。

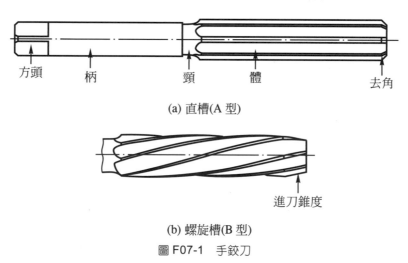

(a) 直槽(A 型)

(b) 螺旋槽(B 型)

圖 F07-1　手鉸刀

　　在鉗工所用之鉸刀稱手鉸刀(hand reamers)，一般所用之手鉸刀為直鉸刀，柄為方頭以配合扳手，切邊係經全齒磨直者，頂端具有進刀錐度，使鉸刀易於鉸進鑽好之孔，其進刀錐度之長約等於其直徑，鉸刀之溝槽分為直槽(A 型)與螺旋槽(B 型)兩種參見圖 F07-1(CNS240)(註 F07-1)。螺旋槽可使切削較為順利而不產生顫動。鉸刀柄常比鉸刀體小(e9 公差)以便順利通過鉸孔，鉸刀之直徑以鉸刀體刃口直徑為標準，由φ1.5～φ50mm 不等。

可調整鉸刀(adjustable reamers)如圖 F07-2，為鉸刀中最具效率者，其直徑可在其範圍內調整任何尺寸(如A號調整範圍在φ12～φ13.5)，刀片磨銳較易但成本較高，另一種活動鉸刀(expansion reamers)如圖F07-3，其刀身係搪孔且具有錐度，並分裂成若干條，以便細微調整，與可調整鉸刀不同，其活動調整量僅約φ0.13～φ0.35mm，以精鉸標準尺寸。

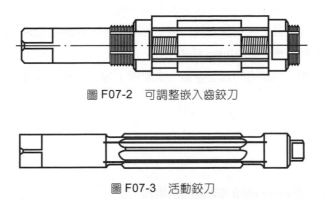

圖 F07-2　可調整嵌入齒鉸刀

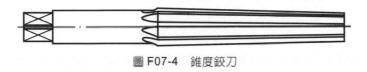

圖 F07-3　活動鉸刀

錐度鉸刀(taper reamer)如圖 F07-4，無論粗鉸或精鉸均製成標準錐度，如莫氏錐度(Morse taper)、布朗・沙普錐度(Brown & Sharpe taper)等，在粗鉸工作中應使用粗齒鉸刀，而精鉸工作應使用精鉸刀且進刀應慢。

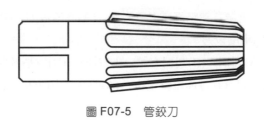

圖 F07-4　錐度鉸刀

管鉸刀(pipe reamer)如圖 F07-5，攻管螺紋時因管螺紋具有 1：16 的錐度，因此攻螺紋之前應先用管鉸刀鉸過，管鉸刀亦具有 1：16 之錐度。

圖 F07-5　管鉸刀

F07-2　鉸削裕量與鉸削

手工鉸孔通常預留φ0.10～φ0.40mm(鑄鐵)或φ0.10～φ0.25mm(鋼)，即先以小φ0.40mm(鑄鐵)或小φ0.30mm(鋼)之鑽頭鑽之，再以粗鉸刀鉸過，預留φ0.10mm，再用精鉸刀鉸之。如預留量在精鉸範圍內(φ0.10mm)，則可直接精鉸之；在開始精鉸時，鉸刀之進刀量最少應為每齒每轉 0.05mm。開始鉸削時不可在不平處進行，因鉸刀一開始就有向低處進刀之趨勢，若開始鉸削就不正確，則終難得一正確之圓孔，開始鉸削應注意使鉸刀保持正直，施力均勻。並注意所有鉸刀均不可反轉以免損傷刃口。

F07-3 安全規則

1. 手工鉸削工件內孔時，鉸刀應保持正直，施力須均勻，勿操之過急。

2. 鉸光時除鑄鐵及銅外均須加潤滑油。

3. 鉸光內孔時，右切鉸刀應順時針方向鉸削或退出，切勿反轉。

4. 使用鉸刀全部鉸削內孔時，應先檢查鉸刀柄是否稍小些，否則通過時易刮傷鉸孔。

5. 手工精鉸孔時以工件直徑小φ0.10mm 為佳。

6. 鉸刀用畢須先擦清潔、加油及防銹並存放一定處所，勿與其他工具撞擊，以免損壞刃口。

學後評量

一、是非題

( ) 1. 手鉸刀分為 A 型(直槽)與 B 型(螺旋槽)兩種。

( ) 2. 可調整鉸刀與活動鉸刀均可調整尺寸，惟可調整鉸刀的調整量較小，調整方式亦不同。

( ) 3. 手工鉸削鑄鐵工件，其預留量約φ0.10～φ0.40mm。

( ) 4. 精鉸削時，進刀量最少應為每齒每轉 0.05mm。

( ) 5. 右切鉸刀順時針鉸孔，逆時針方向退出。

二、選擇題

( ) 1. 下列有關鉸削的敘述，何項錯誤？ (A)φ6～φ13 的鑽頭鑽孔後直徑約大φ0.10～φ0.13mm (B) 精鉸鋼料之預留量為φ0.10mm (C)螺旋槽鉸刀可使切削較為順利而不產生顫動 (D)錐度鉸刀無論粗鉸或精鉸均製成錐度 (E)管鉸刀的錐度為 16：1。

( ) 2. 鉸刀的材料是 (A)高速鋼 (B)中碳鋼 (C)不銹鋼 (D)鉻鉬鋼 (E)低碳鋼。

( ) 3. 精鉸標準尺寸時，需微量調整直徑之鉸刀是 (A)直槽鉸刀 (B)螺旋槽鉸刀 (C)可調整鉸刀 (D)活動鉸刀 (E)錐度鉸刀。

( ) 4. 手鉸刀的柄是 (A)圓柄 (B)圓柄方頭 (C)方柄 (D)方柄圓頭 (E)錐柄。

( ) 5. 精鉸時，鉸刀之進刀量宜每齒每轉至少 (A)0.001 (B)0.01 (C)0.05 (D)1 (E)1.5 mm。

參考資料

註 F07-1：經濟部標準檢驗局：手鉸刀。台北，經濟部標準檢驗局，民國 69 年，第 2 頁。

實用機工學知識單

項目	螺絲攻與攻螺紋	學習目標	能正確的說出螺絲攻的種類，計算攻螺紋之鑽頭直徑與攻螺紋的方法

前 言

　　螺絲攻為鉗工中用以攻內螺紋的一種切削工具，利用螺絲攻切削內螺紋的操作謂之攻螺紋，攻螺紋的方法可分為手工攻螺紋與機器攻螺紋。手工攻螺紋之螺絲攻謂之手扳螺絲攻。

說 明

F08-1　手扳螺絲攻

　　手扳螺絲攻(hand tap)如圖 F08-1，由頭道螺絲攻(taper tap)、二道螺絲攻(plug tap)及末道螺絲攻(bottoming tap)三枚所組成。頭道螺絲攻亦稱第一攻，其末端有 5～9 牙螺紋去角成錐度，以便在開始攻螺紋時，螺絲攻易於導入所鑽之孔；二道螺絲攻亦稱第二攻，末端錐度較短，約 3.5～5 牙螺紋去角；末道螺絲攻亦稱第三攻，末端有 1.5～2 牙螺紋去角。螺絲攻之規格標示於柄部，如 3-M4-6H 即表示第三攻、螺紋規格 M4、製造公差 6H、螺絲攻為輪磨製造者，如為滾軋製造者另加註 R，三件成套的螺絲攻以 "3S" 表示(CNS6877) (註 F08-1)，其三件螺絲攻之直徑通常相同，因此在攻穿孔螺紋時，只需用第一攻即可，若攻未穿孔(blind hole)螺紋，則先以第一攻導之，再以第二攻攻之，但若未穿孔之孔深相當淺，則先以第一攻導之，再用第三攻而不用第二攻，並視情形亦可直接用第二攻或第三攻，圖 F08-2 示第一、二、三攻攻螺紋的結果。但有一種三枚直徑不同的螺絲攻，稱之為順序螺絲攻(serial tap)如圖 F08-3，此種螺絲攻僅第三枚直徑為標準直徑，第一攻之直徑比第三攻小 0.30P，第二攻之直徑比第三攻小 0.125P，以使每一螺絲攻均切削一部份金屬。以第一攻引導，第二攻負主要攻螺紋工作，第三攻校正螺紋直徑，其切削負荷各為 25%、55%及20%，此種順序螺絲攻之負荷由三枚分配而不易折斷，但攻螺紋時須三枚依序攻過始可達到所需之尺寸，適合大直徑通孔之攻螺紋工作。

圖 F08-1　手扳螺絲攻(大寶精密工具公司)

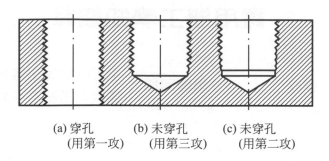

(a) 穿孔　　　(b) 未穿孔　　　(c) 未穿孔
(用第一攻)　　(用第三攻)　　(用第二攻)

圖 F08-2　第一、二、三攻攻螺紋的結果

順序號碼

圖 F08-3　順序螺絲攻(大寶精密工具公司)

F08-2　攻螺紋之鑽頭直徑

在攻螺紋之前預先鑽好底孔，所鑽底孔之直徑比欲攻螺紋的螺紋小徑較大，所攻製完成的螺紋高度約為標準螺紋高度之 75%如圖 F08-4，圖中 C 為螺紋小徑，B 為底孔直徑，A 為螺紋大徑。即螺絲攻鑽之尺寸(tap drill size，TDS)等於螺絲攻大徑(d)減螺距(P)。即 TDS ＝ d －(0.64952P×2×0.75)÷d － P。(0.64952P 為公制外螺紋螺谷在輪廓下限之螺紋高度，參考 "螺紋各部份名稱與規格" 單元)。例如欲攻 M5×0.8 之螺紋，其 TDS ＝ϕ5 － 0.8 ＝ϕ4.2，螺絲攻鑽頭直徑如表 F08-1(CNS211)(註 F08-2)。

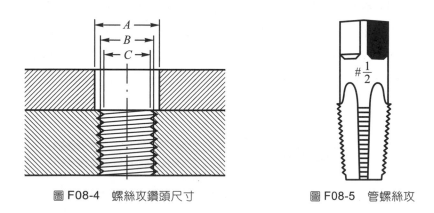

圖 F08-4　螺絲攻鑽頭尺寸　　　　　　圖 F08-5　管螺絲攻

若欲攻管螺紋時，則須以錐度 1：16 之管鉸刀鉸過之後，用管螺絲攻攻之如圖 F08-5。

表 F08-1　螺絲攻鑽頭尺寸(經濟部標準檢驗局)

螺紋規格	鑽頭直徑	
	I 類	II 類
M1	0.75	
M1.2	0.95	
M1.4	1.1	
M1.7	1.3	
M2	1.5	1.6
M2.3	1.8	1.9
M2.6	2.1	2.1
M3	2.4	2.5
M3.5	2.8	2.9
M4	3.2	3.3
(M4.5)	3.6	3.7
M5	4.1	4.2
(M5.5)	4.4	4.5
M6	4.8	5
(M7)	5.8	6
M8	6.5	6.7
(M9)	7.5	7.7
M10	8.2	8.4
(M11)	9.25	9.4
M12	9.9	10
M14	11.5	11.75
M16	13.5	13.75
M18	15	15.25
M20	17	17.25
M22	19	19.25
M24	20.5	20.75
M27	23.5	23.75
M30	25.75	26
M33	28.75	29
M36	31	31.5
M39	34	34.5
M42	36.5	37
M45	39.5	40
M48	42	42.5
M52	46	46.5

註：(1) I 類材料如：鑄鐵、青銅、黃銅、脆性銅基合金及鋁基合金等。
　　　II 類材料如：鋼、鑄鋼、鋅基合金、鋁基合金及壓成材料等。
　　(2)凡螺紋長度較螺紋大徑大或非通孔者，最好用第 II 類。

F08-3　螺絲攻扳手

　　手工攻螺紋時，螺絲攻之方頭須用螺絲攻扳手(tap wrench)夾持，常用螺絲攻板手有兩種如圖 F08-6，圖(b)為 T 形板手，用於轉動小尺寸之螺絲攻或工作位置受制限時(如凹入部份之攻螺紋)用之。如圖(a)為最常用之扳手，在其夾持範圍內可調節之。

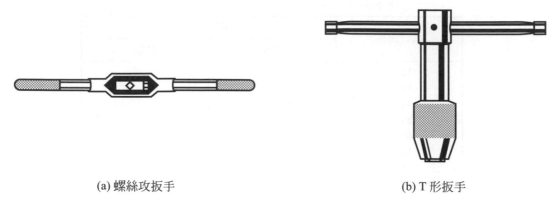

(a) 螺絲攻扳手　　　　　　　　　　　　　　(b) T 形扳手

圖 F08-6　螺絲攻扳手

F08-4　攻螺紋

開始攻螺紋時，先用第一攻置於孔中，使螺絲攻之中心與鑽孔之中心對準，先轉一整周後再用角尺校驗是否對準如圖 F08-7，如對準則繼續攻入，若發現螺絲攻未對準鑽孔時則退回矯正之。攻螺紋時，每轉 $\frac{1}{4}$ 周即退回 $\frac{1}{8}$ 轉(四槽螺絲攻時)，以使切屑掉落並潤滑切齒，攻螺紋時，雙手保持平衡穩定，切勿如以橫向壓力以免螺絲攻折斷。若螺絲攻折斷於工件內，可用螺絲攻退除器退出如圖 F08-8，或用衝頭依反方向衝出如圖 F08-9，但必須戴護目鏡以免碎片傷及眼睛。

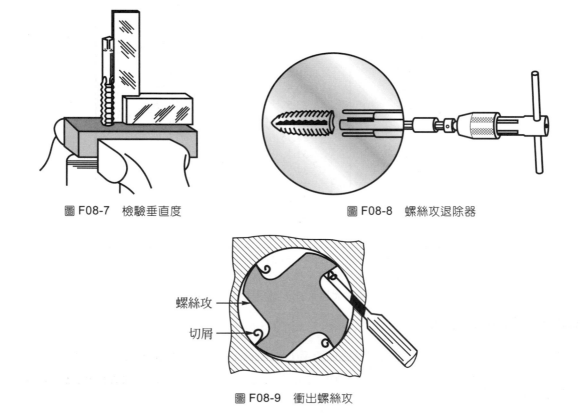

圖 F08-7　檢驗垂直度　　　　　　　　　圖 F08-8　螺絲攻退除器

螺絲攻
切屑

圖 F08-9　衝出螺絲攻

F08-5 安全規則

1. 攻螺紋前應先檢查底孔直徑。
2. 攻螺紋時應將螺絲攻對準孔中心，每攻一轉須退 1/4 轉，並給予適當的潤滑劑。
3. 攻螺紋時應選擇適當的螺絲攻扳手。
4. 切勿橫向用力以避免螺絲攻折斷，衝出折斷的螺絲攻一定要戴護目鏡。
5. 使用後應清理乾淨，上油儲存於保護盒中。

學後評量

一、是非題

( )1.順序螺絲攻之三件直徑一樣大，第一攻用於通孔攻螺紋用。
( )2.使用成套螺絲攻須三件都攻過，才能使螺紋獲得完整的尺寸。
( )3.欲攻 M6×1 的螺紋，其螺絲攻鑽頭之尺寸是ϕ5。
( )4.使用四槽螺絲攻時，每前進一周需退 $\frac{1}{4}$ 轉，以斷屑並潤滑。
( )5.使用衝頭衝出折斷的螺絲攻，必須戴安全眼鏡。

二、選擇題

( )1.下列有關攻螺紋之敘述何項錯誤？ (A)手扳螺絲攻之末道螺絲攻的截齒有 5～9 齒，適於攻通孔 (B)順序螺絲攻第二攻負主要攻螺紋工作 (C)攻螺紋時，螺絲攻中心需與鑽孔中心對準 (D)螺絲攻退除器用以退出折斷的螺絲攻 (E)螺絲攻扳手應視螺絲攻大小，選擇使用之。
( )2.順序螺絲攻負主要攻螺紋工作的是 (A)第一攻 (B)第二攻 (C)第三攻 (D)第一、三攻 (E)第一、二、三攻。
( )3.一螺絲攻標註 3-M4-6H，下列敘述何項錯誤？ (A)第三攻 (B)螺紋規格M4 (C)製造公差 6H (D)滾軋製造 (E)輪磨製造。
( )4.欲攻 M8×1.25 的螺紋，其螺絲攻鑽頭尺寸應為 (A)ϕ8 (B)ϕ7.8 (C)ϕ6.8 (D)ϕ6 (E)ϕ5.8。
( )5.手扳螺絲攻三枚不同的地方是 (A)柄長 (B)外徑 (C)螺距 (D)螺紋高度 (E)末端去角齒數。

參考資料

註 F08-1：經濟部標準檢驗局：螺絲攻。台北，經濟部標準檢驗局，民國 70 年，第 1～2 頁。
註 F08-2：經濟部標準檢驗局：鑽頭直徑—鑽螺絲孔底孔用。台北，經濟部標準檢驗局，民國 59 年，第 1 頁。

實用機工學知識單

項目	刮刀與刮削	學習目標	能正確的說出刮刀的種類與使用方法

前　言

當工件需要達到眞正平面時，用機器或銼刀等加工幾乎不可能獲得，因爲工具機本身之精度不足產生眞正且精細之平面，尤其高級軸承之組合，惟有靠刮刀之刮削來獲得。

說　明

刮削是一種推除(pushing off)而非剝除(peeling)的操作，以鑿子與平刮刀來說，鑿子之鑿口刃角(θ)與背角(α)之和(δ)小於90°而造成楔入現象，但刮刀之刃口角(θ)爲90°，與背角(α)30°之和(δ)爲120°如圖 F09-1，因此刮刀之操作僅係一種細屑的推除而已(註 F09-1)。

欲得極平之平面，雖只 0.05mm 之高出點亦應刮除，測量高出點一般用平板或直尺與紅丹膏或普魯士藍染色劑測出，除去此微量之高出點唯有用刮削。刮平面之刮刀稱之爲平刮刀(flat scrape)如圖 F09-2(a)，約爲 200～300mm 長，其一端約爲 1.6mm 厚，通常可用舊銼刀磨之。圖(b)爲鈎形刮刀(hook scraper)其刮削方向與平刮刀相反，平刮刀爲推而鈎形刮刀爲拉。鈎形刮刀常用於刮花及平刮刀不宜工作之處。

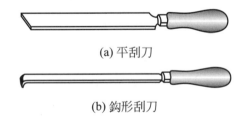

(a) 平刮刀

(b) 鈎形刮刀

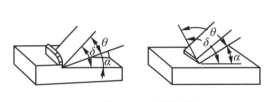

圖 F09-1　鑿與刮

圖 F09-2　刮刀

平刮刀之刃口係沿邊磨成直角，沿長度方向凸出，刃口稍具曲線，以使刮削時避免刃口全面刮削，砂輪磨後須再以磨石磨之，磨礪時先磨平面然後磨端口，磨刮刀之握持法如圖 F09-3，將刮刀在磨石上以75mm 之距離往復磨之，將把手向前稍傾，並在向前行程施以壓力，回程放鬆之。當刃口一邊已磨銳，將刮刀翻轉磨另一邊，握持時刃口與行程不可成直角，以45°磨銳，如是則若磨石稍不平，仍可得良好之刃口，刮刀用鈍後，可在磨石上磨礪，經三～四次磨礪後，若再鈍化，則應先用砂輪磨削之。圖 F09-4 爲刮刀之正確握法及姿勢(註 F09-2)，平刮刀前推爲切削行程，每次長度以不超過 13mm，深度不超過0.08～0.10mm，因刮削是一種除去高出點的工作，平面過分不平時應先以銼刀或機器先行加工。刮削面切勿染油脂，刮刀方向宜交叉進行，尋求高點時，應以塗有染色劑之整塊平板接觸，使工件高出點沾染染色劑，再以刮刀刮除高出點。接觸時切勿污染以免破壞平板。刮削工作是一種漸進工作。每刮削一次須重新尋求高出點，使染色劑全面分佈於平面時，則獲得平面矣。

圖 F09-3　磨刮刀　　　　　　　　　　　　　圖 F09-4　刮削

　平面上刮以花紋之主要目的除在獲得真平度外，尚可達成潤滑及美觀的目的。花紋分為方形、斜形與月形三種，花紋之多少以工作面之寬窄而異，工作面大者花紋少，工作面小者花紋多，各種寬度之花紋如表 F09-1 及圖 F09-5。

表 F09-1　刮花紋數

工作面寬度(mm)	每25mm²花紋數
20	32
20～50	25～18
50～100	18～8

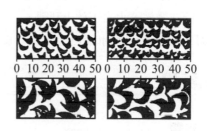

0 10 20 30 40 50 0 10 20 30 40 50

圖 F09-5　刮花

　曲面刮削時用半圓彎刮刀如圖 F09-6，為具有兩刃口之刮刀，因而往復行程均可刮削，刮削時不可沿其軸向，其刮削情形如圖 F09-7，較大之曲面則以如圖 F09-8 之曲面刮刀刮削之。

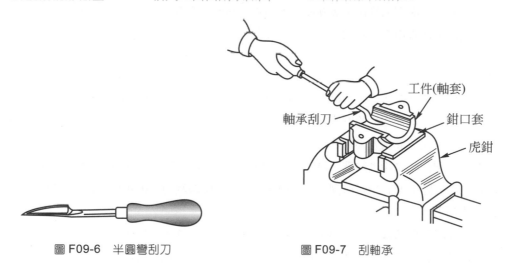

工件(軸套)

軸承刮刀

鉗口套

虎鉗

圖 F09-6　半圓彎刮刀　　　　　　　　　　圖 F09-7　刮軸承

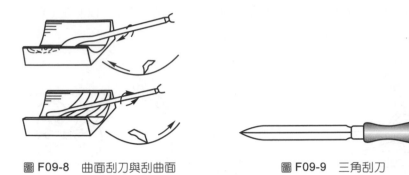

圖 F09-8 曲面刮刀與刮曲面　　　　　　圖 F09-9 三角刮刀

　　三角刮刀如圖 F09-9，用以除去尖銳角、內稜角、鑽孔後或鉸光後之毛頭。三角刮刀有三個刃口，可用舊三角銼磨成圓形，以免傷害操作者之手。

　　安全規則：

1. 保持刃口銳利，每隻刮刀均須備有良好的手柄。
2. 切勿一手持工件，一手持刮刀進行刮削。
3. 不能在業經淬火之工件上刮削。
4. 刃口須用磨石磨利(礪)，使用後妥為保存。

學後評量

一、是非題

( )1. 刮削與鑿削均用以大量宜除工件多餘量之加工方式。

( )2. 磨礪刮刀時，刮刀刃口應與行程垂直。

( )3. 刮平面時，須常常以平板尋求高出點。

( )4. 大曲面以曲面刮刀刮削，鉸孔後之毛頭以三角刮刀刮除。

( )5. 淬火後工件宜用刮刀刮削。

二、選擇題

( )1. 下列有關刮削敘述，何項錯誤？　(A)平刮刀前推為切削行程　(B)鈎刮刀常用於刮花　(C)刮刀每次用鈍後均需用砂輪磨磨削後礪光　(D)刮削平面宜交叉進行　(E)刮花之目的除獲得真平度外，尚可達成潤滑及美觀的目的。

( )2. 平刮刀刮削時之深度約為　(A)0.01　(B)0.10　(C)0.30　(D)0.50　(E)0.80　mm。

( )3. 鑽孔後去除毛頭宜用何種刮刀？　(A)平刮刀　(B)鈎刮刀　(C)曲面刮刀　(D)三角刮刀　(E)半圓彎刮刀。

( )4. 刮平面時刮背角幾度？　(A)8°　(B)10°　(C)30°　(D)45°　(E)60°。

( )5. 刮軸承時宜用何種刮刀？　(A)平刮刀　(B)鈎刮刀　(C)曲面刮刀　(D)三角刮刀　(E)半圓彎刮刀。

參考資料

註 F09-1：行政院國際經濟合作發展委員會人力資源小組譯：金工基本知識。台北，行政院國際經濟合作
發展委員會人力資源小組，民國 55 年，第 109～110 頁。

註 F09-2：Labour Department for Industrial Professional Education. *Basic proficiences metal wroking－.*
Basic proficiences metal wroking－filing, sawing, shearing, scraping, fitting Labour Depart
ment for Industrial Professional Education, 1958, p.02-04-07-2. p.02-04-04-3.

註 F09-3：同註 F09-2，p.02-04-05-3。

實用機工學知識單

項目	螺紋模與鉸螺紋	學習目標	能正確的說出螺紋模的規格與使用方法

前 言

切削外螺紋,尤其小直徑之螺紋通常皆用螺紋模(dies)鉸之。

說 明

螺紋模之尺寸係按標準螺紋制度製成,整件開口式螺紋模可分為可調整式及無調整式兩種(CNS3156)(註F10-1),每一規格只有一個,鉸螺紋工作均係一次完成,除裂縫處可細微調整之外,其他尺寸均係固定如圖F10-1,鉸螺紋時須使用適合的螺紋模扳手如圖F10-2。鉸螺紋時應將工件之前端去角 $45° \times \frac{1}{2}$ 螺距長,並以截齒端引導鉸螺紋如圖 F10-3,鉸一周後注意其中心是否對準,如對準再繼續鉸之,且每轉1周退回 $\frac{1}{4}$ 周(四槽螺紋模),以使切屑掉落並潤滑切齒。如欲在肩處獲得完整螺紋時,則再以截齒向上鉸之如圖F10-4,若一對工件欲同時攻螺紋與鉸螺紋時,則應先攻螺紋,而後鉸螺紋,因螺絲攻之尺寸完全固定,螺紋模尚可細微調整也。

安全規則:

1. 鉸螺紋時除鑄鐵或銅外,其餘材料均需加潤滑油。

2. 鉸螺紋時,工件應夾持穩當,螺紋模須保持正直,用力需均勻,每鉸進1圈須退回 $\frac{1}{4}$ 圈,以使切屑斷裂,並使潤滑油能流注切邊。

3. 使用合適之螺紋模扳手。

4. 鉸螺紋時,兩手把持扳手,用力須保持穩定。

5. 螺紋模用畢須加油保護之。

圖 F10-1　螺紋模(大寶精密工具公司)

圖 F10-2　螺紋模扳手

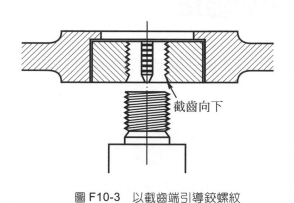

圖 F10-3　以截齒端引導鉸螺紋

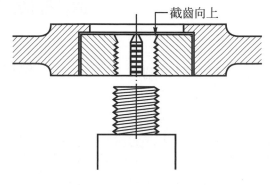

圖 F10-4　以截齒向上鉸螺紋

學後評量

一、是非題

(　)1.螺紋模每一規格分為三個成一組。

(　)2.鉸螺紋時,工件前端應給予適當去角。

(　)3.鉸螺紋時,每鉸 1 周應退 $\frac{1}{4}$ 周。

(　)4.同時攻、鉸螺紋時,應先鉸螺紋後攻螺紋。

(　)5.鉸螺紋時,以截齒端引導鉸螺紋。

二、選擇題

(　)1.螺紋模每一規格有　(A)1 個　(B)2 個　(C)3 個　(D)4 個　(E)5 個。

(　)2.鉸螺紋時,工件之前端去角長度約為螺距的幾倍?　(A)$\frac{1}{10}$　(B)$\frac{1}{5}$　(C)$\frac{1}{2}$　(D)1　(E)2　倍。

(　)3.切削小直徑外螺紋宜用何種工具?　(A)螺絲攻　(B)螺紋模　(C)鋸條　(D)銼刀　(E)鑿子。

(　)4.下列有關螺紋模之敘述,何項錯誤?　(A)鉸螺紋時應對準中心　(B)鉸鋼料螺紋時應加切削劑
(C)欲在工件肩處獲得完整螺紋時,可以截齒向上鉸螺紋　(D)可調整螺紋模可以調整螺距
(E)螺紋模是用高速鋼製成的。

(　)5.常用螺紋模之外形是　(A)方形　(B)三角形　(C)稜形　(D)錐形　(E)圓形。

參考資料

註 F10-1:經濟部標準檢驗局:螺紋模(整件開口式)。台北,經濟部標準檢驗局,民國 59 年,第 1 頁。

實用機工學知識單

項目	鑿子與鑿削	學習目標	能正確的說出鑿子的種類、功用與使用方法

前　言

　　鑿子是一種具有楔形刃口的工具，以六角形(或八角形)高碳工具鋼(SK7)鍛造而成，鑿口加以淬火並回火，使其硬度為HRC40～45，其餘部分則須退火以增韌性，使其硬度為HRC21～25。利用手錘錘擊鑿頭，使鑿口達成分割工件、剪割工件、鑿除餘量等工作謂之鑿削，鑿削是一種楔入過程，而鑿是一種楔入與修整的組合，鑿包括開油槽、鍵槽或表面修整。表示鑿子係以鑿口寬度、鑿子長度及鑿口形狀表示之，如16×205mm扁鑿。

說　明

F11-1　鑿子的種類與刃口

　　鑿子依其鑿口的形狀可分為下列幾種(註 F11-1)：

1. 扁鑿(flat chisel)：分為兩種，鑿口成弧狀者用於分割、剪割、下料及鑿削平面等如圖 F11-1(a)，鑿口成直線者用於修整平面如圖(b)，扁鑿為用途最廣的鑿子。
2. 起槽鑿(cape chisel)：用於分割工作，開平槽等如圖(c)。
3. 圓鑿(round chisel)：用於鑿削圓弧，鑿圓形油槽等如圖(d)。
4. 剪鑿(shear chisel)：用於剪割鐵板如圖(e)。
5. 槽鑿(grooving chisel)：用以鑿小油槽等如圖(f)。
6. 菱形鑿(diamond point chisel)：用以鑿 V 形油槽或鑿肩等如圖(g)。
7. 掘鑿(fillet chisel)：用以掘除鑽孔後之餘量如圖(h)。

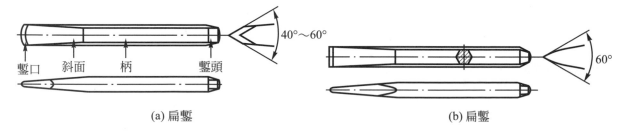

鑿口　斜面　柄　鑿頭　40°～60°　60°

(a) 扁鑿　　　　　　　　　　　　　　(b) 扁鑿

圖 F11-1　鑿子

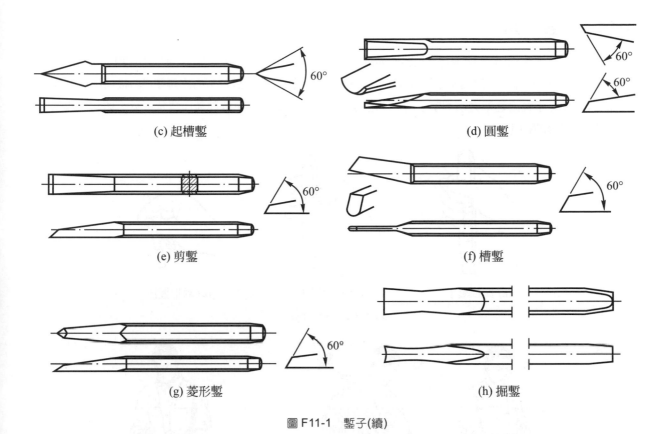

(c) 起槽鑿   (d) 圓鑿

(e) 剪鑿   (f) 槽鑿

(g) 菱形鑿   (h) 掘鑿

圖 F11-1 鑿子(續)

　　鑿削時除依工作性質選擇所需形狀的鑿子外，常需視工件材料而磨其刃角，新鑿子的鑿口角度通常為 60°，為一般鋼料、鑄鐵及黃銅所使用的角度，若欲鑿削較軟的材料如鉛、鋁及白合金等，則磨成 30°，若欲鑿削較硬材料，如工具鋼、硬鋼及鑄鋼等則磨成 80°。除刃角大小之外，鑿口的高度(h)及厚度(s)亦須顧及如圖 F11-2，鑿口厚度一般以 1.5～2mm 為佳，斜面角度以 8°～10°為宜，太小反使鑿削不佳。鑿口的磨削須保持適當的角度與壓力及正確的姿勢，並常浸水以防鑿口退火。

　　鑿頭經錘擊後易成蕈形頭(mushroom head)如圖 F11-3(a)，應時常磨除而保持原來形狀如圖(b)，以避免因蕈形頭破裂而造成意外。

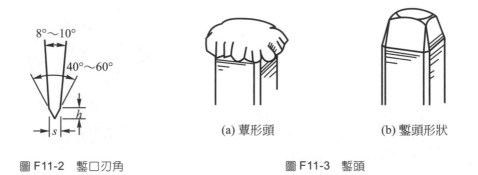

(a) 蕈形頭   (b) 鑿頭形狀

圖 F11-2 鑿口刃角   圖 F11-3 鑿頭

F11-2 鑿 削

鑿削時左手握持鑿子，使虎口靠近鑿頭如圖F11-4(a)，鑿削時可用兩指或五指握法如圖(b)(c)(註F11-2)，右手緊握手錘柄末端，人體與鑿子約成45°，輕擊(鑿)時手腕活動，需較重力之錘擊(鑿)時利用肩胛關節活動如圖F11-5，手錘之錘擊力須與鑿子同一中心線，眼睛注視鑿口，使鑿削動作清楚可見，切勿注視鑿頭，以免造成危險如圖F11-6。

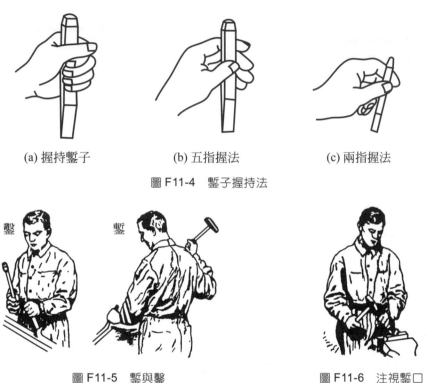

(a) 握持鑿子　　　　(b) 五指握法　　　　(c) 兩指握法

圖 F11-4　鑿子握持法

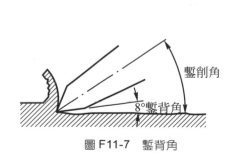

圖 F11-5　鑿與鑿

圖 F11-6　注視鑿口

鑿削平面時，鑿子之握持視屑層厚度而定，最佳之鑿背角約為8°如圖 F11-7。若背角太小易使鑿子滑出工件，背角太大易使鑿子陷入工件。故削層薄則握握持較陡，使背角較大，以免鑿子滑出工件，削層厚，則握持較平，使背角幾近於0°，以免鑿子陷入工件。一般削層較厚者，均分層鑿削以節省時間。

鑿削角

8°鑿背角

圖 F11-7　鑿背角

圖 F11-8　分割工件

分割工件時，人體面對工件，分割薄件可置於鐵砧上分割，且用襯墊，以免鑿口碰及砧面如圖 F11-8 (註F11-3)。分割厚件時，須由各方截割使分割容易，省時省力。鑿除薄板之狹條時，可夾於虎鉗以鉗口引導，鑿子與工件成 45°鑿削之如圖 F11-9(註 F11-4)。平面大者可先用起槽鑿開槽後，再用扁鑿鑿除如圖 F11-10(註 F11-5)。

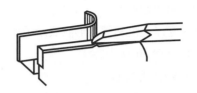

圖 F11-9　鑿削薄板之狹條

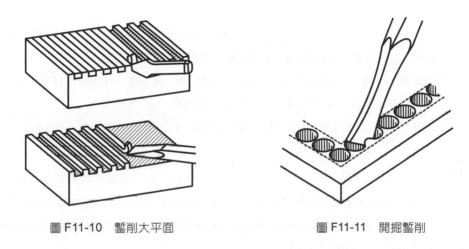

圖 F11-10　鑿削大平面　　　　　　圖 F11-11　開掘鑿削

開掘鑿削(chiselling out of fillets)是在鑽孔後用掘鑿鑿除其鑽孔後之多餘部分的一種工作法，如圖 F11-11 (註 F11-6)，在鉗工中時常用到。

F11-3　安全規則

1. 鑿子被敲擊之一端如有蕈形頭應先磨除。
2. 鑿削時，應戴安全眼鏡護目，並注意切屑飛出勿使傷害別人。
3. 鑿削時鑿子及手錘均應握持妥當，且須保持錘面及鑿頭之清潔勿染油脂。
4. 不能鑿業經淬火或極硬工件。

學後評量

一、是非題

( )1. 分割、下料用扁鑿,開平槽用起槽鑿。

( )2. 鑿子規格係以鑿口寬度、鑿子長度與鑿口形狀表示,如 19×185mm 扁鑿。

( )3. 鑿削一般鋼料用之鑿口角度為 30°。

( )4. 鑿削時鑿背角約為 8°,眼睛注視鑿頭。

( )5. 大平面的鑿削,宜用起槽鑿先開槽後,用剪鑿鑿除。

二、選擇題

( )1. 鑿子的材料是 (A)高速鋼 (B)高碳工具鋼 (C)中碳鋼 (D)鎳鉻鋼 (E)碳化物。

( )2. 鑿平面用 (A)扁鑿 (B)起槽鑿 (C)掘鑿 (D)剪鑿 (E)菱形鑿。

( )3. 鑿削低碳鋼材,鑿口刃角通常是 (A)8° (B)10° (C)30° (D)60° (E)80°。

( )4. 鑿削肩用 (A)扁鑿 (B)起槽鑿 (C)掘鑿 (D)剪鑿 (E)菱形鑿。

( )5. 鑿除鑽孔後之多餘部份用 (A)扁鑿 (B)起槽鑿 (C)掘鑿 (D)剪鑿 (E)菱形鑿。

參考資料

註 F11-1:Labour Department for Industrial Professional Education. *Basic proficiencies metal working-filing, sawing, chiselling, shearing, scraping, fitting.* Labour Department for Industrial Professional Education, 1958, pp.02-03-03-2～02-03-04-2.

註 F11-2:同註 F11-1,02-03-07-2。

註 F11-3:同註 F11-2。

註 F11-4:同註 F11-1,02-03-02-3。

註 F11-5:同註 F11-1,02-03-03-3。

註 F11-6:同註 F11-1,02-03-04-3。

實用機工學知識單

項目	手工具	學習目標	能正確的說出各種手工具的用途與使用方法

前 言

在鉗工工作中除鑿、銼及鋸等手工具外，在裝配上常用到起子、扳手及手鉗等，此等工具之適當應用，對一位機工來說是非常重要的。

說 明

F12-1 螺絲起子

螺絲起子(screw drivers)之主要用途在於鬆緊螺釘，也僅用於此。螺絲起子分為三部份；即用以握持的手柄及桿、首端(頭部)(刀口)如圖 F12-1，首端用以進入螺釘頭槽，機械型(B式)其兩邊平行如圖 F12-2，且經淬火及回火，使其硬度在HRC42～50，以承受適當的彎曲應力及磨蝕，螺絲起子的標稱以起子種類、名稱及首端尺度標稱值或號碼稱呼之，如A1.2×8表示A型平頭螺絲起子，首端厚度標稱尺度 1.2mm，刃寬 8mm。(CNS4814)(註 F12-1)。

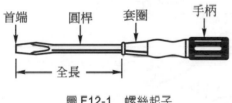

圖 F12-1 螺絲起子

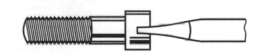

圖 F12-2 螺絲起子刀口兩邊平行並吻合螺釘頭槽

螺絲起子依形狀、構造及用途區分為平頭起子、十字頭起子、棘輪(ratchet)起子、螺旋棘輪起子、木工用起子及平桿式起子等六種；平頭起子之首端有輕型、工程型(A式)、機械型(B式)等三型，十字頭起子之首端有 PZ 型、PH 型(CNS4814)(註 F12-2)等如圖 F12-3。使用時應使刀口與螺釘頭槽吻合，以避免螺釘頭槽起毛頭及損壞刀口。棘輪型起子則適用於快速動作時用之，用時先調整其螺旋方向，將把手向下施壓力，即可達到鬆緊螺釘之目的，充電式電動型(或氣動型)適用於組合、裝配或維修用。

安全規則：

1. 螺絲起子首端應保持兩邊平行。
2. 螺絲起子首端應與螺釘頭部之凹槽吻合。
3. 螺絲起子僅能用作鬆緊螺釘，並限於鬆常溫之螺釘。
4. 螺絲起子之手柄必須保持清潔，不得用手錘敲擊柄端。

5. 磨首端時不可使其退火。

6. 使用完畢須保持清潔。

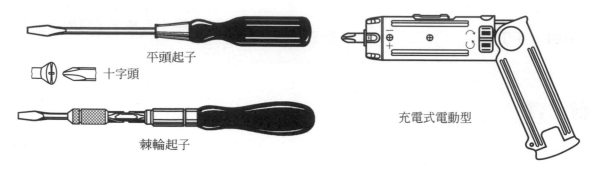

平頭起子

十字頭

棘輪起子

充電式電動型

圖 F12-3　螺絲起子

F12-2　扳　手

　　扳手(wrench)為施展扭轉力量之一種工具，用以旋緊或旋鬆螺帽或螺栓，扳手之形式隨其形狀、使用目的或構造而分，常見之型式如圖 F12-4。

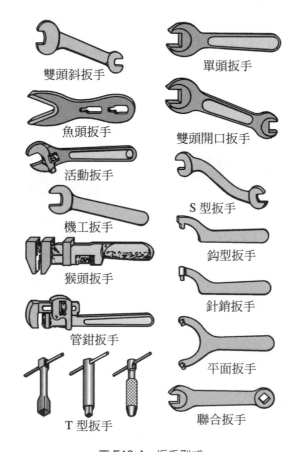

雙頭斜扳手

單頭扳手

魚頭扳手

雙頭開口扳手

活動扳手

S 型扳手

機工扳手

鈎型扳手

猴頭扳手

針銷扳手

管鉗扳手

平面扳手

T 型扳手

聯合扳手

圖 F12-4　扳手型式

開口扳手和活動扳手之開口對角線，常與柄之中心線成15°(六角螺帽用)或 $22\frac{1}{2}$°(方螺帽用)。鬆緊機器中之螺栓或螺帽，以扳手扳轉受空間之限制時，其旋轉之角度無法達到90°(方螺帽)或60°(六角螺帽)，若扳手具上述角度則可每轉一次，翻轉扳手一次，如此可將螺帽在極爲有限的範圍內旋轉如圖 F12-5。

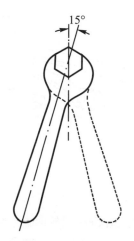

圖 F12-5　扳手之應用

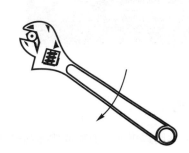

圖 F12-6　以固定爪受力

使用扳手時應選擇適當的規格，以此配合螺帽大小與施力，如 M10 之螺栓使用(開口對邊長)17mm，開口扳手柄部長係依扳轉力矩之大小而設計，故使用活動扳手時，尤其大型扳手用於旋轉小螺絲時，更應注意其施力，且應以固定爪爲受力方向如圖 F12-6，當旋轉螺帽時應予依急扭，則可得較好之效果。並多用開口扳手，少用活動扳手。

扭矩扳手(torque wrench)如圖 F12-7，可以指示出螺帽所受轉矩，以防止轉矩過大，而折斷螺栓或破壞螺帽。

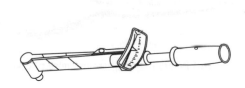

圖 F12-7　扭矩扳手

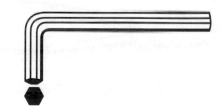

圖 F12-8　六角桿扳手

六角桿扳手用於六角承窩固定螺釘，或六角承窩頭螺釘之裝卸，如圖 F12-8。

棘輪扳手(ratchet wrench)用於擺動角度極小時，通常可在10°擺動範圍內運用，同時在旋緊或旋鬆螺帽時，不必每擺動一次，就自螺帽上下扳手一次，可一直工作至完成。

套筒扳手(box or socket wrench)有各種不同尺寸應各種螺帽之需，通常在某一範圍內爲一組，如圖 F12-9爲棘輪套筒扳手，圖 F12-10爲梅花扳手(ring spanner)。

安全規則：
1. 使用扳手時須與工作配合。
2. 用力須合乎扳手之大小。

3. 扳手僅可用於旋緊或旋鬆螺帽及螺栓之用。

4. 扳手手柄不可用套管套入扳之。

5. 經常保持潔淨，並防止生銹。

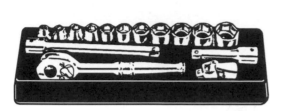

圖 F12-9　棘輪套筒扳手

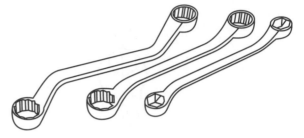

圖 F12-10　梅花扳手

F12-3　手夾鉗

　　手夾鉗(pinchers)為用以夾持、剪斷或彎曲鐵絲及鐵皮。剪鉗(pliers)用於剪斷小金屬線或鐵板，但不可用於夾持，各式剪鉗如圖 F12-11。圖 F12-12 為板金剪，圖 F12-13 為曲線板金剪。

(a) 薄直頭剪鉗(thin straight nose pliers)

(b) 對角剪鉗(斜口鉗)(diagonal cutting nippers)

(c) 克絲鉗子(電工鉗)(side cutting pliers)

(d) 圓頭鉗(尖嘴鉗)(round nose pliers)

圖 F12-11　剪鉗

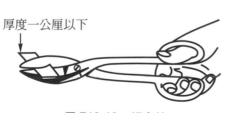

厚度一公厘以下

圖 F12-12　板金剪

圖 F12-13　曲線板金剪

F12-4　螺釘拔取器

欲拆卸折斷之螺釘，可先在螺釘鑽一適當直徑的孔，再以螺釘拔取器(screw extractor)卸除之如圖F12-14。

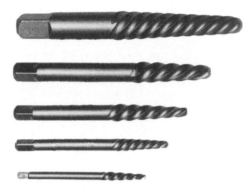

圖 F12-14　螺釘拔取器

學後評量

一、是非題

(　　)1.螺絲起子的首端兩邊平行，配合螺釘頭槽以承受扭力。

(　　)2.開口扳手之開口與柄中心線成 $22\frac{1}{2}°$，以應用於六角螺帽之裝卸。

(　　)3.裝卸螺帽應儘量使用開口扳手，少用活動扳手。

(　　)4.使用活動扳手時應以活動爪受力。

(　　)5.拆卸折斷的螺釘，可先在螺釘鑽一孔後，再用螺釘拔取器卸除。

二、選擇題

(　　)1.螺絲起子的規格是以　(A)柄長　(B)柄徑　(C)種類、名稱及首端尺度標稱值　(D)桿徑　(E)全長　表示。

(　　)2.適用於快速動作鬆緊螺絲起子是　(A)標準平口型　(B)雙彎平口型　(C)標準十字口型　(D)雙彎十字口型　(E)棘輪型。

(　　)3.用於鬆緊六角螺帽的開口扳手，其開口對角線與中心線成　(A)10°　(B)15°　(C)20°　(D)$22\frac{1}{2}$° (E)30°。

(　　)4.可以指示螺帽所受轉矩大小的扳手是　(A)開口扳手　(B)活動扳手　(C)六角桿扳手　(D)轉矩扳手　(E)棘輪扳手。

(　　)5.剪斷 1mm 厚板宜使用　(A)板金剪　(B)薄直頭剪鉗　(C)圓頭鉗　(D)克絲鉗子　(E)對角剪鉗。

參考資料

註 F12-1：經濟部標準檢驗局：螺釘及螺帽之裝配工具—螺絲起子。台北，經濟部標準檢驗局，民國 89 年，第 17～18 頁。

註 F12-2：同註 F12-1，第 1 頁。

實用機工學知識單

項目	鑽床的種類	學習目標	能正確的說出鑽床的種類與用途

前　言

　　在機件上產生圓孔的方法不外乎鍛、鑄、衝孔及鑽削等，鍛、鑄孔之尺寸及真圓度均無法達到需要的精度，而衝孔只限於較薄之材料，多數在一機件產生孔之方法均利用鑽孔。鑽孔係利用雙刃刀具(鑽頭)在機件實體中切削產生圓孔的一種操作方法。鑽床除用以鑽孔外尚可鉸孔、搪孔、光魚眼、鑽柱坑、鑽錐坑、翼形刀切削及攻螺紋等工作。

說　明

　　鑽床依其鑽軸位置分為立式與臥式兩種，又可依其工作鑽軸數目而分為單軸式及多軸式兩類，在一般工場用以鑽孔之鑽床多為單軸立式，常見者有立式、檯式、旋臂鑽床及特種鑽床(註 D01-1)。

D01-1　直立鑽床

　　直立落地式鑽床(vertical drill press, floor type)如圖 D01-1，鑽孔直徑在 φ 25mm 以下時用之，亦可用於鉸孔、攻螺紋及搪孔。包括頭座、機柱、床台及底座，其運動大致分為速度傳動機構及進刀傳動機構。

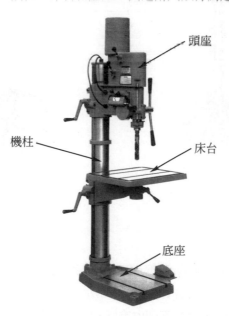

頭座

機柱

床台

底座

圖 D01-1　直立落地式鑽床(韻光機械工業公司)

速度傳動機構：鑽床之動力係由頭座內之齒輪系改變其心軸速度，鑽頭裝於心軸之軸孔內隨心軸轉動。

進刀傳動機構：鑽頭轉動一周時，鑽頭進入工件內之距離稱之為進刀，進刀方式除可由手工操作外，尚可由自動進刀機構獲得自動進刀，其進刀深度可由標識牌上之分度獲得。

直立式鑽床的床台有三種調節方式：

⑴可沿機柱上下以適合工件高度。

⑵以機柱為中心向左右轉動 90°。

⑶圓型床台者，可以床台中心為中心轉動 360°，以求工件之鑽孔位置。在較高工件上鑽孔尚可裝置於底座上。

D01-2　檯式鑽床

檯式鑽床(bench type)為一般小型工件及學生實習工廠實用的一種鑽床，常用於小孔(ϕ13mm 以下)之鑽孔，裝置於工作台上使用之，包括：頭座(head)、機柱(column)、床台(table)、底座四部份，其心軸轉動之變化，依靠馬達與心軸之間的 V 形塔輪皮帶之交換而獲得，進刀由手工操作，進刀深度可由兩個調整螺帽獲得，進刀所受之阻力極易察覺，操作靈敏，故亦稱靈敏鑽床(sensitive drill press)其各部份構造如圖 D01-2 及圖 D01-3。

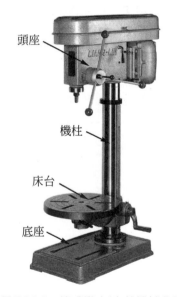

頭座

機柱

床台

底座

圖 D01-2　檯式鑽床(良芏機械公司)

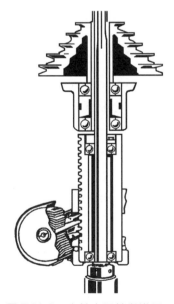

圖 D01-3　心軸之迴轉與進刀

D01-3　旋臂鑽床

如圖 D01-4 所示為旋臂鑽床(radial type)的一種，用於鑽削圓孔於龐大工件上，其應用範圍頗為廣泛，使用方便，心軸頭座(spindle head)係沿旋臂(radial arm)左右移動，旋臂可沿機柱上下、水平旋轉至任何位置，鑽削工具可以迅速在相當廣大的面積範圍內定位，因此大型工件鑽孔工作常有代替立式搪床之趨勢，旋臂鑽床依旋臂之長度而區分。

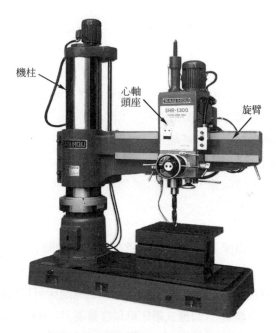

圖 D01-4　旋臂鑽床(三和精機廠公司)

D01-4 特種鑽床

　　因適合生產需要而特別設計的鑽床稱之特種鑽床如圖 D01-5，工件需鑽不同直徑之大小孔及不同形式之加工時，則可將數部樑式鑽床排在一起而稱為成排鑽床(gang drill press)，工件可沿床台依次移動直至工作完成；若一工件需同時鑽削數孔時則可用多軸鑽床(mulitspindle drilling machine)如圖 D01-6。

圖 D01-5　成排鑽床(良苙機械公司)

圖 D01-6　多軸鑽床(東台精機公司)

學後評量

一、是非題

( ) 1. 鑽床除用以鑽孔外，尚可攻螺紋、鉸孔、搪孔、鑽柱坑及鑽錐坑等工作。

( ) 2. 一般鑽床工作，係移動工件對準鑽頭。

( ) 3. 檯式鑽床之心軸傳動，以 V 型塔輪皮帶變化之。

( ) 4. 一次同時鑽削數孔時，用成排鑽床。

( ) 5. 旋臂鑽床以旋臂之長度區分，以移動工件對準鑽頭鑽削之。

二、選擇題

( ) 1. 下列何種工作不能在鑽床上加工？　(A)鑽方孔　(B)鑽圓孔　(C)鑽錐坑　(D)鑽魚眼　(E)攻螺紋。

( ) 2. 下列有關鑽孔的敘述，何項錯誤？　(A)直立落地式鑽床可以自動進刀　(B)直立落地式鑽床鑽孔時，移動工件對準鑽頭　(C)檯式鑽床可以自動進刀　(D)將數部鑽床排在一起，加工工件稱為成排鑽床　(E)旋臂鑽床鑽孔時，移動鑽頭對準工件。

( ) 3. 一旋臂鑽床規格 1000mm，表示　(A)機柱高度　(B)旋臂長度　(C)底座寬度　(D)頭座高度　(E)底座長度。

( ) 4. 檯式鑽床的規格是以　(A)塔輪級數　(B)機柱高低　(C)床台大小　(D)鑽孔直徑　(E)頭座大小　表示。

( ) 5. 一工件同時鑽削數孔時可用　(A)齒輪傳動型直立式鑽床　(B)檯式鑽床　(C)多軸鑽床　(D)成排鑽床　(E)旋臂鑽床。

參考資料

註 D01-1：S. F. Krar, J. W. Oswald, and J. E. St. Amand. *Technology of machine tools*. New York: McGraw-Hill Book Company, 1997, pp.114～117.

實用機工學知識單

項目	鑽床上工件之夾持法	學習目標	能正確的說出鑽床上工件夾持的種類與使用方法

前　言

　　欲鑽孔之工件除須先畫線及衝眼外，準備鑽孔時須對準中心眼位置，而後再固定工件，鑽孔時所產生之扭力會扭動工件，此種扭力在鑽頭死點即將貫穿鑽孔時特別有力，故工件必須夾緊固定，以抵抗其扭力。

說　明

　　鑽孔時，大型工件可由其本身之重量壓制定位，但小型工件則必須用鑽床虎鉗夾持，切忌用手扶持以防意外，鑽床虎鉗如圖 D02-1，可將其固定於床台上而將工件夾持於虎鉗上鑽孔。

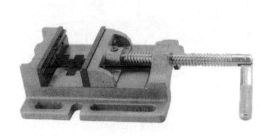

圖 D02-1　鑽床虎鉗

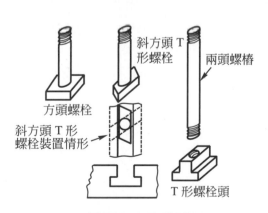

圖 D02-2　T形螺栓

圖 D02-3　T形螺栓組(勝竹機械工具公司)

　　固定虎鉗或直接固定工件於床台時，可用螺栓直接固定之，鑽床床台上均具有T形槽，故一般鑽床用之螺栓均為T形螺栓如圖 D02-2，方頭螺栓須自槽端放入，而斜方頭螺栓可自任意處置入床台之T形槽，加以旋轉即可應用，或用 T 形螺栓頭與兩頭螺樁結合亦可，圖 D02-3 示一 T 形螺栓組。

　　用 T 形螺栓及階級承塊支持工件時如圖 D02-4，務使階級承塊有適當高度，螺栓長度適當並應儘可能接近工件，可由槓桿原理知工件與階級承塊所受之壓力與螺栓之距離成反比，螺栓上之螺帽應加墊圈。勿使工件緊貼床台，在鑽通孔時以免鑽及床台，圖 D02-5 至圖 D02-7 為其應用例(註 D02-1)。

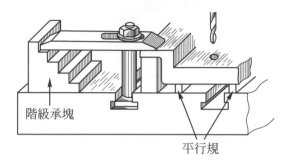

圖 D02-4　裝置工件

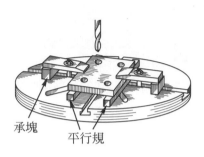

圖 D02-5　裝置工件之一

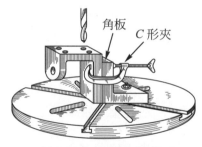

圖 D02-6　裝置工件之二

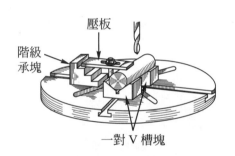

圖 D02-7　裝置工件之三

學後評量

一、是非題

(　)1. 工件鑽孔前，應先以中心衝衝眼。

(　)2. 鑽孔工作中，鑽頭死點即將貫穿孔時之扭力最大。

(　)3. 小型工件鑽孔時，用手扶持工件，較為迅速可靠。

(　)4. 使用 T 型螺栓與階級承塊夾持工件時，階級承塊應與工件等高。

(　)5. 鑽孔時，工件底面應緊貼床台。

二、選擇題

(　)1. 小型工件鑽孔宜用　(A)手扶持　(B)手鉗夾持　(C)鑽床虎鉗夾持　(D)固定於床台上　(E)由工件之重量壓制定位。

（　）2. 下列有關鑽孔，工件以 T 型螺栓及階級承塊夾持時，何項敘述錯誤？　(A)階級承塊與工件等高　(B)螺栓應接近工件　(C)螺栓上之螺帽應加墊圈　(D)工件應緊貼床台　(E)工件下方應墊平行規。

（　）3. 固定圓桿工件下列何種方法最佳？　(A)工件下緊貼床台　(B)工件下墊以 V 槽塊　(C)工件下墊以平行規　(D)使用 C 形夾與角板夾持　(E)使用 T 形螺栓直接夾持。

（　）4. 工件鑽孔時，何時扭力最大？　(A)鑽頭死點接觸工件時　(B)鑽孔中　(C)鑽刃鑽入工件時　(D)鑽邊鑽入工件時　(E)死點即將貫穿鑽孔時。

（　）5. 鑽孔時直接固定工件，下列何種方式不適當？　(A)使用六角頭螺栓　(B)使用 T 形螺栓　(C)使用方頭螺栓　(D)使用斜方頭螺栓　(E)使用 T 形螺栓頭與雙端螺椿結合。

參考資料

註D02-1：Henry D. Burghardt, Aaron Axelrod, and James Anderson. *Machine tool operation, part I*. New York : McGraw-Hill Book Company, 1959, pp.200～201.

實用機工學知識單

項目	鑽頭的種類、刃角與磨削	學習目標	能正確的說出鑽頭的種類、刃角與磨銳方法

前 言

　　鑽頭依其形式可分為麻花鑽頭及特種鑽頭，而鑽削效果的良好與否，完全靠鑽頭刃角磨銳是否適當，因此操作者必須瞭解鑽頭的各部份名稱及刃角的關係，並能正確的磨銳鑽頭。

說 明

D03-1　鑽頭的種類

D03-1-1　麻花鑽頭

　　麻花鑽頭(twist drill)亦稱為扭轉鑽頭，為應用最廣泛的一種鑽頭，其鑽槽視需要有二、三及四槽等，二槽麻花鑽頭常用於金屬材料上鑽孔，三槽或四槽則常用於加大已鑽成之孔或衝床上衝成之孔，因其具有極寬之鑽刃，對於擴大孔徑有極高效率如圖 D03-1，亦稱取心鑽頭(core drills)。

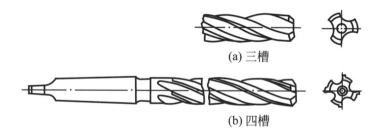

(a) 三槽

(b) 四槽

圖 D03-1　多槽鑽頭

D03-1-2　特種鑽頭

⑴　帶油孔鑽頭(oil-hole drill)：當大量鑽削直徑 13mm 以上且需深孔時，通常應用帶油孔鑽頭如圖 D03-2，帶油孔鑽頭之鑽身長度具有油孔，可將切削劑直接導至鑽刃，使用時須與給油套(oil-feeding socket)如圖 D03-3 連接使用。

222

圖 D03-2　帶油孔鑽頭　　　　　　　　　　圖 D03-3　給油套

(2)　直槽鑽頭(straight-flute drill)：鑽青銅、紫銅及其他軟金屬時，除可將麻花鑽頭之鑽刃前端磨平如圖 D03-4 以爲應用外，通常均應用直槽鑽頭如圖 D03-5，因其具有一種挖掘的作用。

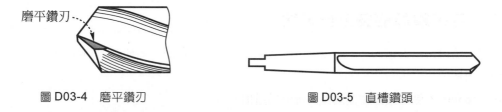

圖 D03-4　磨平鑽刃　　　　　　　　　　　圖 D03-5　直槽鑽頭

(3)　鏟形鑽頭(spade drills)：係由刀柄(鑽體與鑽柄)與一可替換的刀片(鑽尖)所組成如圖 D03-6，適合於 ϕ 25～ϕ 125mm 及深孔鑽削。

(4)　中心鑽(center drill)：係一雙槽鑽頭加一錐坑鑽頭組合而成，用以引導鑽孔，有圓弧錐形(R 形中心孔用)(CNS226)(註 D03-1)如圖 D03-7、直線錐形(A 形中心孔用)(CNS227)(註 D03-2)如圖 D03-8，及去角直線錐形(B 形中心孔用) (CNS228) (註 D03-3) 如圖 D03-9 等，以鑽頭直徑(d_1)×鑽柄直徑(d_2)表示之。

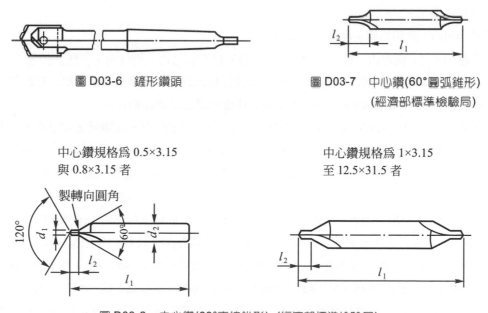

圖 D03-6　鏟形鑽頭　　　　　　　　　圖 D03-7　中心鑽(60°圓弧錐形)
　　　　　　　　　　　　　　　　　　　　　　　　　(經濟部標準檢驗局)

中心鑽規格爲 0.5×3.15　　　　　　　中心鑽規格爲 1×3.15
與 0.8×3.15 者　　　　　　　　　　　至 12.5×31.5 者

圖 D03-8　中心鑽(60°直線錐形) (經濟部標準檢驗局)

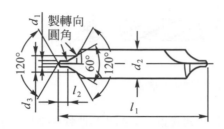

圖 D03-9　中心鑽(60°去角直線錐形)（經濟部標準檢驗局）

D03-2　麻花鑽頭的各部份名稱

　　麻花鑽頭為最常用的鑽頭，一般以二槽為其標準形狀，其各部份名稱如圖 D03-10，分為三大部份即鑽尖、鑽體及鑽柄。

1.　鑽尖(point)：係指鑽頭頂端圓錐部份或稱鑽頂。

　⑴　死點(dead center)：正確磨銳鑽頭時兩圓錐形面在鑽頭頂端相交的線稱之為死點或稱靜點，死點之中點須與軸線同在一直線上。

　⑵　鑽刃(cutting edge or lip)：為一銳利的直邊亦稱切邊，由鑽槽及圓錐形面相交而成，其長度由死點開始至 A 點，擔負鑽孔時之主要鑽削作用。

　⑶　刀鋒背(land)：在兩鑽刃後面之圓錐形面，亦稱鑽踝。

　⑷　鑽刃餘隙(lip clearance)：磨銳鑽頭時，刀鋒背磨成傾斜面所形成之傾斜角度稱之為鑽刃餘隙，以使鑽孔時僅有銳利之鑽刃與孔底產生切削作用，避免刀鋒背與孔底全面接觸，產生摩擦作用而導致無法鑽削。

2.　鑽體(body)：鑽體為鑽尖與鑽柄間部份。

　⑴　鑽槽(flute)：繞鑽頭之螺旋形溝槽，可使鑽屑自孔底逸出，同時使切削劑達於鑽刃，亦稱屑溝。

　⑵　鑽邊(margin)：圖 D03-10 所示 A 與 B 間部份稱為鑽邊，鑽體全長沿鑽槽均有此鑽邊，使鑽頭鑽削時保持對準(alignment)，其兩相對點之距離為鑽頭之實際直徑。

　⑶　鑽體餘隙(body clearance)：圖 D03-10 所示 C 與 C 間之直徑，較鑽頭之實際直徑為小，此半徑差數即為鑽邊後之鑽體餘隙，以使鑽孔時除鑽邊與孔接觸外，其他部份不致產生摩擦。

　⑷　鑽腹(web)：鑽槽間之實體部份謂之鑽腹，亦稱腹板，其愈近鑽柄則愈厚參見圖 D03-10，以增鑽頭強度，但當鑽頭磨短時常需磨薄鑽腹以避免死點太大而不易鑽削。

3.　鑽柄(shank)：鑽體與鑽頭末端間的部份稱之為鑽柄，用於被夾持在鑽夾(直柄時)或承接在軸孔中(錐柄時)，使順利鑽孔，一般分為直柄與錐柄兩種，直徑在 $\phi 13$ 以下常為直柄，$\phi 13$ 以上常為具有莫氏錐度的錐柄，視鑽頭直徑而有不同號數的錐柄，中國國家標準為 $\phi 3 \sim \phi 14$ 為 1 號、$\phi 14.25 \sim \phi 23$ 為 2 號、$\phi 23.25 \sim \phi 31.75$ 為 3 號、$\phi 32 \sim \phi 50.5$ 為 4 號、$\phi 51 \sim \phi 76$ 為 5 號、$\phi 77 \sim \phi 100$ 為 6 號(CNS216) (註 D03-4)。錐柄部份並具有鑽舌(tang)，可賴以維持鑽頭與軸孔間的旋轉而不致產生滑動。

4.　軸線(axis)：為想像中的一條通過鑽頭各部份中心的直線。

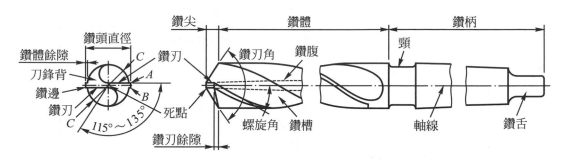

圖 D03-10　鑽頭各部份名稱

D03-3　鑽頭的刃角與選擇

　　鑽削效果的良好與否完全靠鑽頭刃角磨銳是否適當，鑽頭的刃角有鑽刃角、鑽刃餘隙角及螺旋角等。

1. 鑽刃角(lip angle)：鑽刃角係指兩鑽刃所夾之角度，亦稱鑽尖角(point angle)，其角度正確與否直接影響鑽孔之準確性，在理論上鑽頭進刀時受壓縮應力，由於轉動而受扭轉應力，在一般工作時鑽刃與鑽軸磨成 59°時，其所受壓縮應力與扭轉應力約為平衡，故一般鑽削之鑽刃角為 118°，但可視材料的不同而改變其角度，一般之選擇如表 D03-1(CNS237)(註 D03-5)。

2. 鑽刃餘隙角(lip clearance angle)：正常的鑽削必須具有適當的鑽刃餘隙，使鑽刃銳利易削，正常的鑽刃餘隙角在周界上的角度為 12°～15°，但越向死點則越增大，因當 0.05mm 之材料在鑽頭的 1/2 轉被鑽除時，其周邊所承受之力大於中心，磨削鑽刃餘隙角時，可由死點之線與鑽刃所成之角度(115°～135°)看出其準確性如圖 D03-11，一般鑽刃餘隙角的大小如表 D03-1。

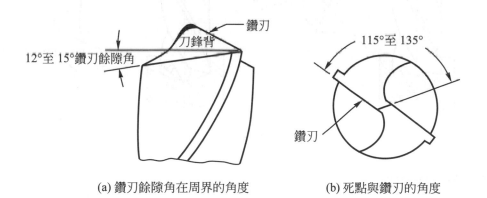

(a) 鑽刃餘隙角在周界的角度　　　　　　　(b) 死點與鑽刃的角度

圖 D03-11　鑽刃餘隙角

表 D03-1　鑽頭角度(°) (經濟部標準檢驗局)

工件材料	鑽刃角	鑽刃餘隙角	螺旋角
軟鑄鐵(HBS175 以下)	90～100	12～15	20～25
硬鑄鐵(HBS175～275)	118～135	7～12	20～25
碳鋼	118	9～15	20～25
合金鋼	125～145	7～9	20～25
不銹鋼	125	12	25
7～13 % 錳鋼	136～150	7～10	25
鋁合金	90～130	12～18	17～45
鎂合金	80～136	12～18	10～45
鋅合金	80～136	12～20	10～45
銅錫合金	118	12～15	15～30
銅及銅鋅合金	100～118	10～15	25～40
塑膠	60～118	12～15	10～20
標準鑽頭	118	12～15	20～32

3.　螺旋角(helix angle)與側斜角(side rake angle)：鑽邊螺旋線與軸線之交角稱為螺旋角，於鑽頭外圓周與鑽刃交點之鑽邊與軸線之交角稱為側斜角，側斜角為形成鑽削楔入的角度，以增鑽頭的銳利度，但其實際上之有效側斜角(effective side rake angle)小於鑽槽與工件所成之角度，鑽刃角越小，有效側斜角亦越小如圖 D03-12，一般鑽頭之螺旋角為 20°～32°，鑽極硬之鋼料則側斜角予以磨小增加切邊後之支持，鑽黃銅與青銅則不需側斜角。一般鑽頭螺旋角大小如表 D03-1。

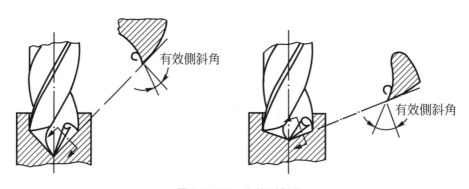

有效側斜角

有效側斜角

圖 D03-12　有效側斜角

D03-4　鑽頭尺寸

　　鑽孔工作中所鑽孔之直徑大小不同，鑽頭之尺寸以公厘(mm)表示鑽頭直徑。有自 1mm～13mm 為一組裝者。較大之鑽頭，常將其尺寸刻於鑽柄或接近鑽柄處方便選用，若太小或尺寸不易察視時可用鑽頭號規(drill gage)如圖 D03-13 檢驗之。

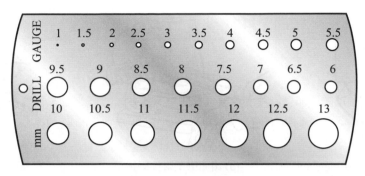

圖 D03-13　鑽頭號規

D03-5　磨鑽頭

鑽頭之刃角與鑽床工作之切削效率大有關係，因此磨鑽頭時，除應依工件材料而選用不同之刃角外，尚需注意下列幾點：

1. 鑽刃角除依工件材料而選擇不同角度外，應使兩鑽刃與鑽軸之夾角各成等角度。如一般鑽削為 118°，則兩鑽刃與鑽軸之夾角各為 59°如圖 D03-14(a)，若鑽刃與鑽軸之夾角(鑽刃半角)兩者不等如圖(b)，則此鑽頭將砥於鑽孔之一邊如圖(c)，使所鑽削之孔變大，且只一邊有切削作用而使此一邊迅速磨損，鑽頭壽命縮短。磨鑽頭時應與砂輪使用面成 59°，如圖 D03-15(a)，或用磨削附件磨削如圖(b)，圖(c)示手持磨削鑽頭。

2. 鑽頭兩鑽刃之長度必須相等。一般可用磨鑽規(drill grinding gage)或稱鑽尖規(drill point gage)測量之，若鑽刃不等長則死點不在鑽軸上，如此所鑽削之孔則將如圖 D03-16 情形，即孔比兩鑽刃長度相等之鑽頭的直徑大，此乃鑽軸搖動所致，若兩鑽刃相差愈大，則死點離軸愈遠，鑽頭在心軸搖動亦愈烈，所得之鑽孔亦愈大。鑽刃角及鑽刃之大小可用磨鑽規校驗之如圖 D03-17。

3. 鑽刃餘隙角應依所鑽削之材料而定。因若無鑽刃餘隙如圖 D03-18(a)，或太小(小於 8°)，將使鑽頭之鑽刃無切削作用而僅產生刮擦，如強迫進刀則易使鑽腹破裂或鑽頭折斷如圖(b)；若鑽刃餘隙太大(大於 15°)則因鑽刃缺乏適當支持，鑽刃在鑽削時易破碎如圖(c)。

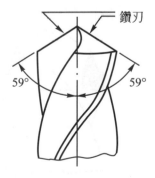

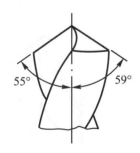

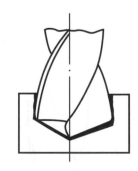

(a) 兩鑽刃與鑽軸　　　　(b) 兩鑽刃與鑽軸　　　　(c) 用兩鑽刃半角不等
　　所成角度相等　　　　　　所成角度不等　　　　　　之鑽頭鑽孔的結果

圖 D03-14　磨鑽刃角

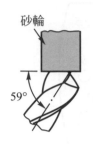
(a) 軸線與砂輪使用面成 59°

(b) 鑽頭磨削附件磨鑽頭

(c) 手持磨削鑽頭

圖 D03-15 磨鑽頭

(a) 兩鑽刃長度不等的鑽頭

(b) 用兩鑽刃邊長度不等之鑽頭鑽孔的結果

圖 D03-16 磨鑽刃長度

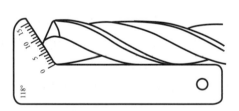
圖 D03-17 磨鑽規

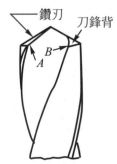
(a) 鑽刃餘隙角 0 度 A−B
點等高，無切削作用

(b) 鑽刃餘隙角小於
8 度鑽腹破裂

(c) 鑽刃餘隙角大於
15 度鑽刃破碎

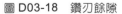
圖 D03-18 鑽刃餘隙

4. 鑽腹在愈近鑽柄處愈厚，尤其φ20 以上的鑽頭較為顯著，因此鑽頭磨近鑽柄時應將鑽腹磨薄，如圖 D03-19 自兩邊磨去，但應保持其中心並顧及其強度。

圖 D03-19　磨薄鑽腹　　　　　　圖 D03-20　鑽刃去角

5. 用於鑽鑄鐵之鑽頭其鑽刃應予去角，以使切屑破裂而減輕鑽刃之負荷，增加鑽刃壽命如圖 D03-20。鑽青銅、紫銅等應將鑽刃磨平，參考圖 D03-4。

學後評量

一、是非題

( )1. 一般鋼料的鑽孔用二槽麻花鑽頭，鑽孔前先鑽中心孔以引導鑽孔。

( )2. 鑽青銅或紫銅時，可將鑽刃磨平，或用直槽鑽頭。

( )3. 鑽孔時，主要以鑽邊切削。

( )4. 鑽頭尺寸係以鑽邊兩對點之距離表示之。

( )5. φ20mm 的鑽頭是莫氏 3 號錐度柄。

( )6. 一般鑽頭的鑽刃角 118°，鑽刃餘隙角 12°～15°。

( )7. 鑽刃角愈小，則鑽頭有效側斜角愈大。

( )8. 鑽頭的尺寸以公厘(mm)表示鑽頭直徑。

( )9. 兩鑽刃半角不等，或鑽刃長度不等時，所鑽得之孔徑比鑽頭直徑小。

( )10. 鑽刃餘隙角大於 15°時，鑽腹易破裂。

二、選擇題

( )1. 鑽削青銅等軟金屬時，宜用何種鑽頭？　(A)麻花鑽頭　(B)四槽麻花鑽頭　(C)帶油孔鑽頭　(D)直槽鑽頭　(E)鏟形鑽頭。

( )2. 擔負鑽孔時主要鑽削作用的是　(A)死點　(B)鑽邊　(C)鑽刃　(D)刀鋒背　(E)鑽槽。

( )3. φ19 鑽頭的鑽柄是莫氏錐度幾號？　(A)1　(B)2　(C)3　(D)4　(E)5。

( )4. 一般鑽削用鑽頭之鑽刃角是幾度？　(A)118°　(B)12°～15°　(C)20°～32°　(D)136°　(E)145°。

( )5. 下列有關磨鑽頭之敘述何項錯誤？　(A)大鑽頭磨近鑽柄時，應將鑽腹磨薄　(B)兩鑽刃與鑽軸之夾角各成等角度　(C)兩鑽刃之長度必須相等　(D)鑽刃餘隙角太大，鑽削時鑽刃易破碎　(E)鑽鑄鐵之鑽頭鑽邊應予去角。

參考資料

註 D03-1：經濟部標準檢驗局：中心鑽(60°，圓弧錐形)。台北，經濟部標準檢驗局，民國 68 年，第 1 頁。

註 D03-2：經濟部標準檢驗局：中心鑽(60°，直線錐形)。台北，經濟部標準檢驗局，民國 68 年，第 1 頁。

註 D03-3：經濟部標準檢驗局：中心鑽(60°，去角直線錐形)。台北，經濟部標準檢驗局，民國 68 年，第 1 頁。

註 D03-4：經濟部標準檢驗局：(莫氏)推拔柄鑽頭。台北，經濟部標準檢驗局，民國 80 年，第 1～3 頁。

註 D03-5：⑴經濟部標準檢驗局：鑽頭角度。台北，經濟部標準檢驗局，民國 59 年，第 1 頁。

　　　　　⑵精機學會：精密工作便覽。台北，新源出版社，民國 61 年，第 305 頁。

實用機工學知識單

項目	鑽　孔	學習目標	能正確的說出鑽孔的切削速度及進刀大小並計算加工時間與鑽孔

前　言

鑽孔工作必須正確的選擇切削速度及進刀大小，並將鑽頭及工件確實夾持後，移動工件對準鑽頭鑽削。

說　明

D04-1　切削速度與進刀

鑽頭之切削速度為鑽邊任何一點之線速度(V)，以每分鐘若干公尺(m/min)表示之，依鑽頭材料、工件材料、進刀大小、直徑大小及機器性能，選用不同的切削速度，高速鋼鑽頭之切削速度如表 D04-1 所示(註 D04-1)。

操作鑽床係以心軸迴轉數(N)(rpm)表示之，故迴轉數與切削速度之關係為：$N = \dfrac{1000V}{\pi D} \doteqdot \dfrac{300V}{D}$，式中 D 為鑽頭直徑以公厘(mm)為單位。例如以 $\phi 10$ 之鑽頭鑽低碳鋼工件(V = 30m/min)，則 $N = \dfrac{300 \times 30}{10} = 900$rpm。鑽頭越小則心軸迴轉數越高，鑽頭越大則迴轉數愈低。

表 D04-1　高速鋼鑽頭切削速度

工件材料	切削速度 (m/min)
低碳鋼(0.05～0.30 %)	24 ～ 34
中碳鋼(0.30～0.60 %)	21 ～ 24
高碳鋼(0.60～1.70 %)	15 ～ 18
鍛鋼	15 ～ 18
合金鋼	15 ～ 21
不銹鋼	9 ～ 12
鑄鐵(軟灰口)	31 ～ 46
鑄鐵(冷硬)	21 ～ 31
鑄鐵(展性)	24 ～ 27
普通黃銅、青銅	61 ～ 91
高拉力青鋼	21 ～ 46
蒙鈉合金	12 ～ 15
鋁、鋁合金	61 ～ 91
鎂、鎂合金	76 ～ 122
石板、大理石、石材	5 ～ 8
電木、塑膠(電木類)	31 ～ 46
木材	91 ～ 122

表 D04-2　進刀量(mm/rev)

鑽頭直徑	進刀量
3 以下	0.025～0.058
3～6.35	0.058～0.10
6.35～12.7	0.10～0.178
12.7～ 25.4	0.178～0.38
25.4 以上	0.38～0.635

進刀係鑽頭每迴轉一周時鑽頭之切削深度，各種尺寸鑽頭鑽鋼料之進刀量(公厘/轉)如表 D04-2(註 D04-2)。

實際操作時，正確之切削速度與進刀須由操作者依理論計算外，尚需由實際所發生之情形來判斷，如：

1. 鑽頭鑽刃破碎或斷裂，係因為進刀太快及迴轉數太低所致。
2. 鑽頭迅速磨鈍，特別在鑽刃外端，則迴轉數較高等。

各種鑽孔常遇問題之判斷與處理方法如表 D04-3(註 D04-3)。

表 D04-3　鑽孔常遇問題之補救法

損壞情形	可能發生的原因	補救方法
鑽頭折斷	對鑽床或工件之衝擊 鑽刃餘隙太小 切削速度太低與進刀量大小不配合 鑽頭太鈍	校準鑽床及工件 重磨鑽頭使有適當餘隙 增加迴轉數或減低進刀量 磨利鑽頭
鑽刃破裂	鑽孔時遇到材料有硬點或砂眼 進刀量太大及迴轉數太低 切削速度不對，鑽刃無切削劑	調整迴轉數及進刀量 改用適當切削速度及加切削劑
鑽黃銅或木料時鑽頭折斷	切屑阻塞鑽槽	增加迴轉數 改用適合鑽黃銅或木料之鑽頭
鑽舌折斷	由於刻痕、灰塵、毛頭或已磨損之套筒，使鑽頭錐柄不能與之完全配合	換新鑽頭，或將套筒鉸光
鑽邊破碎 鑽刃破碎	鑽模尺寸過大 進刀量太大 鑽刃餘隙太大	改用適當尺寸之鑽模 調整進刀量 重磨鑽頭
高速鋼鑽頭破碎或突停現象	當鑽孔或磨利時受熱及冷卻均太快 進刀量太大	磨利時受熱宜緩，並勿將一有熱度鑽頭投入冷水中 調整進刀量
鑽孔時切屑性質變化 鑽孔太大	鑽孔時鑽刃破碎或鑽頭太鈍 鑽刃長度不等或與鑽軸之夾角不相等或兩者同時存在 鑽床心軸鬆動	重磨鑽頭 重磨鑽頭 調整心軸緊度
僅一邊鑽刃切削	兩鑽刃不等長或鑽頭鑽刃半角不等或兩者同時發生	重磨鑽頭
鑽頭中心裂開	鑽刃餘隙太小 進刀量太大 鑽頭不利或未磨好 缺乏切削劑或切削劑不當 鑽頭或工件裝置不佳	重磨鑽頭 調整進刀量 重磨鑽頭 加切削劑或改換適當切削劑 重新裝置鑽頭或工件
工件太薄或在工件已鑽孔位置鑽較大徑孔時： 1.鑽頭常跳動 2.鑽孔易變形(成多角形)	兩鑽刃長度不等 鑽頭死點在鑽孔時無適當支持	重磨鑽頭 減小鑽刃餘隙角度並用油石去角 減低迴轉數及進刀量 固定工件

D04-2 加工時間

　　鑽孔之加工時間(T)係指鑽頭鑽除切屑之時間，等於進刀距離(L)除以進刀量(f)與每分鐘迴轉數(N)之乘積，即 $T(min)=\dfrac{L}{f \cdot N}$，其進刀距離為孔深($\ell$)與鑽頭鑽尖距離之和如圖 D04-1。例如以一$\phi 15$ 之高速鋼鑽頭，鑽削厚度為 25mm 之鋼板(V = 30m/min，f = 0.3mm/rev)，則其加工時間 $T = \dfrac{L}{f \cdot N} = \dfrac{25 + 0.3 \times 15}{0.3 \times \left(\dfrac{300 \times 30}{15}\right)} \doteqdot 0.16(分)$。

　　然實際之工作時間，須以心軸實際選擇之迴轉數所計算之加工時間，與工具裝置時間、工件對準時間及空轉運用時間之和，故若一工件之鑽孔，其細節為：

設　鑽孔切削速度 25m/min

　　　鑽頭直徑 14mm，材料厚度 14mm

　　　鑽頭進刀 0.25mm/rev

　　　鑽削 24 孔

　　　裝置時間 8min

　　　對準時間 1min

　　　空轉時間 12％×(加工時間＋對準時間)

則　鑽孔加工時間

$$T = \frac{14 + 0.3 \times 14}{0.25 \times \left(\dfrac{300 \times 25}{14}\right)} \doteqdot 0.14(min)$$

　　　鑽 24 孔之時間

加工時間	0.14min×24 =	3.36	min
對準時間	1×24　　　 =	24	min　(+
		27.36	min
空轉時間	0.12 × 27.36 =	3.28	mim
裝置時間		8	(+
		38.64　min	÷ 39 min

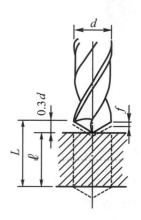

圖 D04-1　鑽孔距離

D04-3　鑽夾、套筒及接頭

　　鑽床之心軸內孔係加工成莫氏錐度，錐度之大小視鑽床之規格而異，而鑽頭亦因直徑大小而有直柄或不同號數之錐柄，故在同一心軸孔上承接鑽頭時須利用鑽夾、套筒或承窩。

　　直柄鑽頭須承裝於鑽頭夾頭(drill chuck)或簡稱鑽夾上，鑽夾具有錐柄，可裝於鑽床心軸，其規格以使用鑽頭之最大直徑表示，有 5(#0)、6.5(#1)、10(#2)、13(#2$\frac{1}{2}$)、16(#3A)等五種，如圖 D04-2(CNS9967)(註 D04-4)。其錐柄視實際錐度號數加以配置，其三爪(jaw)用扳手旋轉時可在輻射方向，同時調節以鬆緊鑽頭，亦有不用鑽夾扳手而調節之自鎖鑽頭夾頭(self-locking drill chuck)如圖 D04-3。如需經常將鑽頭或螺絲攻定位時，則常用速換夾頭(quick-change chuck)如圖 D04-4，刀具可迅速取下或安裝而節省工具裝卸時間。但其鑽頭或螺絲攻需用特殊之筒夾(collet)夾持，與速換夾頭並用如圖 D04-5。

圖 D04-2　鑽頭夾頭(主上工業公司)

圖 D04-3　自鎖鑽頭夾頭(主上工業公司)

圖 D04-4　速換夾頭(主上工業公司)

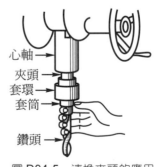

心軸
夾頭
套環
套筒
鑽頭

圖 D04-5　速換夾頭的應用

　　另一種可自動對準中心之浮動夾持具(floating holder)如圖 D04-6(a)為直柄、(b)為錐柄，此種夾頭可用於鑽軸與工件間夾持鉸刀、柱坑鑽頭及螺絲攻等。例如鉸刀不能對準原鑽孔時，將會自動依其應用之動向而對準工件，其動向如圖 D04-7，但已有鑽模導鑽時不需使用。

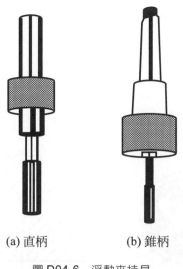

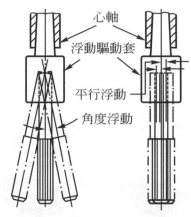

圖 D04-6　浮動夾持具　　　　　　圖 D04-7　浮動夾持具的應用

　　錐柄鑽頭之錐柄與心軸之錐度號數相同時則可直接裝入，若其大小不能適合於鑽軸時則須用套筒(sleeve)如圖 D04-8(a)或承窩(socket)如圖(b)來承接之。拆卸時應用鑽頭衝銷(drill drift)(或稱退鑽銷)斜邊向下，將之卸下如圖 D04-9。

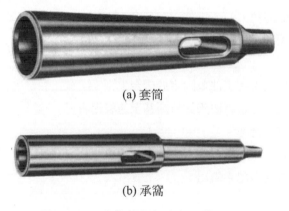

(a) 套筒

(b) 承窩

圖 D04-8　套筒與承窩(主上工業公司)

圖 D04-9　鑽頭衝銷的應用(勝竹機械工具公司)

D04-4　鑽　孔

　　當工件經畫線求中心後，鑽孔前應用中心衝衝一中心眼以便畫圓 a，若畫線之表面為粗糙表面，或需精確鑽孔時應加以衝眼，並畫以校正圓 b，以便未鑽至規定尺寸前有機會校正其中心如圖 D04-10。

　　鑽削時仔細對準鑽頭死點與中心衝之痕跡，鑽削約至直徑之二分之一或三分之二時，移離鑽頭檢視所鑽之圓是否與校正圓或切削圓同心，如有偏離現象，則應用圓鏨在偏離中心之已切削圓，鏨一切口，以便引回鑽頭之中心與工件同心如圖 D04-11。鑽削深度可由心軸之升降螺帽決定之。鑽削大直徑之孔前應用小鑽頭鑽導孔如圖 D04-12，以免大鑽頭之死點碰底而造成刮擦。導孔之直徑以略大於大鑽頭之死點寬度為宜。

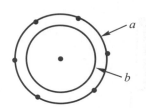

圖 D04-10　畫鑽孔圓與校正圓

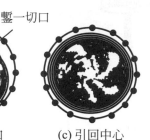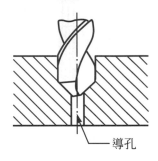

(a) 偏離中心　　　　(b) 鏨一切口　　　　(c) 引回中心

圖 D04-11　校正中心

圖 D04-12　鑽導孔

D04-5　鑽床工作安全規則

1. 鑽孔所用之鑽頭必須給予磨銳並選擇正確的刃角。
2. 小尺寸鑽頭須用高迴轉數鑽削，大尺寸鑽頭則用低迴轉數鑽削。
3. 啓動鑽床前，須將鑽夾扳手拿開。
4. 鑽孔時，切勿試圖用手把持工件，必須用虎鉗夾持工件並固定於床台上。
5. 鑽削中之鑽頭須保持適當之進刀量，過大之進刀量將使鑽頭折斷甚至造成傷害。
6. 鑽床必須完全停止迴轉後，始能進行改變皮帶轉速。
7. 如鑽頭自夾頭中滑動時，切勿用手加以扳動，須將機器停止後再加以調整。
8. 鑽孔時，如鑽頭停滯於工件內，應即停止馬達再用手轉出。
9. 鑽孔之毛頭應用刮刀刮除。
10. 切勿接近運轉中之鑽頭及鑽床之轉動部份。

學後評量

一、是非題

( )1. 使用 $\phi6$ 的鑽頭鑽削中碳鋼板時，心軸宜用 1520rpm，進刀量 0.03mm/rev。

( )2. 鑽頭直徑愈大進刀量愈小，心軸迴轉數愈高。

( )3. 以 $\phi13$ 鑽頭鑽削 20mm 厚的中碳鋼板，約需 0.61 分鐘。

( )4. 直柄鑽頭用鑽頭夾頭夾持，錐柄鑽頭如錐度號數相同可直接承接於心軸，如鑽柄之錐度號數比心軸錐度號數大時,則用套筒承接。

( )5.使用鑽頭衝銷卸除鑽頭時,斜邊應向鑽頭。

( )6.鑽孔後欲鉸孔時,宜用浮動夾持具,以期自動對準中心。

( )7.使用 T 形螺栓固定工件時,螺栓應靠近工件。

( )8.工件置於虎鉗或床台上時,均應使工件底面與虎鉗底座或床台間墊以平行規。

( )9.鑽孔前應先畫校正圓,其直徑比鑽孔圓大。

( )10.鑽削大直徑的孔,宜先鑽導孔。

二、選擇題

( )1.鑽頭ϕ10,鑽削低碳鋼板(V = 25m/min),宜用何種迴轉數? (A)150 (B)300 (C)450 (D)750 (E)1050 rpm。

( )2.以ϕ20鑽頭,鑽削低碳鋼板厚 20mm(V = 25m/min),進刀量 0.20mm/rev,則其加工時間為 (A)0.15 (B)0.20 (C)0.35 (D)0.70 (E)1.0 (分)。

( )3.下列敘述何項是鑽孔後,孔徑大於鑽頭直徑的原因? (A)進刀量太小 (B)鑽刃長度不等 (C)兩鑽刃與鑽軸夾角相等 (D)鑽刃餘隙太大 (E)磨薄鑽腹。

( )4.欲在鑽孔後鉸孔,使用何種夾持具最適當? (A)浮動夾持具 (B)速換夾頭 (C)承窩 (D)套筒 (E)自鎖鑽頭夾頭。

( )5.鑽頭之錐柄小於鑽床鑽軸之錐孔時,應使用何種夾持具? (A)浮動夾頭 (B)速換夾頭 (C)承窩 (D)鑽頭夾頭 (E)套筒。

參考資料

註 D04-1:Willard J. McCarthy and Dr. Victor E. Repp. *Machine tool technology*. Illois: McKnight Publishing Company, 1979, p.172.

註 D04-2:同註 D04-1,p.173.

註 D04-3:同註 D04-1,p.161.

註 D04-4:經濟部標準檢驗局:工具機用鑽頭夾頭。台北,經濟部標準檢驗局,民國 84 年,第 2 頁。

實用機工學知識單

項目	鑽柱坑、光魚眼、鑽錐坑與鉸孔、攻螺紋	學習目標	能正確的說出鑽柱坑、光魚眼、鑽錐坑與鉸孔、攻螺紋等的意義與操作方法

前 言

　　鑽床除用以鑽孔外，尚可使用不同的刀具以鑽柱坑、光魚眼、鑽錐坑，並可在鑽床上鉸孔、攻螺紋、翼形刀切削及搪孔等工作。

說 明

D05-1 鑽柱坑、光魚眼與鑽錐坑

　　鑽柱坑(counter-boring)係將原鑽之孔加大至一定深度以配合螺釘之柱形頭等，使螺釘頭與工件之表面平齊如圖D05-1，其規格可分為「六角承窩頭螺釘與有槽平頂錐頭螺釘用」及「六角頭螺釘與六角螺帽用」兩種，前者有H、J、K⋯⋯等12類型(CNS4807)(註D05-1)，後者有R、SA、TA⋯⋯等13類型(CNS4808)(註D05-2)。所用之刀具為整體式柱坑鑽頭如圖D05-2，或活動刀片式柱坑鑽頭如圖D05-3，鑽削時除考慮工件材料、鑽床性能及柱坑之深度等因素外，柱坑鑽頭之刀刃數亦很重要，刀刃愈少及鑽孔較深時，進刀要小，通常為鑽孔之75%。

圖 D05-1　柱坑　　　　　　　　　　　圖 D05-2　整體式柱坑鑽頭

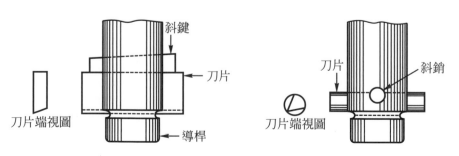

斜鍵
刀片
刀片端視圖
導桿

刀片
斜銷
刀片端視圖

圖 D05-3　活動刀片式柱坑鑽頭

238

　　將工件鑽孔之四周切平，使鑽孔與工件表面垂直，此謂之光魚眼(spotfacing)，以使裝配之螺釘平整垂直工件如圖 D05-4。通常表示魚眼的方法是只表示其魚眼之直徑而可不表示其深度，因只要能將鑽孔之四周平面切平即可，魚眼之直徑常比螺釘頭對角長大 6mm 左右(規格參考 CNS4804)，鑽孔時亦可使用柱坑刀具將其鑽孔之四周平面切平即可。

　　若將鑽孔之一端加大成一錐形，以配合埋頭螺釘，此種工作謂之鑽錐坑(counter sinking)，由於埋頭螺釘之錐形角有 90°(A、B、D 型)、80°(C 型)、75°及 60°(E 型)等(CNS4805)(註 D05-3)；精密機械埋頭螺釘之錐形角為 90°(F 型)(CNS4806)(註 D05-4)，故所用之鑽頭亦有 90°、80°、75°及 60°等之錐坑鑽頭如圖 D05-5，鑽削時須查手冊，以得知適當之鑽削深度。

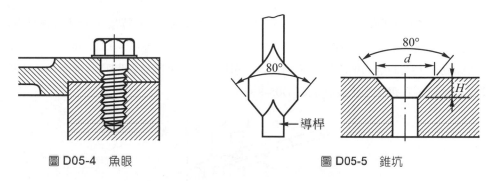

圖 D05-4　魚眼　　　　　　　　　　圖 D05-5　錐坑

D05-2　鑽床上鉸孔

　　鑽床所用之鉸刀除柄部形式與鉗工所用者不同外，鉸刀體及去角部分皆相同如圖 D05-6，機力鉸刀有粗鉸刀及精鉸刀，圖 D05-7(a)為菊花鉸刀(rose reamers)，其去角處有較大的間隙角，切邊與溝槽幾乎同寬但無間隙，並向柄端具有微量錐度，此種鉸刀用於粗鉸削，通常小於基準尺寸 0.08～0.13mm，圖(b)為溝槽鉸刀(fluted reamer)，具有基準尺寸之直徑，並較菊花鉸刀之齒數為多，刀片較狹，全長及去角均具間隙，常用於精鉸削。各種不同之鉸刀形式參見"鉸刀與鉸削"單元，唯其刀柄之形狀須為錐柄或直柄以便承接鑽床之心軸孔或鑽頭夾頭的夾持，機力鉸刀之規格，請參考 CNS242(註 05-4)～CNS250。

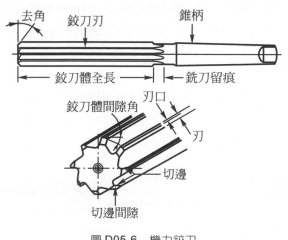

圖 D05-6　機力鉸刀

239

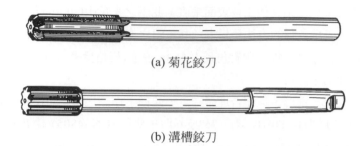

(a) 菊花鉸刀

(b) 溝槽鉸刀

圖 D05-7　機力鉸刀

　　鑽床上鉸孔通常緊跟於鑽孔之後實施，以易於對準中心，鉸孔之心軸迴轉數約為鑽孔迴轉數之 1/3～2/3，以防止過熱而損傷切邊；進刀量約為鑽孔進刀量 2～3 倍，每刃每轉 0.04～0.10mm，太低的進刀易使刃口打滑而鈍化或顫動，太大的進刀則使精度不夠及表面粗糙度不良。開始鉸削時應注意中心之對準並確實鉸削，以防鉸成喇叭口，在鑽床手工鉸孔如圖 D05-8。

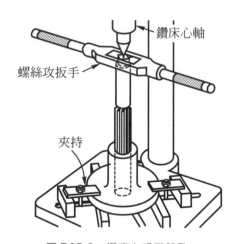

圖 D05-8　鑽床上手工鉸孔

　　鉸孔前之鑽孔，如欲使用一粗鉸刀，則鑽孔應小ϕ0.2～ϕ1mm(視鉸孔直徑而定，ϕ5 以下約小ϕ0.2，ϕ5～ϕ15 約小ϕ0.4，ϕ15～ϕ50 約小ϕ0.6～ϕ1)。如直接用精鉸刀則應小ϕ0.1mm。

D05-3　鑽床上攻螺紋

　　在鑽床上攻螺紋是使用機力螺絲攻(machine tap)或螺旋槽尖頭螺絲攻(spiral pointed taps)如圖 D05-9，並以螺絲攻卡盤(tapping chuck)夾持如圖 D05-10 及圖 D05-11，由於用鑽床攻螺紋較手工攻螺紋費用少，能降低不準確之程度且效率高，故在大量生產中常以鑽床代替手工攻螺紋。

圖 D05-9　螺旋尖頭螺絲攻(大寶精密工業公司)

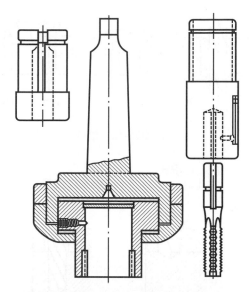

圖 D05-10　螺絲攻卡盤及機力螺絲攻

圖 D05-11　應用螺絲攻卡盤攻螺紋

　　在鑽床上攻螺紋時首先應確實調整螺絲攻卡盤，調整緩慢之心軸迴轉數，開始攻入時微加壓力而後即可自動攻螺紋，達一定深度即反向退出，由於一般在鑽床上攻螺紋時，並無進一圈退 $\frac{1}{4}$ 圈之裝置，故使用頭道螺絲攻之機會較多，且須保持銳利，並有充分之冷卻劑以潤滑、冷卻及沖除切屑。

D05-4　利用鑽模鑽孔或利用已鑽孔之工件鑽孔

　　在大量生產中，每一零件若各施以畫線而後鑽孔，勢必浪費許多人力與時間，因此常以鑽模來鑽孔。鑽模係事先為生產某種產品而設計，使每件工件能迅速的確定其位置並順著導引而鑽削，其情形如圖 D05-12。

　　利用已鑽孔之工件之鑽孔法如圖 D05-13，在製造過程中常遇兩工件攻螺紋配合，則可利用已鑽孔之工件置於欲鑽孔之工件上，猶如鑽模，而定其中心、鑽孔及攻螺紋，以減少畫線等工作。

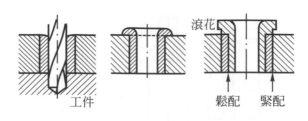

圖 D05-12　鑽模

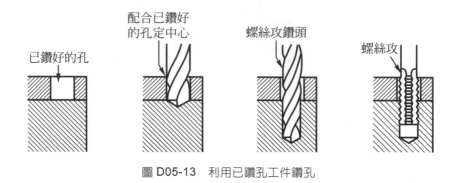

圖 D05-13　利用已鑽孔工件鑽孔

　　鑽床工作除上述各種操作外，尚可如圖 D05-14 使用翼形刀(fly cutter)切削、圖 D05-15 搪孔等工作(註 D05-6)。

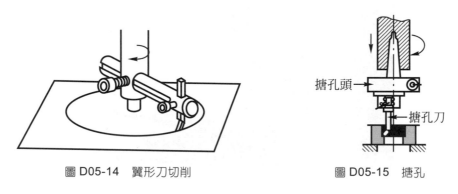

圖 D05-14　翼形刀切削　　　　　　　圖 D05-15　搪孔

對於大型工件，不需要很精確的小直徑鑽孔工作，可使用手電鑽如圖 D05-16 鑽孔。

圖 D05-16　手電鑽(明峯永業公司)

學後評量

一、是非題

( ) 1. 欲使用埋頭螺釘之工件應鑽以柱坑，欲使用六角承窩頭螺釘之工件應鑽錐坑。

( ) 2. 鑽床上鉸孔之心軸迴轉數約為鑽孔的 2～3 倍，進刀量為鑽孔的 1/2～1/3 倍。

( ) 3. 欲在鑽床上鉸 ϕ10 的孔，則應先鑽約 ϕ9.6 的孔。

( ) 4. 鑽床上攻螺紋時，應使用攻螺紋附件(螺絲攻卡盤)，以期在一定長度後反向退出。

( ) 5. 鑽模用於大量生產，用以引導鑽頭。

二、選擇題

( ) 1. 用以配合六角承窩頭螺釘的鑽孔是 (A)鑽柱坑 (B)鑽錐坑 (C)光魚眼 (D)翼形刀切削 (E)鉸孔。

( ) 2. 鑽床上鉸孔時，心軸迴轉數約為鑽孔迴轉數的幾倍？ (A)$\frac{1}{10}$ (B)$\frac{1}{5}$ (C)$\frac{1}{2}$ (D)1 (E)2 倍。

( ) 3. 鑽床上粗鉸 ϕ10 孔，則鉸孔前之鑽孔直徑為 (A)ϕ8.6 (B)ϕ9 (C)ϕ9.2 (D)ϕ9.6 (E)ϕ9.9。

( ) 4. 用以配合埋頭螺釘的鑽孔是 (A)鑽柱坑 (B)鑽錐坑 (C)光魚眼 (D)翼形刀切割 (E)鉸孔。

( ) 5. 鑽床上粗鉸孔時，所用之鉸刀是 (A)手扳鉸刀 (B)錐度鉸刀 (C)活動鉸刀 (D)管鉸刀 (E)菊花鉸刀。

參考資料

註 D05-1：經濟部標準檢驗局：柱坑(六角承窩頭螺釘與有槽平頂錐頭螺釘用)。台北，經濟部標準檢驗局，民國 72 年，第 1 頁。

註 D05-2：經濟部標準檢驗局：柱坑(六角頭螺釘與六角螺帽用)。台北，經濟部標準檢驗局，民國 68 年，第 1 頁。

註 D05-3：經濟部標準檢驗局：錐坑(埋頭螺釘用)。台北，經濟部標準檢驗局，民國 72 年，第 1 頁。

註 D05-4：經濟部標準檢驗局：錐坑(精密機械埋頭螺釘用)。台北，經濟部標準檢驗局，民國 68 年，第 1 頁。

註 D05-5：經濟部標準檢驗局：機用鉸刀(莫氏圓錐柄)。台北，經濟部標準檢驗局，民國 41 年，第 1 頁。

註 D05-6：South Bend Lathe Works. *How to run a drill press*. Indiana: South Bend Lathe Works. 1958, pp.11～13.

實用機工學知識單

項目	弓鋸機	學習目標	能正確的說出鋸床的種類，往復弓鋸機的規格、鋸條選用與操作方法

前　言

　　工件除鑄、鍛或衝剪可成為所需之材料而直接加工外，大部份圓及方料皆須鋸割下料，鋸割下料除少量或小工件用手弓鋸鋸割外，其餘常用鋸床鋸割。鋸床依型式有：

⑴　弓鋸機：以弓鋸機用鋸條往復運動鋸割工件。

⑵　帶鋸機：帶鋸條鋸割下料。

⑶　圓鋸機：以圓金屬鋸片鋸割下料。

⑷　砂輪切斷機：以鋸割用砂輪鋸割下料。

說　明

　　往復弓鋸機(hack sawing machine)係利用曲柄或液壓傳動弓鋸架使之往復運動，並利用曲柄或重力裝置，使前進時加壓力，後退時除力壓力，而形成單向進刀，圖SW01-1係150×150mm的往復弓鋸機，其最大鋸割能量直徑為150mm圓或邊長為150mm方之材料。

圖SW01-1　弓鋸機(春瑞機械工廠公司)

　　弓鋸機用鋸條與手弓鋸用鋸條相似，其規格自300×20×1.25至600×50×2.4mm，每25.4mm長之齒數有3、4、6、8、9、10、12及14齒。選擇鋸條亦以材料之性質及斷面大小而不同，大斷面軟材料應使用粗齒節，使之具有足夠鋸齒間隙，薄的材料應用細齒節使之有兩個以上的的齒橫跨工件斷面上，鋸齒之選擇與材料之關係參見表SW01-1(CNS10236)(註SW01-1)。工件之夾持法參考圖SW01-2及圖SW01-3(註SW01-2)。

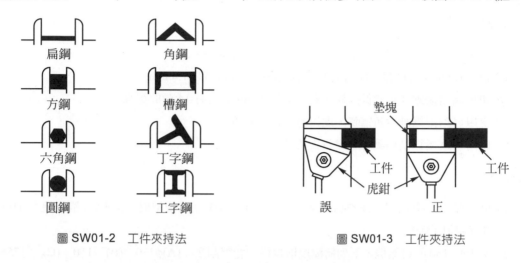

圖 SW01-2　工件夾持法　　　　　　　　　　　　圖 SW01-3　工件夾持法

表 SW01-1　鋸割材料與鋸齒選擇(經濟部標準檢驗局)

鋸條材料	齒數 (每 25.4mm)	工件材料	衝程次數 (每分鐘)
SKS7	6	非鐵金屬	125～135
		合金鋼	75～90
	6、8、9	低碳鋼	125～135
		高碳鋼、退火工具鋼	75～90
		不退火工具鋼、不銹鋼	50～70
SKH51	3、4、6	鋁合金	100～150
		構造用合金鋼、型鋼	60～90
	4、6、8、9	厚壁管料 (7mm 以上)	120
	6、8、9	鑄鐵、構造用碳鋼、拉伸鋼、黃銅、青銅	90～135
		展性鑄鐵	90～120
		高速鋼、鎳鋼、鋼軌、高力黃銅(錳青銅)	60～90
		不銹鋼	60
	8、9、10、12、14	瓦斯管(厚 2～6.7mm)	120～135
	14	薄壁管料(2mm 以下)	120
		黃銅管	135

學後評量

一、是非題

( )1.機械鋸割下料，可以使用弓鋸機、圓鋸機及帶鋸機。

( )2.150×150mm 弓鋸機，係指最大鋸割能量 ϕ150mm 或□150mm。

( )3.使用高速鋼鋸條鋸割低碳鋼，宜採用每 25.4mm 長有 14 齒的鋸條。

( )4.使用弓鋸機鋸割六角鋼時，虎鉗應夾持其對邊。

( )5.使用弓鋸機鋸割扁鋼時，虎鉗夾持其厚度。

二、選擇題

( )1.使用動力往復鋸割工件的鋸床是 (A)弓鋸機 (B)立式帶鋸機 (C)臥式帶鋸機 (D)圓鋸機 (E)砂輪切斷機。

( )2.一 150×150 的弓鋸機，下列何種規格材料不能鋸割？ (A)ϕ150 (B)□150 (C)□75×10 (D)△100 (E)1m×2m 鋼板。

( )3.在弓鋸機上鋸材料，下列工件之夾持法，何項錯誤？ (A)▬ (B)■ (C)● (D)▮ (E)⊓。

( )4.弓鋸機使用高速鋼鋸條，鋸割低碳鋼，宜用每 25.4mm 之齒數為 (A)3 (B)4 (C)8 (D)12 (E)14。

( )5.弓鋸機使用高速鋼鋸條，鋸割低碳鋼，宜用衝程次數為 (A)60 (B)120 (C)180 (D)220 (E)260 次/每分鐘。

參考資料

註 SW01-1：經濟部標準檢驗局：動力弓鋸用鋸條。台北，經濟部標準檢驗局，民國 75 年，第 1～5 頁。

註 SW01-2：Willard J McCarthy and Dr. Victor E Repp. *Machine tool technology*. Illinois: McKnight Publishing Company, 1979, p.136.

實用機工學知識單

項目	帶鋸機	學習目標	能正確的說出帶鋸機的使用方法

前　言

　　帶鋸機係利用帶鋸條鋸割下料及鋸割不規則曲線,臥式帶鋸機用於鋸割下料,立式帶鋸機用於製模工作。

說　明

　　臥式帶鋸機(horizontal band saw machine)如圖 SW02-1,用於鋸割下料,其鋸割係利用帶鋸條之連續鋸割而無回程,故在同一進刀下其效率高於弓鋸機。

　　立式帶鋸機(vertical band saw machine)如圖 SW02-2,為製模工作不可或缺之工具機,除可直線鋸割外,尚可鋸曲線、內輪廓、銼削及砂光等工作。

圖 SW02-1　臥式帶鋸機(春瑞機械工廠公司)

圖 SW02-2　立式帶鋸機(大誼工業公司)

　　帶鋸條成捲包裝,每捲 30 公尺,鋸齒之型式有直齒(straight tooth)如圖 SW02-3(a)、爪齒(claw tooth)如圖(b)及隔齒(skip tooth)如圖(c)等數種,直齒用於一般金屬材料精密鋸割,爪齒適於鋸割輕金屬合金,隔齒適於鋸割塑膠及硬木。鋸齒之排列有中間與交叉排列、波形排列及單交叉排列等三種,以獲得易削作用(參考"手工鋸割"單元)。鋸齒自 2～32 齒/25.4mm,其規格如表 SW02-1。鋸割時視材料性質、材料厚度及鋸割之最小半徑等在資料盤(工作選擇盤)上選擇適當的鋸條,其相關資料如表 SW02-2、表 SW02-3 及表 SW02-4 (註 SW02-1)。

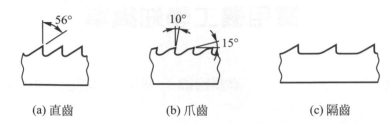

(a) 直齒　　　　　　(b) 爪齒　　　　　　(c) 隔齒

圖 SW02-3　鋸齒型式

表 SW02-1　帶鋸條規格

寬	厚	隔齒	直齒										波形排列	爪齒
公厘	公厘	交叉及中間排列 每25.4mm齒數	交叉及中間排列 每25.4mm齒數										每25.4mm齒數	交叉及中間排列 每25.4mm齒數
2	0.65										18	24		
3	0.65									14	18	24	32	
5	0.65	4						10	12	14	18	24	32	3 4
6	0.65	3 4						10	12	14	18	24	32	3 4
8	0.65	3 4						10	12	14	18	24	32	3 4
10	0.65	3 4					8	10	12	14	18	24	32	3 4
13	0.65	3 4				6	8	10	12	14	18	24	32	3 4
16	0.80	3 4			4	6	8	10	12	14	18	24		3 4
19	0.80	3 4			4	6	8	10	12	14	18			3 4
25	0.90	3 4			4	6	8	10	12	14				3 4
31	1.07	3 4			4	6	8	10						3 4
38	1.07	3 4		3	4	6	8							3 4
50	1.07	3 4	2	3	4	6	8							3 4

表 SW02-2　鋸條選擇之一

工件材料	每 25.4mm 齒數	線速度(m/min)
鋁　　鑄　　件	4～10	450～670
黃　銅　鑄　件	6～10	60～120
砲　銅　鑄　件	6～14	60～120
磷　青　銅　鑄　件	6～14	60～90
錳　青　銅　鑄　件	6～14	45～90
鋁　青　銅　鑄　件	6～14	30～45
鋼　　　　　管	14～22	45～60
黃　　銅　　管	14～22	120～150
石　　棉　　板	8～12	90～150
木　　　　材	6～10	670
軟　　　　木	6～10	670

表 SW02-3　鋸條選擇之二

工件材料 ＼ 每 25.4mm 齒數與鋸割線速度(m/min) ＼ 材料厚度(mm)	～3	～6	～13	～25	～50	50 以上
鑄鐵	32～18	18～14	14	10	8	8～4
	45	42	36	36	33	33
展性鑄鐵	－	14	12	8	6	6～4
	－	51	48	45	39	33
軟鋼	32～22	18～14	14	14	10	8～4
	75	60	54	48	39	30
磨光鋼條	32～22	18～14	14	－	－	－
	30	27	24	－	－	－
油硬工具鋼	32～22	18～14	14	12	10	8～4
	30	57	27	24	18	15
鎳鉬鋼	32～22	18～14	14	14	12	10～4
	25	24	21	18	15	12
不銹鋼	32～22	18～14	14	14	12	10～6
	30	27	24	21	15	12
滾軋黃銅	32～18	12	8	6	6	4～6
	360	300	240	210	180	150
滾軋青銅	32～18	12	8	6	6	6～4
	360	300	240	120	180	180
滾軋鋁	32～18	12	12	8	8	6～3
	660	660	300	510	450	300

表 SW02-4　鋸條選擇之三

鋸條寬度(公厘)	最小彎曲半徑(公厘)
1.5	直角
2	1.5
3	3
5	8
6	16
10	36
13	68
16	94
19	136
20	181

　　選擇適當的鋸條後自盒中剪取適當長度並焊接之，鋸條之焊接可在鋸床上之對頭式熔接器(butt welder)如圖 SW02-4 焊接之，熔接器係一總成，包括剪斷、銲接、退火及修整等裝置，使用時依其說明調整其所示之位置、方法而銲接修整之。

圖 SW02-4　對頭式熔接器(大誼工業公司)

　　銲接完成之鋸條，選擇適當的導板裝置于其導輪上，調整其適當的張力，張力大小參照表 SW02-5，並選擇適當速度參見表 SW02-2 及表 SW02-3，而準備鋸割材料。

表 SW02-5　鋸條寬度與張力

鋸條寬度(公厘)	張力(kgf/cm²)
3	3
5	4
6	6
8	8
10	13
13	15
16	18
19	20

各種不同之鋸割如圖SW02-5，視情況不同而加適當切削劑，或利用自動進刀如圖SW02-6，並視需要而裝置銼刀片或砂帶，用於銼削或砂光。

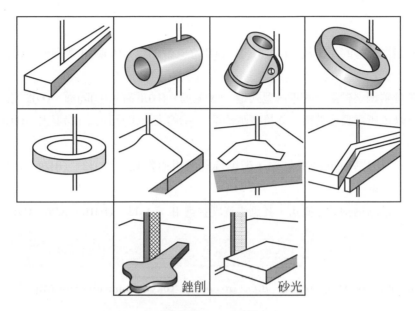

圖 SW02-5　鋸割

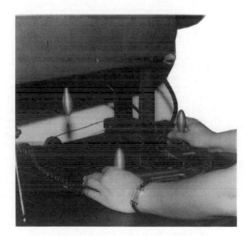

圖 SW02-6　自動進刀鋸割

學後評量

一、是非題

( )1.立式帶鋸機適合於鋸割下料，臥式帶鋸機適合於製模工作。

( )2.帶鋸條之鋸齒型是有直齒、爪齒及隔齒等。

( )3.帶鋸條之熔接總成包括剪斷、焊接、退火及修整等四步驟。

(　)4.鋸割彎曲半徑 8mm 的工件，鋸條寬度宜選擇 8mm 寬。

(　)5.立式帶鋸機除鋸割工件外，尚可銼削及砂光等工作。

二、選擇題

(　)1.用於製模工作的鋸床是　(A)弓鋸床　(B)立式帶鋸機　(C)臥式帶鋸機　(D)圓鋸機　(E)砂輪切斷機。

(　)2.鋸割低碳鋼之帶鋸條的鋸齒型式是　(A)直齒　(B)爪齒　(C)隔齒　(D)跳齒　(E)鏟齒。

(　)3.帶鋸條依所需長度剪斷，銲接後應給予　(A)淬火　(B)回火　(C)退火　(D)正常化　(E)球化處理。

(　)4.以帶鋸床鋸割ϕ20 的低碳鋼，帶鋸條宜選用齒數為　(A)32　(B)24　(C)22　(D)14　(E)8 齒/25.4mm。

(　)5.以立式帶鋸鋸割一內直角，其鋸條寬度宜選用　(A)13　(B)10　(C)6　(D)3　(E)1.5　mm。

參考資料

註 SW02-1：Funakubo Saw Mfg. Co., Ltd., *Band saw blade*. Tokyo: Funakubo Saw Mfg. Co., Ltd., 1978, pp2～3.

實用機工學知識單

項目	圓鋸機與砂輪切斷機	學習目標	能正確的說出圓鋸機及砂輪切斷機的使用方法

前　言

　　圓鋸機係利用圓鋸片鋸割下料，砂輪切斷機係利用鋸割用砂輪鋸割下料。

說　明

SW03-1　圓鋸機

　　圓鋸機(circular sawing machine)亦稱為冷鋸機(cold sawing machine)，係利用大直徑之圓鋸片在低迴轉數下操作，以獲得與銑割相同的鋸割效果如圖 SW03-1。其圓鋸片與鋸割銑刀相似，有整體鋸片與嵌入鋸齒，整體鋸片如圖 SW03-2，鋸片之規格(直徑×厚)細齒節鋸片自 20×0.2 至 35×6mm，粗齒節鋸片自 50×0.5 至 315×6mm，大型之嵌入齒鋸片如圖 SW03-3，其規格自 250×2.8 至 300×20mm，鋸齒之構造如圖 SW03-4 (註 SW03-1)，其一半齒數之齒比另一半高 0.25～0.50mm，且兩側去角45°，用於粗鋸割，另一半齒則磨平用於精鋸兩角，鋸齒之隙角約7°～11°，斜角10°～20°。鋸割速度自 8～120m/min，視材料性質而選用。

圖 SW03-1　圓鋸機(和和機械公司)

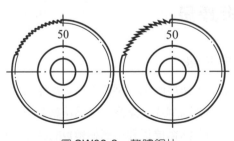

圖 SW03-2　整體鋸片

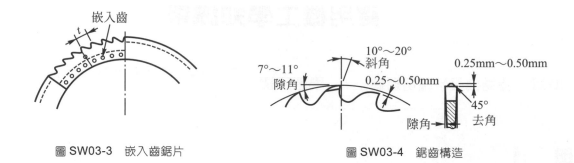

圖 SW03-3　嵌入齒鋸片　　　　　　圖 SW03-4　鋸齒構造

SW03-2　砂輪切斷機

　　若將圓鋸片改為鋸割用砂輪則為砂輪切斷機(abrasive cut-off machine)如圖 SW03-5，乾切時用樹脂結合之砂輪在 4800m/min 的速度下，使工件迅速生熱而變軟，濕切時用橡膠結合劑在 2400m/min 的速度下，利用磨料切削工件，可獲得較精確及粗糙度較細的斷面。

圖 SW03-5　砂輪切斷機(明峯永業公司)

學後評量

一、是非題

（　）1. 使用圓鋸片鋸割下料之鋸床稱為圓鋸機，使用鋸割用砂輪鋸割下料之鋸床稱為砂輪切斷機。

（　）2. 圓鋸片之鋸齒一半為粗鋸割用，一半為精鋸割用，其鋸齒形狀不同。

（　）3. 圓鋸機係利用高迴轉數的圓鋸片鋸割材料。

（　）4. 砂輪切斷機乾切時用橡膠結合劑砂輪，濕切時用樹脂結合劑砂輪。

（　）5. 使用砂輪切斷機下料之工件，其切斷面比弓鋸機下料者粗糙度較粗。

二、選擇題

( )1.下列有關鋸割之敘述，何項錯誤？ (A)臥式帶鋸機用於鋸割下料 (B)帶鋸機與圓鋸機均屬連續鋸割 (C)圓鋸機之鋸片在高速迴轉下操作 (D)砂輪切斷機在高迴轉下操作 (E)砂輪切斷機乾切時用樹脂結合劑之砂輪。

( )2.使用下列何種鋸床下料，其工作之斷面之粗糙度可得較細的切割是 (A)弓鋸機 (B)臥式帶鋸機 (C)立式帶鋸機 (D)圓鋸機 (E)砂輪切斷機。

( )3.利用磨料切割工件下料是 (A)弓鋸機 (B)臥式帶鋸機 (C)立式帶鋸機 (D)砂輪切斷機 (E)圓鋸機。

( )4.與銑床銑割相同的鋸割是 (A)圓鋸機 (B)砂輪切斷機 (C)立式帶鋸機 (D)臥式帶鋸機 (E)弓鋸機。

( )5.下列有關圓鋸機鋸割的敘述，何項錯誤？ (A)粗鋸割用鋸齒比精鋸割用鋸齒高 (B)粗鋸割鋸齒兩側成直角 (C)圓鋸機可視鋸割材料選用不同鋸割速度 (D)圓鋸片有整體鋸片與嵌入齒鋸片 (E)圓鋸機亦稱冷鋸機。

參考資料

註 SW03-1：Labour Department for Industiral Professional Education. *Basic proficiences metal wroking-.* *filing, sawing, chiselling, shearing, scraping, fitting.* Labour Department for Industrial Professional Education, 1958, p.02-03-035-2.

實用機工學知識單

項目	車床的種類與規格	學習目標	能正確的說出車床的種類與規格

前 言

　　車床為機械工廠中用途最廣泛之工具機，係利用刀具柱或刀架夾持車刀以車削工件之端面、外徑、內孔、錐度及螺紋等形狀，亦即車床為利用固定的單刃刀具，切削旋轉之工件成為圓柱或圓筒等形狀之工具機。

說 明

L01-1　車床的種類

　　車床為適應各種工作，而設計各種不同的型式，一般車床依其工作之特性分為(註 L01-1)：

1.　檯式車床(bench lathe)：適於車削小型工件的小車床，可做各種不同之車床工作，通常亦具備大車床之附件如圖 L01-1。

圖 L01-1　檯式車床(昇岱實業公司)

2.　機力車床(engine lathe)：為一般所稱之車床，床台機件均較檯式車床大，為機工場用途最廣之工具機如圖 L01-2。

圖 L01-2　機力車床(台中精機廠公司)

3.　六角車床(turret lathe)：半自動車床之一，用於大量生產，亦稱多角車床。調整刀具及製造程序之設計較為費時，但生產操作較無技術性如圖 L01-3。

圖 L01-3　六角車床(伍將機械工業公司)

4. 自動車床(automatic lathe)：屬於單機(工)能車床，用於大量生產，操作上無需太多的人工照顧如圖 L01-4。

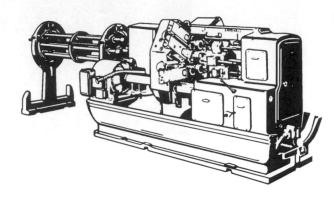

圖 L01-4　自動車床(利高機械工業公司)　　　　　　　圖 L01-5　多軸自動車床

5. 特種車床：如圖 L01-5 為多軸自動車床(multispindle automatic lathe)，圖 L01-6 為立式車床(vertical lathe)，圖 L01-7 為瑞士型自動車床(Swiss-type automatic screw machine)端視圖。

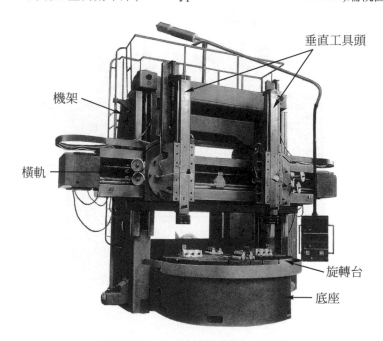

垂直工具頭

機架

橫軌

旋轉台

底座

圖 L01-6　立式車床(凱傑國際公司)

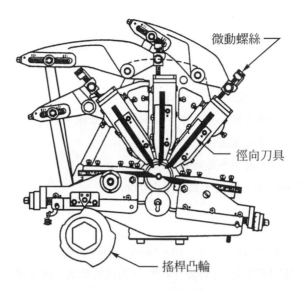

微動螺絲

徑向刀具

搖桿凸輪

圖 L01-7　瑞士型自動車床端視圖

L01-2　車床的規格

　　車床之規格係以其最大工件旋轉直徑(A)而定如圖 L01-8(註 L01-2)，如 400mm 車床可車削直徑最大 400mm 之工件，亦有同時表示兩頂尖之距離(B)以限定最大長度，亦有以最大車削車徑與其床軌長度(C)表示如 250×1800mm。

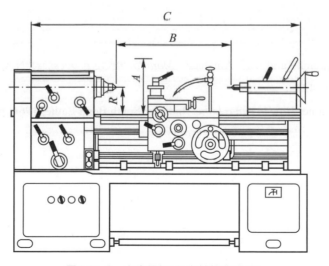

圖 L01-8　車床規格(台中精機廠公司)

學後評量

一、是非題

( )1.機力車床為機工場用途最廣之工具機。

( )2.六角車床為刀具調整容易,生產操作技術性高的車床。

( )3.自動車床適合於大量生產工件之用。

( )4.短而大直徑的工件,適用多軸自動車床加工。

( )5.一車床的規格 300mm,係指床軌長度 300mm。

二、選擇題

( )1.下列何種工作不屬於車床工作？　(A)車端面　(B)車外圓　(C)車錐度　(D)車螺紋　(E)車方桿。

( )2.機工場用途最廣的車床是　(A)機力車床　(B)六角車床　(C)自動車床　(D)多軸車床　(E)立式車床。

( )3.車削大直徑短工件端面宜用　(A)六角車床　(B)自動車床　(C)檯式車床　(D)立式車床　(E)多軸車床。

( )4.一車床規格為 400×750,則其最大車削直徑為　(A)ϕ200　(B)ϕ400　(C)ϕ750　(D)ϕ800　(E)ϕ1500。

( )5.大量生產單一規格工件宜用　(A)檯式車床　(B)機力車床　(C)自動車床　(D)六角車床　(E)立式車床。

參考資料

註 L01-1：Myron L. Begeman and B.H. Amstead. *Manufacturing processes*. New York: John Wiley & Sons, Inc., 1972, pp.423.

註 L01-2：South Bend Lathe. *How to run a lathe*. Indiana: South Bend Lathe, 1966, pp.11.

實用機工學知識單

項目	車床的主要機構	學習目標	能正確的說出車床的主要機構與功用

前 言

　　車床的構造隨廠商之設計而異，而其主要機構之設計及原理則大同小異，一般皆分為車頭、溜板、尾座、機床、進刀及螺紋切削機構等五大機構，亦有將進刀機構與螺紋切削機構分列而成六大機構(註L02-1)。

說 明

L02-1 車 頭

　　車頭(head stock)為夾持工件、帶動工件迴轉的機構，以螺栓固定於機床上，一般車床依其傳動方式的不同可分為塔輪式與齒輪式兩類：

1.　塔輪式車頭(conepulley headstock)：塔輪式車頭係由車頭本體(headstock casting)、心軸(spindle)、心軸塔輪(spindle conepulley)、大齒輪(bull gear)及後列齒輪(back gear)等組成如圖 L02-1。動力係由傳動機構之對軸塔輪傳達至心軸塔輪後，由大齒輪直接連結心軸，而使車頭心軸迴轉，或經後列齒輪再傳動至心軸。塔輪間之皮帶依塔輪寬度選擇適當寬度及層數，利用縫合或帶鉤接合之。

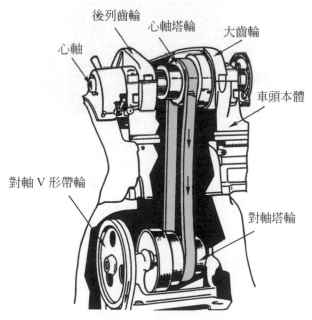

圖 L02-1　塔輪式車頭

心軸之傳動如圖 L02-2，心軸塔輪經插稍 L 而傳至心軸時，其心軸迴轉之變化係由對軸塔輪之改變而得，如圖所示則有三種不同之迴轉數，若插銷 L 拉出使後列齒輪 B、C 同時嚙合於齒輪 A、D，則塔輪之迴轉經齒輪 A 傳至齒輪 B，復由與 B 同軸之齒輪 C 傳至大齒輪 D 而帶動心軸迴轉，心軸之迴轉減慢又成三種不同之迴轉數。

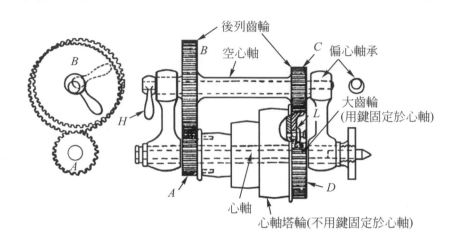

圖 L02-2　動力傳動

2. 齒輪式車頭(geared headstock)：齒輪式車頭之心軸迴轉數變換係由數個齒輪組合而成，其組合情形視其變換段數之不同及廠商之設計而異，其變速係藉操縱手柄以移動齒輪之嚙合而選用多種不同之迴轉數，如圖 L02-3 為一 8 段變速的齒輪式車頭。

圖 L02-3　齒輪式車頭輪系(台中精機廠公司)

車頭心軸係由高級合金鋼製成，其內部為中空以適應長工件之通過，其軸頸部份經精磨，並配以高級軸承如圖 L02-4，在其前端製以 A1、A2、A3 及 MD 等四種不同形式之鼻端(CNS6876)(註L02-2)如圖 L02-5，以便配合夾頭，軸孔為莫氏錐度，以裝配頂尖或套筒等附件。

圖 L02-4　車頭心軸(台中精機廠公司)

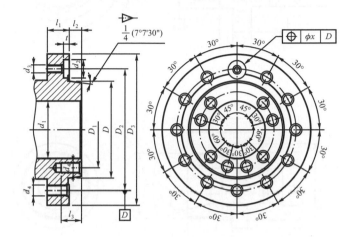

(a) A1 形

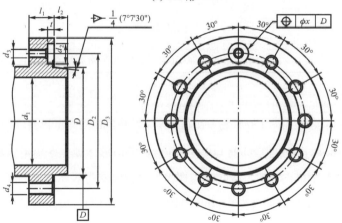

(b) A2 形

圖 L02-5　心軸鼻端(經濟部標準檢驗局)

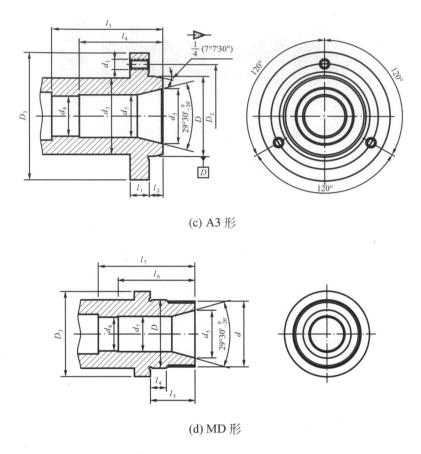

(c) A3 形

(d) MD 形

圖 L02-5 心軸鼻端(經濟部標準檢驗局) (續)

L02-2 溜 板

　　車床之溜板(carriage)或稱刀座，包括鞍台(saddle)、護裙(apron)、複式刀具台(compound rest)與夾刀柱(tool post)或刀架(tool block)等四部份如圖 L02-6。鞍台係跨置於床軌上，可沿床軌運行而產生縱向進刀，其上之橫向滑板使刀具產生橫向進刀，橫向進刀螺桿上之分度圈可表示其進刀量，如圖 L02-7 示一每格為 0.02 之切削深度(每進一格工件直徑減少 0.04mm 即所謂 1：2 車床)。複式刀具台可任意旋轉，使與心軸成各種不同之角度以車削錐度。夾刀柱用於夾持刀具，亦有以方刀架夾持者。

　　護裙包括手動縱向進刀、自動縱向進刀及對開螺帽裝置。用手搖動護裙手輪(apron hand wheel)時可產生縱向進刀，自動進刀部份係由導螺桿上或進刀桿之蝸輪如圖 L02-8，經自動進刀離合器(automatic feed clutch)而產生，而縱橫向自動進刀之選擇係由進刀操縱桿(feed change lever)來決定。

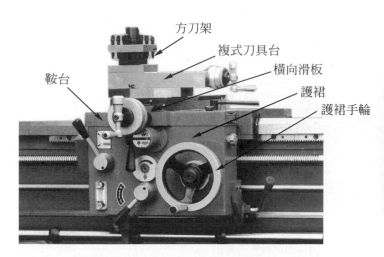

方刀架

複式刀具台

橫向滑板

護裙

護裙手輪

鞍台

圖 L02-6　溜板(台中精機廠公司)

圖 L02-7　分度圈(特根企業公司)

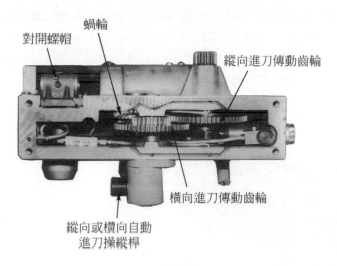

對開螺帽

蝸輪

縱向進刀傳動齒輪

橫向進刀傳動齒輪

縱向或橫向自動
進刀操縱桿

(a) 俯視圖

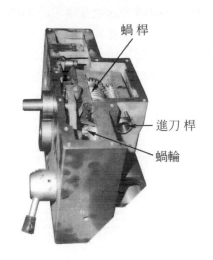

蝸桿

進刀桿

蝸輪

(b) 仰視圖

圖 L02-8　自動進刀機構(台中精機廠公司)

L02-3　尾　座

　　尾座(tailstock)係用於兩心間或長工件工作時支持工件之另一端，或用以裝置鑽頭及鉸刀等工具以實施鑽孔及鉸孔等工作如圖 L02-9。其主要部份為固定頂尖(dead center)，用以支持工件之另一端；套筒用以支持頂尖或鑽夾等，其上之刻度可表示其運行距離。夾緊螺栓(clamp bolt)或稱夾緊桿用以固定尾座之位置，調整螺絲用以調節固定頂尖與車頭頂尖之偏置或對正。手輪用以進退固定頂尖而以繫桿(binding lever)固定之。

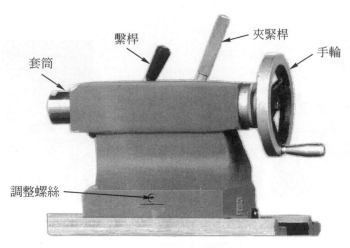

套筒　繫桿　夾緊桿　手輪

調整螺絲

圖 L02-9　尾座(台中精機廠公司)

L02-4　機　床

　　機床(bed)為車床之基礎如圖 L02-10，用以支承車頭、溜板及尾座等三大部份以及各項附屬設備。機床上之床軌由平軌及 V 形軌組成，外側兩 V 形軌(或一 V 形軌一平軌)用以引導縱向進刀；內側之一 V 形軌一平軌用以引導尾座之移動。床軌皆經精密之刮削(或經淬火並精密磨削)，以永保車頭、溜板及尾座之相關位置。操作時，所用之工具切勿碰擊床軌以免損傷，使用後應潤滑保護以維護精度。

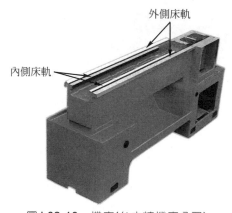

外側床軌

內側床軌

圖 L02-10　機床(台中精機廠公司)

L02-5　進刀及螺紋切削機構

　　自動進刀除由上述護裙之構造而獲得外，其動力係來自進刀及螺紋切削機構，由心軸齒輪等輪系傳至導螺桿而獲得如圖 L02-11 及圖 L02-12，車削螺紋時可啟閉對開螺帽使之脫離或吻合導螺桿，以使整個溜板依導螺桿之運動而產生縱向進刀，心軸齒輪至導螺桿間之齒輪系中有一對齒輪謂之逆轉齒輪(reverse gears)，其作用在改變柱齒輪(stud gear)之迴轉方向，如圖 L02-13 為圖 L02-11 之逆轉齒輪作用圖，圖(a)則柱齒輪靜止，圖(b)之嚙合則柱齒輪為順時針迴轉，圖(c)之嚙合即反時針迴轉，如此獲得靜止、正轉及反轉等三種不同之嚙合，以改變自動進刀及螺紋切削方向。圖 L02-14 為圖 L02-12 之逆轉齒輪作用圖，圖(a)柱齒輪正轉，圖(b)柱齒輪靜止，圖(c)柱齒輪反轉。

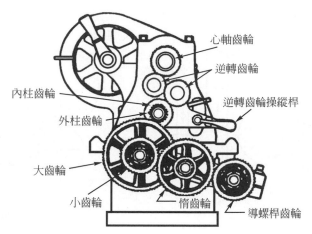

圖 L02-11　進刀及螺紋切削機構的齒輪系之一

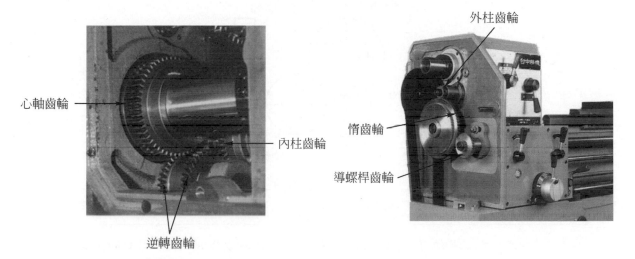

圖 L02-12　進刀及螺紋切削機構的齒輪系之二(台中精機廠公司)

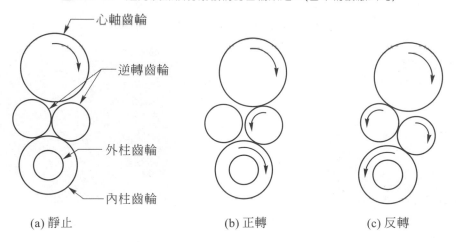

(a) 靜止　　　　　　　(b) 正轉　　　　　　　(c) 反轉

圖 L02-13　逆轉齒輪的作用之一

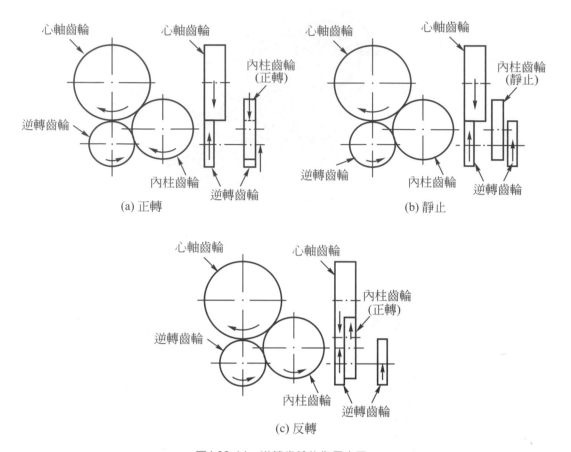

(a) 正轉　　　　　　　　　　　　　　(b) 靜止

(c) 反轉

圖 L02-14　逆轉齒輪的作用之二

　　自動縱橫向進刀量之選擇可依車削螺紋之齒輪搭配方式或以速換齒車機構(quick change gear mechanism)來獲得。新式車床多用速換齒車機構如圖L02-15，使用時只調節其把手之位置，即可獲得所需或表上所示之進刀量或螺紋螺距。

圖 L02-15　速換齒車機構(台中精機廠公司)

學後評量

一、是非題

( ) 1. 車床之主要機構，有車頭、溜板、尾座、機床與進刀及螺紋切削機構等五大機構。

( ) 2. 塔輪式車頭之塔輪及大齒輪用鍵固定於心軸上而傳動。

( ) 3. 心軸鼻端有 A1、A2、A3 及 MD 等四種形式。

( ) 4. 心軸之軸孔為莫氏錐度。

( ) 5. 橫向進刀之千分圈如每格為 0.02mm 之切削深度，則每進一格工作直徑減少(或增大)0.02mm。

( ) 6. 車外徑時用複式刀具台，車錐度時用縱向進刀。

( ) 7. 尾座固定頂尖用以支持長工件之車削。

( ) 8. 機床之內側床軌用以引導縱向進刀，外側床軌用以引導尾座。

( ) 9. 機床之床軌皆經精密刮削或經淬火後精密磨削，應隨時保護以維精度。

( ) 10. 逆轉齒輪用以改變心軸之靜止、正轉及逆轉，以改變自動進刀方向。

二、選擇題

( ) 1. 下列有關車床車頭機構之敘述，何項錯誤？ (A)車頭心軸之內部是中空的 (B)心軸鼻端應與夾頭配合 (C)車頭是固定在機床上 (D)齒輪式車頭，其心軸傳動由齒輪組合而成 (E)塔輪式車頭之心軸塔輪用鍵固定於心軸。

( ) 2. 下列有關車床機構之敘述，何項錯誤？ (A)溜板之鞍台用於橫向進刀 (B)複式刀具台用於車削錐度 (C)尾座在機床上之內側床軌移動 (D)尾座用於兩心間車削 (E)尾座可以裝置鑽頭鑽孔。

( ) 3. 下列有關車床機構之敘述，何項錯誤？ (A)車頭、溜板及尾座的相關位置由機床確定 (B)柱齒輪之迴轉方向由逆轉齒輪改變 (C)改變自動進刀的方向是由改變心軸轉向來獲得 (D)改變進刀量由速換齒車機構來改變 (E)車左或右螺紋是由逆轉齒輪改變車削方向。

( ) 4. 一車床橫向進刀千分圈每格表示ϕ0.04，若工件ϕ16 欲車成ϕ15 時，則應進刀幾格？ (A)10 (B)25 (C)40 (D)45 (E)60 格。

( ) 5. 車床心軸軸孔錐度是 (A)1：4 (B)1：10 (C)1：20 (D)莫氏錐度 (E)公制錐度。

參考資料

註 L02-1：South Bend Lathe. *How to run a lathe*. Indiana: South Bend Lathe., 1966, pp.9～14.

註 L02-2：經濟部標準檢驗局：車床之主心軸鼻端及面板。台北，經濟部標準檢驗局，民國 72 年，第 1～13 頁。

實用機工學知識單

項目	車刀的種類與應用	學習目標	能正確的說出車刀的種類、角度與使用方法

前 言

欲使車削工作迅速而有效，須具備良好之刀具，車刀之形狀係依車削位置而異，常用之刀具為高速鋼實體刀，或碳化物刀片銲接或夾持而成。

高速鋼車刀分為鎢系與鉬系，具有 600℃ 之耐紅熱硬度。鎢系高速鋼車刀有 SKH2、SKH3、SKH4、SKH10 等，經熱處理後之硬度HRC63 以上；鉬系高速鋼車刀有SKH51～59 等 9 種，經熱處理後之硬度為HRC64 以上。

說 明

L03-1 車刀與車刀把

常用的高速鋼車刀形狀及其應用如圖 L03-1(註 L03-1)。(a)為左手車刀用於由左向右車削外徑，(b)為圓鼻車刀用以左右車削外徑，(c)為右手車刀用以由右向左車削外徑，(d)為左手面車刀用以車削左端面，(e)為螺紋車刀用以車削螺紋，(f)為右手面車刀用以車削右端面，(g)為切斷刀用以車削凹部或切斷，(h)為搪孔刀用以車削內孔，(i)為內螺紋車刀用以車削內螺紋。左手車刀與右手車刀用以明顯指出其用途及其切削方向。當車刀安置於刀把上，即車刀面朝上，車刀尖遠離操作者，而操作者面向車床操作時如圖L03-2，其切削刃在右邊，即由左向右車削者謂之左手車刀，反之為右手車刀。

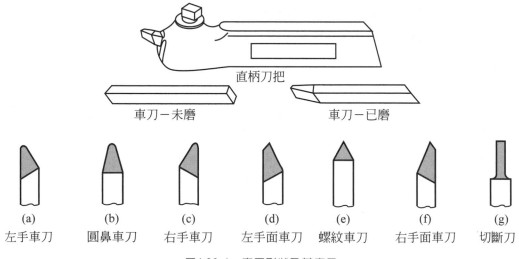

直柄刀把

車刀－未磨　　　　　車刀－已磨

(a)	(b)	(c)	(d)	(e)	(f)	(g)
左手車刀	圓鼻車刀	右手車刀	左手面車刀	螺紋車刀	右手面車刀	切斷刀

圖 L03-1　車刀形狀及其應用

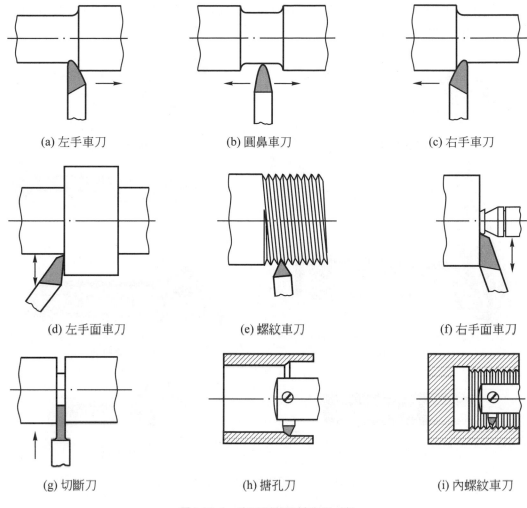

(a) 左手車刀　　　　　(b) 圓鼻車刀　　　　　(c) 右手車刀

(d) 左手面車刀　　　　(e) 螺紋車刀　　　　　(f) 右手面車刀

(g) 切斷刀　　　　　　(h) 搪孔刀　　　　　　(i) 內螺紋車刀

圖 L03-1　車刀形狀及其應用 (續)

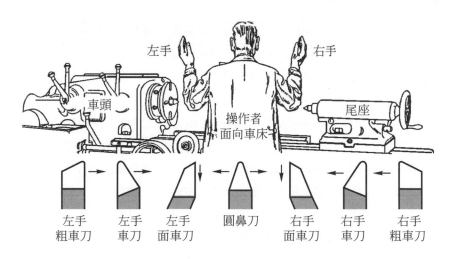

圖 L03-2　車刀判定

　　夾持車刀常以車刀把(tool holders)夾持，再夾持於夾刀柱，或直接夾持於刀架上，如圖 L03-3 為常用車刀把之形狀，可依實際需要而選用。

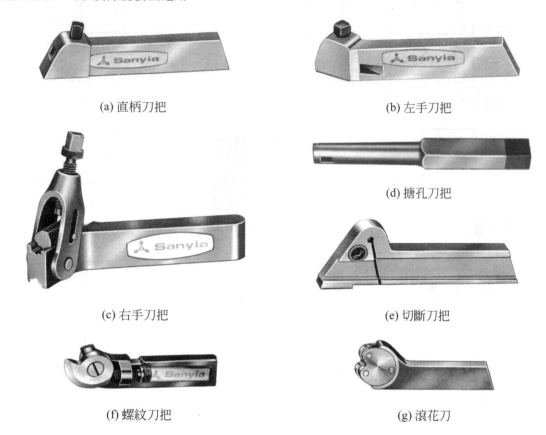

(a) 直柄刀把

(b) 左手刀把

(d) 搪孔刀把

(c) 右手刀把

(e) 切斷刀把

(f) 螺紋刀把

(g) 滾花刀

圖 L03-3　車刀把(勝竹機械工具公司)

L03-2　高速鋼車刀角度

　　一把良好的車刀是指有銳利且耐用的切削刃，欲獲得最佳切削刃，須依據工件材料磨成適當的車刀角度。車刀主要角度有五個，如圖 L03-4 以一右手車刀為例，其名稱為：

1. 側隙角(side clearane angle)：其大小自 10°～12°，視工件材料而選定，用以避免車削時造成與工件之摩擦如圖 L03-5，車削軟材料時角度宜大，反之宜小。

2. 切削角(tool angle)亦稱銳利角(angle of keenness)：為刀刃之角度，視切削材料自 60°～80°，使對各種材料有銳利之切削，且足夠之強度支持切削時所產生之應力，工件材料愈軟角度愈小，反之愈大。

3. 側斜角與後斜角(side rake & back rake angle)：為得有效之車削及流屑容易，常在車刀上磨一側斜角與後斜角，側斜角之大小視側隙角與切削角而定，一般約為 12°～14°，側斜角、切削角與側隙角三者之和為 90°。後斜角約為 8°～16°，若刀把已有後斜角，則或可不必磨車刀後斜角。但車削黃銅與硬鉛時因材料太軟應給予負的後斜角，以避免撕裂材料，並與工件中心等高，以免刀尖受損，且易於車削如圖 L03-6。

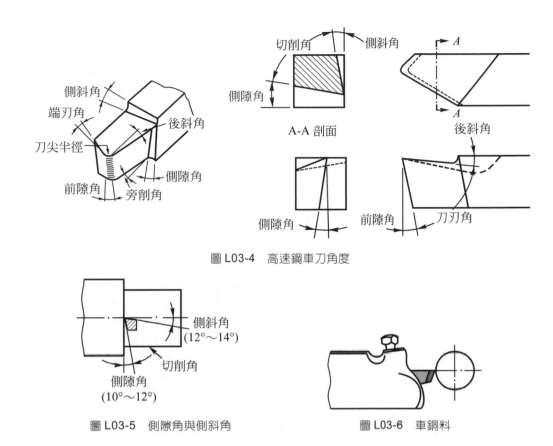

圖 L03-4 高速鋼車刀角度

圖 L03-5 側隙角與側斜角　　　　　　圖 L03-6 車銅料

4. 前隙角(front clearace angle)：為使車刀尖在車削時不致於摩擦工件而磨有前隙角，前隙角之大小視工件材料、刀尖裝置高度與刀把是否具後斜角而異，一般約為 8°～15°如圖 L03-7。

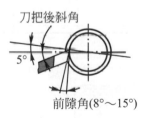

圖 L03-7 前隙角與刀把後斜角

以刀把夾持刀具實施切削時，吾人應知刀把本身已有$16\frac{1}{2}°$或 20°之後斜角如圖 L03-8，故實際上刀具之後斜角及前隙角應予調整，並注意一般重切削時車刀常高出一工件中心約 5°之現象如圖 L03-9，即工件直徑每 25mm 約高出 1mm。表 L03-1 為高速鋼車刀之角度(註 L03-2)。車刀之角度可依後斜角－側斜角－前隙角－側隙角－端刃角－旁削角－刀尖半徑之順序表示之(CNS4265)(註 L03-3)，如車削低碳鋼之車刀角度為 16°－ 12°－ 10°－ 10°－ 45°－ 30°－ 1mm。圖 L03-10 及圖 L03-11 在說明磨削車刀的幾個步驟，為保持其銳利及耐用，在磨削後應用磨石礪光。磨削時可利用車刀規校正其角度如圖 L03-12。並保持冷卻，勿使刀具退火而喪失其硬度。

273

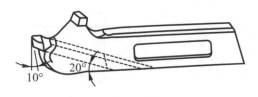

圖 L03-8　刀把後斜角

圖 L03-9　重車削

表 L03-1　高速鋼車刀角度

工件材料	側隙角	前隙角	側斜角	後斜角
易削鋼	10°	10°	10°～22°	16°
低碳鋼	10°	10°	10°～14°	16°
中碳鋼	10°	10°	10°～14°	12°
高碳鋼	8°	8°	8°～12°	8°
韌合金鋼	8°	8°	8°～12°	8°
不銹鋼	8°	8°	5°～10°	8°
易削不銹鋼	10°	10°	5°～10°	16°
鑄鐵(軟)	8°	8°	10°	8°
鑄鐵(硬)	8°	8°	8°	5°
鑄鐵(展性)	8°	8°	10°	8°
鋁	10°	10°	10°～20°	35°
銅	10°	10°	10°～20°	16°
黃銅	10°	8°	0°	0°
青銅	10°	8°	0°	0°
模製塑膠	10°	12°	0°	0°
塑膠、壓克力	15°	15°	0°	0°
纖維	15°	15°	0°	0°

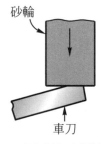

(a) 磨旁削角及側隙角

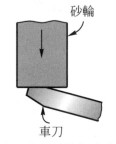

(b) 磨側刃角及前隙角(上視圖)

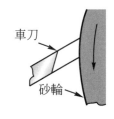

(c) 磨側刃角及前隙角(側視圖)

圖 L03-10　磨車刀

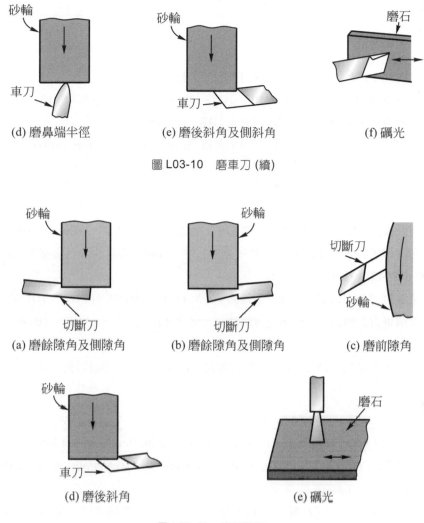

(d) 磨鼻端半徑　　(e) 磨後斜角及側斜角　　(f) 礪光

圖 L03-10　磨車刀 (續)

(a) 磨餘隙角及側隙角　　(b) 磨餘隙角及側隙角　　(c) 磨前隙角

(d) 磨後斜角　　(e) 礪光

圖 L03-11　磨切斷刀

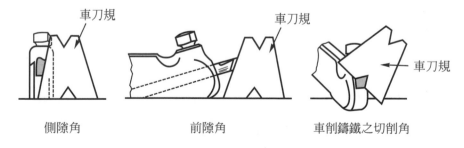

側隙角　　　前隙角　　　車削鑄鐵之切削角

圖 L03-12　車刀規校正車刀角度

275

學後評量

一、是非題

( ) 1. 由右向左車削外徑，使用左手車刀及右手刀把最為適當。

( ) 2. 一車刀規格 16°－12°－10°－10°－45°－30°－1mm，代表側斜角 10°。

( ) 3. 車刀側隙角，用以避免車削時造成車刀與工件之摩擦。

( ) 4. 車刀前隙角之大小視工件材料、刀尖裝置高度與刀把是否具有後斜角而異。

( ) 5. 一般重車削時，車刀常低於工件中心 5°。

二、選擇題

( ) 1. 車削低碳鋼工件，高速鋼車刀的側隙角以幾度為佳？ (A)2° (B)6° (C)10° (D)20° (E)30°。

( ) 2. 一高速鋼車刀 8°－12°－8°－8°－45°－30°－1mm 表示前隙角幾度？ (A)8° (B)12° (C)30° (D)45° (E)1mm。

( ) 3. 高速鋼車刀刀把通常具有幾度的後斜角？ (A)8° (B)10° (C)12° (D)20° (E)30°。

( ) 4. 高速鋼車刀之側斜角、切削角與側隙角三者之和為幾度？ (A)60° (B)90° (C)110° (D)120° (E)150°。

( ) 5. 刀刃的角度是指 (A)後斜角 (B)前隙角 (C)側隙角 (D)側斜角 (E)切削角。

參考資料

註 L03-1：South Bend Lathe. *How to run a lathe*. Indiana: South Bend Lathe, 1966, pp.27～36.

註 L03-2：Willard J. McCarthy and Dr. Victor E. Repp. *Machine tool technology*. Illinois: Mcknight Publishing Company, 1979, pp.210.

註 L03-3：經濟部標準檢驗局：高速鋼車刀性能試驗方法。台北，經濟部標準檢驗局，民國 67 年，第 1～2 頁。

實用機工學知識單

項目	碳化物車刀	學習目標	能正確的說出碳化物刀具的適用性，碳化物車刀的種類、角度與使用方法

前　言

　　碳化物刀具由 70 ％～90 ％之硬質主要成分(hard principles)，及 10～30 ％的黏結金屬(binding metal)組成，依其所含之成分可分為四種主要型式：(1)純碳化鎢，(2)碳化鎢與碳化鈦(Ti)混合，有時加入微量的碳化鉭(Ta)，(3)碳化鎢與碳化鉭混合，有時加入微量的碳化鈦，(4)碳化鎢、碳化鉭及碳化鈦混合而成的三元碳化物(triple carbide)，其成分視廠牌而異，並加入適量的鈮(Nb)取代鉭之一部分或全部。碳化物刀具視其成分而有不同之物理性質，硬質主要成分如碳化鎢、鈦、鉭或鈮等提供硬度(hardness)與耐磨耗性(wear resistance)，高含量時硬度高耐磨耗性大，黏結金屬如鈷(Co)提供韌性(toughness)，其含量高則韌性較佳(註 L04-1)。

說　明

L04-1　碳化物刀具的選擇

　　碳化物刀具，可依碳化鎢粉粒大小及鈷粉比例，添加適當含量之鉭、鈦或鈮製成許多等級而適用於不同工作，由於其硬度高達 HRA87 以上，抗折強度在 70kgf/mm² 以上(CNS5338)(註 L04-2)，通常均製成刀片狀(tip)焊於或夾持在工具鋼材質的刀柄(tool shank)上使用，因其耐紅熱硬度可達 1000℃，切削速度可提高至高速鋼刀具之 2～4 倍。

　　碳化物刀具依其應用分為 P、M、K 三種及不同的等級，其分類也給予不同之識別顏色，P 類為藍色、M 類為黃色、K 類為紅色，P 類適用於切削鋼料、鑄鋼及具有連續切屑之展性鑄鐵等連續切削；K 類適用於鑄鐵包括冷硬鑄鐵、短切屑展性鑄鐵、淬火鋼及非鐵金屬等；而 M 類則適用於鋼、鑄鋼、錳鋼、合金鑄鐵、沃斯田鐵鋼、展性鑄鐵及易削鋼等；各類等級給予不同的號數，號數愈小則耐磨耗性愈大切削速度可以增大，號數愈大則其韌性愈大。各分類等級之適用情況如表 L04-1(CNS4264)(註 L04-3)。

表 L04-1　碳化物刀具之適用性(經濟部標準檢驗局)

分類	等級	工件材料	切削方式	加工條件
P	P01	鋼、鑄鋼	精密車削 精密搪削	適合於高速切削而進刀量小時，或要求工件的尺寸精度和表面加工程度良好，並在沒有振動狀態下之加工。
	P10	鋼、鑄鋼	車削、靠模切削、螺紋切削、銑削	高～中速切削，小～中切削面積，中進刀量，或在良好的加工條件下之切削。

表 L04-1　碳化物刀具之適用性(經濟部標準檢驗局) (續)

分類	等級	工件材料	切削方式	加工條件
P	P20	鋼、鑄鋼、展性鑄鐵(長切屑者)	車削、靠模切削、銑削、鉋削	中速切削，中進刀量，在 P 系列中用途最廣。鉋削時進刀量要小，銑削時要有良好的加工條件。
	P30	同上	車削、銑削、鉋削	低～中速切削，中～大進刀量，或工件表面硬度粗細不均，進刀量有變化及有振動時的不良加工條件。
	P40	鋼 有砂孔等之鑄鋼	車削、鉋削	低速切削，大進刀量，最不良的加工條件下切削。
	P50	低～中抗拉強度鋼	車削、鉋削	低速切削，大進刀量，最不良的加工條件下切削。
		有砂孔等之鑄鋼	車削、鉋削	低速切削，大進刀量，比 P40 更不良的加工條件下要求最大韌性之切削。
M	M10	鋼、鑄鋼、鑄鐵	車削	中～高速切削，小～中進刀量，或在較良好的加工條件下，對於鋼和鑄鐵兩種材料之切削。
		高錳鋼、沃斯田鐵鋼、特殊鑄鐵	車削	中～高速切削，小～中進刀量，或在良好的加工條件下之切削。
	M20	鋼、鑄鋼、鑄鐵	車削、銑削	中速切削，中進刀量，或在不甚良好的加工條件下，對於鋼和鑄鐵兩種材料之切削。
		沃斯田鐵鋼、特殊鑄鋼、特殊鑄鐵、高錳鋼	車削、銑削	中速切削，中進刀量，在較良好的加工條件下之切削。
	M30	鋼、鑄鋼、鑄鐵、沃斯田鐵鋼、特殊鑄鋼、耐熱鋼	車削、銑削、切斷	中速切削，中～大進刀量，或對於厚的黑皮材料及有砂孔或焊接部位的材料，比M20更不良加工條件下之切削。
	M40	易削鋼、非鐵金屬	車削、切斷	低速切削，中～大進刀量，形狀複雜刀口，在M系列中最需要韌性之加工條件下之切削。
K	K01	鑄鐵	精密車削、精密搪削、細加工銑削	高速切削，小進刀量，無振動的良好加工條件下之切削。
		冷硬鑄鐵、硬質鑄鐵、淬火鋼	車削	極低速切削，小進刀量，無振動的良好加工條件下之切削。
		高矽鋁合金、陶器、石棉、硬紙板、石墨		無振動的加工條件下之切削。
	K10	HBS220 以上鑄鐵、展性鑄鐵(短切屑者)	車削、銑削、搪削、拉削、鉸削	中速切削，小進刀量，在 K 系列中用途比較廣，或比較無振動的加工條件下之切削。
		淬火鋼	車削	低速車削，小進刀量或比較小振動加工條件下之切削。
		矽鋁合金、硬質銅合金、硬質橡膠、玻璃瓷器、塑膠		比較小振動的工加條件下之切削。

表 L04-1　碳化物刀具之適用性(經濟部標準檢驗局) (續)

分類	等級	工件材料	切削方式	加工條件
K	K20	HBS220 以下鑄鐵	車削、銑削、鉋削、鉸削、鑽削	中速切削，中～大進刀量，K 系列中用於一般的加工，或要求有強大韌性的加工條件下之切削。
		非鐵金屬材料		要求有強大韌性的加工條件下切削。
	K30	低抗拉強度鋼、低硬度鑄鐵、非鐵金屬	車削、銑削、鉋削	低速切削，小進刀量，較良好的加工條件時之切削。
	K40	低硬度非鐵金屬、木材	車削、銑削、鉋削	切削比 K30 更不良的加工條件時之切削。

L04-2　碳化物車刀

在高速切削中碳化物刀具比高速鋼刀具更具效率，碳化物刀片無法成整體刀具，而須將刀片夾持於焊接於刀體上如圖 L04-1，少量生產及基本學習過程以焊接法成本較為經濟，焊接依加熱方式有火焰焊接、爐熱焊接及感應(高週波)焊接等，爐熱焊接與感應焊接適於大量製作，一般少量均以氧乙炔焰之還原焰為熱源焊接之。

焊接刀具之焊料有銅焊料與銀焊料兩大類，銅焊料熔點較高(900～1120℃)，焊接強度低(15～20kgf/mm²)，易使刀柄材質劣化、刀片氧化及焊接歪曲移動，焊劑以硼砂或硼酸即可，成本較低。銀焊料熔點較低(627°～775°)，焊接強度高(25～35kgf/mm²)，焊劑選擇視焊料種類而定，成本較高。

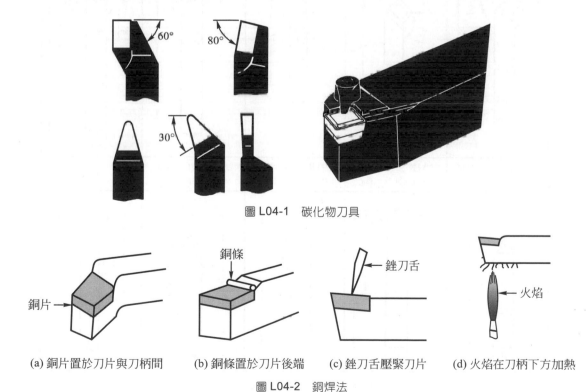

圖 L04-1　碳化物刀具

(a) 銅片置於刀片與刀柄間　　(b) 銅條置於刀片後端　　(c) 銼刀舌壓緊刀片　　(d) 火焰在刀柄下方加熱

圖 L04-2　銅焊法

銅焊法係利用 0.1～0.15mm 之銅片放在刀片與刀柄之間如圖 L04-2(a)，或將 2mm 直徑的銅條放在刀片後端如圖(b)，或銅粉與硼砂之混合劑 0.5～1mm 厚放在刀片與刀柄之間後，徐熱至 800°～900℃，待硼砂熔化除污後，再加熱至 1120℃ 使銅流動，以銼刀舌壓緊刀片如圖(c)，擠出熔化焊劑，置於炭灰內緩冷之。銅料以電解銅為佳。

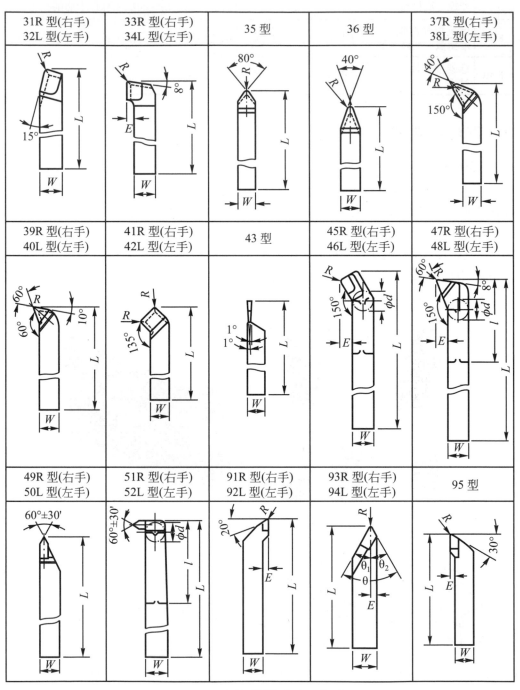

圖 L04-3 焊接式碳化物車刀的型式

　　銀焊或銅焊加熱時應避免火焰直接與刀片接觸，應加熱刀柄下方如圖(d)。置銅粉或銅片之前皆應先以硼砂除去油脂，使接觸面保持潔淨。用銼刀舌壓緊刀片時接觸面宜小以免冷卻太快。銅焊法的強度較銀焊法低，且銅和刀片的膨脹係數不同，切削溫度升高時容易脫落，故須較大焊接強度者以銀焊法比較可靠，而用於切削非鐵金屬的刀具可用銅焊。

　　焊接式碳化物車刀的型式有 31 型～95 型等 26 種如圖 L04-3。以刀片材料、型式及標稱號碼標識 (CNS 4267) (註 L04-4)。其各部分尺寸請參考 CNS4267。

L04-3　碳化物車刀角度

碳化物車刀之角度依研磨順序包括：

(1)旁削角(side cutting edge angle)。

(2)端刃角(end cutting edge angle)。

(3)斜角(rake angle)。

(4)離隙角、餘隙角(clearance angle)。

(5)刀尖半徑(nose radius)如圖 L04-4。

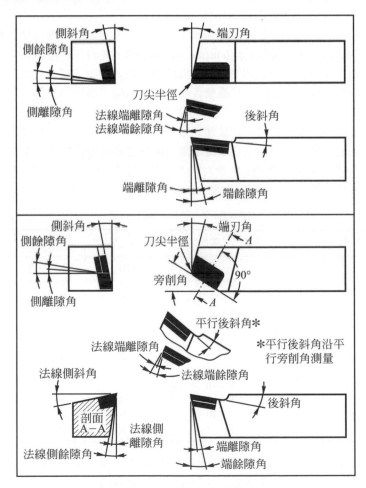

圖 L04-4　碳化物車刀角度

281

　　旁削角用以引導切削，亦稱為導角(lead angle)或漸近角(approach angle)，用以保護最脆弱的刀尖部份，係車刀產生前負荷效應以消除因橫向進刀背隙(back lash)而產生之顫動，並在切削完成時造成漸漸減少其切削深度而避免末端起毛頭(鋼料)或碎裂(鑄件)。旁削角之大小視工作性質而定，自車肩的 0° 至粗車粗糙表面的 45°，一般用 15°，但旁削角與刀尖距離必須保持一定，因此增大旁削角至 30°～45° 有利於磨削及增加磨削次數，如圖 L04-5。

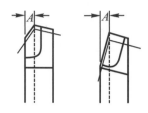

圖 L04-5　旁削角與車刀磨次

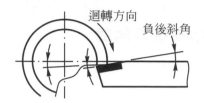

圖 L04-6　負後斜角

　　端刃角在使刀具與工件間有一適當之間隙以防拖曳(drag)，一般外徑及端面車削以 8°～15° 為適當。工件不硬且易於顫動者可增加至 20°，以減少工件所受之壓力而減少顫動，但太大的端刃角使刀尖脆弱；小於 8° 則易使刀尖趨於平齊，而增加顫動的可能性。

　　斜角包括側斜角(side rake angle)與後斜角(back rake angle)，適當的斜角可使切削自如，且增加刀具最大壽命，在旁削刃切削時側斜角是切削斜角(cutting rake angle)，後斜角是控制角(control angle)，在端刃切削時後斜角是切削斜角，切削斜角決定切削效果並與控制角共同控制切屑之流向。對於粗糙的工件或斷續切削時採用負後斜角如圖 L04-6，以吸收其衝擊負荷，減少顫動，增加刀具壽命，斜角之大小視工件材料及切削條件而定。

　　離隙角與餘隙角須同時具備，其目的在確使切削時刃口下方之刀片及刀柄不與工件產生摩擦，離隙角愈小刃口強度愈大，但太小易使刃口與工件產生摩擦而導致顫動或磨損，太大的離隙角將減低刃口強度而導致碎裂或顫動，通常側離隙角與端離隙角等大以供刀尖半徑容易磨削，餘隙角為 10° 時之標準離隙角為 7°，切削軟金屬時離隙角可增大至 10°，同時增大餘隙角。

表 L04-2　碳化物車刀角度

工件材料	前隙角	側隙角	後斜角	側斜角
鋁、鎂合金	6～10	6～10	0～ 10	10～ 20
銅	6～ 8	6～ 8	0～ 4	15～ 20
黃銅、青銅	6～ 8	6～ 8	0～－5	＋8～ －5
鑄鐵	5～ 8	5～ 8	0～－7	＋6～ －7
低碳鋼(SAE1020 以下)	5～10	5～10	0～－7	＋6～ －7
碳鋼(SAE1025 以上)	5～ 8	5～ 8	0～－7	＋6～ －7
合金鋼	5～ 8	5～ 8	0～－7	＋6～ －7
易削鋼(SAE1100、1300 系列)	5～10	5～10	0～－7	＋6～ －7
不銹鋼(沃斯田鐵型)	5～10	5～10	0～－7	＋6～ －7
不銹鋼(硬化型)	5～ 8	5～ 8	0～－7	＋6～ －7
高鎳合金(蒙納合金、英高鎳等)	5～10	5～10	0～－3	＋6～＋10
鈦合金	5～ 8	5～ 8	0～－5	＋6～ －5

　　刀尖半徑在避免尖銳的刀尖，使刃口碎裂及產生粗糙的加工面，但太大的刀尖半徑將導致顫動，刀尖半徑依進刀、切削深度與切削條件而定，進刀 0.75mm/rev，切削深度 9.5mm 時，一般切削用 r1.6mm，斷續切削用 r2.4mm。碳化物車刀角度之詳細規格請參考各廠商說明，表 L04-2 示一碳化物車刀一般用之角度

(註 L04-5)。

L04-4　碳化物車刀之斷屑槽

切削連續切屑的材料如鋼及部份青銅及其合金時，為防止切屑傷害操作者，或纏繞工件或機具而影響工作，碳化物車刀通常均有斷屑槽(chip breaker)以控制切屑之流向、形狀與長度，斷屑槽依其控制切屑的方法有：

(1)磨溝槽型(ground-in groove type)。

(2)磨階梯型(ground-in step type)。

(3)機械夾持型(clamped-on mechanical type)。

(4)負斜角型(negative rake angle type)等四種，如圖 L04-7。

圖 L04-7　斷屑槽的型式

磨溝槽型係在刀片上磨一淺溝槽與刃口平行，通常磨 0.15～0.25mm 深，1.6～3.2mm 寬，溝槽與刃口間留 0.4～0.8mm 之平面並給予－2°～－5°的側斜角，其尺寸視進刀量而定。

磨階梯型廣泛應用於斷屑，包括平行式(parallel type)與角度式(angle type)，平行式係指階梯平行於刃口，對於切削不圓或不規則的工件最為有效，角度式則與刃口成一角度(8°～45°)，有助於控制切屑之流出，且磨削時不會磨及刀柄。磨階梯型之深度通常在 0.4～0.5mm，寬度在 1.6～6.3mm，其尺寸視切削條件而定。

機械夾持型係利用以「捨棄式」(或稱用後即棄式、可替換式) (thorw away type)刀片之夾持裝置以形成斷屑作用，「用後即棄式」刀片磨耗後即行替換新刀片而不必焊接、磨削，及校正刀具與工件的關係，可節省重磨刀具的成本並提高生產效率，目前生產性工作均有採用「用後即棄式」刀具的趨勢。

負斜角型係採用負的斜角，通常在－2°～－8°以達控制切屑之目的。

L04-5　可替換式刀具

工件之切削成本包括刀具成本、工具機成本及非生產性成本，其中刀具成本係以每一刃口之成本或每一刃口之切削總時數來計算，對每一工件之刀具成本而言，採用可替換式碳化物刀具(indexable carbide tool)較可達到經濟切削的目的，可替換刀具採將可替換刀片或稱「用後即棄式」刀片(indexable or throw-away insert)利用機械方式夾持於刀把(tool holder)上。選擇刀片時，先依工件材料選擇刀片分類(P、M、K)，次依粗削、中削、細削選擇切削深度及進刀量，再依切削條件(良好、一般、困難)選擇等級(註L04-6)。可替換式碳化物刀片之選擇如圖 L04-8(ISO 5608)(註 L04-7)，刀片選擇後確認推荐之切削條件再選擇合適之車刀把，外徑切削用車刀把之選擇如圖 L04-9(ISO1832)(註 L04-8)。搪孔刀把有彈殼式(cartridge type)，及與外車刀把相同的穴式(pocketed type)，穴式搪孔刀把之選擇如圖 L04-10(ISO6261)(註 L04-9)。刀片與車刀把的選擇要點如圖 L04-11(註 L04-10)。

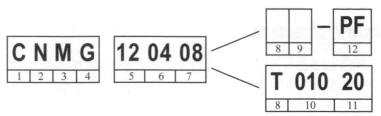

1 刀片形狀		2 刀片餘隙角		3 公差(±s 與 iC/iW)	

1 刀片形狀

C	80°	D	55°
K	55°	R	○
S	□	T	△
V	35°	W	80°

2 刀片餘隙角

B	5°	C	7°
E	20°	N	0°
P	11°	O	特殊角度

3 公差(±s 與 iC/iW)

等級	s	iC/iW
G	± 0.13	± 0.025
M	± 0.13	± 0.05 −± 0.15¹⁾
U	± 0.13	± 0.08 −± 0.25¹⁾
E	± 0.025	± 0.25

1)依 ic 尺寸不同，如下表

內切圓	公差等級	
iC mm	M	U
3.97 5.0 5.56 6.0 ±0.05 6.35 8.0 9.525 10.0	± 0.08	
12.0 12.7	± 0.08	± 0.13
15.875 16.0 19.05 20.0	± 0.10	± 0.18
25.0 25.4	± 0.13	± 0.25
31.75 32.0	± 0.15	± 0.25

正角刀片之內切圓 iC 以銳角面為準，參見 8 切削刃條件 F。

5 刀片尺寸=切削刃長度 ℓ mm

iC mm	iC inch	C	D	R	S	T	V	W	K
3.97	5.32"					06			
5.0				05					
5.56	7/32"					09			
6.0				06					
6.35	1/4"	06	07			11	11		
8.0				08					
9.525	3/8"	09	11	09	09	16	16	06	16*)
10.0				10					
12.0				12					
12.7	1/2"	12	15	12	12	22	22	08	
15.875	5/8"	16		15	15	27			
16.0				16					
19.05	3/4"	19		19	19	33			
20.0				20					
25.0				25					
25.4	1"	25		25	25				
31.75				31					
32				32					

*)刀片形狀 K(KNMX，KNUX)僅表示理論切削刃口長度。

4 刀片型式

A		Q	
G		R	
M		T	
N		W	
P			
X	特殊設計		

圖 L04-8 碳化物車刀片之標識(台灣山域公司)

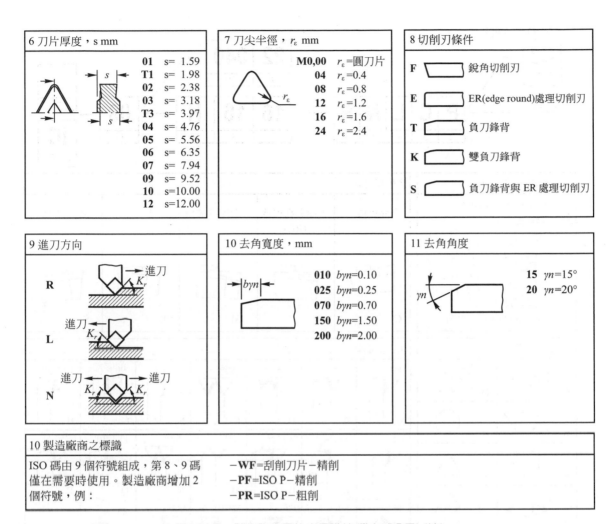

6 刀片厚度，s mm	7 刀尖半徑，r_ε mm	8 切削刃條件
01 s= 1.59 **T1** s= 1.98 **02** s= 2.38 **03** s= 3.18 **T3** s= 3.97 **04** s= 4.76 **05** s= 5.56 **06** s= 6.35 **07** s= 7.94 **09** s= 9.52 **10** s=10.00 **12** s=12.00	**M0,00** r_ε=圓刀片 **04** r_ε=0.4 **08** r_ε=0.8 **12** r_ε=1.2 **16** r_ε=1.6 **24** r_ε=2.4	**F** 銳角切削刃 **E** ER(edge round)處理切削刃 **T** 負刀鋒背 **K** 雙負刀鋒背 **S** 負刀鋒背與 ER 處理切削刃

9 進刀方向	10 去角寬度，mm	11 去角角度
R **L** **N**	**010** $b\gamma n$=0.10 **025** $b\gamma n$=0.25 **070** $b\gamma n$=0.70 **150** $b\gamma n$=1.50 **200** $b\gamma n$=2.00	**15** γn=15° **20** γn=20°

10 製造廠商之標識

ISO 碼由 9 個符號組成，第 8、9 碼僅在需要時使用。製造廠商增加 2 個符號，例：	−**WF**=刮削刀片−精削 −**PF**=ISO P−精削 −**PR**=ISO P−粗削

圖 L04-8　碳化物車刀片之標識(台灣山域公司) (續)

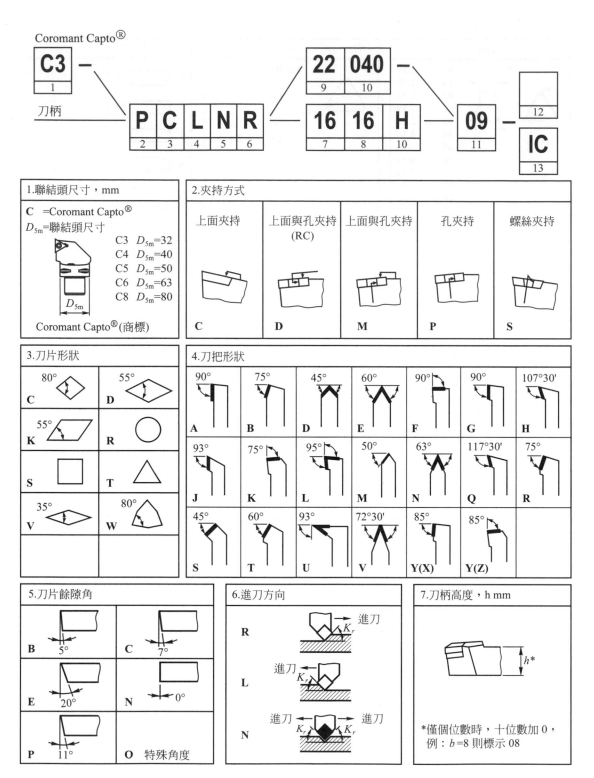

圖 L04-9 碳化物車刀把之標識(台灣山域公司)

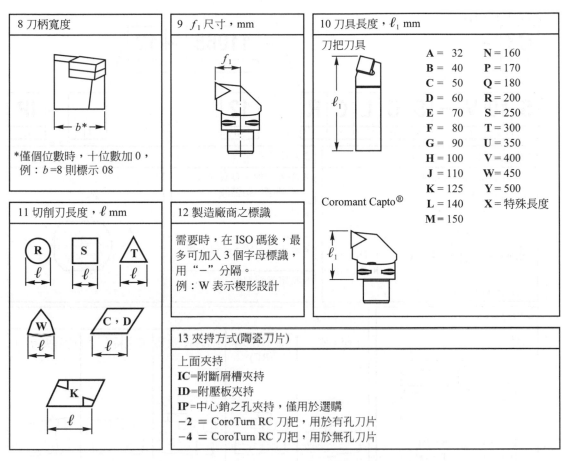

8 刀柄寬度	9 f_1 尺寸，mm	10 刀具長度，ℓ_1 mm

8 刀柄寬度

*僅個位數時，十位數加 0，
例：$b=8$ 則標示 08

9 f_1 尺寸，mm

10 刀具長度，ℓ_1 mm

刀把刀具

A =	32	**N** =	160
B =	40	**P** =	170
C =	50	**Q** =	180
D =	60	**R** =	200
E =	70	**S** =	250
F =	80	**T** =	300
G =	90	**U** =	350
H =	100	**V** =	400
J =	110	**W** =	450
K =	125	**Y** =	500
L =	140	**X** =	特殊長度
M =	150		

Coromant Capto®

11 切削刃長度，ℓ mm

R S T
ℓ ℓ ℓ

W C，D
ℓ ℓ

K
ℓ

12 製造廠商之標識

需要時，在 ISO 碼後，最
多可加入 3 個字母標識，
用 "–" 分隔。
例：W 表示楔形設計

13 夾持方式(陶瓷刀片)

上面夾持
IC=附斷屑槽夾持
ID=附壓板夾持
IP=中心銷之孔夾持，僅用於選購
–2 = CoroTurn RC 刀把，用於有孔刀片
–4 = CoroTurn RC 刀把，用於無孔刀片

圖 L04-9 碳化物車刀片之標識(台灣山域公司) (續)

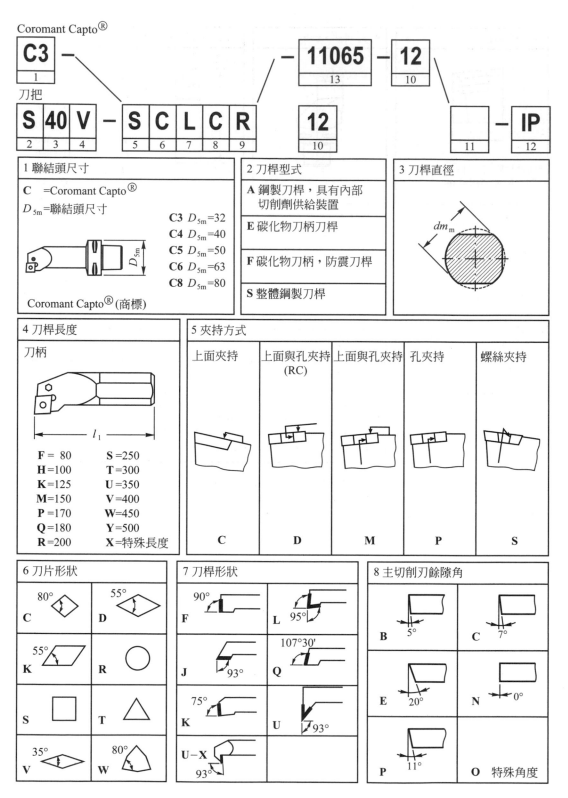

圖 L04-10　碳化物搪孔刀把之標識(台灣山域公司)

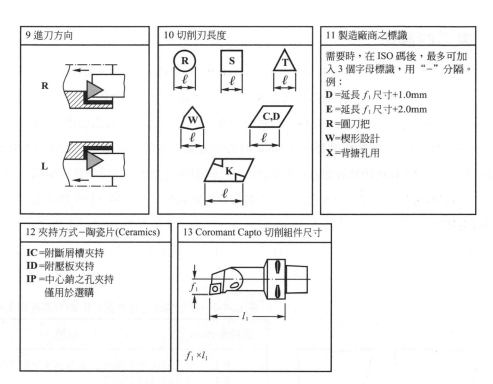

9 進刀方向	10 切削刃長度	11 製造廠商之標識

9 進刀方向

R

L

10 切削刃長度

R ℓ

S ℓ

T ℓ

W ℓ

C,D ℓ

K ℓ

11 製造廠商之標識

需要時，在 ISO 碼後，最多可加入 3 個字母標識，用 "–" 分隔。
例：
D =延長 f_1 尺寸+1.0mm
E =延長 f_1 尺寸+2.0mm
R =圓刀把
W =楔形設計
X =背搪孔用

12 夾持方式－陶瓷片(Ceramics)

IC =附斷屑槽夾持
ID =附壓板夾持
IP =中心銷之孔夾持
　　僅用於選購

13 Coromant Capto 切削組件尺寸

f_1

l_1

$f_1 \times l_1$

圖 L04-10　碳化物搪孔刀把之標識(台灣山域公司) (續)

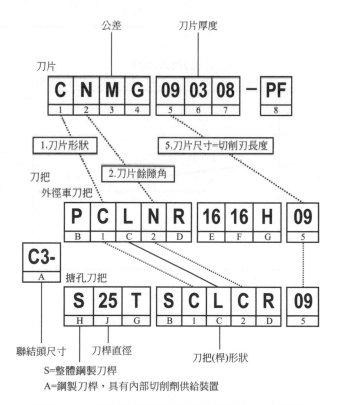

公差　刀片厚度

刀片

C	N	M	G	09	03	08	–	PF
1	2	3	4	5	6	7		8

1.刀片形狀

2.刀片餘隙角

5.刀片尺寸=切削刃長度

刀把
外徑車刀把

P	C	L	N	R	16	16	H	09
B	1	C	2	D	E	F	G	5

C3-
A

搪孔刀把

S	25	T	S	C	L	C	R	09
H	J	G	B	1	C	2	D	5

聯結頭尺寸　刀桿直徑　刀把(桿)形狀

S=整體鋼製刀桿
A=鋼製刀桿，具有內部切削劑供給裝置

圖 L04-11　刀片與車刀把的選擇要點(台灣山域公司)

L04-6 車刀的壽命

　　刀具損壞的原因包括：刀具的磨耗(wear)、焊疤(crater)、斷裂(breaking)、刀具角度選擇不當、切削速度過高、切削條件選擇不當及切削劑選擇不當或用量不足等因素。刀具的磨耗為刀具壽命判斷的依據，車刀係以其餘隙面(前隙角面、側隙角面)與斜角面(後斜角面、側斜角面)之磨耗為依據，如圖 L04-12，高速鋼車刀車削一般鋼料時，其餘隙面磨耗達 1.6mm 時即不能車削，碳化物車刀之餘隙面磨耗如表 L04-3 (CNS4262)(註 L04-11)，達此磨耗量即刀具壽命終止，此時即應更換車刀或重磨以利車削。刀具壽命另一重要影響因素為切削速度，當切削速度過高時，刀具壽命急劇減短，圖 L04-13 係高速鋼刀具之切削速度與刀具壽命之關係圖示例，此圖係在一設定切削條件下之試驗，依據泰勒(Frederick W. Taylor)刀具壽命公式 $VT^n=C$。式中 $V=$ 切削速度(m/min)，$T=$ 刀具壽命(min)，$n=$ 視切削條件而定之常數，$C=$ 刀具壽命在 1 分鐘時之切削速度，為一常數。

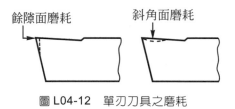

餘隙面磨耗　　　　斜角面磨耗

圖 L04-12　單刃刀具之磨耗

表 L04-3　碳化物車刀餘隙面磨耗量(經濟部標準檢驗局)

磨耗量(mm)	說明
0.2	精密輕切削及非鐵合金等之細車削
0.4	特殊鋼之切削
0.7	鑄鐵及鋼等之一般切削
1～1.25	普通鑄鐵等之粗車削

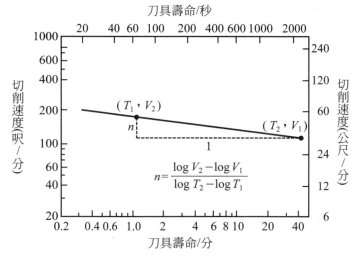

圖 L04-13　高速鋼車刀切削速度對刀具壽命的影響例

學後評量

一、是非題

( ) 1. 碳化物刀具之硬質主要成分提供硬度與耐磨耗性，黏結金屬提供韌性。

( ) 2. 碳化物刀具分為 P、M、K 三類，K 類適用於切削鋼料、鑄鋼及具有連續切屑的展性鑄鐵等的連續切削，P 類適用於鑄鐵及非鐵金屬等之切削。

( ) 3. 碳化物刀具之等級，號數愈大耐磨耗性愈大，切削速度可以增大。

( ) 4. 銀焊的碳化物車刀之焊接強度比銅焊高。

( ) 5. 一焊接式車刀規格為 31R 型，表示 31 型右手外徑車刀。

( ) 6. 車刀利用旁削刃車削時，後斜角是切削斜角，側斜角是控制角。

( ) 7. 粗糙工件或斷續切削，宜用正後斜角，刀尖半徑用 r2.4mm 的碳化物車刀。

( ) 8. 碳化物車刀磨溝槽型的斷屑槽，係在刀片上磨一淺溝槽與刃口平行。

( ) 9. 一可替換式碳化物車刀把之規格為 PSKNR2020K12，表示使用三角形刀片，邊長 12mm。

( ) 10. 一般車削鋼料之碳化物車刀的餘隙面磨耗量達 0.7mm 時，即表示此車刀已損壞。

二、選擇題

( ) 1. P 類碳化車刀適合車削何種材料？ (A)鋼料 (B)鑄鐵 (C)非鐵金屬 (D)短切屑展性鑄鐵 (E)淬火鋼。

( ) 2. 下列有關碳化物車刀號數的敘述，何項正確？ (A)號數愈小，耐磨耗性愈小 (B)號數愈小，硬度愈低 (C)號數愈小，切削速度愈高 (D)號數愈小，則韌性愈大 (E)號數愈小，元素愈少。

( ) 3. 欲中進刀量、中切削速度、車削低碳鋼料時，宜選擇何種碳化物刀片？ (A)P10 (B)P20 (C)M50 (D)K10 (E)K20。

( ) 4. 以銲接式碳化物車刀車削外徑宜採用幾號車刀？ (A)31 (B)43 (C)45 (D)49 (E)51。

( ) 5. 碳化物車刀用以引導切削的是 (A)端刃角 (B)斜角 (C)離隙角 (D)旁削角 (E)刀尖半徑。

( ) 6. 車削低碳鋼的碳化物車刀，其側隙角幾度為宜？ (A)0° (B)8° (C)16° (D)20° (E)-5°。

( ) 7. 一用後即棄式刀片之規格為 CNMG120412，其刀片厚為 (A)12 (B)20 (C)10 (D)04 (E)41 mm。

( ) 8. 一可替換式刀把之規格為 PSKNR2020K12，其刀片形狀為 (A)圓形 (B)三角形 (C)正方形 (D)菱形 (E)梯形。

( ) 9. 一可替換式搪孔刀把之規格為 S40V-SCLCR12，其刀桿直徑為 (A)ϕ12 (B)ϕ20 (C)ϕ25 (D)ϕ32 (E)ϕ40。

( ) 10. 一般車削鋼料之碳化物車刀的餘隙面磨耗量，在多大時即被判定為刀具壽命終止？ (A)0.1 (B)0.2 (C)0.3 (D)0.6 (E)0.7 mm。

參考資料

註 L04-1 ：蔡德藏：碳化物刀具之選擇、磨削與應用。台北，全華科技圖書公司，民國 76 年，第 5 頁。

註 L04-2 ：經濟部標準檢驗局：切削用超硬合金。台北，經濟部標準檢驗局，民國 78 年，第 1～3 頁。

註 L04-3 ：經濟部標準檢驗局：碳化物刀片分類標準。台北，經濟部標準檢驗局，民國 67 年，第 1～2 頁。

註 L04-4 ：經濟部標準檢驗局：焊接碳化物車刀。台北，經濟部標準檢驗局，民國 67 年，第 2～9 頁。

註 L04-5 ：Willard J. McCarthy and Dr. Victor E. Repp. *Machine tool technology*. Illinois: McKnight Publishing Company, 1979, p.211.

註 L04-6 ：The Sandvik Steel Works. *Corokey*. Sandvik Steel Works, 2001, pp.3～4.

註 L04-7 ：(1) International Organization for Standardization. *Indexable inserts for cutting tools-designation* Swizerland: International Organization for Standardization, 1999, pp.1～15.

⠀⠀⠀⠀⠀⠀(2) The Sandvik Steel Works. *Turning tools*. Sweden: The Sandvik Steel Works, 2002, pp.A10～A11.

註 L04-8 ：(1) International Organization for Standardization. *Turning and copying tool holders and cartridge for indexable inserts-designation*. Switzerland: International Organization for Standardization, 1995, pp.1～10.

⠀⠀⠀⠀⠀⠀(2) 同註 L04-7-(2)，pp.A94～A95.

註 L04-9 ：(1) International Organization for Standardization. *Boring bar (tool holders with cylindrical shank) for indexable inserts-designation*. Swizerland: International Organization for Standardization, 1995, pp.1～5.

⠀⠀⠀⠀⠀⠀(2) 同註 L04-7-(2)，pp.A158～A159.

註 L04-10：(1) 同註 L04-7-(1)，L04-8-(1)；L04-9-(1)

⠀⠀⠀⠀⠀⠀(2) 同註 L04-6，p.16.

註 L04-11：經濟部標準檢驗局：碳化物車刀性能試驗法。台北，經濟部標準檢驗局，民國 72 年，第 3 頁。

實用機工學知識單

項目	夾頭夾持工件	學習目標	能正確的說出夾頭的種類、選擇與裝卸方法

前　言

車床上常使用夾頭夾持工件，以完成切削工作，典型的夾頭為三爪夾頭與四爪夾頭。

說　明

L05-1　三爪夾頭與四爪夾頭

三爪夾頭為三爪萬能(聯動)夾頭(3-jaw universal chuck)之簡稱如圖L05-1，其三爪之進退係由斜齒輪A驅動螺旋盤 B 而轉動，故三爪同時沿徑向進退，並保持與中心之距離相等，用於夾持圓形或六邊形之工件，夾持時三爪併進，保持工件於一定中心而不需再調整。使用時雖上緊一爪即可夾緊工作，但常依次三爪皆上緊，以免損傷腳爪及螺紋。三爪夾頭具有兩組腳爪，一組用於夾持外圓，一組用於夾持內圓。

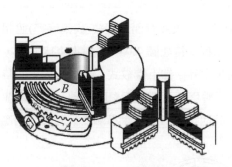

圖 L05-1　三爪夾頭

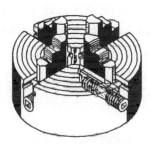

圖 L05-2　四爪夾頭

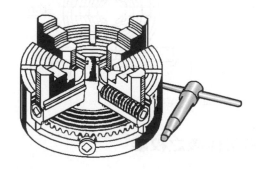

圖 L05-3　兩用夾頭

　　四爪夾頭亦稱四爪獨立夾頭(4-jaw indenpendent chuck)，如圖L05-2，此種夾頭之四個爪各自調整，以適合夾持方形、圓形及不規則形狀之工件，由於各爪獨立調整故易於校正偏差。

　　將三爪夾頭與四爪夾頭之作用配合應用之夾頭謂之兩用夾頭(combination chuck)如圖L05-3，分上下兩部份，下面為三爪聯動構造，上面四爪獨立構造，應用時先使用三爪夾頭夾持工件後以四爪獨立調整其中心，並施其夾持力，連續之工件夾持可以三爪聯動為之。

L05-2　夾頭的選擇

　　裝置夾頭之前須依工件之形狀、工作之性質、工件大小及車床規格選擇適當的車床夾頭及扳手，太大的夾頭會損傷床軌或工件，太小的夾頭卻使夾持力不足而影響切削。車床大小與適當夾頭之尺寸如表L05-1(CNS8654)(CNS10736)(註 L05-1)。

表 L05-1　車床與夾頭規格

車床規格	四爪夾頭	三爪夾頭
225～250mm 325mm 360～600mm	#6(150mm) #8(200mm) #10(250mm)	#5(130mm) #6(165mm) #7(190mm)

L05-3　夾頭之裝卸

　　裝置夾頭或面板於車床心軸之前，應清拭心軸鼻端及夾頭背面之螺紋(或錐度等)並潤滑之，以使夾頭的迴轉準確。螺紋式心軸鼻端者以右手臂扶持或以木板支持如圖 L05-4，對準車床心軸，使之吻合直至適當之深度。切勿以機力驅動心軸來裝夾頭，以免產生意外。卸下螺紋式心軸鼻端之夾頭時可利用後列齒輪之傳動並以木塊頂住夾頭之爪如圖 L05-5，而以手反轉塔輪，使夾頭鬆開心軸，除去木塊並墊以木板於床軌上後慢慢卸下夾頭，以免夾頭掉下時損傷床軌。其他不同形式心軸鼻端之夾頭裝卸均應注意安全。

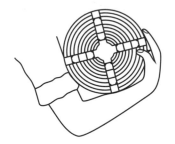 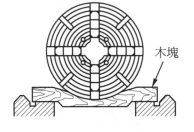 

木塊

圖 L05-4　裝夾頭　　　　　　　　　　　　圖 L05-5　卸夾頭

L05-4　四爪夾頭夾持工件後之校驗

　　利用三爪夾頭工作，由於三爪聯動使工件自動定心而不需調整，但四爪夾頭獨立調整，故於夾持後須校驗及調整以定心，定心工作的方法有多種，常用的有(註 L05-2)：

1. 粉筆法：工件中心不必很準確時，可用粉筆法校驗之圖 L05-6。右手執粉筆於工件末端，左手轉動夾頭，粉筆接觸點即為高點，則先放鬆低點之腳爪，旋緊高點之腳爪。工件較長時先校驗近夾頭端，再校驗末端，在調整末端之前，應先微微放鬆爪，以免受應力而損傷爪。

圖 L05-6　粉筆法校驗中心

2. 畫針盤法：精度要求較高時可用畫針盤求之如圖 L05-7，在工件之末端置一畫針盤，迴轉工件時畫針將會畫出一圓，則依此圓判斷其中心是否準確，並調整之。另一法為以畫針盤之畫針一如粉筆法放置之，以目測四爪所夾持工件之各相對兩點與畫針之距離，判斷工件之中心並調整之。

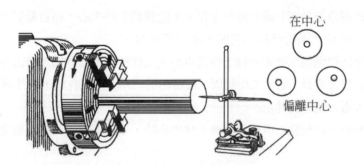

圖 L05-7　畫針盤法校驗中心

3. 中心指示器法(centering wrok with a centerindicator)：利用如圖 L05-8 之中心指示器使支點近於工件，將短端桿尖頂住工件中心孔(以中心衝衝眼)，長端之桿尖以放大其搖動量，依其搖動量而調整之。

圖 L05-8　中心指示器法驗中心

4. 針盤指示錶法(centering work with a dialindicator)：工件先以針盤指示錶之測頭適當接觸於工件之圓周，以手迴轉工件求其高低點之差數，將高點移向中心，其量為該差數之半，但工件之表面須有相當之精度，如圖 L05-9 示校驗內孔中心的方法。

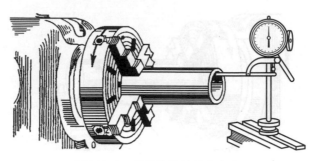

圖 L05-9　針盤指示錶校驗中心

學後評量

一、是非題

( )1. 三爪夾頭適合夾持圓形或六邊形工作，不能調整工件中心，而自動對準。

( )2. 250mm 的車床，適用#5 四爪夾頭，#6 三爪夾頭。

( )3. 利用粉筆法校驗四爪夾頭夾持工件之中心，工件被粉筆塗到的部份之爪須放鬆。

( )4. 使用畫針盤之畫針，置於工件圓周，校驗四爪夾頭夾持工件時，工件圓周之相對兩點與畫針之距離較大者，應上緊其爪。

( )5. 使用針盤指示錶校驗四爪夾頭夾持工件中心時，工件表面須具有相當之精度。

二、選擇題

( )1. 車床夾頭夾持不規則工件宜用　(A)三爪夾頭　(B)四爪夾頭　(C)筒夾　(D)兩用夾頭　(E)車床心軸夾頭。

( )2. 一 400×750 的車床，宜使用之四爪夾頭規格為　(A)150　(B)200　(C)250　(D)300　(E)350 mm。

( )3. 已車削外徑之工件，欲在四爪夾頭精確定心時，宜用何種定心工作？　(A)中心指示器法　(B)目測法　(C)畫線針法　(D)粉筆法　(E)針盤指示錶。

( )4. 使用畫針盤校驗四爪夾頭夾持工件之圓周，第 1、第 3 爪工件圓周與畫針之距離相等，而第 2 爪距離較大，第 4 爪距離較小，則應旋緊第幾爪？　(A)1　(B)2　(C)3　(D)4　(E)全部。

( )5. 利用粉筆法校驗四爪夾持工件圓周，第一爪工件圓周接觸粉筆，則應夾第幾爪？　(A)1　(B)2　(C)3　(D)4　(E)全部。

參考資料

註 L05-1：(1) South Bend Lathe. *How to run a lathe*. Indiana: South Bend Lathe, 1966, p.55.

        (2) 經濟部標準檢驗局：四爪獨立夾頭。台北，經濟部標準檢驗局，民國 71 年，第 2 頁。

        (3) 經濟部標準檢驗局：蝸形夾頭。台北，經濟部標準檢驗局，民國 73 年，第 2 頁。

註 L05-2：Henry D. Burghardt, Aaron Axelord, and James Anderson. *Machine tool opration part I*. New York: McGraw-Hill Book Company, 1959, pp.376～380.

實用機工學知識單

項目	車削條件的選擇與車削	學習目標	能正確的說出車削條件的選擇與車削端面、外徑及肩的方法

前 言

　　上工件及上刀具是車削前的準備工作，而選擇正確的切削條件是達成良好車削的主要步驟，切削速度、進刀量及切削深度等，須依工件材料、刀具材料與機器性能而選擇。

說 明

L06-1 上刀具

　　車削外徑之前，必先車端面，利用右手端面刀使其刀尖與工件中心等高，粗車端面由外向中心車削，細車時由中心向外車削，裝置刀具時務使刀具儘量深入刀把，而刀把儘量深入夾刀柱(或刀架)如圖 L06-1 之 A、B 應儘量縮短，以免因懸空而造成顫動，車外徑時並注意使刀具中心與工件中心垂直，或使刀尖指向尾座如圖 L06-2，以免重切削時造成掘入的現象。

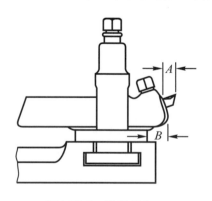

圖 L06-1　裝刀具之一

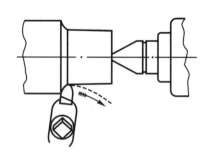

圖 L06-2　裝刀具之二

L06-2 進刀與切削速度

　　進刀指工件迴轉一圈時車刀所移動的距離，進刀的大小依車床的規格、工件大小與削除量的多寡而定，粗車削則由小車床的每迴轉 0.2mm 至大車床的 5mm。車削長工件若用太大的進刀量時會使工件彎曲，此乃應注意者。切削速度為工件切削點之線速度，有效的切削速度是依工件材料、切削深度、刀具材料、進刀大小與機器性能而定。速度太低則浪費時間，太高卻使刀具易鈍，適當的切削速度參見表 L06-1 及表 L06-2(註 L06-1)。

表 L06-1　車床切削速度(m/min)與進刀量 mm/rev—高速鋼車刀

工件材料	粗車		細車		車螺紋
	切削速度	進刀量	切削速度	進刀量	切削速度
鑄鐵	18	0.40 | 0.65	24	0.13 | 0.30	8
機械用鋼	27	0.25 | 0.50	30	0.075 | 0.25	11
工具鋼	21	0.25 | 0.50	27	0.075 | 0.25	9
鋁	61	0.40 | 0.75	93	0.13 | 0.25	18
青銅	27	0.40 | 0.65	30	0.075 | 0.25	8

表 L06-2　車床切削速度與進刀量—碳化物車刀

工件材料	切削深度	進刀量	切削速度
	mm	mm/rev	m/min
鋁	0.15～ 0.40 0.50～ 2.30 2.55～ 5.10 7.6 ～17.80	0.05～0.15 0.15～0.40 0.40～0.75 0.75～2.30	215～305 135～215 90～135 30～ 60
黃銅、青銅	0.15～ 0.40 0.50～ 2.30 2.55～ 5.10 7.6 ～17.80	0.05～0.15 0.15～0.40 0.40～0.75 0.75～2.30	215～245 185～215 150～185 60～120
鑄鐵(中)	0.15～ 0.40 0.50～ 2.30 2.55～ 5.10 7.60～17.80	0.05～0.15 0.15～0.40 0.40～0.75 0.75～2.30	105～135 75～105 60～ 75 25～ 45
機械用鋼	0.15～ 0.40 0.50～ 2.30 2.55～ 5.10 7.60～17.80	0.05～0.15 0.15～0.40 0.40～0.75 0.75～2.30	215～305 175～215 120～170 45～ 90

表 L06-2　車床切削速度與進刀量—碳化物車刀 (續)

工件材料	切削深度	進刀量	切削速度
	mm	mm/rev	m/min
工具鋼	0.15～　0.40 0.50～　2.30 2.55～　5.10 7.60～17.80	0.05～0.15 0.15～0.40 0.40～0.75 0.75～2.30	150～230 120～150 90～120 30～　90
不銹鋼	0.15～　0.40 0.50～　2.30 2.55～　5.10 7.60～17.80	0.05～0.15 0.15～0.40 0.40～0.75 0.75～2.30	115～150 90～115 75～　90 25～　55
鈦合金	0.15～　0.40 0.50～　2.30 2.55～　5.10 7.60～17.80	0.05～0.15 0.15～0.40 0.40～0.75 0.75～2.30	90～120 60～　90 55～　60 15～　40

　　車削時若給予適當的切削劑，尚可提高表列切削速度的 25 ％～50 ％。實際切削時以選擇心軸之迴轉數來表示其切削速度，故須將切削之線速度換算爲每分鐘迴轉數(N)(rpm)。因

$$V = \pi D N$$

式中　　　V＝切削速度(公尺/分)(m/min)

　　　　　D＝工件直徑(mm)

經單位換算後，即 1000V＝πD N

$$\therefore N = \frac{1000V}{\pi D} \fallingdotseq \frac{300V}{D}$$

　　例如粗車φ30軟鋼時，V＝27m/min，則適用之心軸迴轉數爲$N = \frac{300 \times 27}{30} = 270$rpm，但由於車床種類不同，有時無法獲得相同之迴轉數，此時則依其餘之條件選擇相近者。

L06-3　車外徑

　　車外徑的操作步驟是：

1. 上工件。
2. 上刀具。
3. 選擇車削條件(切削深度、進刀量與切削速度)。
4. 車端面。
5. 車外徑。
6. 去毛頭。

L06-4 車 肩

　　兩不同直徑的端面謂之肩(shoulder)，肩有方肩與圓肩兩種，車削方肩時可用異腳卡鉗決定其肩之位置而車削之如圖L06-3，或先用切斷刀車溝槽(凹部)至所需尺寸如圖L06-4，再車其外徑處即可，亦可以端面刀完成之如圖 L06-5。

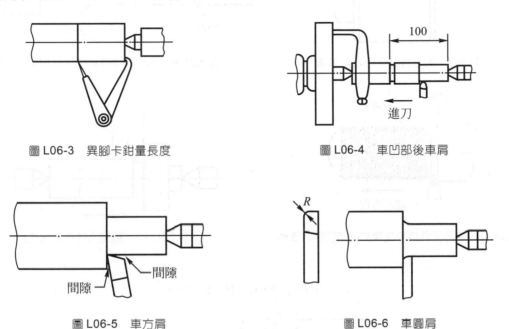

圖 L06-3　異腳卡鉗量長度　　　　　　　　　圖 L06-4　車凹部後車肩

圖 L06-5　車方肩　　　　　　　　　　　圖 L06-6　車圓肩

　　圓肩之車削常以成形刀爲之，可將車刀之左角磨成所需之圓角車削之如圖 L06-6，或將刀頭鼻端磨成所需之圓角車削之。

L06-5 切槽與切斷

　　車床工作，在下列幾種情形下，需切削溝槽(groving)或切斷(cuto off)：

1.　車削具有肩的階級桿，以切斷刀切削一外溝槽，再行車削外徑，是一種工作方法參見圖 L06-4。
2.　配合件之端面要求緊密時，外徑通常需切削外溝槽如圖 L06-7。
3.　車削外螺紋時在螺紋末端車削一外溝槽，以使車削螺紋更爲容易如圖L06-8；尤其在車左旋螺紋時，則必須車一外溝槽作爲車削的起點如圖 L06-9(註 L06-2)。
4.　輪磨方肩時，先車削一外溝槽，以利輪磨如圖 L06-10。
5.　分離(parting)工件與材料時，則以切斷刀切斷之，如圖 L06-11 示一完成之工作，以切斷刀分離(切斷)工件與材料。

　　溝槽的規格一般均標註於工作圖上，若未標註時，則依其目的而給予適當尺寸，配合件或輪磨工件的切槽，一般比配合處直徑小 1～1.5mm，視配合處之直徑而定，寬度一般爲 3mm。車削外螺紋時，其切槽深度爲螺紋高度加 0.5mm，即切槽後之直徑爲螺紋外徑減螺紋高度的兩倍再減 1mm。

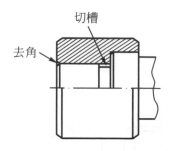

圖 L06-7　配合件之外徑切削溝槽

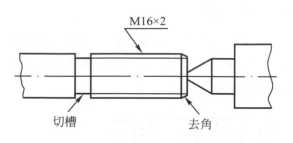

圖 L06-8　車外螺紋在螺紋末端切削外溝槽

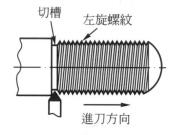

圖 L06-9　車左旋外螺紋在螺紋起端切削外溝槽

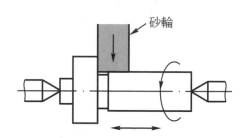

圖 L06-10　輪磨方角在肩處切削外溝槽

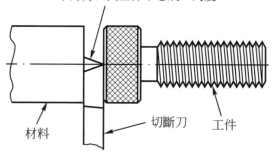

圖 L06-11　切斷以分離材料與工件

　　常見的溝槽有平底與圓底兩種如圖 L06-12，視需要選擇使用，切槽工作一般不必要求精確，常以切斷刀(平底溝槽)或成形刀(圓底溝槽)直接切削，切削深度可直接以橫向進刀分度圈讀數切削之。切槽或切斷之切削速度為粗車外徑的一半，隨切削後直徑之減小而增加其迴轉數，以保持一定的切削速度(線速度)，尤其切斷時，因其直徑變化較大，更應注意其迴轉數的改變，視需要給予適當切削劑，則更能改善其切削效果。切削溝槽或切斷時之橫向進刀量，以每轉 0.10～0.15mm 為宜，避免縱向進刀移動，橫向進刀量力求一定。

　　切斷工作通常以切斷刀切削，材料需夾緊，車刀之裝置務必使刀尖與工件中心等高，才能切斷工件，如果為了使工件切斷後之端面能有較好的真平度，可將車刀刃口磨與工件中心成一角度，參考圖 L06-11。

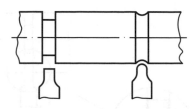

圖 L06-12　平底與圓底溝槽

L06-6　切斷刀

　　切斷刀可用標準方形車刀磨削如圖 L06-13，或用刀片形車刀磨削如圖 L06-14，為使切削溝槽時，能有適當的間隙，除一般車刀之前隙角、側隙角及後斜角外，應給予 2°～4°的餘隙角參見圖 L06-13、圖 L06-14，以避免切槽或切斷時車刀與溝槽兩端面造成摩擦、積屑，而折斷車刀如圖 L06-15，切斷工件時應注意切斷刀的有效長度應比工件(或材料)直徑長約 5mm。方形車刀磨成切斷刀方法及刀片形切斷刀的刀把，請參閱"車刀的種類與應用"單元。

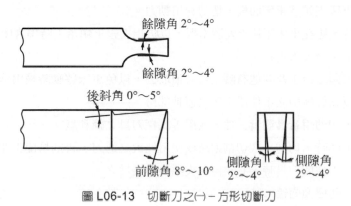

圖 L06-13　切斷刀之㈠－方形切斷刀

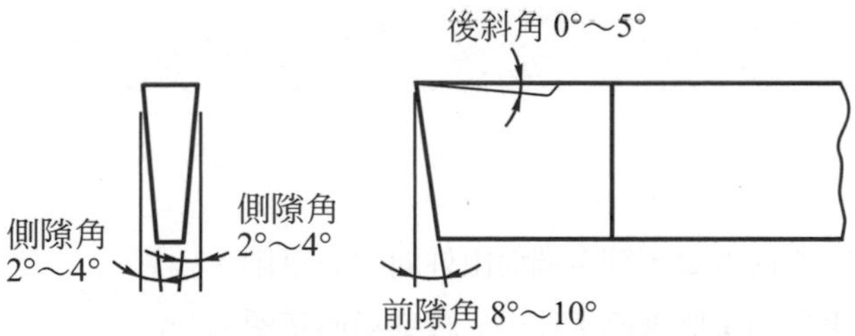

圖 L06-14　切斷刀之㈡－刀片形切斷刀

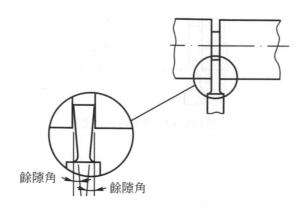

餘隙角　　餘隙角

圖 L06-15　切斷刀的餘隙角

L06-7　車床工作安全規則

1. 在啟動車床馬達前，須按說明書之指示適時、適質及適量的潤滑，並檢查尾座、刀具及工件是否安置妥當，再依說明書啟動。緊急時應先踩煞車，再關閉電源開關。

2. 用手動去拆裝車床夾頭或車床面板，切勿利用動力。

3. 裝拆車床夾頭時，應在車床床軌上安置木板，以防止夾頭不慎落下時傷害床軌，甚至傷害操作者，夾頭應確實裝上，至妥善為止。

4. 夾頭裝妥後，夾頭之扳手及其他有關工具必須取去，以免車床啟動時飛出造成傷害。

5. 切勿用扳手去扳動旋轉中之工件或車床之運動部份。

6. 當車床旋轉時，切勿用量具測量工件，或用手試探刀具之鋒利度。

7. 車削長尺寸之工件時，切勿一次切削太深或使用過大之進刀，否則易使工件折斷或飛離機器。

8. 如需調整或裝卸工件或刀具時，必須停止夾頭轉動後為之。

9. 在車床轉動時切勿變換齒輪。

10. 車削時，操作者應戴安全眼鏡或安全面罩，以防切屑飛出傷害眼睛。

學後評量

一、是非題

( )1. 粗車端面由中心向外車，細車端面由外向中心車削。

( )2. 車外徑時，車刀刀尖應垂直工件中心線或指向車頭。

( )3. 使用高速鋼車刀粗車削機械用鋼工件，直徑 ϕ 25，約用 325rpm，0.25～0.50mm/rev 進刀量。

( )4. 細車方肩時，先車外徑再由中心向外車端面。

( )5. 車床上切斷時，心軸迴轉數應隨工件直徑減小而減低，以維持一定的切削速度。

二、選擇題

( )1. 以 25m/min 之切削速度，粗車 ϕ25 的低碳鋼工件，其心軸迴轉數宜用 　(A)100　(B)200　(C)300　(D)400　(E)500　rpm。

( )2. 車削圓肩宜用何種車刀？　(A)外徑車刀　(B)端面刀　(C)切斷刀　(D)圓角成形刀　(E)螺紋車刀。

( )3. 以 27m/min 的切削速度，切斷 ϕ30 的低碳鋼工件，切斷至 ϕ20 時，宜用心軸迴轉數為　(A)200　(B)400　(C)600　(D)800　(E)1000　rpm。

( )4. 車配合用溝槽之直徑，比配合直徑小　(A)ϕ0.1　(B)ϕ1　(C)ϕ3　(D)ϕ5　(E)ϕ6。

( )5. 下列有關車床工作安全之敘述，何項錯誤？　(A)夾緊工件後，應將夾頭扳手移除，再啓動車床　(B)緊急刹車時先踩刹車，再關閉電源　(C)車床轉動時不可變速　(D)操作車床應戴安全眼鏡　(E)使用動力拆裝夾頭，迅速又方便。

參考資料

註 L06-1：S.F. Krar, J.W. Wswald, and J.E. ST. Amand. *Technology of machine tools*. New York: McGraw-Hill Book Company, 1977, pp.149～151, p.375.

註 L06-2：John L. Ferier. *Machine tool metalworking*. New York: McGraw-Hill Bork Company, 1973, p.360.

實用機工學知識單

項目	錐度與複式刀具台車錐度	學習目標	能正確的說出錐度的計算方法、規格與複式刀具台車削錐度的方法

前 言

　　車床、鑽床及銑床等工具機之心軸軸孔均有錐度以裝置鑽頭、鉸刀或銑刀心軸等，可獲得迅速安裝及自然對準中心的功能。車錐度的方法有：(1)複式刀具台法、(2)尾座偏置法、(3)錐度切削裝置法、(4)成形刀法等，視錐度大小、錐度長度及加工件數量選擇之。

說 明

L07-1　錐度的意義

　　錐度(taper)或稱推拔，為錐度角度與錐度比之統稱，兩個垂直於圓錐軸線之截面直徑差與該兩截面間距離(圓錐長度)之比謂之錐度比，表示錐度比的方法在公制以 1：x 表示(CNS13532)(註 L07-1)，如一工件大徑(D)為 16mm，小徑(d)為 12mm，圓錐長度(軸線長度)(L)為 40mm，則其錐度比(1：x)為：

$$1 : x = \frac{D - d}{L} \qquad 即 \frac{16 - 12}{40} = \frac{1}{10}$$

即錐度比為 1：10，表示工件沿軸線每 1mm，直徑增大或減小 0.1mm，亦即每 10mm 長，直徑即增大或減少 1mm 如圖 L07-1。

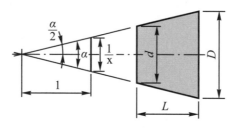

圖 L07-1　錐度

L07-2　錐度的分類

　　一般工具機之心軸常具標準錐度以備裝置刀具等，使刀具之裝卸方便，且裝置後自然對準中心不易脫落，此種使裝置後不易脫落之錐度謂之自緊錐度(self-holding taper)，其錐度比愈小，附著力愈大，如車床與鑽床之心軸孔錐度及錐銷錐度(1：50)等即是，但新式銑床之心軸軸孔與銑刀心軸之配合，為使其卸除容易而採取錐度比較大的自卸錐度(self-releasing taper)，一般無自行附著之趨勢，如銑床心軸錐度及管螺紋(1：16)即屬此類。

錐度比與錐度角度雖屬通用，但一般以 1：6.85(或錐度角度 8°)以下者以錐度比稱呼，錐度角度在 8°(或錐度比 1：6.85)以上者以錐度角度稱呼。錐度角度亦稱夾角(included angle)(α)，係指包含軸之圓錐截面內一對母線所成之角度；設定角度亦稱中心線角(angle with center line)$\left(\dfrac{\alpha}{2}\right)$，為錐度角度之半，於加工時，用以設定工件或刀具，或檢驗時之用。如一錐度比為 1：x，則其設定角度為：

$$\frac{\alpha}{2}=\frac{1}{x}\times\frac{1}{2}\times 57.3=\frac{1}{2x}\times 57.3$$

例如錐度比為 1：20，則其設定角度為：

$$\frac{\alpha}{2}=\frac{1}{20}\times\frac{1}{2}\times 57.3=1.43°$$

錐度比與設定角度的關係如表 L07-1(CNS13532)(註 L07-2)。

表 L07-1　錐度比與設定角度(摘錄自 CNS13532)(經濟部標準檢驗局)

錐度比 1：x	設定角度 $\left(\dfrac{\alpha}{2}\right)$
1：0.288675	60°
1：0.500000	45°
1：0.651613	37° 30'
1：0.866025	30°
1：1.207107	22° 30'
1：1.866025	15°
1：3	9°　27'　44"
1：3.428571	8°　17'　50"
1：5	5°　42'　38"
1：6	4°　45'　49"
1：10	2°　51'　45"
1：15	1°　54'　33"
1：20	1°　25'　56"
1：30	57'　17"
1：50	34'　23"

註：1：3.428571 為美國標準銑床錐度 $\left(\dfrac{7}{24}\right)$

圓錐的公差制度以圓錐直徑公差(T_D)、錐度角度公差(AT)、圓錐形狀公差(T_F)及圓錐截面直徑公差(T_{DS})為基礎。圓錐直徑公差(T_D)一般以圓錐之大端直徑 D，依尺寸公差制度選擇之，而決定限界圓錐及錐度直徑公差區域，若圓錐面不用於配合目的者，則公差區域之位置優先選擇 J_s 及 j_s。只指定圓錐直徑公差者，其實際錐度角度對基準錐度角度(α)而言，是可允許在 $+\Delta\alpha=+\dfrac{T_D}{L}$(mrad)與 $-\Delta\alpha=-\dfrac{T_D}{L}$(mrad)之間。式中 T_D 的單位為 μm，L 的單位為 mm。L ＝ 100mm 的 $\Delta\alpha$ 值如表 L07-2。

錐度角度公差(AT)，對應圓錐長度之分段各分為 AT1～AT12 等 12 級，依圓錐長度 L 之分段相對之各級錐度角度公差，以角度單位表示(AT_α)及以長度單位表示(AT_D)之值如表 L07-3。其公差之表示可以單向公差($^{+AT}_{\ \ 0}$ 或 $^{\ \ 0}_{-AT}$)或雙向公差($\pm\dfrac{AT}{2}$)之方式表示之，(CNS13534)(註 L07-3)。錐度角度之一般許可差如表 L07-4 (CNS4018)(註 L07-4)。

表 L07-2 圓錐長度 100mm 時，圓錐直徑公差 T_D 所產生之最大錐度角度差Δα
(摘錄自 CNS13534)(經濟部標準檢驗局)

圓錐直徑公差 $T_D = IT_n$	圓錐直徑之分段 (mm)						
	3 以下	超過 3 至 6 以下	超過 6 至 10 以下	超過 10 至 18 以下	超過 18 至 30 以下	超過 30 至 50 以下	超過 50 至 80 以下
	Δα (μrad)						
IT01	3	4	4	5	6	6	8
IT0	5	6	6	8	10	10	12
IT1	8	10	10	12	15	15	20
IT2	12	15	15	20	25	25	30
IT3	20	25	25	30	40	40	50
IT4	30	40	40	50	60	70	80
IT5	40	50	60	80	90	110	130
IT6	60	80	90	110	130	160	190
IT7	100	120	150	180	210	250	300
IT8	140	180	220	270	330	390	460
IT9	250	300	360	430	520	620	740
IT10	400	480	580	700	840	1000	1200
IT11	600	750	900	1100	1300	1600	1900
IT12	1000	1200	1500	1800	2100	2500	3000
IT13	1400	1800	2200	2700	3300	3900	4600
IT14	2500	3000	3600	4300	5200	6200	7400
IT15	4000	4800	5800	7000	8400	10000	12000
IT16	6000	7500	9000	11000	13000	16000	19000

表 L07-3 錐度角度公差(摘錄自 CNS13534)(經濟部標準檢驗局)

圓錐長度 L 之分段 mm		錐度角度公差級別								
		AT10			AT11			AT12		
		AT_α		AT_D	AT_α		AT_D	AT_α		AT_D
超過	以下	μrad	分·秒	μm	μrad	分·秒	μm	μrad	分·秒	μm
6	10	3150	10'49"	20 ……32	5000	17'10"	32 …… 50	8000	27'28"	50…… 80
10	16	2500	8'35"	25 ……40	4000	13'44"	40 …… 63	6300	21'38"	63……100
16	25	2000	6'52"	32 ……50	3150	10'49"	50 …… 80	5000	17'10"	80……125
25	40	1600	5'30"	40 ……63	2500	8'35"	63……100	4000	13'44"	100……160
40	63	1250	4'18"	50 ……80	2000	6'52"	80……125	3150	10'49"	125……200
63	100	1000	3'26"	63……100	1600	5'30"	100……160	2500	8'35"	160……250
100	160	800	2'45"	80……125	1250	4'18"	125……200	2000	6'52"	200……320
160	250	630	2'10"	100……160	1000	3'26"	160……250	1600	5'30"	250……400
250	400	500	1'43"	125……200	800	2'45"	200……320	1250	4'18"	320……500
400	630	400	1'22"	160……250	630	2'10"	250……400	1000	3'26"	400……630

註：① 表中 AT_D 欄之數值，表示對應 L 區分之前後兩分界值之 AT_D 值。對一設定圓錐長度 L 之 AT_D 值，則以公式 AT_D (μm)＝ ATα(mrad)×L(mm)計算之。

例如：L 為 31mm，級別為 AT12 時，由表查得 AT_α 為 4000μrad，則 AT_D ＝ 4000×31 ＝ 124μm。

② 1μrad 係半徑 1m 時之圓弧長度 1μm 所造成之角度。5μrad ＝ 1"，300μrad ＝ 1'。

表 L07-4　錐度角度一般許可差(經濟部標準檢驗局)

標註尺寸 角度或斜度 等級	10mm 以下		超過 10 至 50mm		超過 50 至 120mm		超過 120 至 400mm		超過 400mm	
	角度	斜度 $\left(\dfrac{mm}{100mm}\right)$	角度	斜度 $\left(\dfrac{mm}{100mm}\right)$	角度	斜度 $\left(\dfrac{mm}{100mm}\right)$	角度	斜度 $\left(\dfrac{mm}{100mm}\right)$	角度	斜度 $\left(\dfrac{mm}{100mm}\right)$
精級、中級	±1°	±1.8	±30'	±0.9	±20'	±0.6	±10'	±0.3	±5'	±0.2
粗　　級	±1°30'	±2.6	±50'	±1.5	±25'	±0.7	±15'	±0.4	±10'	±0.3
最　粗　級	±3°	±5.2	±2°	±3.5	±1°	±1.8	±30'	±0.9	±20'	±0.6

註：①標註尺寸以夾角兩邊之較短邊長度為準。
　　②一曲線沿水平距離產生一定比率的垂直上升謂之斜度(slope)。

L07-3　標準錐度

自緊錐度常採用者有：

1. 莫氏錐度(Morse taper)：錐度之標準尺寸以號數表示之，自 0 號至 7 號共八種(CNS 僅列 0～6 號 7 種)，但各號數之錐度互異，自 1：19.002 至 1：20.047 且無一定順序或公式可循。莫氏錐度為目前用途最廣泛一種，多用於車床、鑽床之心軸孔及各種刀具如鉸刀、鑽頭等之柄，其各部份尺寸如表 L07-5(CNS125)(註 L07-5)。

2. 公制錐度：中國國家標準公制錐度之錐度比皆為 $\dfrac{1}{20}$，有柄舌之公制錐度自 9 號至 200 號共 22 種 (CNS123)(註 L07-6)，無柄舌者自 4 號至 200 號共 24 種(CNS124)(註 L07-7)，常用規格參見表 L07-5。

3. 美國標準銑床錐度(American standard milling machine taper)：僅用於銑床之心軸軸孔及銑刀心軸，計有 10、20、30、40、50、60 號等六種(CNS 僅列 30、40、50、60 等四種)，錐度比為 1：3.429 $\left(\dfrac{7}{24}\right)$，無法自行附著，使用時須以拉桿拉緊以免脫落，其標準尺寸如表 L07-6(CNS5667)(註 L07-8)。

表 L07-5　工具圓錐(經濟部標準檢驗局)

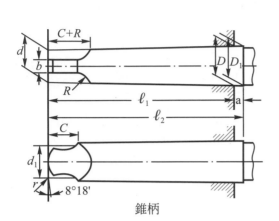

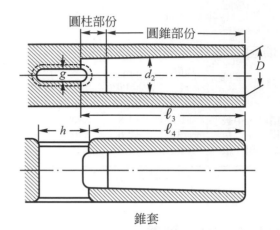

錐柄

錐套

單位：mm

標號		錐柄										錐套					錐度1：x 及工具機上之 設定角度($\frac{\alpha}{2}$)
		D	D_1	d	ℓ_1	ℓ_2	a	b (h13)	c	d_1	R	r	d_2	ℓ_3	ℓ_4	g (A13)	h	
莫氏圓錐	0	9.045	9.212	6.115	56.3	59.5	3.2	0 3.9 − 0.18	6.5	5.9	4	1	6.7	52	49	+ 0.45 3.9 + 0.27	15	1：19.212 1°29'26"
	1	12.065	12.240	8.972	62	65.5	3.5	0 5.2 − 0.18	8.5	8.7	5	1.25	9.7	56	52	+ 0.45 5.2 + 0.27	19	1：20.047 1°25'42"
	2	17.780	17.980	14.059	74.5	78.5	4	0 6.3 − 0.22	10.5	13.6	6	1.5	14.9	67	63	+ 0.50 6.3 + 0.28	22	1：20.020 1°25'50"
	3	23.825	24.051	19.132	93.5	98	4.5	0 7.9 − 0.22	13	18.6	7	2	20.2	84	78	+ 0.50 7.9 + 0.28	27	1：19.922 1°26'15"
	4	31.267	31.543	25.154	117.7	123	5.3	0 11.9 − 0.27	15	24.6	9	2.5	26.5	107	98	+ 0.56 11.9 + 0.29	32	1：19.254 1°29'15"
	5	44.399	44.731	36.547	149.2	155.5	6.3	0 15.9 − 0.27	19.5	35.7	11	3	38.2	135	125	+ 0.56 15.9 + 0.29	38	1：19.002 1°30'25"
	6	63.348	63.759	52.419	209.6	217.5	7.9	0 19 − 0.33	28.5	51.3	17	4	54.8	187	177	+ 0.63 19 + 0.30	47	1：19.180 1°29'35"
公制圓錐	80	80	80.4	69	220	228	8	0 26 − 0.33	24	67	23	5	71.4	202	186	+ 0.63 26 + 0.30	52	
	100	100	100.5	87	260	270	10	0 32 − 0.39	28	85	30	6	89.9	240	220	+ 0.70 32 + 0.31	60	1：20 1°25'56"
	120	120	120.6	105	300	312	12	0 38 − 0.39	32	103	36	6	108.4	276	254	+ 0.70 38 + 0.31	68	
	160	160	160.8	141	380	396	16	0 50 − 0.39	40	139	48	8	145.4	350	321	+ 0.71 50 + 0.32	84	
	200	200	201	177	460	480	20	0 62 − 0.46	48	175	60	10	182.4	424	388	+ 0.80 62 + 0.34	100	

表 L07-6　銑刀心軸端部(經濟部標準檢驗局)

單位：mm

標稱	D₁ (基本尺寸)	d₁		d₃	ℓ (最大值)	ℓ₁	p	y	z (最大值)	b		
		尺寸	公差							尺寸	公差	錐度位置之偏差 (最大值)
30	31.75	17.4	− 0.29 − 0.36	16.5	70	50	3	1.6	0.4	16.1	+ 0.18 0	0.06
40	44.45	25.3	− 0.30 − 0.38	24	95	67	5					
50	69.85	39.6	− 0.31 − 0.41	38	130	105	8	3.2		25.7	+ 0.21 0	0.10
60	107.95	60.2	− 0.34 − 0.46	58	210	165	10					

標稱	t (最大值)	g	d₄	ℓ₂	ℓ₃	α (度)		參考			
						角度	角度公差	d₅	d₆ (最大值)	d₇ (最大值)	ℓ₄
30	16.2	M12	10.2	24	50	60°	0 − 20'	12.5	15	16	6
40	22.5	M16	14	30	70			17	20	23	7
50	35.3	M24	21	45	90			25	30	35	11
60	60	M30	26.5	56	110			31	36	42	12

L07-4　圓錐的配合

　　圓錐配合之特性，依圓錐軸線垂直方向所測定之留隙或過盈而定，配合時之留隙或過盈，隨配合之內圓錐與外圓錐之相對軸向位置而變化。為配合圓錐工件在最終位置獲得所需之間隙或過盈，圓錐配合之形成方法如下(CNS13536)(註 L07-9)：

1. 由設計上之構造而形成：自配合之圓錐工件構造，規定軸向位置如圖 L07-2，於最終位置之圓錐工件軸向之相對位置，隨圓錐工件之形狀而定。

2. 由指定軸向之位置尺寸而形成：不管配合圓錐之實際尺寸如何，預先規定圓錐工件之相對軸向位置之尺寸如圖 L07-3，將圓錐工件之相互最終位置於圖上指出，或於必要時，以記號在內圓錐及外圓錐上標示。

3. 由軸向變位量之指定而形成：將實際圓錐自實際開始位置以規定之量值，於軸向予以相對變位，為獲得所需留隙或過盈，自軸向之實際開始位置指定必要之變位量，如圖L07-4 示過盈配合例之尺寸 E_a。

4. 由組合力之規定而形成：自實際開始位置，規定實際圓錐之組合力。如圖 L07-5，圓錐組合工件之相互最終位置，在圓錐過盈配合時，由規定組合力(F_s)而獲得。且惟有嚴格執行所規定之組合力，始可獲得必要過盈範圍內實際過盈配合。

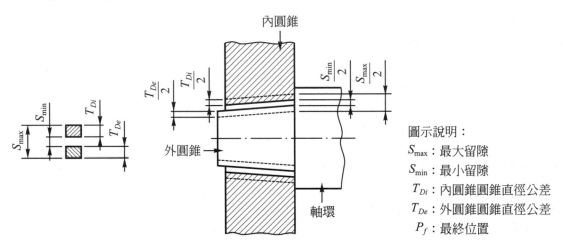

圖示說明：
S_{max}：最大留隙
S_{min}：最小留隙
T_{Di}：內圓錐圓錐直徑公差
T_{De}：外圓錐圓錐直徑公差
P_f：最終位置

圖 L07-2　依設計構造上可得之圓錐間隙配合【最終位置(P_f)以與軸環之接觸而決定】
　　　　　(經濟部標準檢驗局)

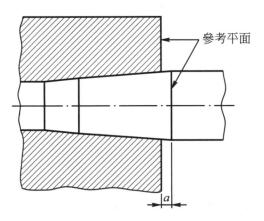

圖 L07-3　推入至規定尺寸可得之圓錐過盈配合【最終位置(P_f)以 a 距離而決定】
　　　　　(經濟部標準檢驗局)

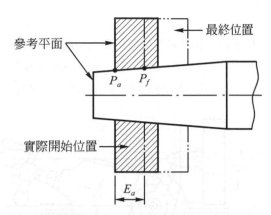

圖 L07-4　自實際開始位置(P_a)賦予規定軸向變位量(E_a)可得之圓錐過盈配合
【僅以規定之變位量(E_a)推入或壓住】(經濟部標準檢驗局)

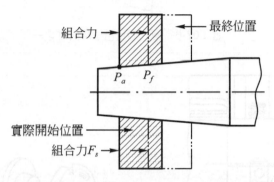

圖 L07-5　自實際開始位置(P_a)施加規定組合力可得之圓錐過盈配合
【以規定之組合力(F_s)推入或壓住】(經濟部標準檢驗局)

當指定圓錐配合時，應就相配合圓錐工件，各對在垂直於軸線之基準平面內共同之圓錐直徑，依圓錐直徑公差(T_D)指示上下尺寸偏差，或代以公差符號，應須依下列規定(CNS13536)(註 L07-10)：

1. 依設計上之構造配合時；圓錐工件之構造，應能為於最終位置決定兩圓錐相互軸向位置者。
2. 依指定軸向位置尺寸之配合時：指定圓錐工件之兩參考平面間之軸向距離，或必要時於兩圓錐上標示最終位置之符號。
3. 依指定軸向之配合時：指定自開始位置之最小軸向變位量($E_{a(min)}$)及最大軸向變位量($E_{a(max)}$)，或指定附許可差之平均值$\left\{\dfrac{1}{2}[(E_{a(max)}) + (E_{a(min)})]\right\}$。
4. 依規定組合力之配合：由實驗或計算所得，指定能獲得所需過盈組合力之最大值及最小值。

除上述規定外，基於製作上之理由，以依據基孔制配合為佳，如有較嚴格的要求時，則應再依錐度角度公差(A_T)，追加錐度角度之許可差及圓錐形狀公差(T_F)。

L07-5　複式刀具台車削錐度法

當工件之角度大，而錐度較短(不超過複式刀具台之運行距離)時，如工件之準確去角、斜齒輪毛胚等皆用複式刀具台法車削之。此種方法係偏轉複式刀具台，使其進刀方向(螺桿中心線)與工件成某一角度而產生錐度的車削。

複式刀具台可在其座上360°迴轉，並固定在任何所需之位置上，轉動座上之刻度隨製造廠商而異，但其功用則完全相同，通常刻度為180°，自90°－0°－90°或0°－90°－0°等，車削時工件之設定角度即為旋轉角度之依據，工件錐度若以錐度比1：x表示時，皆應先換算為設定角度。

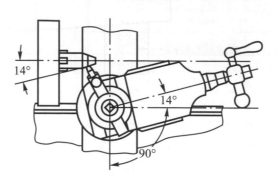

圖 L07-6　複式刀具台法車錐度之一

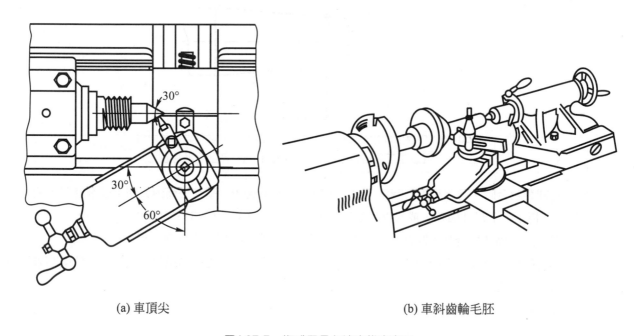

| (a) 車頂尖 | (b) 車斜齒輪毛胚 |

圖 L07-7　複式刀具台法車錐度之二

複式刀具台旋轉之方向視工作空間而定，設複式刀具台中心歸零時與橫向進刀平行(重疊)，則反時針轉動之角度為90°＋工件設定角度如圖 L07-6。工件設定角度為14°時，則其旋轉角度自中心線(橫向進刀)算起，轉動「了」90°＋14°＝104°，若順時針則轉工件設定角度之餘角如圖L07-7，工件設定角度為30°，則其旋轉角度，自中心線起轉「了」90°－30°＝60°。

利用複式刀具台車削錐度之操作步驟如下：

1. 上工件。

2. 計算旋轉角度。

3. 旋轉複式刀具台並固定之。

4. 畫錐度長。

5. 上刀具。

6. 試車。

7. 校正旋轉角度。

8. 粗車。

9. 細車。

10. 去毛頭。

　車削錐度之操作，係旋轉複式刀具台把手，使刀具沿複式刀具台滑板運行。

L07-6　刀尖位置與錐度之關係

　　各種不同車削錐度的方法，除因計算及測量之誤差而易導至錐度之誤差外(可以試車校正之)，有需共同注意者為刀尖須與工件中心等高，以避免因刀尖位置而產生之錐度誤差，如圖 L07-8 當刀尖與工件中心等高時(計算偏置量或錐度皆依此為準)之錐度為準確者，若因刀具裝置或更換時裝置太高如圖之a點，因其距離c為固定，則在L長之處的直徑將縮小為虛線所示，而使錐度產生誤差，故車削錐度時，務必使刀尖與工件中心等高。

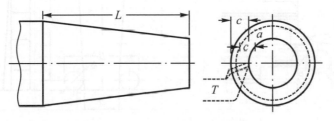

圖 L07-8　刀尖位置與錐度之關係

L07-7　錐度檢驗與切削深度

　　車削錐度均須試車並檢驗錐度，以利用如圖 L07-9 錐度塞規或環規最簡便，常以紅丹膏或普魯士藍沿軸均勻塗於規體上成一線，用手轉動規體一圈取出，檢視工件或規體之紅丹擴散的均勻與否即可判定其錐度比之準確與否。若錐度準確，再檢視其工件外端(外錐度工件)是否在"通過"規與"不通過"規之範圍內，以判斷工件之外錐度是否在合格範圍內，如工件小端距"通過"規尚有ℓ距離如圖 L07-10，則其應切削深度$C = \dfrac{\ell t}{2}$，其中 t 為錐度比$\dfrac{1}{x}$，例如車削 1：20 之錐度，經檢驗後知錐度比準確，但小端距"通過"規尚有 8mm，則車刀尚需進切削深度(C)多少？

解： $C = \dfrac{\ell t}{2} = \dfrac{8 \times \dfrac{1}{20}}{2} = 0.2\text{mm}$

　　　　即車刀尚需橫向進切削深度 0.2mm。

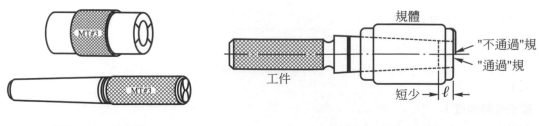

圖 L07-9　錐度規　　　　　　　圖 L07-10　錐度檢驗之一

欲度量錐度可用針盤指示錶測量如圖 L07-11，或圖 L07-12 以規矩塊及圓柱在距離 C 兩處計量之，則

$1：x = \dfrac{A-B}{C}$。並可計算小徑$d = B - \phi\left(1 + \cot\dfrac{90° - \dfrac{\alpha}{2}}{2}\right)$，式中$\phi$爲圓柱直徑，$\dfrac{\alpha}{2}$爲設定角度。內錐度工件可用錐度塞規檢驗如圖 L07-13。

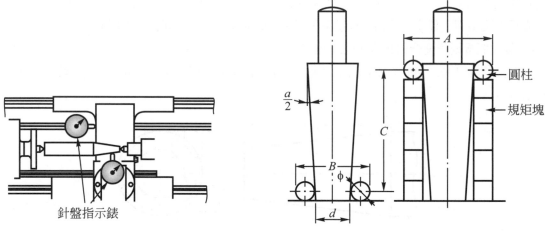

圖 L07-11　錐度檢驗之二　　　　　　圖 L07-12　錐度檢驗之三

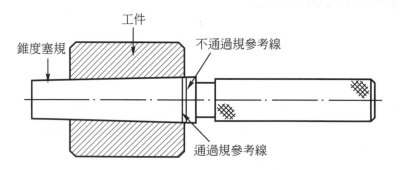

圖 L07-13　錐度塞規檢驗內錐度

學後評量

一、是非題

(　)1. 錐度的主要功用是迅速安裝且自然對準中心。

(　)2. 一工件大徑φ20、小徑φ16、圓錐度長度20mm，則其錐度比為1：5，其設定角度為11.46°。

(　)3. 一圓錐角度公差12級(AT12)，圓錐長度50mm，則其以長度為單位之公差值為0.1575μm。

(　)4. 車床心軸軸孔使用自緊錐度—莫氏錐度，銑床心軸軸孔使用自卸錐度—美國標準銑床錐度。

(　)5. 美國標準銑床錐度的錐度比是1：3.429。

(　)6. CNS公制工具圓錐的錐度比為1/20。

(　)7. 複式刀具台車錐度，當複式刀具台中心歸零時(與橫向進刀平行)，則順時針轉90°+工件設定角度。

(　)8. 錐度比係以直徑差與軸線距離計算之，因此車削時車刀尖應比工件中心高。

(　)9. 車削一1：10的錐度經檢驗後，知錐度比準確，惟距錐度規之「通過規」，尚有5mm，則車刀尚須橫向進刀切削深度2.5mm。

(　)10. 以相差20mm之規矩塊與φ6之圓桿測量一工件錐度，得知大徑φ32.10，小徑φ30.08，則其錐度比為0.101。

二、選擇題

(　)1. 一工件大徑φ30，小徑φ22，圓錐長度40mm，則其錐度比為　(A)1：5　(B)1：10　(C)1：20　(D)1：30　(E)1：40。

(　)2. 一工件之錐度比為1：20，則其設定角度為　(A)5.73°　(B)2.87°　(C)1.43°　(D)0.95°　(E)0.72°。

(　)3. 圓錐長度(L)30mm，錐度角度公差級別為AT12時，其錐度角度公差(AT$_a$)為4000μrad，則其圓錐直徑公差(AT$_D$)為　(A)30　(B)60　(C)90　(D)120　(E)400　μm。

(　)4. 車床心軸軸孔是　(A)公制錐度　(B)莫氏錐度　(C)1：3.429　(D)1：5　(E)1：10。

(　)5. 中國國家標準公制錐度之錐度比為　(A)1：5　(B)1：10　(C)1：20　(D)1：30　(E)1：40。

(　)6. 美國標準銑床錐度之錐度比為　(A)1：0.289　(B)1：0.65　(C)1：0.866　(D)1：3.429　(E)1：5。

(　)7. 以複式刀具台車削錐度角度60°之工件，設複式刀具台中心歸零時與橫向進刀平行，則反時針應轉"了"幾度？　(A)15°　(B)30°　(C)60°　(D)90°　(E)120°。

(　)8. 車削錐度時，車刀刀尖須與工件中心　(A)低0.5mm　(B)等高　(C)高0.5mm　(D)高1mm　(E)高2mm。

(　)9. 車削錐度比為1：20之工件，經檢驗後知錐度比準確，但小端距"通過規"尚有5mm，則車刀尚需進切削深度若干？　(A)0.125　(B)0.25　(C)0.50　(D)1.25　(E)2.5　mm。

( )10. 以20mm規矩塊及φ6圓柱,測量一錐度工件,得知大徑為φ40.34,小徑為φ39.34,則其錐度比
為 (A)1：5 (B)1：10 (C)1：15 (D)1：19 (E)1：20。

參考資料

註 L07-1 ：經濟部標準檢驗局:圓錐錐度。台北,經濟部標準檢驗局,民國84年,第1～2頁。

註 L07-2 ：同註 L07-1,第3頁。

註 L07-3 ：經濟部標準檢驗局:圓錐公差制度。台北,經濟部標準檢驗局,民國84年,第1～4頁。

註 L07-4 ：經濟部標準檢驗局:一般許可差(機械切削)。台北,經濟部標準檢驗局,民國76年,第1頁。

註 L07-5 ：經濟部標準檢驗局:工具圓錐(莫氏圓錐0－6及公制圓錐80－200,有扁頭)。台北,經濟部
標準檢驗局,民國61年,第1頁。

註 L07-6 ：經濟部標準檢驗局:工具圓錐(公制圓錐9－200,有扁頭)。台北,經濟部標準檢驗局,民國
61年,第1～2頁。

註 L07-7 ：經濟部標準檢驗局:工具圓錐(公制圓錐4－200,無扁頭)。台北,經濟部標準檢驗局,民國
61年,第1～2頁。

註 L07-8 ：經濟部標準檢驗局:銑床心軸端部。台北,經濟部標準檢驗局,民國69年,第1頁。

註 L07-9 ：經濟部標準檢驗局:圓錐配合。台北,經濟部標準檢驗局,民國84年,第1頁。

註 L07-10：同註 L07-9,第2-4頁。

實用機工學知識單

項目	尾座偏置法與錐度切削裝置車錐度	學習目標	能正確的說出尾座偏置法與錐度切削裝置車削錐度的方法

前 言

錐度短或角度大的工件適用複式刀具台車錐度；工件之錐度長度較長或錐度較小(視車床規格而定，小車床以不超過 1：16 較佳)之兩頂尖間工件適用尾座偏置法車錐度；工件之錐度較大，錐度長度不超過錐度切削裝置之範圍，或長內錐孔之車削，則使用錐度切削裝置車錐度。

說 明

L08-1 尾座偏置法

尾座偏置法係使尾座向一側偏離，使車頭中心與尾座中心產生偏離，而以車外圓的方法車成錐度如圖 L08-1。

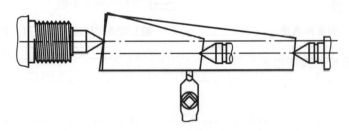

圖 L08-1　尾座偏置法車錐度

尾座偏置量之計算公式為 $\frac{1}{x}\times\frac{1}{2}\times L$，式中 L 為工件全長或兩頂尖間距離。例如欲車削如圖 L08-2 之工件，其尾座偏置量為多少？

解： 　錐度 $=\dfrac{D-d}{L}=\dfrac{20-15}{60}=\dfrac{1}{12}$

　　　偏置量 $=\dfrac{1}{12}\times\dfrac{1}{2}\times 90=3.75mm$

由上式知，偏置量係依工件之錐度比及全長而變化，當偏置量一定時，工件錐度之大小隨工件之長度而變化，參見圖 L08-1，如欲將長度不同之工件車成同一錐度比，則工件長度愈長尾座偏置量愈大。

調整尾座之偏置，須先放鬆尾座固定於床座之夾緊桿，依偏置方向調整"調整螺絲"，如圖 L08-3 則應放鬆 F 上緊 G。而後測量偏置量，偏置量之測量方法有三：

(1)檢查尾座上下座標線之距離，參見圖 L08-3。

(2)將尾座推近頭座，使兩頂尖靠近，以鋼尺測量之如圖 L08-4。

(3)利用橫向進刀分度圈或以針盤指示錶讀出尾座偏置前後之讀數，如圖 L08-5。

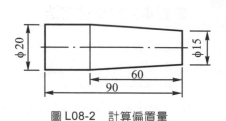

圖 L08-2　計算偏置量

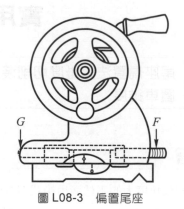

圖 L08-3　偏置尾座

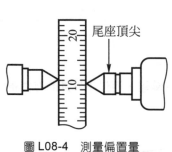

圖 L08-4　測量偏置量

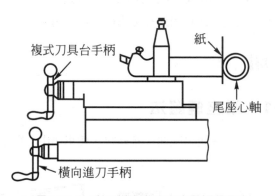

圖 L08-5　利用橫向進刀分度圈偏置尾座

　　尾座偏置法車削錐度之操作如下：

1.　計算偏置量。

2.　調整偏置量。

3.　檢查偏置量。

4.　上工件(已鑽兩頂尖孔)。

5.　上刀具(刀尖高度對準工件中心)。

6.　試車。

7.　校正偏置量。

8.　粗車。

9.　細車。

10.　除毛頭。

　　錐度均須試車及校驗錐度，因調整偏置時除計算上及測量之誤差外，尚因工件長度(兩頂尖距離)未能確實測量之故，校驗時可用錐度規(taper gage)測量之(參考"複式刀具台車錐度"單元)。假設尾座係偏向操作者，參見圖 L08-1，試車之後發現小端太小，則表示尾座偏置量太多，應予重新調整直至準確。此種車削錐度法因兩頂尖距離難以保持一定，且尾座頂尖孔易於磨損，故不適大量生產，雖尾座頂尖可用球形頂尖如圖 L08-6 獲得改善，但原則上每一工件皆需試車，才能獲得良好之精度。

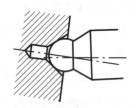

圖 L08-6　球形頂尖

L08-2　錐度切削裝置法

利用錐度切削裝置(taper attachment)車削錐度，具有下列優點(註 L08-1)：

1.　車床兩頂尖與工件中心同在一直線上避免工件中心孔變形而影響精度。
2.　車削時工件長度或錐度長度不影響錐度。
3.　對準容易不必每件試車，適於大量生產。
4.　搪長錐孔唯一方法；錐度上車螺紋方法之一。
5.　比尾座偏置法可獲得較大之偏置量。

錐度切削裝置之車削，係使車床之兩頂尖上保持在一直線上，而以切削裝置上導板引導刀具逐漸離開或接近中心線，以達成車削錐度之目的，其構造隨各廠家而異，錐度切削裝置之橫向導板自由運動的方式有套筒式與滑塊式，如圖 L08-7 及圖 L08-8。

圖 L08-7　錐度切削裝置(套筒式)(特根企業公司)

圖 L08-8　錐度切削裝置(滑塊式)(特根企業公司)

套筒式進刀螺桿(telescopic feed screw)如圖 L08-9，橫向進刀螺桿 B 套於套筒 A 內，另一端連接於錐度切削裝置之導塊，當橫向進刀時螺桿因鍵D之連接而產生運行，當導塊隨導板運行時螺桿因有鍵槽，可在鍵上前後運行，而引導橫向滑塊 C 之運動，圖中 XY 表示大徑與小徑之間螺桿位置之差異及運行距離。

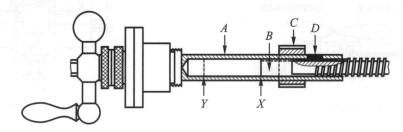

圖 L08-9　套筒式進刀螺桿

　　錐度滑塊(taper slide)如圖 L08-10，錐度滑塊 D 係裝於橫向滑板 B 與床鞍 F 之間，當橫向進刀時 D 為螺絲 E 所固定，橫向滑板 B 以 D 為基座在 D 上滑動。當使用錐度切削裝置時 E 放鬆使 A、B、C、D 之總成以 F 基座滑動，而使刀具遠離或接近中心線。

　　使用錐度切削裝置時，先瞭解工件之構造後再算其偏置量，一般錐度切削裝置之一端以角度表示，一端以$\frac{1}{100}$或$\frac{1}{200}$刻度表示如圖 L08-11。角度之偏置量為其設定角度，方向視工件之錐度方向而定。若以 1：x 表示工件之錐度時，其偏置量為：

　　設刻度每格代表$\frac{1}{100}$，則偏置量$= \frac{1：x}{\frac{1}{100}} = \frac{1}{x} \times 100$，式中 1：x 代表工件之錐度比。

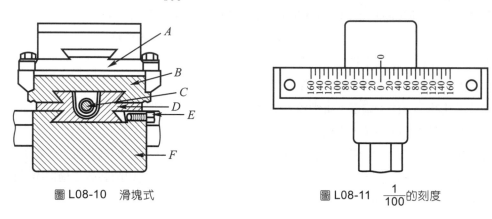

圖 L08-10　滑塊式　　　　　　　　　圖 L08-11　$\frac{1}{100}$的刻度

例： 欲車莫氏 3 號錐度(錐度比 1：19.922)應偏置若干？設刻度每格代表$\frac{1}{100}$。

解： 偏置量$= \frac{1}{x} \times 100 = \frac{1}{19.922} \times 100 \doteqdot 5$ 格

　　其偏置方向視工件錐度方向而定，皆使導板之中心與工件錐度車削線平行如圖 L08-12。

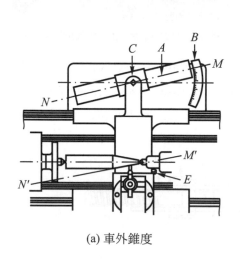

(a) 車外錐度

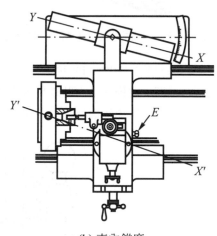

(b) 車內錐度

圖 L08-12　錐度切削裝置車錐度

利用錐度切削裝置車錐度時，橫向進刀螺桿與螺帽間之無效運動(lost motion)或背隙應予消除，以免因無效運動而影響錐度之精確。且刀尖應與工件中心等高並試車及檢驗。

L08-3 成形刀法

成形刀法係利用成形刀直接車削，錐度長度短而角度大，或錐度比不需精確之去角皆適用如圖 L08-13，唯需注意刀架與工具機本身是否可勝任其寬面進刀所產生之震動，以免無法獲得預期之精度及表面粗糙度，錐度大者宜用橫向進刀，反之宜用縱向進刀，則較可避免其震動。

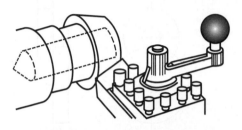

圖 L08-13　成形刀法車錐度

學後評量

一、是非題

( )1. 使用錐度切削裝置車削長內錐孔是最佳方法。

( )2. 使用尾座偏置法車一全長 200mm 的工件，其右端車一 1：20 的錐度，則其偏置量為 10mm。

( )3. 尾座偏置法車錐度之尾座頂尖最好用球形頂尖。

( )4. 錐度切削裝置每格代表 $\frac{1}{100}$，欲車 $\frac{1}{20}$ 的錐度，則應偏置 10 格。

( )5. 成形刀法車大錐度宜用縱向進刀，小錐度宜用橫向進刀。

二、選擇題

( )1. 搪長錐孔最好的方法是　(A)複式刀具台法　(B)尾座偏置法　(C)錐度切削裝置法　(D)成形刀法　(E)縱向自動進刀法。

( )2. 錐度長度短或角度大且錐度比不需精確的工件，宜用何種方法切削錐度？　(A)複式刀具台法　(B)尾座偏置法　(C)錐度切削裝置法　(D)成形刀法　(E)縱向自動進刀法。

( )3. 一工件大徑 ϕ30，小徑 ϕ28，錐度長度 20mm，工件全長 100mm，欲使用尾座偏置法車錐度，則其尾座置量為若干 mm？　(A)3　(B)5　(C)6　(D)8　(E)10　mm。

( )4. 利用尾座偏置法試車錐度時，若工件在尾座端直徑較小，則應　(A)尾座偏近操作者　(B)尾座偏離操作者　(C)車頭偏離操作者　(D)車頭偏近操作者　(E)車頭及尾座同時偏離操作者。

( )5. 一工件錐度比 1：20，使用刻度每格代表 $\frac{1}{100}$ 的錐度切削裝置車削錐度時，則應偏置若干格？　(A)1　(B)2　(C)3　(D)4　(E)5　格。

參考資料

註 L08-1：South Bend Lathe. *How to run a lathe*. Indiana: South Bend Lathe, 1966, p.62.

實用機工學知識單

項目	螺紋各部份名稱與規格	學習目標	能正確的說出螺紋各部份名稱與規格

前 言

工具機、工具、機件上常有螺紋存在，用以傳送動力、控制運動、運送材料及固定機件等。

說 明

L09-1 螺紋各部份名稱

螺紋各部份名稱如圖 L09-1(CNS4219)(註 L09-1)。

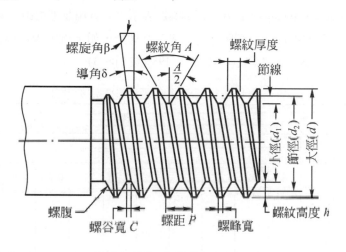

圖 L09-1 螺紋各部份名稱

1. 大徑(major diameter)(d)(D)：螺紋之最大直徑，在外螺紋時稱為外徑(outside diameter)(d)，在內螺紋時亦稱為全徑(full diameter)(D)。

2. 小徑(minor diameter)(d_1)(D_1)：螺紋之最小直徑，在外螺紋時稱為根徑(core diameter)(d_1)，在內螺紋時亦稱為內徑(inside diameter)(D_1)。

3. 節徑(pitch diameter)(d_2)(D_2)：為一假想圓柱體之直徑，其圓周在螺紋斷面牙溝寬等於螺距之半或相當於牙厚處，在外螺紋以d_2表示，在內螺紋以D_2表示。

4. 軸線(axis)：通過螺紋的一條假想中心線。

5. 螺距(pitch)(P)：螺紋上任意一點至相鄰牙之對應點沿軸線之距離，亦稱為節距或螺節。

6. 導程(lead)(L)：螺紋上任意一點繞行一周沿軸移動之距離，在單螺紋時等於螺距，雙螺紋時為螺距兩倍，以此類推，即L＝P×螺紋開口線數。

7. 螺紋角(angle of thread)(A)：爲螺紋兩邊之夾角，如 ISO 標準螺紋爲 60°。

8. 導角(lead angle)(δ)：節徑上螺紋之螺旋線與軸線之垂直線所構成之夾角，導角之求法爲$\tan\delta=\dfrac{L}{\pi d_2}$。

9. 螺旋角(helix angle)(β)：節徑上螺旋線與軸線所構成之夾角，螺旋角之求法爲$\tan\beta=\dfrac{\pi d_2}{L}$。

10. 螺峰(crest)：亦稱螺頂，外螺紋外徑上之螺紋面，或內螺紋內徑上之螺紋面。

11. 螺谷(root)：亦稱螺根，爲外螺紋根徑上之螺紋面，或內螺紋全徑之螺紋面。

12. 螺腹(flank)：螺峰與螺谷連結之平面。

13. 螺紋高度(height of thread)(h)：螺峰與螺谷之垂直距離，爲大徑與小徑差之半。即$h=\dfrac{d-d_1}{2}$。

14. 螺紋接觸高度(thread overlap)(H_1)：螺紋配合後產生作用之螺紋高度。

15. 螺紋厚度(thickness of thread)：螺紋兩邊在節徑圓周上沿軸線所量取之長度。

L09-2　螺紋制度

爲使螺紋之間能給予互換，一般工件皆以標準螺紋製之。

國際標準螺紋(ISO screw thread)：以其大徑與螺距表示之，有粗及細螺距之分，如 M5×0.8 即表示公制螺紋，大徑 5mm，螺距 0.8mm。粗螺距亦可不表示其螺距，如上例則表示爲 M5 即可(CNS4317)(註 L09-2)。中國國家標準採用 ISO 公制系統(CNS497、498)(註 L09-3)。

表 L09-1　公制螺紋(經濟部標準檢驗局)　　　　　　單位：mm

公稱尺寸 ①			螺距											
				細										
(1)	(2)	(3)	粗	6	4	3	2	1.5	1.25	1	0.75	0.5	0.35	0.25	0.2
1			0.25												0.2
	1.1		0.25												0.2
1.2			0.25												0.2
	1.4		0.3												0.2
1.6			0.35												0.2
	1.8		0.35												0.2
2			0.4											0.25	
	2.2		0.45											0.25	
2.5			0.45										0.35		
3			0.5										0.35		
	3.5		0.6										0.35		
4			0.7								0.5				

表 L09-1　公制螺紋(經濟部標準檢驗局) (續)　　　單位：mm

(1)	(2)	(3)	粗	6	4	3	2	1.5	1.25	1	0.75	0.5	0.35	0.25	0.2
	4.5		0.75									0.5			
5			0.8									0.5			
		5.5										0.5			
6			1								0.75				
		7	1								0.75				
8			1.25							1	0.75				
		9	1.25							1	0.75				
10			1.5						1.25	1	0.75				
		11	1.5							1	0.75				
12			1.75					1.5	1.25	1					
	14		2					1.5	1.25②	1					
		15						1.5		1					
16			2					1.5		1					
		17						1.5		1					
	18		2.5				2	1.5		1					
20			2.5				2	1.5		1					
	22		2.5				2	1.5		1					
24			3				2	1.5		1					
		25					2	1.5		1					
		26						1.5							
	27		3				2	1.5		1					
		28					2	1.5		1					
30			3.5			(3)④	2	1.5		1					
		32					2	1.5							
	33		3.5			(3)④	2	1.5							
		35③						1.5							
36			4			3	2	1.5							
		38						1.5							
	39		4			3	2	1.5							
		40				3	2	1.5							
42			4.5		4	3	2	1.5							
	45		4.5		4	3	2	1.5							
48			5		4	3	2	1.5							

表 L09-1　公制螺紋(經濟部標準檢驗局) (續)　　　　　　單位：mm

公稱尺寸①			螺距												
(1)	(2)	(3)	粗	\細 6	4	3	2	1.5	1.25	1	0.75	0.5	0.35	0.25	0.2
	52	50				3	2	1.5							
			5		4	3	2	1.5							
		55			4	3	2	1.5							
56			5.5		4	3	2	1.5							
		58			4	3	2	1.5							
	60		5.5		4	3	2	1.5							
		62			4	3	2	1.5							
64			6		4	3	2	1.5							
		65			4	3	2	1.5							
	68		6		4	3	2	1.5							
		70		6	4	3	2	1.5							
72				6	4	3	2	1.5							
		75			4	3	2	1.5							
	76			6	4	3	2	1.5							
		78					2								
80				6	4	3	2	1.5							
		82					2								
	85			6	4	3	2								
90				6	4	3	2								
	95			6	4	3	2								
100				6	4	3	2								

註：①公稱尺寸優先採用第(1)欄，必要時選用第(2)、(3)欄。　②M14×1.25 螺紋，限用於內燃機火星塞。
　　③M35 螺紋，限用於軸承之鎖緊螺帽。　　　　　　　④括弧內之螺距避免採用。

L09-3　公差與配合

螺紋之公差等級、內螺紋為 G、H，外螺紋為 e、g、h，精度等級如下(CNS529)(L09-5)：

內螺紋小徑(D_1)：4、5、6、7、8 級

外螺紋大徑(d)：4、6、8 級

內螺紋節徑(D_2)：4、5、6、7、8 級

外螺紋節徑(d_2)：3、4、5、6、7、8、9 級

選擇時依接觸長度之長(L)、正常(N)、短(S)，配合品級(tolerance quality)之粗(C)、中(M)、細(F)而組合之，如 M10×1.25 － 6H/7h6h。常用之公差與配合如表 L09-2(CNS529)、表 L09-3(CNS529)、表 L09-4 (CNS530)(註 L09-6)及表 L09-5(CNS531)(註 L09-7)。

表 L09-2　常用公差(內螺紋)(經濟部標準檢驗局)

配合品級	公差位置 G			公差位置 H		
	S	N	L	S	N	L
F				(4H)	(5H)	(6H)
M	5G	6G	7G	5H	6H	7H
C		7G	8G		(7H)	(8H)

註：有方框者第一優先，括弧者第二優先，餘者避免使用。

表 L09-3　常用公差(外螺紋)(經濟部標準檢驗局)

配合品級	公差位置 e			公差位置 g			公差位置 h		
	S	N	L	S	N	L	S	N	L
F							3h4h	4h	5h4h
M		6e	7e6e	5g6g	6g	7g6g	5h6h	(6h)	7h6h
C					(8g)	9g8g			

註：有方框者第一優先，括弧者第二優先，餘者避免使用。

　6H、6g 為商用螺釘、螺帽所選用。

內外螺紋粗牙系列
配合品級：M
接觸長度：N
表 L09-4　螺紋接觸長度(經濟部標準檢驗局)　公差等級：6H、6g

螺紋尺寸	螺紋接觸長度		螺紋尺寸	螺紋接觸長度	
	以上	以下(包含)		以上	以下(包含)
M1*	0.6	1.7	M7	3	9
M1.1*	0.6	1.7	M8	4	12
M1.2*	0.6	1.7	M10	5	15
M1.4*	0.7	2	M12	6	18
M1.6	0.8	2.6	M14	8	24
M1.8	0.8	2.6	M16	8	24
M2	1	3	M18	10	30
M2.2	1.3	3.8	M20	10	30
M2.5	1.3	3.8	M22	10	30
M3	1.5	4.5	M24	12	36
M3.5	1.7	5	M27	12	36
M4	2	6	M30	15	45
M4.5	2.2	6.7	M33	15	45
M5	2.5	7.5	M36	18	53
M6	3	9	M39	18	53

*內螺紋 M1.4 以下之配合品級 F、公差等級 5H。外螺紋 M1.4 以下之公差等級 6h。

ES, es ＝上偏差
EI, ei ＝下偏差

表 L09-5　常用配合與偏差(摘錄自 CNS531)(經濟部標準檢驗局)

大徑 以上 mm	大徑 以下(包含) mm	螺距 mm	內螺紋 精度等級	節徑 ES μm	節徑 EI μm	小徑 ES μm	小徑 EI μm	外螺紋 精度等級	大徑 es μm	大徑 ei μm	節徑 es μm	節徑 ei μm	小徑(供應力計算等) μm
11.2	22.4	1	—	—	—	—	—	3h4h	0	− 112	0	− 60	− 144
			4H	+ 100	0	+ 150	0	4h	0	− 112	0	− 75	− 144
			5G	+ 151	+ 26	+ 216	+ 26	5g6g	− 26	− 206	− 26	− 121	− 170
			5H	+ 125	0	+ 190	0	5h4h	0	− 112	0	− 95	− 144
			—	—	—	—	—	5h6h	0	− 180	0	− 95	− 144
			—	—	—	—	—	6e	− 60	− 240	− 60	− 178	− 204
			6G	+ 186	+ 26	+ 262	+ 26	6g	− 26	− 206	− 26	− 144	− 170
			6H	+ 160	0	+ 236	0	6h	0	− 180	0	− 118	− 144
			—	—	—	—	—	7e6e	− 60	− 240	− 60	− 210	− 204
			7G	+ 226	+ 26	+ 326	+ 26	7g6g	− 26	− 206	− 26	− 176	− 170
			7H	+ 200	0	+ 300	0	7h6h	0	− 180	0	− 150	− 144
			8G	+ 276	+ 26	+ 401	+ 26	8g	− 26	− 306	− 26	− 216	− 170
			8H	+ 250	0	+ 375	0	9g8g	− 26	− 306	− 26	− 262	− 170
		1.25	—	—	—	—	—	3h4h	0	− 132	0	− 67	− 180
			4H	+ 112	0	+ 170	0	4h	0	− 132	0	− 85	− 180
			5G	+ 168	+ 28	+ 240	+ 28	5g6g	− 28	− 240	− 28	− 134	− 208
			5H	+ 140	0	+ 212	0	5h4h	0	− 132	0	− 106	− 180
			—	—	—	—	—	5h6h	0	− 212	0	− 106	− 180
			—	—	—	—	—	6e	− 63	− 275	− 63	− 195	− 243
			6G	+ 208	+ 28	+ 293	+ 28	6g	− 28	− 240	− 28	− 134	− 208
			6H	+ 180	0	+ 265	0	6h	0	− 212	0	− 132	− 180
			—	—	—	—	—	7e6e	− 63	− 275	− 63	− 233	− 243
			7G	+ 252	+ 28	+ 363	+ 28	7g6g	− 28	− 240	− 28	− 198	− 208
			7H	+ 224	0	+ 335	0	7h6h	0	− 212	0	− 170	− 180
			8G	+ 308	+ 28	+ 453	+ 28	8g	− 28	− 363	− 28	− 240	− 208
			8H	+ 280	0	+ 425	0	9g8g	− 28	− 363	− 28	− 293	− 208
		1.5	—	—	—	—	—	3h4h	0	− 150	0	− 71	− 217
			4H	+ 118	0	+ 190	0	4h	0	− 150	0	− 90	− 217
			5G	+ 182	+ 32	+ 268	+ 32	5g6g	− 32	− 268	− 32	− 144	− 249
			5H	+ 150	0	+ 236	0	5h4h	0	− 150	0	− 112	− 217
			—	—	—	—	—	5h6h	0	− 236	0	− 112	− 217

ES, es ＝上偏差
EI, ei ＝下偏差

表 L09-5　常用配合與偏差(摘錄自 CNS531)(經濟部標準檢驗局) (續)

以上 mm	以下(包含) mm	螺距 mm	精度等級	節徑 ES μm	節徑 EI μm	小徑 ES μm	小徑 EI μm	精度等級	大徑 es μm	大徑 ei μm	節徑 es μm	節徑 ei μm	小徑 (供應力計算等) μm
11.2	22.4	1.5	—	—	—	—	—	6e	− 67	− 303	− 67	− 207	− 284
			6G	+ 222	+ 32	+ 332	+ 32	6g	− 32	− 268	− 32	− 172	− 249
			6H	+ 190	0	+ 300	0	6h	0	− 236	0	− 140	− 217
			—	—	—	—	—	7e6e	− 67	− 303	− 67	− 247	− 284
			7G	+ 268	+ 32	+ 407	+ 32	7g6g	− 32	− 268	− 32	− 212	− 249
			7H	+ 236	0	+ 375	0	7h6h	0	− 236	0	− 180	− 217
			8G	+ 332	+ 32	+ 507	+ 32	8g	− 32	− 407	− 32	− 256	− 249
			8H	+ 300	0	+ 475	0	9g8g	− 32	− 407	− 32	− 312	− 249
		1.75	—	—	—	—	—	3h4h	0	− 170	0	− 75	− 253
			4H	+ 125	0	+ 212	0	4h	0	− 170	0	− 95	− 253
			5G	+ 194	+ 34	+ 299	+ 34	5g6g	− 34	− 299	− 34	− 152	− 287
			5H	+ 160	0	+ 265	0	5h4h	0	− 170	0	− 118	− 253
								5h6h	0	− 265	0	− 118	− 253
			—	—	—	—	—	6e	− 71	− 336	− 71	− 221	− 324
			6G	+ 234	+ 34	+ 369	+ 34	6g	− 34	− 299	− 34	− 184	− 287
			6H	+ 200	0	+ 335	0	6h	0	− 265	0	− 150	− 253
			—	—	—	—	—	7e6e	− 71	− 336	− 71	− 261	− 324
			7G	+ 284	+ 34	+ 459	+ 34	7g6g	− 34	− 299	− 34	− 224	− 287
			7H	+ 250	0	+ 425	0	7h6h	0	− 265	0	− 190	− 253
			8G	+ 349	+ 34	+ 564	+ 34	8g	− 34	− 459	− 34	− 270	− 287
			8H	+ 315	0	+ 530	0	9g8g	− 34	− 459	− 34	− 334	− 287
		2	—	—	—	—	—	3h4h	0	− 180	0	− 80	− 289
			4H	+ 132	0	+ 236	0	4h	0	− 180	0	− 100	− 289
			5G	+ 208	+ 38	+ 338	+ 38	5g6g	− 38	− 318	− 38	− 163	− 327
			5H	+ 170	0	+ 300	0	5h4h	0	− 180	0	− 125	− 289
								5h6h	0	− 280	0	− 125	− 289
			—	—	—	—	—	6e	− 71	− 351	− 71	− 231	− 360
			6G	+ 250	+ 38	+ 413	+ 38	6g	− 38	− 318	− 38	− 198	− 327
			6H	+ 212	0	+ 375	0	6h	0	− 280	0	− 160	− 289
			—	—	—	—	—	7e6e	− 71	− 351	− 71	− 271	− 360
			7G	+ 303	+ 38	+ 513	+ 38	7g6g	− 38	− 318	− 38	− 238	− 327

ES, es ＝上偏差
EI, ei ＝下偏差

表 L09-5　常用配合與偏差(摘錄自 CNS531)(經濟部標準檢驗局) (續)

大徑			內螺紋						外螺紋					
以上 mm	以下 (包含) mm	螺距 mm	精度等級	節徑		小徑		精度等級	大徑		節徑		小徑
				ES μm	EI μm	ES μm	EI μm		es μm	ei μm	es μm	ei μm	(供應力計算等) μm
11.2	22.4	2	7H	＋265	0	＋475	0	7h6h	0	－280	0	－200	－289
			8G	＋373	＋38	＋638	＋38	8g	－38	－488	－38	－288	－327
			8H	＋335	0	＋600	0	9g8g	－38	－488	－38	－353	－327
		2.5	—	—	—	—	—	3h4h	0	－212	0	－85	－361
			4H	＋140	0	＋280	0	4h	0	－212	0	－106	－361
			5G	＋222	＋42	＋397	＋42	5g6g	－42	－377	－42	－174	－403
			5H	＋180	0	＋355	0	5h4h	0	－212	0	－132	－361
			—	—	—	—	—	5h6h	0	－335	0	－132	－361
			—	—	—	—	—	6e	－80	－415	－80	－250	－441
			5G	＋266	＋42	＋492	＋42	6g	－42	－377	－42	－212	－403
			6H	＋224	0	＋450	0	6h	0	－335	0	－170	－361
			—	—	—	—	—	7e6e	－80	－415	－80	－292	－441
			7G	＋322	＋42	＋602	＋42	7g6g	－42	－377	－42	－254	－403
			7H	＋280	0	＋560	0	7h6h	0	－335	0	－212	－361
			8G	＋397	＋42	＋752	＋42	8g	－42	－572	－42	－307	－403
			8H	＋355	0	＋710	0	9g8g	－42	－572	－42	－377	－403

L09-4　螺紋種類

1.　依螺紋於工件之外側或內側分為外螺紋(external thread)如螺栓之螺紋，內螺紋(internal thread)如螺帽之螺紋。

2.　依螺旋之左右旋分為左旋螺紋及右旋螺紋：螺旋方向反時針方向前進，或面對螺紋由左上向右下傾斜著如圖 L09-2(a)稱為左旋螺紋(left-hand thread)；螺紋方向順時針方向前進，或面對螺紋時螺紋由右上向左下斜如圖(b)，或以右手拇指表示其螺紋前進方向，則餘四指表示其螺旋方向如圖 L09-3，為右旋螺紋(right-hand thread)。

3.　依其開口線數分：⑴單螺紋(single-start thread)係指導程與螺距相等者，如圖 L09-4(a)；⑵複螺紋(multi-start thread)：切製彼此互相平行之兩螺旋槽或以上之螺紋。如雙螺紋(double-start thread)兩螺旋槽彼此平行，其導程為螺距兩倍如圖(b)，三螺紋(tripl-start thread)即三螺旋槽彼此平行，其導程為螺距之三倍如圖(c)，餘類推。

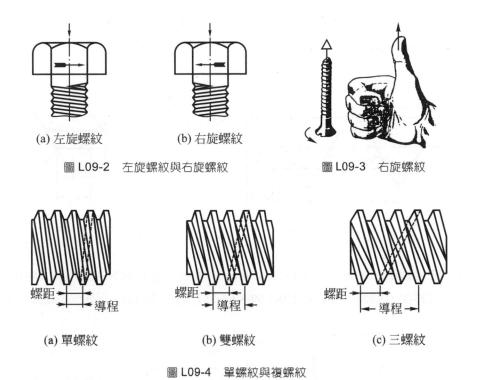

(a) 左旋螺紋　　　　(b) 右旋螺紋

圖 L09-2　左旋螺紋與右旋螺紋　　　　圖 L09-3　右旋螺紋

(a) 單螺紋　　　　(b) 雙螺紋　　　　(c) 三螺紋

圖 L09-4　單螺紋與複螺紋

4. 依螺紋之形狀(form)分：

(1) 公制螺紋(ISO metric screw thread)：基本輪廓(basic profile)之螺紋角 60°，螺紋高度 $\frac{5}{8}$H，螺峰平頂，寬度 $\frac{P}{8}$，螺谷平底，寬度 $\frac{P}{4}$ 如圖 L09-5。中國國家標準螺紋形狀與 ISO 同(CNS496)(註 L09-8)。

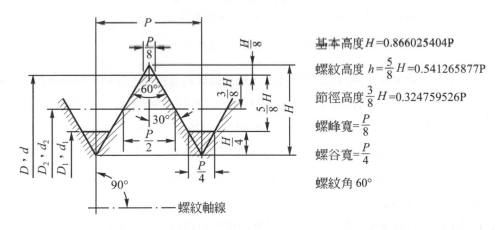

基本高度 $H = 0.866025404P$

螺紋高度 $h = \frac{5}{8}H = 0.541265877P$

節徑高度 $\frac{3}{8}H = 0.324759526P$

螺峰寬 $= \frac{P}{8}$

螺谷寬 $= \frac{P}{4}$

螺紋角 60°

圖 L09-5　國際標準公制螺紋之基本輪廓(經濟部標準檢驗局)

公制粗螺紋之基本輪廓如圖 L09-6(CNS497)(註 L09-9)，其內螺紋或外螺紋的實際螺谷之輪廓不得在任何點超越其基本輪廓，對外螺紋而言，最好規定螺谷之半徑不得小於 0.1P，即約相當於一個最大截頂

為 $\frac{3}{16}$ H之輪廓上限，與一個最小截頂為 $\frac{H}{8}$ 之輪廓下限，如圖L09-7(CNS529)(註L09-10)。在最大實體狀況時之設計輪廓(design profile)參見圖L09-6。

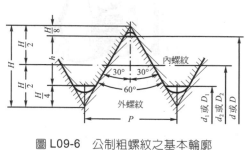

圖 L09-6　公制粗螺紋之基本輪廓
(經濟部標準檢驗局)

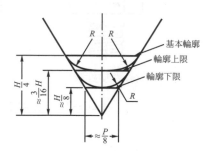

圖 L09-7　外螺紋螺谷之輪廓
(經濟部標準檢驗局)

(2)　公制梯形螺紋(metric trapezoidal screw threads)(螺紋符號 Tr)(CNS4317)(註 L09-11)：為一種動力輸送用之螺紋，其螺紋角為 30°如圖 L09-8(CNS511)(註L09-12)，以外徑與螺距表示之如 Tr24×5。

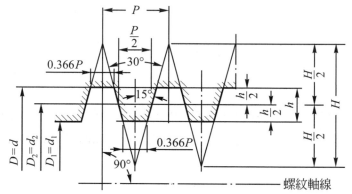

外螺紋螺紋高度 h =0.5P+a_c
內螺紋螺紋高度 h_1 =0.5P+a_c
螺紋角 30°
(a_c 為餘隙)
P=2～5mm，a_c=0.25
P=6～12mm，a_c=0.5

圖 L09-8　公制梯形螺紋(CNS511)

(3)　蝸桿螺紋(worm threads)與梯形螺紋相似，唯其螺紋高度較高，螺峰與螺谷則較窄，適用於速動(quick-action)用螺紋如蝸桿傳動。若蝸輪壓力角 20°則採用 40°螺紋角，則螺紋高度 H ＝ 2m ＋ c，式中 m 為模數，c 為間隙(四線以下為 0.2m)(CNS5279)(註 L09-13)。

(4)　方螺紋(square threads)：兩螺腹垂直於軸，螺峰寬與螺紋高度皆為 0.5P 如圖 L09-9，用於傳送較大之動力，無喫合現象，減少接觸面積。製造時常將螺帽之尺寸加大適當之間隙，且將兩邊各傾斜微小角度使配合容易。

(5)　鋸齒形螺紋(buttress threads)：(螺紋符號Bu)(CNS4317)(註L09-14)如圖L09-10，適用於單面受力之動力傳送，兼有方螺紋之強度及 V 形螺紋之效率，用以擔負較大之負載，製造時常使垂直面微微傾斜(3°)，以使配合容易。

(6)　滾珠螺紋(ball threads)：係將滾珠置於螺桿與螺帽間，循環流動如圖 L09-11，使滑動摩擦改變為滾動摩擦以減少摩擦係數,且可防止無效運動,為數值控制工具機或精密傳動所必備之螺桿傳動用螺紋,圖 L09-12 示一哥德拱門式(Gothic arch form)滾珠螺紋。

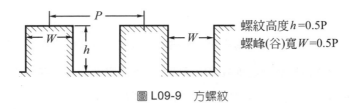

螺紋高度 h=0.5P
螺峰(谷)寬 W=0.5P

圖 L09-9　方螺紋

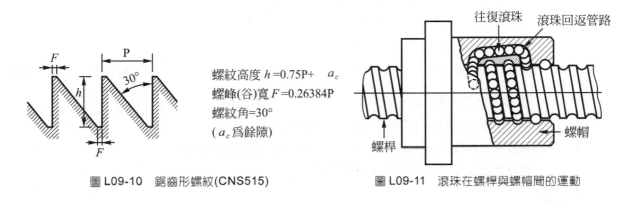

螺紋高度 h=0.75P+ a_c
螺峰(谷)寬 F=0.26384P
螺紋角=30°
(a_c 為餘隙)

圖 L09-10　鋸齒形螺紋(CNS515)

圖 L09-11　滾珠在螺桿與螺帽間的運動

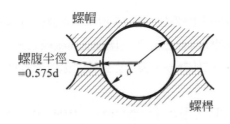

螺腹半徑
=0.575d

圖 L09-12　哥德拱門式滾珠螺紋

5. 依螺距單位:

(1) 公厘(mm)螺距:公制螺紋以螺距(mm)表示之,P = 3mm 即每 3mm 一牙。

(2) 模數(module)螺距:公制齒輪以模數(m)表示其齒形大小,蝸桿螺紋上之螺距均由 π 之倍數構成,故模數 3 之螺距 P = 3×π= 9.42mm(搭配齒輪時 π 常以 22/7 代入計算之)。

L09-5　螺紋表示法

常用之螺紋為公制螺紋,公制螺紋以螺紋方向、開口線數、螺紋標稱及螺紋公差等級表示之(CNS4317)(註 L09-14)。如 M16×1.5 － 7H/7h6h,表示一組公制螺紋,大徑 16mm,螺距 1.5mm(細牙系列)、右手、單線,內螺紋節徑與小(內)徑之公差皆為 7H,外螺紋節徑 7h 公差,外徑 6h 公差,若外螺紋之節徑與外徑公差同等級,則表示一公差符號即可,如 M12×1.75 － 6H/6h。若為左旋、雙螺紋、粗牙系列則表示為 L2NM6 － 5g6g。餘如公制梯形螺紋 Tr40×7 等。

學後評量

一、是非題

( )1. 螺紋上任意一點繞行一周沿軸移動之距離謂之導程，單螺紋導程等於螺距。

( )2. 節徑上螺紋之螺旋線與軸之垂直線所構成之夾角謂之螺旋角，螺旋角之正切(tanδ)等於 $\dfrac{L}{\pi d_2}$。

( )3. 一螺紋標註 M16 即表示公制螺紋，外徑φ16，螺距 1mm。

( )4. 一螺紋標註 M20×2 − 6H/6g，則外螺紋大徑φ20$-\genfrac{}{}{0pt}{}{-0.038}{0.198}$。

( )5. 左旋螺紋順時針方向前進，右旋螺紋反時針方向前進。

( )6. 公制螺紋基本輪廓的螺紋高度(h)是 0.5413P。

( )7. 外螺紋之螺谷輪廓半徑不得小於 0.1P，約相當於一個最大截頂為 $\dfrac{3}{16}$H之輪廓下限，與一個最小截頂為 $\dfrac{H}{8}$之輪廓上限。

( )8. 公制梯形螺紋之螺紋角為 29°，適合於速動傳動。

( )9. 數值控制工具機或高精度傳動，使用滾珠螺紋可以防止無效運動。

( )10. 一螺紋標註 L2NM6，表示左旋、雙螺紋。

二、選擇題

( )1. 螺紋導角(δ)是　(A)節徑上螺紋之螺旋線與軸之垂直線所構成之夾角　(B)節徑上螺旋線與軸線所構成之夾角　(C)螺紋兩邊之夾角　(D)螺腹與軸線之夾角　(E)導程的兩倍。

( )2. 一螺紋規格 M16×2 − 7H/7h6h，表示外螺紋之節徑公差為　(A)2　(B)7H　(C)6h　(D)7h　(E)16。

( )3. 一螺紋規格 2NM42×4.5，則其導程為　(A)2　(B)4　(C)4.5　(D)6　(E)9　mm。

( )4. 一螺紋規格 M20×2，則其螺谷在最大截頂之輪廓上限時之螺紋深度為　(A)1　(B)1.2　(C)1.3　(D)2　(E)20。

( )5. 車床導螺桿之螺紋是　(A)國際標準公制螺紋　(B)統一制螺紋　(C)公制梯形螺紋　(D)方螺紋　(E)鋸齒形螺紋。

參考資料

註 L09-1 ：經濟部標準檢驗局：螺紋一般名詞。台北，經濟部標準檢驗局，民國 67 年，第 1～5 頁。

註 L09-2 ：經濟部標準檢驗局：螺紋標示法。台北，經濟部標準檢驗局，民國 67 年，第 1 頁。

註 L09-3 ：⑴經濟部標準檢驗局：公制粗螺紋(ISO制)。台北，經濟部標準檢驗局，民國 67 年，第 1～2 頁。

⑵經濟部標準檢驗局：公制細螺紋(ISO制)(總則)。台北，經濟部標準檢驗局，民國 67 年，第 1～3 頁。

註 L09-4 ：同註 L09-3。

註 L09-5 ：經濟部標準檢驗局：公制螺紋公差(ISO 制)(原則及基本數據)。台北，經濟部標準檢驗局，民國 67 年，第 1～10 頁。

註 L09-6 ：經濟部標準檢驗局：公制螺紋公差(ISO 制)(商用內、外螺紋之限界尺寸－中品級)。台北，經濟部標準檢驗局，民國 67 年，第 1～2 頁。

註 L09-7 ：經濟部標準檢驗局：公制螺紋公差(ISO 制)(結構用螺紋之偏差)。台北，經濟部標準檢驗局，民國 67 年，第 7～11 頁。

註 L09-8 ：經濟部標準檢驗局：公制螺紋基準輪廓(ISO制)。台北，經濟部標準檢驗局，民國 67 年，第 1 頁。

註 L09-9 ：同註 L09-3-⑴。

註 L09-10：同註 L09-5，第 9 頁。

註 L09-11：同註 L09-2，第 3 頁。

註 L09-12：經濟部標準檢驗局：梯形螺紋(螺紋輪廓)。台北，經濟部標準檢驗局，民國 67 年，第 2 頁。

註 L09-13：經濟部標準檢驗局：圓柱蝸桿之尺度及蝸桿傳動機構軸中心距與轉比之配合。台北，經濟部標準檢驗局，民國 73 年，第 1 頁。

註 L09-14：同註 L09-2，第 1～3 頁。

實用機工學知識單

項目	車螺紋	學習目標	能正確的說出車螺紋的齒輪搭配及車削方法

前　言

　　製造螺紋有多種方法，如車削、螺紋模鉸、自開式螺紋模鉸、銑削、滾製、壓鑄及輪磨等產生外螺紋；以車削、螺絲攻攻、自縮式螺絲攻攻、螺紋刮刀刮等產生內螺紋。一般螺紋的製造除大量生產之滾製外，用機力車床車製螺紋最為普遍。

說　明

L10-1　車床車螺紋的優點

　　利用車床車螺紋為原始之螺紋製造法，具有下列優點：

1. 車床之旋徑大，大小螺紋均可在一車床上車削。
2. 利用齒輪系之配換，可隨時車削各種螺距的螺紋。
3. 車削各種形狀之螺紋，僅需改磨車刀之形狀，而車刀之磨削甚為方便。
4. 車削螺紋之精確度適合一般要求。
5. 複雜機件螺紋部份與其他外徑必須同心，或他種刀具不能到達時，可利用車床在同一裝備下完成，如此可避免更換機器之時間浪費及影響工件之同心度。

L10-2　螺紋切削機構

　　車床車螺紋係藉心軸與導螺桿之間以一定關係傳動，使刀具在工件迴轉一周時移動一距離而形成螺紋之車削如圖L10-1，車床心軸齒輪經逆轉齒輪傳至內柱齒輪，同軸上之外柱齒輪傳至惰齒輪及導螺桿齒輪，以此一輪系來獲得柱齒輪與導螺桿齒輪之速比變化。如導螺桿螺距6mm，而柱齒輪與導螺桿齒輪之速比為1時，當心軸轉1轉，則導螺桿亦轉1轉，使刀具台移動6mm，則工件被車削一螺距6mm 之螺紋。若改變其速比即可車削得不同螺距的螺紋。其公式為：

$$\frac{欲車螺紋之螺距(P_N)}{導螺桿之螺距(P_L)} = \frac{柱齒輪齒數(T_S)}{導螺桿齒輪齒數(T_L)}$$

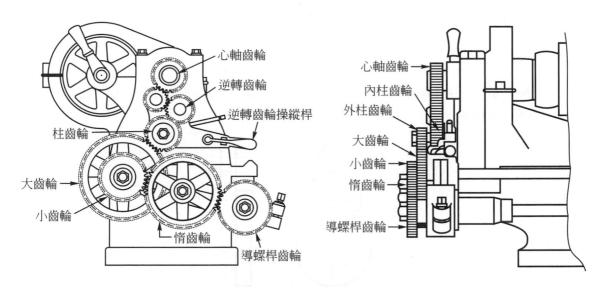

圖 L10-1 螺紋切削機構的齒輪系

【例1】 車床導螺桿之螺距為 6mm，欲車螺距為 5mm 之螺紋時，齒輪如何搭配？

$$\frac{P_N}{P_L} = \frac{T_S}{T_L}$$

$$\frac{5}{6} = \frac{50}{60}$$

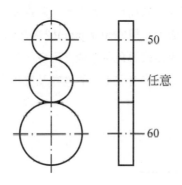

圖 L10-2 齒輪搭配之一

即柱齒輪 50 齒，導螺桿齒輪 60 齒，如圖 L10-2。車床之搭配齒輪有 20～120 齒，每隔 5 齒有一個，另一 127 齒供公、英制交換車削螺紋用，若因速比太大，而無適當齒輪可搭配時，可採用複式輪系，其應用公式為：

$$\frac{欲車螺紋之螺距(P_N)}{導螺桿之螺距(P_L)} = \frac{各主動齒輪之齒數乘積(T_D)}{各從動齒輪之齒數乘積(T_F)}$$

【例2】 車床導螺桿螺距為 8mm，欲車螺距 1mm 之螺紋時，齒輪如何搭配？

$$\frac{P_N}{P_L} = \frac{T_D}{T_F}$$

$$\frac{1}{8} = \frac{1 \times 1}{2 \times 4} = \frac{30}{60} \times \frac{20}{80}$$

即柱齒輪 30 齒，與柱齒輪嚙合之複式大齒輪 60 齒，與導螺桿齒輪相嚙合之複式小齒輪 20 齒，導螺桿齒輪 80 齒，如圖 L10-3。

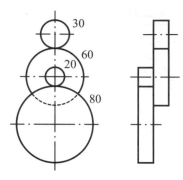

圖 L10-3 齒輪搭配之二

新式車床車製一般常用螺紋時，可使用速換齒車機構(參考"車床的主要機構"單元)，只要改變把手之位置即可獲得一定範圍之各種不同螺距。

L10-3 螺紋車刀

車刀刃口之形式視所需車削之螺紋形狀而異，如車製公制螺紋則其刃口磨成 60°刀尖角，刀尖頂依螺谷寬大小研磨之，可利用螺紋車刀規或中心規(center gage)校驗之如圖 L10-4。螺紋車刀須有足夠的前隙角與側隙角，才能使切削良好，並防止因螺紋導角所造成之拖曳，如圖 L10-5 示一車方牙螺紋之車刀角度。成形螺紋車刀為車削螺紋最方便之刀具，參考"車刀的種類及應用"單元，免除磨車刀切削角之麻煩。

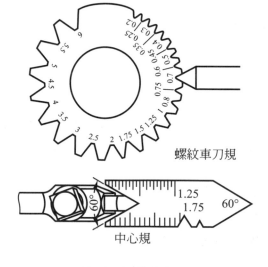

螺紋車刀規

中心規

圖 L10-4 校驗車刀

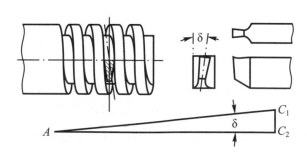

圖 L10-5 螺紋刀的側隙角

車削螺紋時除使車刀刀尖與工件中心等高,且應使刀尖垂直於工件中心,刀尖垂直之校驗係利用中心規校驗之如圖 L10-6。在具有錐度之工件上車製螺紋時亦應垂直於工件中心而非垂直於工件之表面。如圖 L10-7(a)為以錐度切削裝置車錐度螺紋,(b)為以尾座偏置車錐度螺紋。

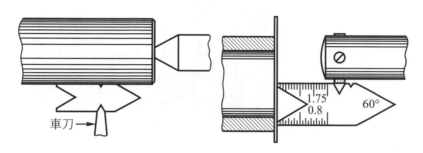

車刀→

圖 L10-6　校驗鼻端垂直於工件中心

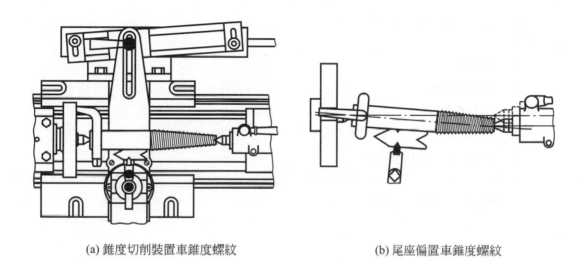

(a) 錐度切削裝置車錐度螺紋　　　　　　(b) 尾座偏置車錐度螺紋

圖 L10-7　車錐度螺紋

L10-4　車螺紋指示器

車削螺紋時,當車刀車完一行程,使其迅速移回開始車削的位置,準備繼續車削時,可先將對開螺帽分離,用手迴轉縱向進刀手輪,使刀架移回開始車削的位置,唯再次車削時,為使車刀能沿上次所車之螺紋再次車削,則應使用車螺紋指示器(thread indicator)。車螺紋指示器裝置於車床之床帷上,由蝸輪、心軸、分度盤及支架所組成如圖L10-8,蝸輪之件數視廠商設計而定,如以3個蝸輪為例,其蝸輪齒數為14、15 及 16 齒。14 齒蝸輪之分度盤等分為 2 及 7 等分;15 齒蝸輪之分度盤等分為 3 及 5 等分;16 齒蝸輪之分度盤等分為 2 等分。車公制螺紋時,可以下列步驟選用適當蝸輪及分度盤。

1. 以 $P_L X = P_N Y$ 公式選擇兩互相不可再約分之整數 X、Y。
2. 選用蝸輪,被選用之蝸輪需為 X 之整倍數,即 $T_w = NX$,N 為整數。

341

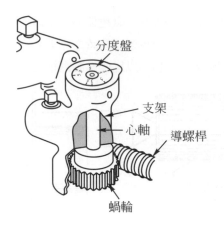

分度盤

支架

心軸　導螺桿

蝸輪

圖 L10-8　車螺紋指示器

3. N因數之分度即為選用之分度盤。

以上式中

P_L：導螺桿螺距

P_N：欲車螺紋螺距

T_w：蝸輪齒數

X、Y：兩互相不可再約分而能滿足 $P_L X = P_N Y$ 之整數

N：能滿足 $T_w = NX$ 之整數

【例3】 以導螺桿螺距 6mm 之車床，車螺距 1.75mm 之螺紋，其車螺紋指示器應選用那一蝸輪與導螺桿嚙合？車螺紋時應選那一分度盤？

(1) $P_L X = P_N Y$

$6X = 1.75Y$

設 X = 7，Y = 24

則 6×7 = 1.75×24

(2) $T_w = NX$

則 $T_w = 14$，(N = 2，X = 7)

即選用 14 齒蝸輪。

(3) N = 2 即選用 2 等分之分度盤。

【例4】 以一導螺桿螺距 6mm 之車床，車螺距 2.5mm 之螺紋時，應如何選用車螺紋指示器之蝸輪及分度盤？

(1) $P_L X = P_N Y$　$6X = 2.5Y$

設 X = 5，Y = 12，則 6×5 = 2.5×12

(2) $T_w = NX$，則 $T_w = 15$，(N = 3，X = 5)即選用 15 齒蝸輪。

(3) N = 3，即選用 3 等分之分度盤。

【例5】 以導螺桿螺距 6mm 之車床車螺紋，車螺紋指示器具有 14T、及15T二個蝸輪，及 2 等分、3 等分、5 等分及 7 等分等四種分度盤，欲車螺距 3.5mm 之螺紋，則蝸輪及分度盤如何選用？

(1) $P_L X = P_N Y \quad 6X = 3.5Y$

設 $X = 7$，$Y = 12$，則 $6 \times 7 = 3.5 \times 12$

(2) $T_w = NX$，則 $T_w = 14$，$(N = 2，X = 7)$即選用 14 齒蝸輪。

(3) $N = 2$，即選用 2 等分之分度盤。

　　公制車螺紋指示器之使用，依上述可知，所車螺距為導螺桿螺距之因數時，可以不必使用車螺紋指示器，即在車螺紋指示器上任何位置均可吻合對開螺帽，一般可閱讀指示器所附之說明牌如圖 L10-9，依其說明使用即可。

螺距	蝸輪齒數		
	14	15	16
	分度盤指標		
0.5	7		
0.75	7		
1	7		
1.25		3	
1.5		5	
1.75	2		
2	7		
2.25		5	
2.5		3	
3		5	
3.5	2		
4	7		
4.5		5	
5		3	
6	7		
7	2		
8			2
9		5	
10		3	

圖 L13-9　公制車螺紋指示器說明牌(台中精機廠公司)

L10-5 車螺紋

車削螺紋之方法，理論上有兩種，即直進法與 29°法(註 L10-1)，直進法係使複式刀具台之中心與橫向進刀平行，以複式刀座直接進刀，其操作步驟如下：

1. 檢查工件、車刀及車床。

2. 安裝工件。

3. 搭配齒輪或改變速換齒輪機構把手。

4. 固定複式刀具台，使其中心與橫向進刀平行。

5. 校正車刀使與工件中心垂直。

6. 選擇心軸迴轉數。

7. 調撥換向齒輪決定車螺紋方向。

8. 將自動進刀選擇把手置於中間位置。

9. 移動橫向進刀接觸工件後歸零。複式刀具台亦歸零，縱向進刀退至工件起始車削位置。

10. 利用複式刀具台進刀。吻合對開螺帽試車一次。

11. 打開對開螺帽，以橫向進刀退刀。其退刀量可利用螺紋切削阻擋(thread cutting stop)定位如圖 L10-10，並利用縱向進刀退回原起始車削位置。

12. 檢查螺距如圖 L10-11。

13. 前進橫向進刀至對準零，利用複式刀具台進刀。

14. 檢視車螺紋指示器，於適當時機吻合對開螺帽，繼續車削。

15. 打開對開螺帽，橫向進刀退刀，並利用縱向進刀退回原起始車削位置。

16. 重複 13.～15.，直至所需螺紋高度，螺紋高度可依複式刀具台之分度圈讀之。

17. 注意切削劑之使用，預留 0.05mm 給予細車。

18. 利用螺距規(thread pitch gage)校驗其齒形參見圖 L10-11。

19. 將工件端部車成所需形狀如圖 L10-12，其規格參考 CNS4323(註 L10-2)。

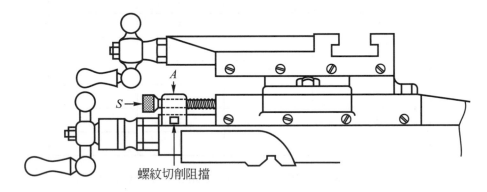

螺紋切削阻擋

圖 L10-10　螺紋切削阻擋

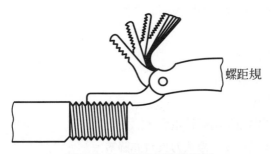

圖 L10-11　螺距規檢驗螺距

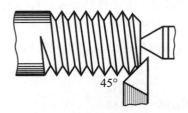

(a) 端部車成 45°去角

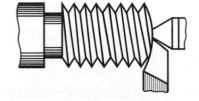

(b) 端部車成圓弧去角

圖 L10-12　車端部

　　直進法車螺紋時車刀係沿工件之垂直方向使刀具兩邊同時切削，效果較差。29°法用於螺紋角60°的螺紋車削，使之單邊車削，受力為直進法之半，其車削效果較佳。29°車削法與直進法相近，唯其中第4.及16.兩項略有不同。

4.　旋轉複式刀具台並固定之，使與橫向進刀成29°如圖 L10-13。

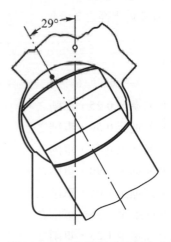

圖 L10-13　旋轉複式刀具台 29°

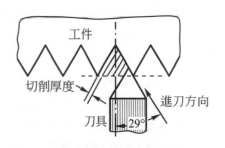

圖 L10-14　29°法車螺紋

16.　重複13.～15.，直至複式刀具台之分度圈指示量等於螺紋高度除以cos 29°即可，其進刀情形如圖 L10-14。此種方法亦有稱為 30°法，乃因其複式刀具台偏轉 30°。

在車螺紋時，若因車刀鈍化或斷裂等原因而必須換裝車刀時，為使車刀能對準原來所車螺紋，則採取下列步驟。

1. 校驗其車刀與工件之垂直度。
2. 車刀不接觸工件而進行螺紋車削。
3. 進行至螺紋中途停止車床。
4. 用手動調整車刀位置使與原車削螺紋重合。
5. 移動橫向進刀重新接觸工件後，複式刀具台亦歸零。
6. 重新開始車削螺紋。

車削螺紋的進刀方式除上述兩種方法外，尚有一種垂直法，此法係將複式刀具台固定，使其螺桿中心與橫向進刀方向垂直，而利用橫向進刀為螺紋高度，複式刀具台之縱向進刀為單邊切削，直至所需螺紋高度後再退回複式刀具台之縱向進刀並求其螺谷寬，此法在車削平底螺谷之螺紋頗具效率。以車削 M16×－9g8g 外螺紋為例，其切削情形如圖 L10-15。

(1) M16×2 － 9g8g 外螺紋之大徑，查表 L09-5 應為 $\phi16 \begin{smallmatrix} -0.038 \\ -0.488 \end{smallmatrix}$。

(2) 輪廓上限＝$\frac{5}{8}$ H ＋$\frac{1}{16}$ H ＝$\frac{11}{16}$ H ＝ 0.5953925P≒0.6P

$\qquad$ ＝ 0.6×2 ＝ 1.20mm (式中 2 為螺距)

(3) 輪廓下限＝$\frac{5}{8}$ H ＋$\frac{1}{8}$ H ＝$\frac{3}{4}$ H ＝ 0.6495191P≒0.65P

$\qquad$ ＝ 0.65×2 ＝ 1.30mm (式中 2 為螺距)

(4) 其螺紋高度為 1.20mm～1.30mm

$\qquad$ 則大徑與小徑之差(上限)＝ 1.20×2 ＝ϕ2.40(式中 2 表示直徑為半徑之 2 倍)

$\qquad\qquad\qquad$ (下限)＝ 1.30×2 ＝ϕ2.60(式中 2 表示直徑為半徑之 2 倍)

(5) 螺谷寬 0.125P ＝ 0.125×2 ＝ 0.25mm

$\qquad$ 以車削次數 11 刀，車削一螺紋為例(參見圖 L10-15)，則：

$\qquad$ 第一刀：橫向歸零後由 0 進刀至ϕ0.60，車削之。

$\qquad$ 第二刀：橫向進刀至ϕ1.00，複式刀具台往車頭方向由 0 前進至 0.25，車削之。

$\qquad$ 第三刀：橫向進刀至ϕ1.40，複式刀具台往車頭方向由 0 前進至 0.50，車削之。

$\qquad$ 第四刀：橫向進刀至ϕ1.80，複式刀具台往車頭方向由 0 前進至 0.75，車削之。

$\qquad$ 第五刀：橫向進刀至ϕ2.00，複式刀具台往車頭方向由 0 前進至 0.90，車削之。

$\qquad$ 第六刀：橫向進刀至ϕ2.20，複式刀具台往車頭方向由 0 前進至 1.05，車削之。

$\qquad$ 第七刀：橫向進刀至ϕ2.30，複式刀具台往車頭方向由 0 前進至 1.15，車削之。

$\qquad$ 第八刀：橫向進刀至ϕ2.40，複式刀具台往車頭方向由 0 前進至 1.25，車削之。

$\qquad$ 第九刀：橫向進刀至ϕ2.40，複式刀具台反向除去間隙後設定為 0，往尾座方向後退至 0.10，車削之。

$\qquad$ 第十刀：橫向進刀至ϕ2.40，複式刀具台往尾座方向，由 0 後退至 0.20，車削之。

$\qquad$ 第十一刀：橫向進刀至ϕ2.40，複式刀具台往尾座方向，由 0 後退至 0.25，車削之。

車削完成後之螺紋高度為輪廓上限(ϕ2.40)，因螺紋大徑在ϕ15.96～ϕ15.51mm，檢驗後如未達節徑標準公差內時，則逐次車削至下限(ϕ2.60)。如欲獲得較為細的加工面，則可將車削次數(刀次)增加，但需較多的車削時間。

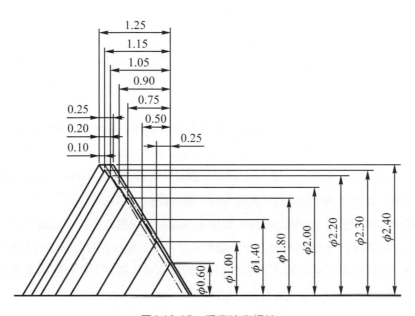

圖 L10-15　垂直法車螺紋

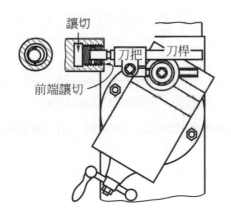

圖 L10-16　車內螺紋

車削左旋螺紋時與右旋螺紋相同，僅使車刀由左向右縱向進刀即可。

車削內螺紋時除下列各點不同外均與外螺紋相同：

1. 車刀之前隙角須較外螺紋車刀之前隙角大，以免造成拖曳。
2. 車刀刀尖方向反裝。
3. 橫向及複式刀具台進刀方向與外螺紋車削時相反。
4. 車削螺紋高度較外螺紋小，因工件孔徑常較理論內徑大。

5. 螺紋內端部需車讓切(under cut)以利車削，其規格參考 CNS4324(註 L10-3)。

6. 車刀與孔徑需有足夠間隙，以便車刀退出。

7. 螺紋內徑(工件孔徑)與螺絲攻攻螺紋時之尺寸計算法一樣，即孔徑＝大徑－螺距。其車削情形如圖 L10-16。

學後評量

一、是非題

( )1. 車螺紋是工件與導螺桿的迴轉關係，此關係由柱齒輪與導螺桿齒輪搭配成一速比而得，所車工件螺紋之螺距比導螺桿之螺距小時，則導螺桿齒輪齒數比柱齒輪齒數多。

( )2. 車床導螺桿螺距 6mm，欲車 2mm 螺距之螺紋，如柱齒輪用 60 齒，則導螺桿齒輪用 20 齒。

( )3. 螺紋車刀之側隙角，原應有之側隙角外，應加螺紋之導角。

( )4. 車螺紋時車刀應與工件中心等高，並使車鼻端中心線垂直工件中心線。

( )5. 29°法車螺紋時，複式刀具台之分度圈指示量，等於螺紋高度除以 29°之餘弦。

( )6. 垂直法車螺紋時，橫向進刀移動量則等於螺紋高度，複式刀具台回移量等於螺谷寬度。

( )7. 車左旋螺紋時，縱向進刀由右向左車削。

( )8. 車削內螺紋時，車刀之前隙角須較外螺紋車刀之前隙角小。

( )9. 車公制內螺紋時之車削螺紋高度等於 0.6495P。

( )10. 利用螺紋用分厘卡測螺紋外徑時，須先選擇適當的砧並歸零，才能測量工作。

二、選擇題

( )1. 車床導螺桿之螺距 6mm，欲車 M20×2.5 之螺紋時，則柱齒輪齒數與導螺桿齒輪齒數之比應為 (A)25/60 (B)60/25 (C)80/40 (D)40/80 (E)35/75。

( )2. 車床導螺桿螺距 6mm 欲車 M20×2.5 之螺紋時，則分度盤選用幾等分為宜？ (A)2 (B)3 (C)5 (D)7 (E)任意。

( )3. 車削螺紋時，應使刀尖垂直於工件中心，其校驗應使用 (A)車刀規 (B)螺距規 (C)中心規 (D)垂直規 (E)規矩塊。

( )4. 使用 30°法車螺紋時，其複式刀具台之千分圈指示量等於螺紋高度除以 (A)sin30° (B)cos30° (C)tan30° (D)cot30° (E)sec30°。

( )5. 車削 M16×2 的內螺紋時，其孔徑應為 (A)ϕ16 (B)ϕ14.8 (C)ϕ14.7 (D)ϕ14 (E)ϕ13.6 mm。

參考資料

註 L10-1：Henry D. Burghardt, Aaron Axelrod, and James Anderson. *Machine tool operation part I*. New York: McGraw-Hill Book Company, 1959, pp.445～460.

註 L10-2：經濟部標準檢驗局：螺釘端部。台北，經濟部標準檢驗局，民國 71 年，第 1～2 頁。

註 L10-3：經濟部標準檢驗局：退刀及凹槽(適用於 CNS497～CNS506 之公制螺紋)。台北，經濟部標準檢驗局，民國 67 年，第 2 頁。

實用機工學知識單

項目	車複線螺紋及車床上攻螺紋	學習目標	能正確的說出車複線螺紋及在車床上攻螺紋的方法

前　言

　　車複線螺紋與車螺紋相同，唯齒輪搭配以導程計算而非螺距。在車床上除車螺紋外，對於標準規格品之大量生產，用攻、鉸螺紋亦是方法之一。

說　明

L11-1　車複線螺紋

　　車削複線螺紋與車削單螺紋相同，唯計算搭配齒輪時應根據導程 L 而非螺距 P，並使各次所車之螺紋分佈均勻。例如欲車一導程為 2NM6 的雙螺紋時，雖然其螺距為 1mm，但在計算搭配齒輪時之螺距應為 $1 \times 2 = 2mm$。車完第一線螺紋後，使工件迴轉半周再車製第二線。其工件位置之轉換有下列幾種方法：

1. 主軸轉位法：車完第一線螺紋後，使柱齒輪與中間輪脫離，轉動柱齒輪至第二線位置再嚙合車削之。例如欲車雙螺紋時，在車完第一線螺紋後，將中間齒輪 B 及柱齒輪 A 及導螺桿齒輪 C 各作一記號如圖 L11-1。

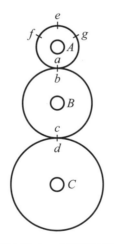

圖 L11-1　主軸轉位法

　　在柱齒輪上 a 點之對方作一記號 e，使中間齒輪 B 脫離嚙合，轉動心軸使柱齒輪 A 上之 e 點轉至 a 點原來之相關位置，再嚙合 AB 輪，則可獲得第二線螺紋之車削位置。cd 點用以察視 BC 輪之關係位置，以免因 BC 輪之轉動而產生錯誤。若欲車三線時，則將柱齒輪三等分爲 a、f、g，依此類推即可獲得複線螺紋之車削。

2. 縱向移動複式刀具台法：若以垂直法車削螺紋，可於車完第一線螺紋後，將複式刀具台移動一螺距，其移動量可以千分圈讀出而獲得第二線之車削。

L11-2 車管螺紋、其他各種螺紋

車削管螺紋時可利用錐度切削裝置或尾座偏置法(參考 "車螺紋"單元)。其車削程序與一般外螺紋車削相似，其車刀安置仍應與工件中心垂直。若以錐度切削裝置車削時應注意其其無效運動。

其他各種不同螺紋形狀之車削大致相同，唯車刀之邊隙角及前隙角應足夠，以避免車削時之拖曳，車削方螺紋時車刀之側隙角應加導角δ，以避免車削時產生拖曳。

L11-3 車床上攻螺紋及鉸螺紋

車床上攻螺紋，在未穿孔(blind holes)時，使用螺旋槽螺絲攻(sprial fluted taps)如圖 L11-2，可使切屑易於流出，只需較低的轉矩，而有較好的切削效果，且能攻螺紋至孔之底部。在穿孔(through holes)攻螺紋時，使用螺旋尖頭螺絲攻(sprial pointed taps)如圖 L11-3，可供削屑往前排出，而能高速攻螺紋(註 L11-1)。

圖 L11-2 螺旋槽螺絲攻(大寶精密工業公司)

圖 L11-3 螺旋尖頭螺絲攻(大寶精密工業公司)

車床上攻螺紋前，需先鑽(車)好底孔，所鑽(車)之底孔直徑比欲攻螺紋的螺紋小徑較大，以使攻製完成之螺紋高度約唯標準螺紋高度的 75 %，即螺絲攻鑽頭尺寸(TDS)等於螺絲攻大徑(d)減螺距(P)即 TDS ＝ d−P，例如欲攻一 M10×1.5 之螺紋，則其底孔直徑 TDS ＝φ10−1.5＝φ8.5，或查表。(請參考 "螺絲攻與攻螺紋"、"螺紋各部份名稱與規格"單元)。

在車床上攻螺紋可用手工攻螺紋與機力攻螺紋，手工攻螺紋時，使用螺絲攻扳手扣在床軌護套上，以尾座頂尖頂住螺絲攻柄端中心孔並加壓力，由螺絲攻前端去角部份引導切削後，車床心軸以低迴轉數回轉，至完整牙部份即可自動導引切削，尾座頂尖隨時頂住螺絲攻以免偏離中心，如圖 L11-4，使用手工攻螺紋因切削速度較慢，容易使內螺紋之節徑擴大，且螺紋表面粗糙度差(註L11-2)，如使用螺絲攻卡盤自動攻螺紋，達一定深度後，可反向退出，即可有效完成車床上攻螺紋的工作(參考 "鑽柱坑、光魚眼、鑽錐坑

與鉸孔、攻螺紋"單元)。或使用自縮式螺絲攻如圖 L11-5，在攻至底部後可自動縮小直徑而退出，使操作容易。

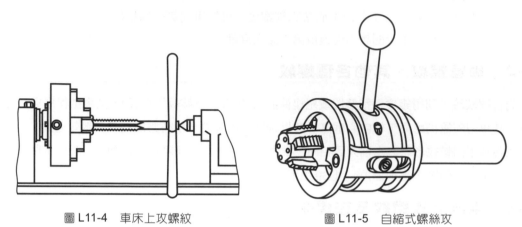

圖 L11-4　車床上攻螺紋　　　　圖 L11-5　自縮式螺絲攻

　　攻螺紋時，因切屑排出不易，且無法像鉗工攻螺紋一樣，每攻一圈退 1/4 圈，除採用螺旋槽螺絲攻及螺旋尖頭螺絲攻改善其攻螺紋工作外，更應使用適當的切削劑以潤滑、冷卻及沖除切屑，才能避免螺絲攻折斷，改善工作效率，一般軟鋼料攻螺紋時，宜採用非水溶性之礦豬油混合劑或水溶性之調水油(註 L11-3)。

　　車床上鉸螺紋可用螺紋模完成之，一般車床上之鉸螺紋常用自開式螺紋模如圖 L11-6 以使一次完成切削並迅速退回至原位置，對於螺紋之鉸製頗為有效。圖 L11-7 示刀片型式。

圖 L11-6　自開式螺紋模(大寶精密工具公司)

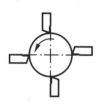

(a) 徑向刀片式　　　　(b) 切向刀片式　　　　(c) 圓形刀片式

圖 L11-7　自開式螺紋模的刀片型式

學後評量

一、是非題

( ) 1. 車複線螺紋時，齒輪搭配之計算以導程而非螺距。

( ) 2. 車管螺紋時，螺紋車刀應垂直工件錐面。

( ) 3. 車床上攻螺紋時，孔之直徑應依 "螺絲攻鑽頭尺寸" 計算之。

( ) 4. 使用適當的切削劑可以改善攻螺紋效率。

( ) 5. 車床上鉸螺紋可用自開式螺紋模完成之。

二、選擇題

( ) 1. 利用主軸轉位法車削雙螺紋時，車完第一線螺紋後，使柱齒輪與中間輪脫離，柱齒應轉動幾圈再嚙合？ (A)1/5 (B)1/3 (C)1/2 (D)1 (E)2 圈。

( ) 2. 下列有關車床上攻螺紋之敘述，何項錯誤？ (A)車床上手工攻螺紋不宜使用手扳螺絲攻 (B)穿孔使用螺旋尖頭螺絲攻 (C)未穿孔使用螺旋槽螺紋攻，較能攻螺紋至孔之底部 (D)使用螺旋尖頭螺絲攻，其切屑會往柄部排出 (E)使用螺旋槽螺絲攻，只需較低轉矩。

( ) 3. 攻一 M12×1.75 之螺紋，其底孔直徑為： (A)φ12 (B)φ10.2 (C)φ8 (D)φ1.75 (E)φ3.5 mm。

( ) 4. 下列有關車床上手工攻螺紋之敘述，何項錯誤？ (A)螺絲攻用活動扳手夾持 (B)尾座頂尖頂住柄端中心孔 (C)由螺絲攻前端去角部份引導切削 (D)車床心軸使用低迴轉數 (E)手工進刀至螺絲攻完整牙部份即可自動導引切削。

( ) 5. 下列有關車床上機力攻螺紋之敘述，何項錯誤？ (A)使用螺絲攻卡盤可反向退出 (B)使用自縮式螺絲攻，攻至底部份可自動縮小而退出 (C)使用機力攻螺紋時，車床需逆轉退出 (D)機力攻螺紋時，需使用適當的切削劑 (E)機力攻螺紋時，能攻一圈退 1/4 圈。

參考資料

註 L11-1：OSG Corporation. *OSG Products information. vol*.61.Japan: OSG Corporation.p.361.

註 L11-2：林永憲：尖端螺紋及孔加工技術。台北，松錄文化事業公司，民國 80 年，第 197 頁。

註 L11-3：同註 L11-2，第 225 頁。

實用機工學知識單

項目	螺紋檢驗	學習目標	能正確的說出螺紋檢驗的方法

前　言

　　螺紋之配合係藉螺腹之斜面接觸而非螺峰或螺谷，故測量螺紋應測其導程及斷面形狀，次為節徑及大小徑。雖然導程誤差對螺紋之接觸情況是否良好為一極重要因素，但導程之測量實際上不適用於大量生產之檢驗，螺紋斷面形狀之測量亦極為困難。故一般檢驗螺紋為測量螺紋之節徑。

　　利用光學比測儀及工具顯微鏡可將齒形放大數倍，再與樣板比較，用以檢驗其導程、節徑、螺紋角及表面等，但此法頗浪費時間，通常利用螺紋用分厘卡、螺紋塞規、環規、卡規及三線計量法等來測量螺紋之節徑。

說　明

L12-1　螺紋用分厘卡

　　螺紋用分厘卡(thread micrometer)與普通分厘卡相似，僅心軸及砧不同如圖 L12-1。砧為一 V 形槽，與螺紋之形狀吻合，並可以轉動以適用各種不同螺距之導角，心軸尖端為 60°錐形，與螺腹相嚙合，心軸及砧之頂部與根部均截除相當部份，以避免因大小徑之誤差而導致節徑誤差。當分厘卡之砧B與心軸A密合時，兩套筒上之讀數為零，代表X-Y平面內之一直線。所量得之尺寸即為X-Y兩平面之距離即螺紋之節徑。測量時雖受導角的影響而有誤差，但此項誤差常略而不計。惟螺距之範圍太大，同一砧不能完全適用，通常螺紋用分厘卡(60°)分為螺距 0.4～0.5、0.6～0.9、1～1.75、2～3、3.5～5、5.5～7mm 等六種。圖L12-2 為內螺紋用分厘卡。

L12-2　螺紋規

　　螺紋規之構造及形式與塞規、環規相似，僅其測量部份為螺紋，亦分為"通過"規與"不通過"規兩部份，"通過"規同時檢驗節徑、導程及大小徑等，"不通過"規用以規測節徑。圖 L12-3 為螺紋塞規，長端為"通過"規，短端為"不通過"規，圖 L12-4 為螺紋環規，"不通過"規之外圓周上有一凹槽以資識別，圖 L12-5 為螺紋卡規，由於可調整，其適用範圍較廣，且可於加工中測量。

　　圖 L12-6 為管螺紋規，因管螺紋具有 1：16 之錐度，故無通過規、不通過規之分，凡同尺寸之管螺紋規均可進入，至於其是否規定公差內，則視管螺紋規進入多寡而定，普通管螺紋規在基階前後(±1)牙為上、下階，上階、基階及下階處皆有一缺口以為其公差範圍。

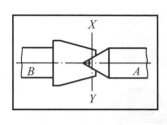

圖 L12-1　外螺紋分厘卡(台灣三豐儀器公司)

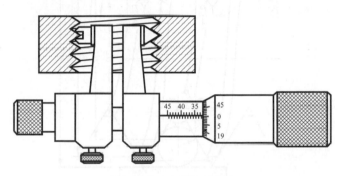

圖 L12-2　內螺紋分厘卡

圖 L12-3　螺紋塞規(大寶精密工具公司)

圖 L12-4　螺紋環規(大寶精密工具公司)

L12-3　螺紋三線測量法

　　螺紋測量以節徑為主，然節徑之測量頗為困難，且結果不甚一致，為統一其測量結果，而公認三線測量法為目前最佳之方法。

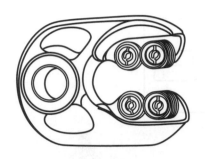

圖 L12-5　螺紋卡規

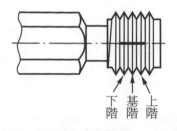

圖 L12-6　管螺紋塞規

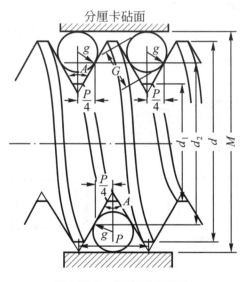

圖 L12-7　螺紋三線測量法

　　三線測量法(three wire measurement)，係利用尺寸相同之鋼絲三根(三根鋼絲長度在 12.7mm 之眞圓度公差及直徑公差皆小於 0.0005mm)，置於螺紋之螺腹內，兩根置於相鄰兩螺腹，另一根置於相對之一側如圖 L12-7，然後以分厘卡測量其距離 M，並代入公式求其節徑。三線測量法之一般公式爲：

$$d_2 = M + \frac{\cot\alpha}{2}P - G\left(1 + \csc\alpha + \frac{S^2}{2}\cos\alpha\cot\alpha\right)$$

式中　　d_2　：節徑

　　　　M　：分厘卡所測量之值

　　　　P　：螺距

　　　　G　：鋼絲最佳直徑，即放入螺腹內恰與節徑面相切，其值＝$\frac{P}{2}\sec\alpha$，如 60°螺紋角之螺紋，則 G ＝ 0.57735P，式中α爲螺紋角之半$\left(\text{即}\frac{A}{2}\right)$。標準鋼絲直徑如表 L12-1(CNS537)(註 L12-1)。

　　　　S　：導角之正切＝導程/πd_2 (d_2可用基準節徑或估計節徑)，60°螺紋角之螺紋，其導角在 6°以下時，$\frac{GS^2}{2}\cos\alpha\cot\alpha$之值均在 0.0038mm 以下，則可略而不計，而使其公式爲：

$$d_2 = M + \frac{\cot\alpha}{2}P - G(1 + \csc\alpha) \circ$$

用於 60°螺紋角之螺紋，其$d_2 = M + 0.866025P - 3G = M - (3G - 0.866025P) \circ$

式中 3G − 0.866025P 一項，對某一定螺距及鋼絲直徑係一常數，可查表而獲得。測量時若無最佳直徑鋼絲，則可取接近之鋼絲直徑，但以置於螺腹後能與螺腹接觸，並可露出螺峰者爲限。分厘卡之精度亦須高於螺紋精度。

由節徑之測量知，同一螺紋可使用數種不同直徑之鋼絲測量，設以使用G_1之鋼絲直徑測量所得之外徑值爲 M_1，以 G_2測量之值爲 M_2，則由三角定律知螺紋角之半的餘割 $\csc\alpha = \dfrac{M_1 - M_2}{G_1 - G_2} - 1$ 而求得螺紋角。

通常$\dfrac{M_1 - M_2}{G_1 - G_2}$之值可由表查得而求α角，如表 L12-2(註 L12-2)。

表 L12-1　三線測量法標準鋼絲直徑與適用範圍(經濟部標準檢驗局)

號數	直徑 (mm)	適用範圍 公制螺紋螺距
1	0.1155	0.2
2	0.1443	0.25
3	0.1732	0.3
4	0.2021	0.35
5	0.2309	0.4
6	0.2598	0.45
7	0.2887	0.5
8	0.3464	0.6
9	0.4330	0.7、0.75、0.8
10	0.5196	—
11	0.5774	1
12	0.7217	1.25
13	0.7954	—
14	0.8949	1.5
15	1.0227	1.75
16	1.1547	2
17	1.1932	—
18	1.3016	—
19	1.4434	2.5
20	1.5908	—
21	1.7897	3
22	2.0454	3.5
23	2.3863	4
24	2.5981	4.5
25	2.8868	5
26	3.1817	5.5
27	3.5794	6

表 L12-2 螺紋角與 $\dfrac{M_1 - M_2}{G_1 - G_2}$

螺紋角	$\dfrac{M_1 - M_2}{G_1 - G_2}$
59°30'	3.0152
40'	3.0101
50'	3.0050
60°0'	3.0000
10'	2.9950
20'	2.9900
30'	2.9850

學後評量

一、是非題

( )1. 測量螺紋應測量導程與斷面形狀，次為節徑及大小徑。

( )2. 利用光學比測儀，可以檢驗螺紋之導程、節徑與螺紋角。

( )3. 螺紋塞規之"不通過"規同時檢驗節徑、導程及大小徑等，而"通過規"僅能檢驗節徑。

( )4. 螺紋三線測量法測量 M20×2.5 之最佳鋼絲直徑為#16 (ϕ1.1547)。

( )5. 以螺紋三線測量法測量 M20×2 的螺紋，若鋼絲直徑ϕ1.2，螺紋節徑ϕ18.7 時，其分厘卡讀數應為ϕ20.57mm。

二、選擇題

( )1. 螺紋分厘卡是測量螺紋的 (A)大徑 (B)節徑 (C)小徑 (D)螺紋高度 (E)斷面形狀。

( )2. 下列何種量具不能測量螺紋？ (A)螺紋分厘卡 (B)螺紋塞規 (C)螺紋環規 (D)螺紋卡規 (E)螺紋模。

( )3. 螺紋規之"不通過"規僅用於規測 (A)節徑 (B)大徑 (C)小徑 (D)螺紋高度 (E)螺紋角度。

( )4. 以三線測量法測量 M20×2 的標準鋼絲以何者為宜？ (A)#6(0.2598) (B)#12(0.7217) (C)#16(1.1547) (D)#21(1.7897) (E)#22(2.0454)。

( )5. 以ϕ1.5 的鋼絲，三線測量 M20×2.5 的螺紋，節徑為ϕ18.30 時，其分厘卡所測量之值為 (A)ϕ18.30 (B)ϕ18.50 (C)ϕ20.00 (D)ϕ20.64 (E)ϕ22.50。

參考資料

註 L12-1：經濟部標準檢驗局：測螺紋用三線規。台北，經濟部標準檢驗局，民國 81 年，第 2 頁。

註 L12-2：華文廣：實用機工學。台北，台灣商務印書館，民國 42 年，第 225～261 頁。

實用機工學知識單

項目	滾 花	學習目標	能正確的說出花紋的種類與滾花的方法

前 言

為使工件表面美觀或握持容易，常在工件表面滾以花紋。

說 明

滾花(knurling)的花紋形式有直行紋(KAA)、左旋斜紋(KBL)、右旋斜紋(KBR)、交叉紋(交點突起)(KCW)、交叉紋(交點凹入)(KCV)、十字紋(交點突起)(KDW)、十字紋(交點凹入)(KDV)等七種，代號中第一位母表示滾花(K)，代號第二字母表示種類(A→直紋、B→斜紋、C→交叉紋、D→十字紋)，代號第三字母表示方向及形狀(R→右、L→左、W→凸、V→凹)，紋節(t)有 0.5、0.6、0.8、1、1.2、1.6mm 等六種，依工件材料、直徑及長度選用之，如一工件標註 KCW08 表示交叉紋(交點突起)、紋節 0.8mm。一般商品亦有以粗紋(#14～#20)、中紋(#22～#36)、細紋(#38～#48)表示，如圖 L13-1 示常用兩種花紋。

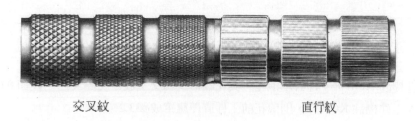

交叉紋　　　　　　　　　　　　　　直行紋

圖 L13-1　滾花

工件滾花後直徑會增大，因此滾花前工件需先車小外徑，滾花前的直徑如表L13-1(CNS75)(註L13-1)。

滾花時選取最低之迴轉數，待工件迴轉後，始慢慢由右端進入工件直至 0.5mm 深，再縱向進刀，並適當的使用切削劑以沖除切屑及冷卻、潤滑，至左端所需位置後，不退出橫向進刀而向右回至原點，再次橫向進刀繼續滾花直至預定深度。

裝置滾花刀時，原則上應使刀具中心與工件中心對準且垂直，若使用圖 L13-2 之滾花刀時，則有自動對準之效。

滾花工件通常先滾花後去角，去角之大小視工件之滾花長度與直徑而異，滾花長度在 6mm 以下者，其去角不可大於紋節，或給予去圓角。

表 L13-1 滾花前直徑(經濟部標準檢驗局)

花紋種類	滾花前直徑 (d_2)
KAA KBL KBR	$d_1 - 0.5t$
KCW	$d_1 - 0.67t$
KCV	$d_1 - 0.33t$
KDW	$d_1 - 0.67t$
KDV	$d_1 - 0.33t$

註：d_1 為標稱直徑。

圖 L13-2 滾花刀(勝竹機械工具公司)

學後評量

一、是非題

( ) 1. 工件標註 KCW06，即表示滾花，其花紋形式為交叉紋、交點突起，紋節 0.6mm。

( ) 2. φ35 工件標註 KCW12，則滾花前工件直徑應車成 φ33.2。

( ) 3. 滾花時，應使用高迴轉數，並使用切削劑沖除切屑。

( ) 4. 滾花時，滾花刀應垂直工件，並比工件中心等高。

( ) 5. 工件通常先滾花後去角。

二、選擇題

( ) 1. 一工件標註 KCW08，下列何項表示錯誤？ (A)滾花 (B)交叉紋 (C)交點突起 (D)紋節 0.8mm (E)平行紋。

( ) 2. 一工件 φ44，標註 KCW10，則滾花前工件直徑應車成 (A)φ44.0 (B)φ43.3 (C)φ43 (D)φ42 (E)φ41。

( ) 3. 下列有關滾花之敘述，何項錯誤？ (A)工件寬度在 6mm 以下者，宜去圓角 (B)滾花時選取最低迴轉數 (C)滾花時應使用切削劑 (D)工件通常先去角再滾花 (E)工件滾花以利握持。

( ) 4. #30 的滾花刀是屬於 (A)最細紋 (B)細紋 (C)中紋 (D)粗紋 (E)最粗紋。

( )5.滾花時滾花刀之夾持,下列何項正確? (A)與工件中心等高 (B)比工件中心高 (C)比工件中心低 (D)不可垂直於工件 (E)應懸空較長。

參考資料

註 L13-1:經濟部標準檢驗局:輥紋。台北,經濟部標準檢驗局,民國 71 年,第 1～3 頁。

實用機工學知識單

項目	鑽孔、鉸孔與搪孔	學習目標	能正確的說出鑽孔、鉸孔與搪孔的工作方法

前 言

在工件中產生圓孔的方法除鑽床上鑽孔外，尚可在車床上鑽孔、鉸孔、搪孔。

說 明

L14-1 車床上鑽孔

在車床上鑽孔可將鑽頭裝置於尾座，而工件夾持於車頭上如圖L14-1。如材料較長，除用夾頭夾持外，尚須以中心扶架扶持再鑽孔如圖L14-2。

圖 L14-1　鑽孔之(一)

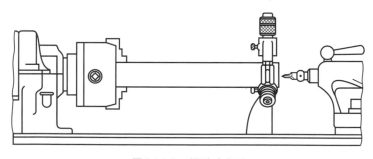

圖 L14-2　鑽孔之(二)

當開始鑽孔時，常以中心鑽先鑽中心孔如圖L14-3，若未先鑽中心孔者則可在工件端面中心車一凹點，鑽孔時用刀把牴觸鑽頭如圖 L14-4，以免鑽頭偏離(註 L14-1)。

圖 L14-3　鑽中心孔

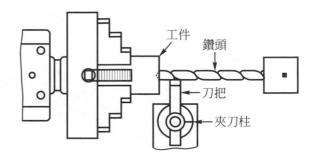

圖 L14-4　鑽孔

L14-2　車床上鉸孔

為獲得孔之真圓度、精確度及孔圓周表面之細緻，在鑽孔後常以鉸刀鉸孔如圖 L14-5，車床上鉸孔與鑽床上鉸孔情形相似(參考"鑽床上鉸孔"單元)。

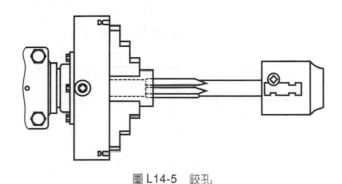

圖 L14-5　鉸孔

L14-3　車床上搪孔

若孔徑較大時，常以搪孔為之，搪孔刀視搪孔工作而選擇，圖 L14-6 為高速鋼鍛造的實體搪孔刀，圖示之角度適用於搪通孔用，圖 L14-7 適用於階級孔之刃口角度，此種搪孔刀整把由高速鋼鍛造，成本較高。一般使用工具鋼為刀把，銲接或以機械夾持方式夾持之碳化物車刀(參考"碳化物車刀"單元)；或以搪孔刀把夾持高速鋼或銲接式碳化物車刀，如圖 L14-8 至圖 L14-10(參考"車刀的種類及應用"單元)。圖 L14-8 示一搪通孔用之車刀角度，圖 L14-9 示搪方肩孔或階級內孔用之車刀角度，圖 L14-10 示搪盲孔方肩讓切用之車刀角度(註 L14-2)。高速鋼車刀角度名稱及使用請參考"車刀的種類與應用"單元；碳化物車刀角度名稱及功用請參考"碳化物車刀"單元。

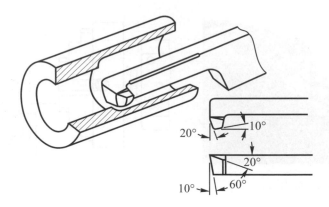

圖 L14-6 搪通孔搪孔刀(高速鋼整體鍛造)

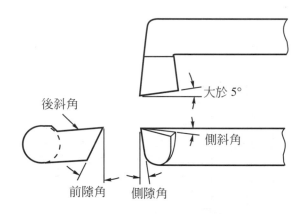

圖 L14-7 搪階級孔搪孔刀(高速鋼整體鍛造)

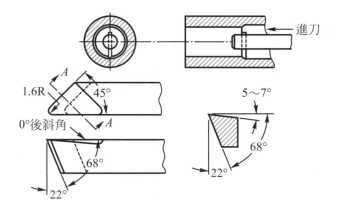

圖 L14-8 搪通孔搪孔刀(搪孔刀把用)

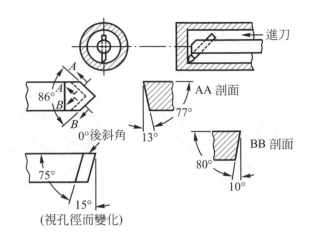

圖 L14-9　搪方肩盲孔或階級內孔用搪孔刀(搪孔刀把用)

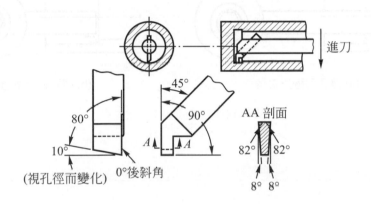

圖 L14-10　讓切搪孔刀(搪孔刀把用)

　　工件搪孔前，除鑄鍛件已預留毛胚孔外，通常需先鑽孔，搪孔工作通常以夾頭夾持工件，搪通孔時，搪孔刀沿床軌作縱向進刀，橫向進刀與外徑車削相反，孔徑愈車愈大，參見圖L14-6、圖L14-8；方肩、盲孔或階級內孔搪孔時，其肩或盲孔底部與車外階級桿相同，唯車內肩時，其橫向進刀方向與車外肩相反，參見圖L14-9；搪讓切時與外徑切槽、車凹部相同，唯其橫向進刀方向相反，參見圖L14-10。

　　搪孔刀之角度參見圖L14-6至L14-10，前隙角須視孔之直徑而變化，孔徑愈小則前隙角愈大，以免刀踵與工件接觸如圖L14-11，且搪孔刀之刀尖應高於工件中心上方5°，如圖L14-12，刀具的裝置與外徑車削法相似，勿使懸空太長如圖L14-13，並有足夠的退刀間隙，參見圖L14-11。

　　搪孔之主要操作步驟與車削外徑相同，進刀與切削速度參考"車削條件的選擇與車削"單元。唯粗車時應注意切勿一次切削太深，如車削過深時，由於搪孔刀常懸空較長，而易產生振顫，並使所搪之孔造成喇叭狀錐孔。尤以細車時應多幾刀以使孔徑各處一樣(註L14-3)。工件之公差與配合請參考"尺寸公差與配合"單元。組合件搪孔後通常給予適當去角，以利於裝配，並使兩組合件端面確實密合。

365

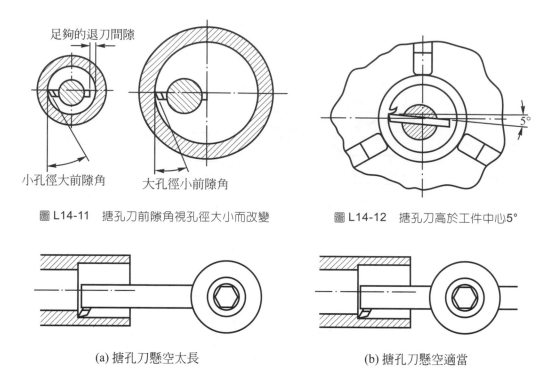

圖 L14-11　搪孔刀前隙角視孔徑大小而改變　　　圖 L14-12　搪孔刀高於工件中心5°

(a) 搪孔刀懸空太長　　　　　　　　(b) 搪孔刀懸空適當

圖 L14-13　搪孔刀勿懸空太長

學後評量

一、是非題

(　)1.在車床上鑽孔，將鑽頭裝在尾座。

(　)2.在車床上鉸孔，應使用機力鉸刀。

(　)3.搪孔刀的前隙角隨搪孔直徑增大而增大，即孔徑愈小前隙角愈小。

(　)4.搪孔刀之刀尖應低於工件中心。

(　)5.搪孔時，因搪孔刀懸空較長，因此車削時應增大切削量，以避免車成喇叭狀錐孔。

二、選擇題

(　)1.下列有關車床上鑽孔的敘述，何項錯誤？　(A)一般車床上鑽孔是將鑽頭裝在車頭　(B)長工件的鑽孔須以中心扶架夾持　(C)車床上鑽孔常先以中心鑽鑽中心孔　(D)鑽大直徑的孔，須先以小直徑鑽頭鑽導孔　(E)鑽孔的迴轉數以鑽頭直徑來計算，鑽頭直徑愈大，迴轉數愈低。

(　)2.下列有關車床上搪孔的敘述何項錯誤？　(A)搪孔時橫向進刀與車外徑之方向相反　(B)搪孔刀之前隙角隨孔徑而變化，孔直徑愈小前隙角愈小　(C)搪孔刀之夾持應使刀尖高於工件中心5°　(D)裝置搪孔刀時勿使懸空太長　(E)搪孔切削量太深易使所搪之孔成喇叭狀錐孔。

(　)3.車床上搪孔時，所選用的碳化物搪孔刀以幾號為宜？　(A)31　(B)35　(C)45　(D)49　(E)51。

(　)4.一組合件搪孔後內孔通常給予適當去角，其主要目的為　(A)易於測量　(B)去毛頭　(C)美觀　(D)不傷手　(E)易於裝配。

(　)5.在車床上鑽孔之前，工件通常需先　(A)車外徑　(B)搪孔　(C)鉸孔　(D)車端面　(E)去角。

參考資料

註 L14-1：South Bend Lathe. *How to run a lathe*. Indiana: South Bend Lathe, 1966, pp.65～68.

註 L14-2：John L. Feirer. *Machine tool metalworking*. new York: McGraw-Hill Book Company, 1973, p321.

註 L14-3：同註 L14-2。

實用機工學知識單

項目	車頭心軸夾頭與筒夾夾頭	學習目標	能正確的說出車頭心軸夾頭與筒夾夾頭的使用方法

前　言

對於工件材料外徑精度足夠且需大量生產時，常用車頭心軸夾頭或筒夾夾頭夾持工件。

說　明

L15-1　車頭心軸夾頭

車頭心軸夾頭(headstock spindle chuck)與鑽夾是相同的，只不過是其柄端不同，如圖L15-1為車頭心軸夾頭(註 L15-1)。

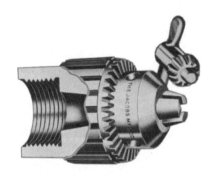

圖 L15-1　車頭心軸夾頭

L15-2　筒夾夾頭

筒夾夾頭(collet chuck)或稱拉緊套筒(draw-in collet chuck)，為所有夾具中最精確的一種，尤其對精度足夠之工件材料更能發揮效果。筒夾夾頭使用於車頭的情形如圖 L15-2。筒夾夾頭係由拉桿、手輪、套筒、心軸帽等組成，有手輪式如圖L15-3 及桿式如圖L15-4。筒夾外型有 S 型、D 形如圖L15-5，夾口有圓形、六角形及方形(CNS6742)(註 L15-2)，可依工件形狀及大小而選用，自φ2至φ13每距 1mm 就有一個的筒夾組如圖 L15-6。

圖 L15-2　筒夾夾頭的應用(鼎維工業公司)

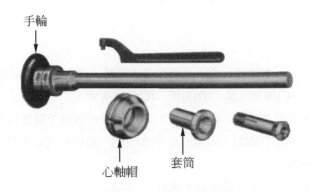

圖 L15-3　手輪式筒夾夾頭

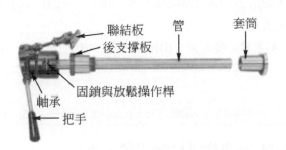

圖 L15-4　桿式筒夾夾頭(鼎維工業公司)

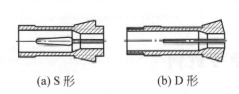

(a) S 形　　　　(b) D 形

圖 L15-5　筒夾

圖 L15-6　圓形筒夾組

學後評量

一、是非題

( ) 1. 車頭心軸夾頭適用於不規則工件的夾持。

( ) 2. 車頭心軸夾頭之柄端與車床車頭心軸之心軸鼻端相配合。

( ) 3. 筒夾夾頭適合夾持精度足夠之工件材料。

( ) 4. 筒夾夾頭之筒夾夾口有 S 形、D 形，外形有圓形、六角形及方形，以適合各種不同工件形狀的夾持。

( ) 5. 筒夾夾頭有手輪式及桿式。

二、選擇題

( ) 1. 圓桿工件材料之外徑精度足夠，且要大量生產時，適合用何種夾持具夾持？ (A)三爪夾頭 (B)四爪夾頭 (C)筒夾夾頭 (D)面板 (E)磁性夾頭。

( ) 2. 下列有關筒夾夾頭之敘述，何項錯誤？ (A)筒夾夾頭有手輪式與桿式 (B)筒夾外形有 S 型與 D 型 (C)筒夾夾口有圓形、六角形及方形 (D)一般筒夾可以夾持工件之內徑及外徑 (E)筒夾亦有成組供選用。

( ) 3. 夾持ϕ45 的材料，下列何項夾頭不適用？ (A)三爪夾頭 (B)四爪夾頭 (C)兩用夾頭 (D)車床牽轉具 (E)筒夾夾頭。

( ) 4. 工件需滾花或重切削時，下列何種夾頭不適用？ (A)車頭心軸夾頭 (B)三爪夾頭 (C)四爪夾頭 (D)長工件用中心架扶持 (E)兩用夾頭。

( ) 5. 六角車床之夾頭通常以何種最常用？ (A)車頭心軸夾頭 (B)筒夾夾頭 (C)三爪夾頭 (D)四爪夾頭 (E)兩用夾頭。

參考資料

註 L15-1：South Bend Lathe. *How to run a lathe*. Indiana: South Bend Lathe, 1966, p.56。

註 L15-2：經濟部標準檢驗局：彈簧筒夾。台北，經濟部標準檢驗局，民國 69 年，第 1 頁。

實用機工學知識單

項目	兩心間車外徑	學習目標	能正確的說出兩心間車外徑的方法

前 言

對於需要軸線同心或長工件的車削，通常將工件置於兩心(頂尖)間車削。

說 明

兩心間工作如圖 L16-1，兩心間工作的第一步為求中心。

圖 L16-1　兩心間車外徑

L16-1 中心的求法

求取工件端面中心方法有下列幾種(註 L16-1)：

1. 用分規求中心(divider method)：在工件端面塗以粉筆，將分規分開兩腳約為工件半徑，沿平板作四條約互垂直之線，連接對角點，兩線之交點則為中心如圖 L16-2。

2. 用組合角尺求中心(combination square method)：將組合角尺之中心規尺橫置於工件之端面，畫兩條約互垂直之線，即可求得其中心如圖 L16-3。

3. 用異腳卡鉗求中心(hermaphrodite caliper method)：打開雙腳使其約工件半徑，而後約在相對四點畫圓弧，連接對角點，兩線之交點則為中心如圖 L16-4。

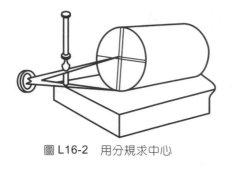

圖 L16-2　用分規求中心

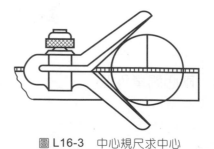

圖 L16-3　中心規尺求中心

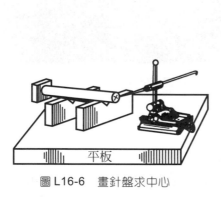

圖 L16-4　異腳卡鉗求中心

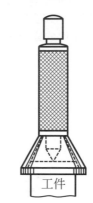

圖 L16-5　鐘形中心衝求中心

4. 用鐘形中心衝求中心(bell center punch method)：將工件置於鐘形中心衝之座上，衝擊中心衝，即可求出如圖 L16-5。

5. 用畫針盤求工件之中心：將工件置於 V 槽塊上，利用畫針盤求其中心如圖 L16-6。

圖 L16-6　畫針盤求中心

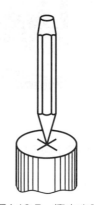

圖 L16-7　衝中心眼

求得中心點後，應用中心衝衝一中心眼如圖 L16-7。

L16-2　中心校驗

求得中心置於兩心間如圖 L16-8，用左手轉動工件、右手持粉筆，其與粉筆接觸之點則為其最大偏心位置，可利用中心衝校正，將中心衝尖端傾向最大偏心位置校正之，直至粉筆之記號同時塗佈四等分之相對點的表面。

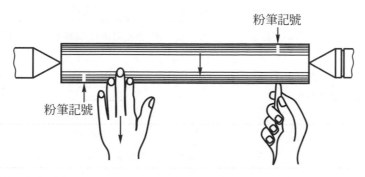

圖 L16-8　校驗中心

L16-3　鑽中心孔

　　中心位置準確的求得後，則可用中心鑽鑽中心孔，中心鑽依其中心孔的形狀有 R 型、A 型、B 型及 C 型，如圖 L16-9 至圖 L16-12，中心孔之規格為 $d_1 \times d_2$，其應用如表 L16-1(CNS300)(註 L16-2)，中心鑽依工件直徑大小選用，工件直徑大小與中心孔大小之關係如表 L16-2。

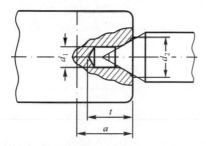

圖 L16-9　R 型-圓錐形中心孔(無去角)
　　　　　(經濟部標準檢驗局)

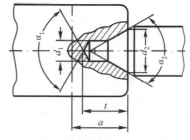

圖 L16-10　A 型-直線錐形中心孔(無去角)
　　　　　(經濟部標準檢驗局)

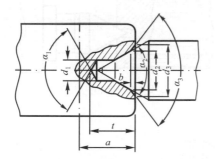

圖 L16-11　B 型-直線錐形中心孔(具錐形保護去角)
　　　　　(經濟部標準檢驗局)

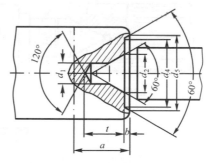

圖 L16-12　C 型-直線錐形中心孔(具錐形保護錐坑)
　　　　　(經濟部標準檢驗局)

表 L16-1　中心孔的應用(經濟部標準檢驗局)

指定項目	中心孔應留在成品上	中心孔可留在成品上	中心孔不得留在成品上
應用實例	CNS300、A 型中心孔 4×8.5		成品不留 中心孔

表 L16-2　工件直徑與中心孔大小

工件直徑	中心孔(錐坑)直徑 (d_2)	中心鑽規格(鑽頭直徑) (d_1)
5～15	2.5	1
	3.8	1.6
15～20	5	2
20～30	6.3	2.5
30～40	7.5	3.15
40～60	10	4
60～100	12.5	5
100 以上	15	6

　　鑽中心孔時務使中心孔與頂心適當吻合如圖L16-13，太淺或太深之中心孔皆為不適當而影響車削如圖L16-14 及圖 L16-15。

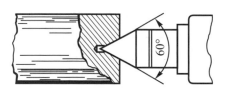

圖 L16-13　中心孔適當

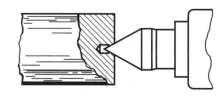

圖 L16-14　中心孔太淺

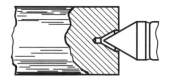

圖 L16-15　中心孔太深

L16-4　車床牽轉具

　　標準型之車床牽轉具(lathe dog)如圖 L16-16(a)，其一端之彎頭用以套在傳動盤(drive plate)之槽內，另一端用固定螺釘；圖 L16-16(b)為安全型，其固定螺釘改用六角承窩固定螺釘，以避免勾住操作者之衣袖而造成意外事件，圖 L16-16(c)為夾子心型，常用於較大或方形等之工件。

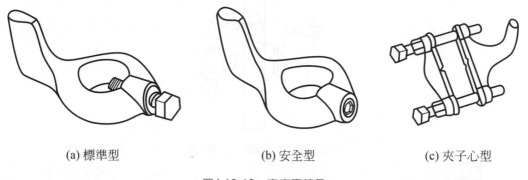

(a) 標準型　　　　　　　　　(b) 安全型　　　　　　　　　(c) 夾子心型

圖 L16-16　車床牽轉具

L16-5　頂尖之裝卸

　　裝置車頭頂尖或尾座頂尖之前，務必將頂尖錐度部份及心軸孔之錐度部份擦拭清潔，否則微小的不潔物將會影響頂尖之準確性，當然在清潔軸孔時切勿以手指代替清潔桿以免產生意外。

　　卸除車頭頂尖時，以左手執卸除桿輕擊頂尖，右手輕扶頂尖，以免掉落傷及床軌如圖 L16-17。尾座頂尖只要旋轉尾座手輪即可由其螺桿卸除。

　　裝上兩頂尖之後應推動尾座使與車頭接近，以校正其頂心是否對準如圖 L16-18，若不對準則應調整尾座使之對準。

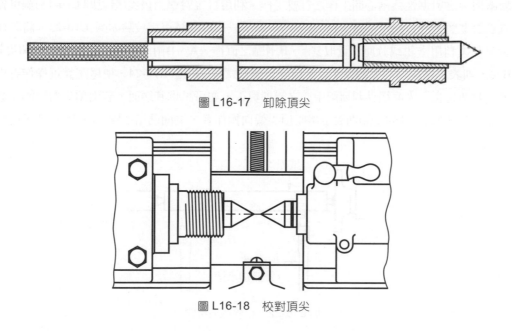

圖 L16-17　卸除頂尖

圖 L16-18　校對頂尖

L16-6 上工件

選擇合適之牽轉具夾持工件一端之適當位置,並置彎頭於傳動盤上,注意勿使彎頭卡在傳動盤之槽內如圖 L16-19,應如圖 L16-20,使彎頭在傳動盤槽內自由,並以尾座頂住工件之另一端,此端須時常保持足夠之潤滑或用軸承頂尖如圖 L16-21。

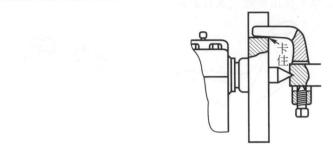

圖 L16-19　彎頭卡住傳動盤

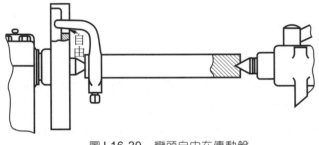

圖 L16-20　彎頭自由在傳動盤

圖 L16-21　軸承頂尖(維昶工業公司)

L16-7 校驗兩頂尖

校驗兩頂尖之對準性為兩心間工作之首要工作,利用目視對準兩頂尖(參見圖 L16-18)雖可獲得其準確性,但真正對準與否應以指示器及試桿如圖 L16-22,或以實際試車來校驗如圖 L16-23,將工件多餘尺寸部份微量車削後利用卡鉗或分厘卡量取其A、B兩點之直徑,A、B兩直徑若相同則表示兩頂尖對準,若A端大於B端,則表示尾座頂心偏離操作者,則旋緊調整螺絲G如圖 L16-24,使尾座靠近操作者再試車,校正至兩頂尖對準為止。大直徑件判斷兩中心之對準與否,亦可試車其端面,若兩頂尖對準端面必與中心成直角,若端面凹入如圖 L16-25(a)則表示尾座頂尖偏向操作者,端面凸出如圖 L16-25(b)則示尾座頂尖遠離操作者。

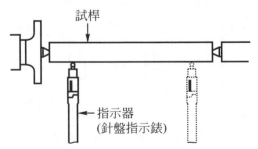

試桿

指示器
(針盤指示錶)

圖 L16-22　校驗兩頂尖之一

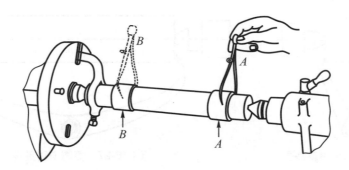

圖 L16-23 校驗兩頂尖之二

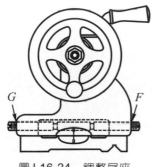

圖 L16-24 調整尾座

(a) 端面凹入　　　(b) 端面凸出

圖 L16-25 車端面判定兩頂尖對準與否

L16-8 兩心間車外徑

兩心間車削外徑之主要操作程序為：

1. 對準兩頂尖。
2. 安裝工件(尾座頂尖加潤滑劑)。
3. 安裝刀具。
4. 選擇進刀。
5. 選擇心軸迴轉數。
6. 車端面。
7. 校驗中心。
8. 試車外徑。
9. 量取尺寸。
10. 粗車外徑。
11. 細車外徑。
12. 去毛頭。

決定車削長度可用異腳卡鉗測量如圖 L16-26。測量外徑可用外卡、分厘卡等工具，總長度之量取亦可用實際卡鉗(firm joint caliper)如圖 L16-27。以半頂尖車削中心孔之毛頭如圖 L16-28。

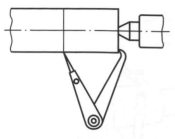

圖 L16-26　異腳卡鉗量長度

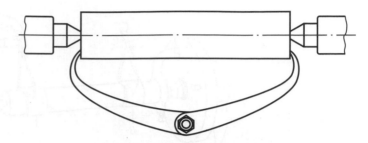

圖 L16-27　實際卡鉗量長度

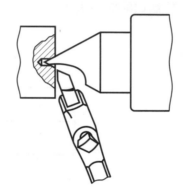

圖 L16-28　利用半頂尖車端面

學後評量

一、是非題

( )1. 用中心規尺求工件端面中心，是將工件端面置於規尺上，畫兩條約互相垂直的線，其交點即為中心點。

( )2. 中心孔的規格$d_1 \times d_2$，d_2是錐坑直徑。中心鑽的規格$d_1 \times d_2$，d_1是鑽柄直徑。

( )3. 安全型車床牽轉具用以夾持方形工件。

( )4. 卸除尾座頂尖時，應以卸除桿卸除之。

( )5. 試車兩心間工件外徑，檢查其外徑時，尾座端較小，表示尾座偏離操作者。

二、選擇題

( )1. 下列何種方法不能求得圓桿工件的端面中心？　(A)用分規　(B)用畫針盤　(C)用中心規尺　(D)用異腳卡鉗　(E)用中心規。

( )2. 工件直徑$\phi 45$，兩心間工作，宜選用之中心鑽頭為　(A)$\phi 1$　(B)$\phi 2$　(C)$\phi 3.15$　(D)$\phi 4$　(E)$\phi 5$。

( )3. 工件直徑$\phi 45$，兩心間工作，其中心孔宜鑽直徑為　(A)$\phi 2.5$　(B)$\phi 5$　(C)$\phi 10$　(D)$\phi 12.5$　(E)$\phi 15$。

(　)4.兩心間車外徑，檢驗其兩端外徑，發現靠尾座端直徑較小，則表示　(A)尾座偏離操作者
(B)尾座靠近操作者　(C)尾座太高　(D)尾座太低　(E)兩心對準。

(　)5.兩心間車大直徑工件端面，發現工件端面中心凸出，則表示　(A)尾座偏離操作者　(B)尾座靠
近操作者　(C)尾座太高　(D)尾座太低　(E)兩心對準。

參考資料

註 L16-1：Sotuh Bend Lathe. *How to run a lathe*. Indiana: South Bend Lathe, 1966, pp.43～52.

實用機工學知識單

項目	車床上特殊工作	學習目標	能正確的說出車床上特殊工作的工作方法

前 言

車床除了車端面、車內外徑、錐度及螺紋外，尚有多項工作可在車床上完成(註 L17-1)。

說 明

L17-1 中心扶架與跟刀架

車削細長之工件或長工件端面之加工常須以中心扶架(center rest)或稱中心架扶持之如圖 L17-1，使用時先固定中心扶架之位置，打開中心扶架，上工件，閉合中心扶架，調整中心位置，潤滑接觸點後開始車削。跟刀架(follower rest)乃固定於溜板鞍台上，隨溜板之縱向進刀而運行，通常調整其爪扶持於已車削好的直徑如圖 L17-2，須隨車削後直徑移動。如圖 L17-3 為中心扶架與跟刀架同時應用的情形。

圖 L17-1　中心扶架扶持長工件搪孔

(a) 跟刀架固定於溜板鞍台

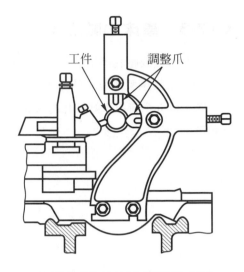

(b) 調整爪扶持於已車削好的直徑

圖 L17-2 跟刀架的應用

圖 L17-3 中心扶架與跟刀架的應用

L17-2 面板工作

　　許多不規則形狀的工件，均有賴面板(face plate)或稱花盤工作完成之，將面板裝上心軸之前亦須清潔其心軸鼻端並潤滑心軸鼻端，以使裝置確實。夾持工件時，應視工件形狀及工作情況而定，利用各種不同之夾具如角板、平行規及U形夾等夾持之，並注意其平衡。工件中心之對準，可利用中心指示器或針盤指示錶等校驗之，圖 L17-4 利用面板搪孔的情形。

圖 L17-4 面板夾持工件搪孔

L17-3　車床心軸工作

車削帶輪或軸套等工作時，常將工件裝置在車床心軸(lathe mandrel)或稱中軸、心軸，如圖 L17-5，車床心軸為工具鋼製成並經熱處理，其外圓磨成 1：2000 之錐度，以便將已車好或鉸好的孔裝於車床心軸上。圖 L17-6 示將已車好軸孔的齒輪胚壓配於車床心軸上，再置於車床兩心間車削的情形，以獲得良好的同軸度。

圖 L17-5　車床心軸　　　　　　　圖 L17-6　車床心軸應用

L17-4　偏心車削

簡單的偏心軸(eccentric shafts)或曲軸(cranksnafts)可用畫線法在工件兩端求得相對稱之偏心點，如圖 L17-7 之A_1–A_2及B_1–B_2。鑽中心孔後在兩心間車削，大量生產時可利用車床心軸車偏心軸如圖 L17-8。置於兩心間車削，(請參考 "兩心間車外徑" 單元)。

圖 L17-7　畫線法車削偏心

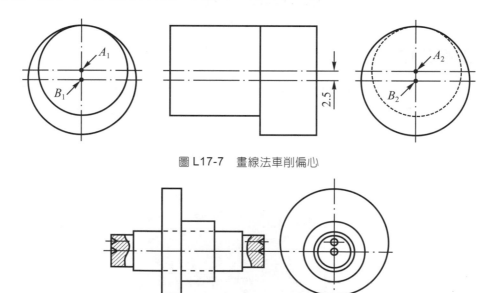

圖 L17-8　應用車床心軸車削偏心

　　偏心距離較小(約5mm以下)之短工作，可利用四爪夾頭調整偏心，以針盤指示錶校正偏置量，偏心軸或曲軸的往復運動距離為其偏心量的兩倍，如圖L17-9，故其指示錶總讀數值(total indicator reading，TIR)即指示最高點與低點之差距，為偏心量之兩倍，如圖 L17-10 之工件偏心 2.5mm 則其 TIR 為5mm，如圖L17-11 為應用四爪夾頭車偏心的情形。工件偏心之檢查，可將主軸線端置於V槽塊中，以針盤指示量表讀出其 TIR，數值的一半即為偏心量如圖L17-12。偏心軸之中心線須與工作圖示之位置符合，尤以同時具有兩個以上之多偏心工件，其偏心部份之中心應事先在端面求其等分點，以符合工作圖圖示偏心位置之要求。當偏心量太大而無法在兩曲軸端面鑽中心孔時，可在曲軸之兩端裝置一對墊塊，將其偏心軸線之位置妥為對稱，並支以支架及配重再行車削，如圖L17-13。內偏心之車削，可利用四爪夾頭夾持工件車削外徑後，依其外徑軸線調整偏心位置及偏心量後再鑽孔，搪內偏心孔如圖L17-14。

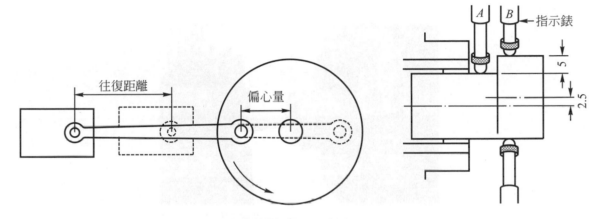

圖 L17-9　往復運動距離為偏心量的兩倍　　　　　圖 L17-10　針盤指示錶校正偏置量

圖 L17-11　應用四爪夾頭車削偏心

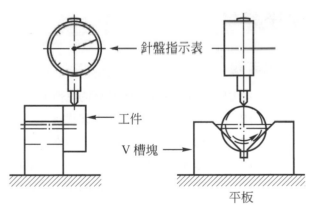

圖 L17-12　檢查偏心量

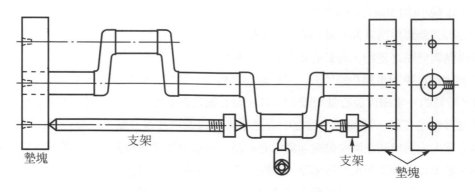

圖 L17-13　車削偏心量較大之曲軸

圖 L17-14　搪內偏心孔

學後評量

一、是非題

( )1.跟刀架是扶持在已車削好的直徑上。

( )2.長工件端面鑽孔宜用跟刀架扶持。

( )3.不規則的工件適合用三爪夾頭夾持。

( )4.需要同軸度的內外徑車削，宜用車床心軸裝置工件加工。

( )5.偏心車削時，針盤指示錶的 TIR 等於偏心量。

二、選擇題

( )1.在長工件的端面鑽中心孔，應使用　(A)中心扶架　(B)跟刀架　(C)面板　(D)車床心軸　(E)筒夾　夾持。

( )2.下列有關中心扶架與跟刀架之敘述，何項正確？　(A)中心扶架隨溜板移動　(B)中心扶架跟在車削後的直徑隨溜板移動　(C)跟刀架跟在車削後的直徑隨溜板移動　(D)跟刀架跟在車削前的

直徑隨溜板移動　(E)跟刀架夾持在工件之尾座端處。

( )3.車削齒輪胚件之外徑宜使用　(A)中心扶架　(B)跟刀架　(C)面板　(D)車床心軸　(E)筒夾　夾持。

( )4.用四爪夾頭調整偏心，工作圖標註 3mm 偏心量，則指示錶之總讀數值為　(A)1　(B)1.5　(C)3　(D)4.5　(E)6　mm。

( )5.兩心間車削偏心，工作圖上標註 2mm 偏心量，則畫線時之偏心量為　(A)1mm　(B)2mm　(C)3mm　(D)4mm　(E)6mm。

參考資料

註 L17-1：South Bend Lathe. *How to run a lathe*. Indiana: South Bend Lathe, 1966, pp.88～93。

實用機工學知識單

項目	銑床的種類與規格	學習目標	能正確的說出銑床的種類與規格

前　言

　　工具機群中，銑床(milling machine)為工作範圍最廣泛的一種工具機，係利用旋轉的多刃刀具(銑刀)切削工件之多餘量，使之獲得所需的平面、曲面、齒形等各種不同形狀及尺寸的工具機。在生產工廠的大量生產可獲得極佳之生產效率，在工具工廠可獲得廣泛的用途。銑床的構造依用途而異，本知識單就普通銑床說明之。

說　明

M01-1　銑床的種類

　　普通銑床用於一般工具工廠之銑削工作，通常有兩種不同的型式，即床式(bed type)及柱膝式(column and knee type)。

1. 床式銑床：亦稱固定型，因其床台係固定在基座的一定高度上而不能改變，故有堅實之利，工作時只能調節升降其心軸，以獲得不同高度之銑削，床台的左右運行可獲得工件的縱向進刀。亦有可橫向進刀以調整工件與銑刀之位置者如圖 M01-1，如工模搪床(jig borer)或靠模銑床(profile milling machine)等皆屬此型之演進而得。

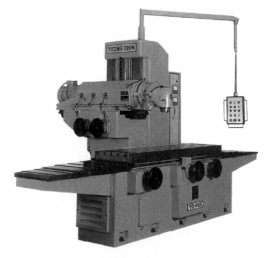

圖 M01-1　床式銑床(永進機械工業公司)

2. 柱膝式銑床：亦稱活動型，因其床台的高度可隨工作的需要而適當調節，以獲得更廣泛的工作範圍。依心軸之位置可分為臥式與立式兩種：臥式銑床(horizontal plain milling machine)的心軸是水平置放的，床台可以上下垂直運行、左右縱向進刀、前後的橫向進刀。因其廣泛的工作範圍，使之有取代床式銑床之趨勢如圖 M01-2。另一種床台可在水平面上作相當角度的轉動，使能銑削螺旋槽、螺旋齒輪等工作的銑床謂之萬能銑床(universal milling machine)如圖 M01-3。

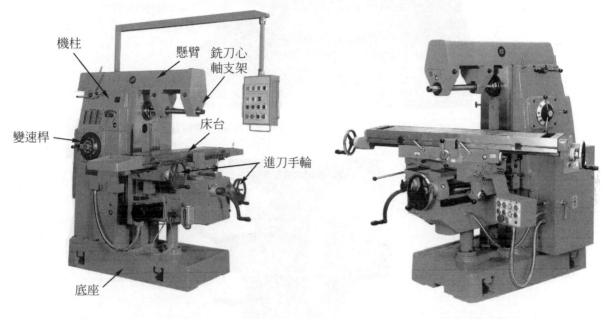

圖 M01-2　臥式銑床(永進機械工業公司)　　　　圖 M01-3　萬能銑床(永進機械工業公司)

　　立式銑床(vertical milling machine)之心軸係垂直於床台，主要是利用端銑刀及平面銑刀等，應用於若干端銑、平面銑刀銑平面及垂直孔的銑削如圖 M01-4。部份型式的立式銑床，其主軸頭與懸臂可沿機柱水平移動及旋轉定位如圖 M01-5，主軸頭亦可左右旋轉及俯仰調整如圖 M01-6。

圖 M01-4　立式銑床(永進機械工業公司)

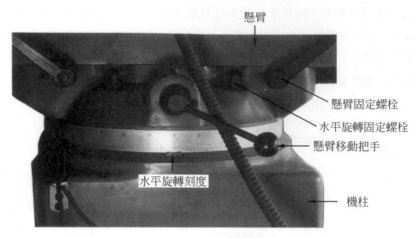

圖 M01-5 主軸頭與懸臂沿機柱水平移動及旋轉定位

懸臂

懸臂固定螺栓

水平旋轉固定螺栓

懸臂移動把手

水平旋轉刻度

機柱

左右旋轉固定螺栓

左右旋轉方向

(a) 正視圖

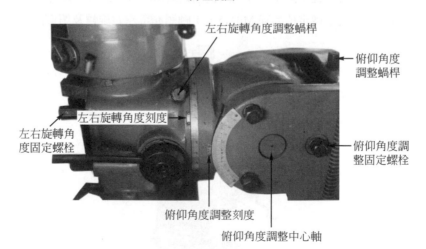

左右旋轉角度調整蝸桿

俯仰角度調整蝸桿

左右旋轉角度刻度

左右旋轉角度固定螺栓

俯仰角度調整固定螺栓

俯仰角度調整刻度

俯仰角度調整中心軸

(b) 側視圖

圖 M01-6 主軸頭之左右旋轉及俯仰調整

M01-2　銑床的構造

銑床的構造大致分為兩個部份，一為機柱一為床台，機柱部份為高級鑄鐵鑄成，為整個銑床的支柱，其懸臂與心軸平行，懸臂、心軸與導軌的垂直全靠機柱，其內部為一齒輪系統以獲得心軸的各種不同迴轉數。床台部份用以支持工件及銑床附件，使工件能固定在床台上，隨著需要的方向而運行，以獲得各種不同的銑削。銑床細部構造隨型式及各廠商設計而不盡相同，宜參考各廠商之使用說明書。

M01-3　銑床的規格

銑床之規格依各廠商的設計而異，一般以床台移動或號數稱之，各種不同號數床台之移動距離如表 M01-1(註 M01-1)。

表 M01-1　銑床規格

稱呼號數	機種別	床台移動距離 mm			稱呼號數	機種別	床台移動距離 mm		
		左右(縱向)	前後(橫向)	上下			左右(縱向)	前後(橫向)	上下
No.0	普通銑床	450	150	300	No.3	普通銑床	850	300	450
	萬能銑床	450	150	300		萬能銑床	850	275	450
	立式銑床	450	150	300		立式銑床	850	300	350
No.1	普通銑床	550	200	400	No.4	普通銑床	1,050	325	450
	萬能銑床	550	175	400		萬能銑床	1,050	300	450
	立式銑床	550	200	300		立式銑床	1,050	350	400
No.2	普通銑床	700	250	400	No.5	普通銑床	1,250	350	500
	萬能銑床	700	225	400		萬能銑床	1,250	325	500
	立式銑床	700	250	300		立式銑床	1,250	400	450

學後評量

一、是非題

（　）1. 銑床床台可上下調整高度的稱為床式銑床。

（　）2. 普通銑床可以銑螺旋槽。

（　）3. 立式銑床可用平面銑刀銑平面。

（　）4. 銑床的構造分為機柱與床台兩部份。

（　）5. 2 號立式銑床的縱向移動距離 250mm。

二、選擇題

（　）1. 銑削螺旋齒輪應使用　(A)床式銑床　(B)臥式銑床　(C)萬能銑床　(D)立式銑床　(E)工模搪床。

（　）2. 利用端銑刀或平面銑刀為主要的銑平面工作的銑床是　(A)靠模銑床　(B)臥式銑床　(C)萬能銑床　(D)立式銑床　(E)工模搪床。

( )3.使用普通銑刀銑平面通常使用　(A)靠模銑床　(B)立式銑床　(C)萬能銑床　(D)工模搪床　(E)臥式銑床。

( )4.銑床床台用以固定工件，其材料是　(A)鑄鐵　(B)鍛鋼　(C)鑄鋼　(D)鍛鋁　(E)不銹鋼。

( )5.銑床規格以號數稱呼，No.1 立式銑床的縱向進刀距離是　(A)450　(B)550　(C)700　(D)850　(E)1050　mm。

參考資料

註 M01-1：周賢溪：銑床手冊。台北，啓學出版社，民國 66 年，第 259 頁。

實用機工學知識單

項目	銑　刀	學習目標	能正確的說出銑刀的種類、規格、用途與磨削方法

前　言

在銑削工作中，選擇正確銑刀的形式、尺寸並磨銳，是提高銑削效果最具影響力的因素。銑刀的種類，可依照工作情形而分類，亦依齒形而有不同的磨銳方法。

說　明

M02-1　銑刀的種類

1. 依其齒形可分為鋸齒、型齒及嵌齒三種：

⑴ 鋸齒(saw tooth)：為一般銑刀採用最廣泛者，用於普通銑刀、螺旋銑刀及鋸割銑刀等如圖 M02-1。

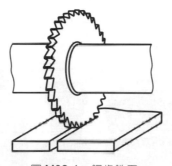

圖 M02-1　鋸齒銑刀

⑵ 型齒(formed tooth)：銑床上複製工件為大量生產最經濟的工作方法之一，利用型齒銑刀給予單獨或排銑皆可獲得最佳之效率，且磨銳銑刀時並不影響其齒形如圖 M02-2。

圖 M02-2　型齒銑刀(三協工具製造公司)(宗順超硬切削工具製造公司)

(3) 嵌齒(inserted tooth)：較大的銑刀以整體的刀具材料來製造將形成浪費，故以高速鋼製成刀片或碳化物刀片等，嵌入於工具鋼製成的刀體上，以獲得經濟之效，尤其採用可替換式碳化物刀具(indexable carbide cutting tool)更是一種經濟的選擇。

可替換式碳化物刀具，係將可替換式刀片，或稱「用後即棄式」刀片，以機械方式夾持於刀體上，如圖 M02-3 所示之平面銑刀，及圖 M02-4 所示，可以銑削肩、槽、柱孔及斜坡(ramping)的端銑刀。

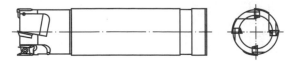

圖 M02-3　嵌齒銑刀(宗順超硬切削工具製造公司)　　　圖 M02-4　可替換式端銑刀

碳化物刀片可分為P、M、K三類及若干等級，依工件材料、加工方式及加工條件選擇之(請參考"碳化物車刀"單元)；銑刀刀體視加工需求選擇各種不同的型式如圖 M02-5；可替換式銑刀的選擇如圖 M02-6(註 M02-1)。

圖 M02-5　可替換式碳化物銑刀(扶德公司)

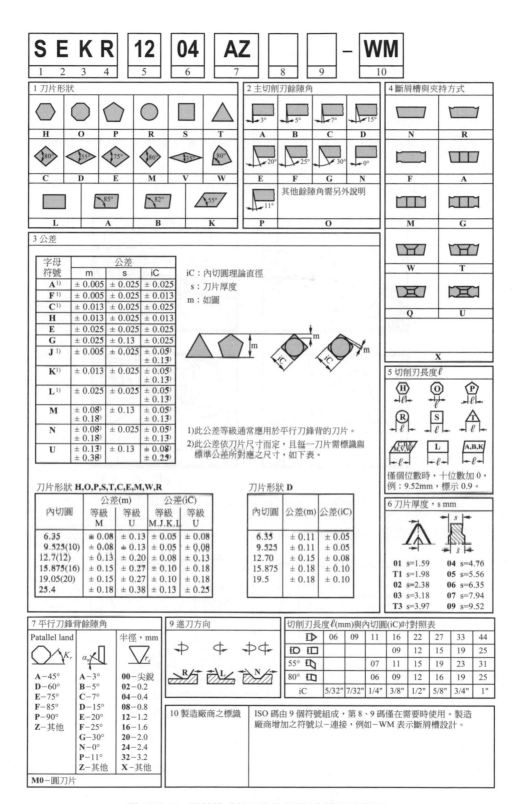

圖 M02-6　可替換式銑刀片的標識(台灣山域公司)

可替換式銑刀片的安裝程序如下(註 M02-2)：

(1) 放鬆刀片楔，卸下銑刀片如圖 M02-7(a)。

(2) 使用空氣噴槍，清潔刀片座如圖 M02-7(b)。

(3) 反時針方向替換銑刀新刃口(或選擇一新銑刀片)，並裝入刀片座。

(4) 輕輕的旋緊刀片楔螺釘，而後放鬆 1/4 圈。

(5) 對著半徑方向的兩定位點，壓入銑刀片，用力壓住後，推向軸向定位點，如圖 M02-7(c)，旋緊刀片楔螺釘。

(6) 使用扭矩扳手旋緊，扭矩約為 90kp-cm 如圖 M02-7(d)。

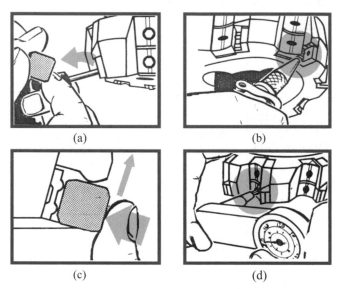

(a)　　　　　　　　　　(b)

(c)　　　　　　　　　　(d)

圖 M02-7　銑刀片的安裝程序(台灣山域公司)

(7) 大型平面銑刀，視需要以針盤指示錶檢驗各銑刀片的高度如圖 M02-8。

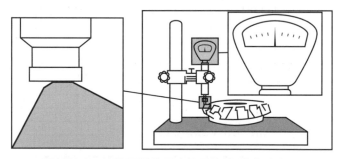

圖 M02-8　檢驗平面銑刀之銑刀片(台灣山域公司)

2. 依工作情形而分類則有：

(1) 普通銑刀(plain milling cutters)：或稱平銑刀。如圖 M02-9，其外徑在$\phi 50 \sim \phi 125$mm，寬度在 $40 \sim 200$mm，以外徑(O)×刃寬(L)×孔徑(d)表示其規格，如50×40×22(CNS3598)(註 M02-3)，一般成螺旋齒以降低剪切應力，防止銑削時所發生的震動，不區分刃向，右螺旋齒銑刀應左轉銑削，左螺旋齒銑刀應右轉銑削，以由機柱承受切削應力，重銑削時可將右螺旋齒與左螺旋齒成對使用，以消除其切削應力如圖 M02-10(CNS3595)(註 M02-4)，適用於大平面粗進刀與大深度之銑削。

圖 M02-9　普通銑刀(三協工具製造公司)

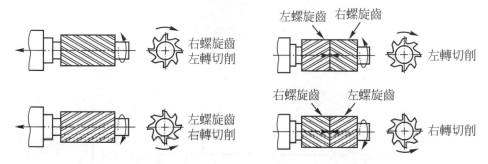

圖 M02-10　普通銑刀之銑削(經濟部標準檢驗局)

(2)　側銑刀(side milling cutters)：為輕型普通銑刀之側面加以製齒，用以銑削側面、凹槽或騎銑，外徑在ϕ50～ϕ200mm，寬度 4～40mm(CNS3599)(註 M02-5)，如圖 M02-11(a)為平側銑刀，另有一種與平側銑刀相同，唯一側有切齒者謂之單側銑刀如圖(b)，銑齒有直齒及螺旋齒，圖(c)為一交錯齒側銑刀，銑齒左右螺旋交互排列，用以重銑削而不發震聲。圖(d)為扣聯齒側銑刀。

(a) 平側銑刀(雙側銑刀)　　(b) 單側銑刀　　(c) 交錯齒側銑刀　　(d) 扣聯齒側銑刀

圖 M02-11　側銑刀

(3)　開縫鋸(slitting saws)：如圖 M02-12，外徑在ϕ32～ϕ315mm，寬度 0.3～6mm(CNS3601)(註 M02-6)，其兩邊均準確磨削並向中心逐漸磨薄，使銑削時有適當的間隙而不產生摩擦。與開縫鋸相似者有螺釘頭槽銑刀(screw slotting cutters)，外徑ϕ45 及ϕ70mm，寬度在 0.25～8mm(CNS3602)(註

M02-7)；切槽銑刀(slotting cutters)或稱槽銑刀，其外徑在φ50～φ125mm，寬度在 4～25mm (CNS3597)(註 M02-8)。

圖 M02-12　開縫鋸(三協工具製造公司)

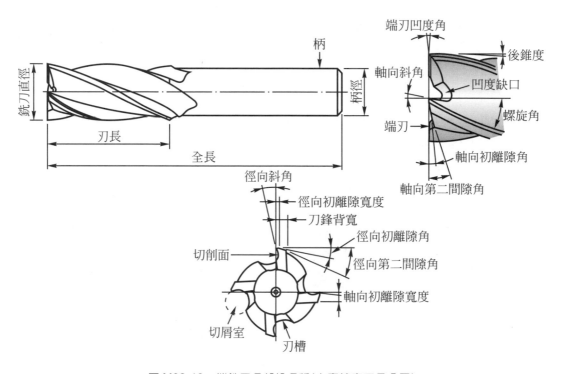

圖 M02-13　端銑刀各部份名稱(大寶精密工具公司)

(4) 端銑刀(end mills)：端銑刀在周邊、端面均有刃齒，其各部份名稱如圖M02-13，以其刃端直徑表示其規格。依其柄端有直柄(φ2～φ20mm)(CNS3610)(註 M02-9)、錐柄(φ10～φ40mm)(CNS3609)(註M02-10)如圖M02-14，及柄與銑刀分離的殼形端銑刀(shell end mills)(φ40～φ60mm)(CNS3611)(註 M02-11)如圖 M02-15；依其刃數(溝槽數)有雙刃、三刃、四刃及六刃等如圖M02-16，其中雙刃、三刃及具有中心切削作用的四刃端銑刀具有中心切削作用，可作軸向及徑向進刀。端銑刀的端面形狀有方端、球鼻端、角隅圓弧端、角隅去角端、角隅圓角端及鑽頭鼻端等如圖 M02-17，圖 M02-18 示各種端銑刀。端銑削時依銑削形式、工件形狀選擇適當的端銑刀。表 M02-1 示端銑刀的選擇(註M02-12)。銑削時亦應使右螺旋齒左轉銑削，左螺旋齒右轉銑削，由機柱承受應力如圖 M02-19(註 M02-13)。

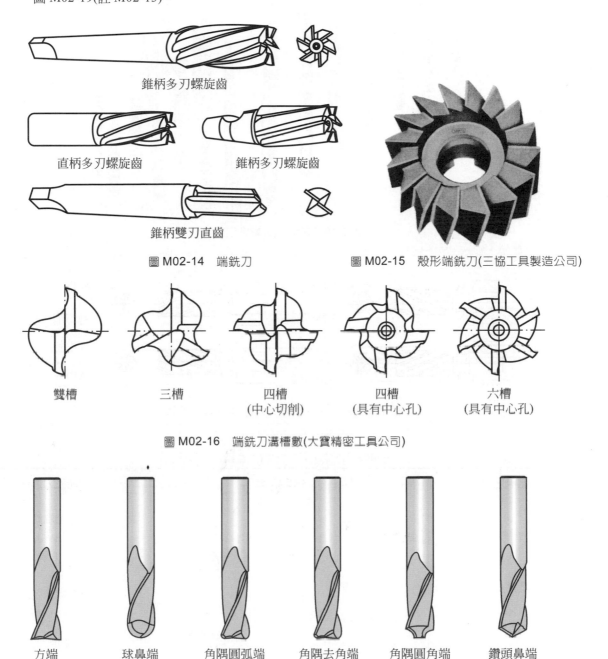

錐柄多刃螺旋齒

直柄多刃螺旋齒　　錐柄多刃螺旋齒

錐柄雙刃直齒

圖 M02-14　端銑刀　　　　圖 M02-15　殼形端銑刀(三協工具製造公司)

雙槽　　三槽　　四槽(中心切削)　　四槽(具有中心孔)　　六槽(具有中心孔)

圖 M02-16　端銑刀溝槽數(大寶精密工具公司)

方端　球鼻端　角隅圓弧端　角隅去角端　角隅圓角端　鑽頭鼻端

圖 M02-17　端銑刀的端面形狀(大寶精密工具公司)

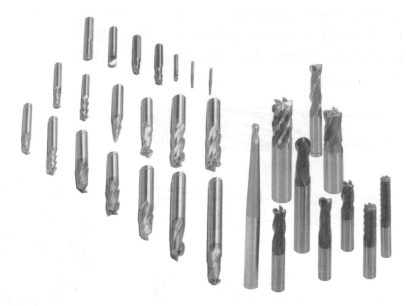

圖 M02-18　端銑刀(大寶精密工具公司)

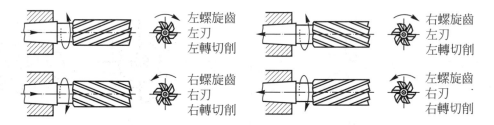

圖 M02-19　端銑刀銑削方向(經濟部標準檢驗局)

表 M02-1　端銑刀的選擇(大寶精密工具公司)

銑削形式	工件形狀		端銑刀形狀
溝槽銑削	淺溝	 	粗銑端銑刀
			方端
			角隅圓弧端
			錐度方端

表 M02-1　端銑刀的選擇(大寶精密工具公司) (續)

銑削形式	工件形狀		端銑刀形狀
溝槽銑削	深溝	狹窄溝	方端
			球鼻端
		狹窄溝	錐度方端
			錐度圓弧端 錐度球端
		寬溝	粗銑端銑刀
			方端
			角隅圓弧端
	鍵座		方端
側面銑削(週邊銑削)			粗銑端銑刀
			方端
			角隅圓弧端
	斜面		錐度方端
			錐度圓弧端 錐度球端
	深銑尖端		粗銑端銑刀
			方端

表 M02-1　端銑刀的選擇(大寶精密工具公司) (續)

銑削形式	工件形狀		端銑刀形狀
輪廓銑削	淺輪廓	大平面表面 	角隅圓弧端
		小平面表面 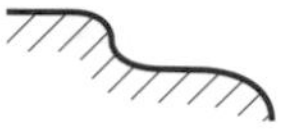	球鼻端
	深輪廓	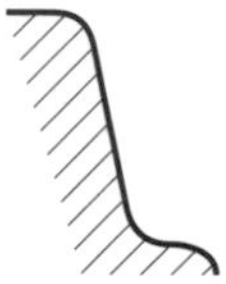	球鼻端
	深輪廓切削 (排屑困難者)		球鼻端
柱坑、錐坑銑削	預先鑽孔	柱坑 	方端
		錐坑 	錐度方端
讓切銑削			球鼻端
去圓角銑削	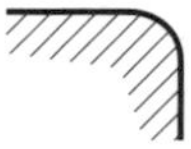		角隅圓角端

(5) 平面銑刀(face cutter)：較大平面的重銑削，用ϕ50～ϕ150mm 之平面銑刀或稱面銑刀(CNS3606)
(註 M02-14)如圖 M02-20，平面銑刀亦有銑刀本體用工具鋼製成再嵌入刀片，用標準銑刀心軸直
接固定於心軸上而銑削之。其規格自3R或3L (ϕ76mm)至20R或20L (ϕ508mm)，R表示右刃，L表
示左刃，(CNS4258)(註 M02-15)如圖 M02-21。

圖 M02-20 平面銑刀(宗順超硬切削
工具製造公司)

圖 M02-21 嵌齒平面銑刀(宗順超硬切削
工具製造公司)

(6) 型齒銑刀:不同型齒銑刀用於各種成形銑削:

① T形槽銑刀(T-slot cutters):銑削 T 形槽時,先以側銑刀或端銑刀銑出一直槽,再用 T 形槽銑刀
如圖 M02-22,完成其寬槽,T 形槽銑刀兩端面均有刃齒,有A式(錐柄)與B式(直柄)兩種,依 T
形槽標稱規格標稱之,A式自 10 至 54,B式自 5 至 36(CNS3600)(註 M02-16)。外形與 T 形槽銑
刀相似之半圓鍵座銑刀,則其兩端面無刃齒,僅用以銑削半圓鍵座。

圖 M02-22 T 形槽銑刀(宗順超硬切削工具製造公司)

② 角度銑刀(angle milling cutters):有45°、50°、60°、70°及80°之銳角銑刀(或稱單側角銑刀),其
外徑φ65、φ70 及φ75mm(CNS3603)(註 M02-17);45°、60°及90°之(雙角度)等角銑刀,其外徑
φ65、φ70、φ75mm(CNS3605)(註 M02-18);及60°、65°、70°、75°、80°、85°之不等角銑刀,
其外徑φ65、φ75 及φ90mm(CNS3604)(註 M02-19)如圖 M02-23,用以銑削一定角、鳩尾槽榫、
銑刀刃齒等。

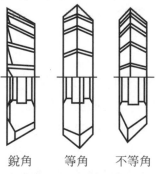

銳角   等角   不等角

圖 M02-23 角度銑刀

③ 螺絲攻或鉸刀用銑刀(tap & reamer cutter):如圖 M02-24,用以銑削螺絲攻或鉸刀之溝槽。

④ 輪廓銑刀:用於各種不同輪廓的銑削如圖 M02-25 圓角銑刀,圖 M02-26 凸圓、凹圓銑刀。

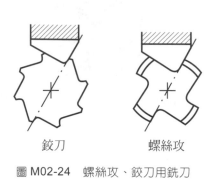

鉸刀　　　　螺絲攻

圖 M02-24　螺絲攻、鉸刀用銑刀

圖 M02-25　圓角銑刀(宗順超硬切削
工具製造公司)

(a) 凸圓銑刀

(b) 凹圓銑刀

圖 M02-26　輪廓銑刀(宗順超硬切削工具製造公司)

　　根據研究結果顯示粗銑齒與增加螺旋齒角度的銑刀之切削效率較高，因其具有：1.較大的銑削空間，2.刃齒強度增加，3.刃齒可以過切(under cut)一點，而易於前斜角之磨削，4.動力消耗較少，5.減少銑刀摩擦，6.增加銑刀磨次與壽命，7.刃邊缺口可斷屑等優點。故目前之銑刀有朝向粗銑齒及大螺旋角銑齒之趨勢，以增加生產效率且減少動力。

M02-2　磨銑刀

　　銑刀為銑床的主要切削刀具，應經常保持銳利以利銑削，型齒銑刀的磨削係沿徑向之齒面磨銳如圖 M02-27 之a處，磨削b、c處皆不能獲得正確之形狀。普通銑刀應磨削其刀鋒背B之徑向初離隙角α如圖 M02-28，磨削時，若以平直形砂輪為之如圖 M02-29，則砂輪中心應與銑刀偏置，其偏置量C＝ 0.0087×砂輪直徑×離隙角度α×螺旋角的餘弦(cos)；如圖 M02-30 以盆形或斜盆形砂輪磨削時，則升降扶刀片，其量亦同，應以銑刀直徑代入砂輪直徑。利用盆形砂輪磨削後之離隙角為實際角度(actual angle)，平直形砂輪磨削會因砂輪直徑而產生虛表角度(apparent angle)，故宜採用盆形砂輪磨削。磨削量粗磨以每次不超過 0.05mm 為宜，精磨以 0.01mm 為宜。

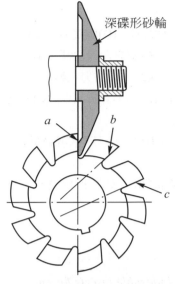

圖 M02-27　磨型齒銑刀

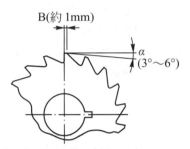

圖 M02-28　磨普通銑刀

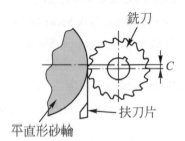

圖 M02-29　平直形砂輪磨銑刀

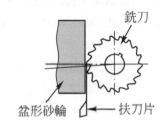

圖 M02-30　盆型砂輪磨銑刀

學後評量

一、是非題

( )1.可替換式銑刀片的規格爲 SEKR1204AZ，表示刀片形狀是方形。

( )2.普通銑刀的規格，以外徑×刃寬×孔徑表示之。

( )3.普通銑刀銑削時，不區分刃向，右螺旋齒銑刀右轉切削，由機柱受力。

( )4.普通端銑刀以外徑稱呼之，如 ϕ20 端銑刀。

( )5.平面銑刀之規格，以銑刀心軸孔徑之號數稱呼之，如3L表示孔徑 ϕ76，左刃。

( )6.T 形槽銑刀以 T 形槽標稱規格稱呼，其兩端面有刃角，半圓鍵銑刀則兩端面無刃齒。

( )7.角度銑刀可用於銑削螺絲攻的槽。

( )8.粗銑齒與大螺旋角銑齒的銑刀之切削效率較高。

( )9.磨鋸齒銑刀，沿徑向之齒面磨銳，磨型齒銑刀，磨刀鋒背之徑向初離隙角。

( )10.盆型砂輪所磨離隙角爲實際角度，磨削時銑刀刃齒之偏置量(扶刀片升降量)爲C＝ 0.0087×砂輪直徑×離隙角度×螺旋角的餘弦。

二、選擇題

( )1.輪廓銑刀是 (A)鋸齒銑刀 (B)型齒銑刀 (C)普通銑刀 (D)側銑刀 (E)平面銑刀。

( )2.螺旋槽端銑刀的銑削方向,下列何項正確? (A)右螺旋齒左刃左轉 (B)右螺旋齒左刃右轉 (C)右螺旋齒右刃左轉 (D)左螺旋齒左刃右轉 (E)左螺旋齒右刃左轉。

( )3.普通銑刀之規格表示是 (A)外徑×孔徑×刃寬 (B)孔徑×刃寬×外徑 (C)刃寬×外徑×孔徑 (D)外徑×刃寬×孔徑 (E)外徑×刃數×孔徑。

( )4.下列何種銑刀不是型齒銑刀? (A)T 形槽銑刀 (B)角度銑刀 (C)輪廓銑刀 (D)螺絲攻用銑刀 (E)螺旋齒側銑刀。

( )5.下列何種銑刀端面有刃齒? (A)普通銑刀 (B)開縫鋸 (C)T 形槽銑刀 (D)半圓鍵座銑刀 (E)螺釘頭槽銑刀。

參考資料

註 M02-1 ：(1) International Organization for Standardization. *Indexable inserts for cutting tools-deignation.* Swizerland：International Orgarization for Standardzation, 1999, pp.1～15.

　　　　　(2) The Sandvik Steel Works. *Milling tools.* Sweden: The Sandvik Steel Works, 2001, p.F5.

註 M02-2 ：The Sandvik Steel Work: *Setting guide for T－MAX milling cutters.* Sweden: The Sandvik Steel Works, p.2, p.10.

註 M02-3 ：經濟部標準檢驗局:普通銑刀。台北,經濟部標準檢驗局,民國 77 年,第 1～5 頁。

註 M02-4 ：經濟部標準檢驗局:普通銑刀及端銑刀之刃向及螺旋之方向。台北,經濟部標準檢驗局,民國 77 年,第 1 頁。

註 M02-5 ：經濟部標準檢驗局:側銑刀。台北,經濟部標準檢驗局,民國 77 年,第 1～9 頁。

註 M02-6 ：經濟部標準檢驗局:開縫鋸。台北,經濟部標準檢驗局,民國 77 年,第 1～4 頁。

註 M02-7 ：經濟部標準檢驗局:螺釘頭槽銑刀。台北,經濟部標準檢驗局,民國 77 年,第 1～2 頁。

註 M02-8 ：經濟部標準檢驗局:槽銑刀。台北,經濟部標準檢驗局,民國 77 年,第 1～2 頁。

註 M02-9 ：經濟部標準檢驗局:兩刃直柄端銑刀。台北,經濟部標準檢驗局,民國 63 年,第 1～2 頁。

註 M02-10：經濟部標準檢驗局:圓錐柄端銑刀。台北,經濟部標準檢驗局,民國 63 年,第 1～3 頁。

註 M02-11：經濟部標準檢驗局:殼形端銑刀。台北,經濟部標準檢驗局,民國 77 年,第 1～2 頁。

註 M02-12：OSG Corporation. *OSG Products information.vol.*61.Japan: OSG Corporation. p.91,pp.96～97.

註 M02-13：同註 M02-4。

註 M02-14：經濟部標準檢驗局:面銑刀。台北,經濟部標準檢驗局,民國 77 年,第 1～3 頁。

註 M02-15：經濟部標準檢驗局:碳化物鑲片正面銑刀(鑄鐵用)。台北,經濟部標準檢驗局,民國 67 年,第 1～3 頁。

註 M02-16：經濟部標準檢驗局:T 形槽銑刀。台北,經濟部標準檢驗局,民國 77 年,第 1～2 頁。

註 M02-17：經濟部標準檢驗局:單側角銑刀。台北,經濟部標準檢驗局,民國 77 年,第 1 頁。

註 M02-18：經濟部標準檢驗局:等角銑刀。台北,經濟部標準檢驗局,民國 77 年,第 1 頁。

註 M02-19：經濟部標準檢驗局:不等角銑刀。台北,經濟部標準檢驗局,民國 77 年,第 1～2 頁。

實用機工學知識單

項目	銑刀的選擇與裝卸	學習目標	能正確的說出銑刀的選擇與裝卸方法

前　言

　　正確的選擇銑刀是提高加工效率、降低工作成本的重要因素。銑刀的裝卸視銑刀的種類而不同，均應正確的操作才能完成銑削工作。

說　明

M03-1　銑刀的選擇

　　銑刀的選擇視被銑削工件之材質、形狀、銑床的種類、性能、銑刀的切削速度、狀況、銑削的方法及加工程度等而異。如工件材質較軟而有展性者則以大的徑向斜角(10°～20°)之銑刀較易切削，硬而脆的材料以小的徑向斜角(0°～10°)之銑刀為宜，一般銑削用銑刀之徑向斜角為10°～15°，尤以12°為最常用如圖M03-1。工件較薄時則進刀量須降低，選用大螺旋角銑齒的銑刀可獲較佳之銑削；加工量不均時，應先粗銑一次，使下一次具有一定之加工量。

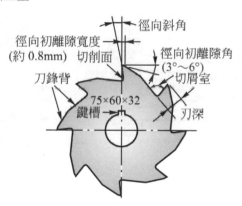

圖 M03-1　銑刀各部份名稱

　　銑床之性能應保持良好狀況，銑削方式視立銑、臥銑之設備而異，平面銑削以立銑較佳，依不同的銑削方式選擇銑刀，如平面銑削用平面銑刀，銑齒輪用齒輪銑刀等。加工程度與切削速度雖常有一定之範圍，但欲求平順之銑削則必須在適當的高迴轉細進刀下進行，刃齒之疏密並無太大影響。並選擇適當大小之銑刀，太大直徑的銑刀將會增大行程而浪費時間，影響效率如圖 M03-2。但太小的銑刀將增大接合角 (engage angle)(切削點之沿徑線與進刀方向之夾角如圖 M03-3)，而易使刀尖斷裂，平面銑刀直徑之選擇，在切削鋼料時為切削寬度的 $\frac{5}{3}$ 倍、切削鐵鑄時為 $\frac{5}{4}$ 倍、切削鋁合金時為 $\frac{3}{2}$～$\frac{5}{3}$ 倍。

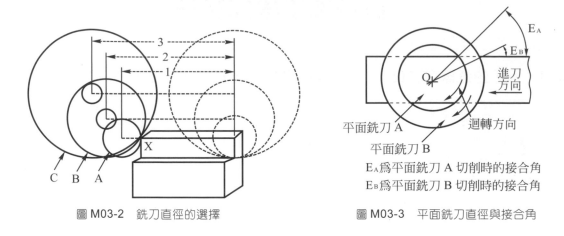

圖 M03-2 銑刀直徑的選擇

圖 M03-3 平面銑刀直徑與接合角

M03-2 裝置銑刀

　　裝置銑刀的方法視加工方法而異，銑床之心軸具有美國標準銑床錐度之軸孔如圖 M03-4，銑刀可藉套筒之內標準錐度孔(莫氏錐度或 B&S 錐度)與銑刀接合，並以其銑刀柄端之樺舌(tang)協助驅動，而將套筒之一端以拉桿螺栓緊固於軸孔內以隨心軸迴轉。套筒之形狀如圖 M03-5，各式銑刀可選用不同之套筒以承接之。裝置套筒於心軸孔上時，應先將軸孔及套筒清潔後，將套筒套入心軸孔，旋轉拉桿螺栓B，參見圖 M03-4，使適當上緊於套筒絲孔後旋緊固鎖螺帽L。卸除時反其順序，須先微微放鬆固鎖螺帽L，以木鎚錘擊固定拉桿B使套筒脫離心軸孔，再放鬆拉桿取出套筒。

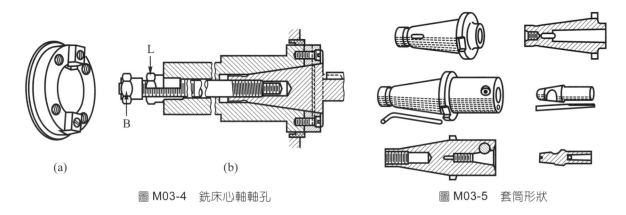

(a)　　　　　　　　(b)

圖 M03-4 銑床心軸軸孔　　　　　圖 M03-5 套筒形狀

　　具有軸孔的銑刀大部分以銑刀心軸(arbors)承接，銑刀心軸之形式有A、B、C三式，C式亦即殼形端銑刀或平面銑刀用之銑刀心軸，如圖 M03-6，銑刀心軸錐度為美國標準銑床錐度，且係整體製成，銑刀心軸有各種不同的長度與標準直徑，常用者有$\phi16$、$\phi22$、$\phi27$、$\phi32$、$\phi40$及$\phi50$等，表示銑刀心軸規格包括型式、標準銑床錐度號數、軸徑及長度，如 A4027-500(CNS5669)(註 M03-1)。裝卸銑刀時係先將銑刀心軸裝於心軸孔上(與裝套筒相同)，選取適當的銑刀位置，以軸環C間隔之，軸環之兩端面為磨平且平行並與孔中心垂直，具有各種不同長度以調節銑刀之位置，裝上銑刀後，先裝以軛(刀軸支架)Y，軛內之軸承B以承載銑刀心軸之迴轉，再固定銑刀心軸螺帽L。卸除時反其順序，先放鬆銑刀心軸螺帽L，移除軛Y，卸除銑刀心軸螺帽L，順序卸除軸環及銑刀等。一般銑刀皆以軸環之摩擦帶動銑刀，而重力切削時可於銑刀與銑刀心軸間增加一方鍵，以免重切削時產生滑動。

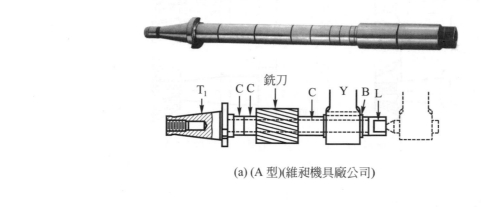

(a) (A 型)(維昶機具廠公司)

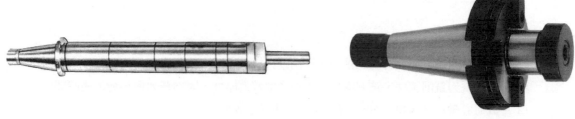

(b) (B 型)

(c) (C 型)(維昶機具廠公司)

圖 M03-6　銑刀心軸之形式

　　特殊形狀的銑刀，多用特殊之夾持方式，如直柄端銑刀可用直柄銑刀夾頭夾持之如圖 M03-7，具有螺紋孔之銑刀以具有螺紋的銑刀心軸承接之，如圖 M03-8(CNS3596)(註 M03-2)，右切銑刀具有右旋螺紋，左切銑刀具有左旋螺紋，並注意各種不同之應用。

圖 M03-7　直柄銑刀夾頭套組(維昶機具廠公司)

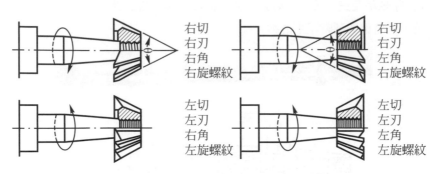

右切
右刃
右角
右旋螺紋

右切
右刃
左角
右旋螺紋

左切
左刃
右角
左旋螺紋

左切
左刃
左角
左旋螺紋

圖 M03-8　具有螺紋孔銑刀與銑刀心軸(經濟部標準檢驗局)

學後評量

一、是非題

( )1.銑削軟材料用大徑向斜角的銑刀，銑削硬材料用小徑向斜角銑刀。

( )2.以平面銑刀銑削工件，銑刀直徑比工件寬度較大即可，因為銑刀愈小愈節省時間。

( )3.一銑刀心軸規格 A4027-500，表示銑刀心軸直徑ϕ40。

( )4.上銑刀心軸時，先上緊拉桿螺栓再上緊固鎖螺帽，卸除銑刀心軸時，先完全退出螺桿再敲擊螺桿。

( )5.具有螺紋孔的銑刀心軸，右旋螺紋應使用右轉切削。

二、選擇題

( )1.下列有關銑刀的選擇，何項錯誤？　(A)工件材料軟用大的徑向斜角　(B)選用大螺旋鉸銑齒的銑刀可獲得較佳銑削　(C)選擇太小的銑刀會增加切入角度而易使刀尖破裂　(D)銑削鋼料時銑刀直徑約為切削寬度的$\frac{5}{3}$倍　(E)銑刀的刃齒數愈多加工程度愈細。

( )2.一般銑削用銑刀最常用的徑向斜角是　(A)0°　(B)3°　(C)6°　(D)12°　(E)20°。

( )3.一般平面銑削鋼料時，銑刀直徑為切削寬度的　(A)$\frac{5}{3}$　(B)$\frac{2}{3}$　(C)$\frac{3}{5}$　(D)$\frac{3}{2}$　(E)$\frac{5}{4}$　倍。

( )4.一銑刀軸規格 A4027-500，則表示銑床心軸錐度號數是　(A)A　(B)A4　(C)40　(D)27　(E)500。

( )5.銑刀心軸錐度是　(A)莫氏錐度　(B)美國標準銑床錐度　(C)布朗‧沙普錐度　(D)賈諾氏錐度　(E)公制錐度。

參考資料

註 M03-1：經濟部標準檢驗局：銑刀心軸。台北，經濟部標準檢驗局，民國 69 年，第 1～2 頁。

註 M03-2：經濟部標準檢驗局：角銑刀之刃向、角向及螺紋之方向。台北，經濟部標準檢驗局，民國 77 年，第 1 頁。

實用機工學知識單

項目	銑床上工件之夾持法	學習目標	能正確的說出銑床上工件之夾持方法

前 言

銑床上夾持工件視工件的形狀及加工方法而異，可直接夾持在床台上，或用銑床虎鉗夾持之。

說 明

夾持工件的方法以直接裝置於床台上，或夾在銑床虎鉗上。銑床虎鉗與鉋床虎鉗相似，其顎夾與鉗體皆能承受銑削時所產生之應力，並儘可能的接近床台以抵抗切削應力。如圖M04-1為一般用銑床虎鉗，分為無旋轉底座(MV)及有旋轉底座(MVS)兩類，其規格依夾緊板(鉗口)寬度，有100～250等七種(CNS4039)(註M04-1)；圖M04-2所示萬向虎鉗(universal vise)適用於工具室製造加工時之夾持，視工件之形狀及加工方法而選擇適當的虎鉗。

鉗體　夾緊板(鉗口)　顎夾

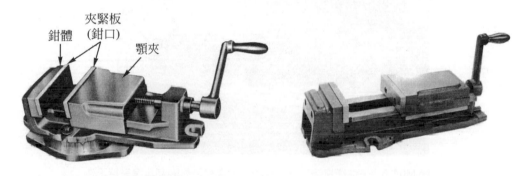

(a) 有旋轉底座　　　　　　　　(b) 無旋轉底座

圖 M04-1　銑床虎鉗(勝竹機械工具公司)

圖 M04-2　萬向虎鉗(維昶機具廠公司)

使用虎鉗，應先予清潔，並檢驗其平行度與垂直度，平行度的檢驗，可將一對平行規置於虎鉗上，以針盤指示錶檢驗平行規兩端之高度是否等高，如圖 M04-3 之A、B、C、D點；垂直度的檢驗，可將一角尺之短邊以木塊夾持於鉗體，以針盤指示錶檢查角尺長邊兩端之高度是否等高，如圖 M04-4 之A、B點。

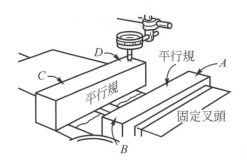
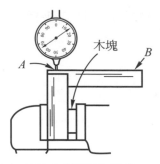

圖 M04-3　檢驗虎鉗平行度(檢驗*A*、*B*、*C*、*D*等高)　　圖 M04-4　檢驗虎鉗垂直度(檢驗*A*、*B*等高)

一般形狀較複雜、工件較大時，常直接固定於床台，銑床床台備有T形槽，可利用適當之夾具如T形螺栓及承塊等夾持工件，如圖 M04-5 至圖 M04-7 皆為此種形式之夾持法，其夾持螺栓應靠近工件。

圖 M04-5　工件夾持法之一：使用 T 形螺栓及可調整承塊夾持工件

圖 M04-6　工件夾持法之二：使用牽轉具夾持工件

握爪

圖 M04-7　工件夾持法之三：使用握爪夾持工件(勝竹機械工具公司)

　　特殊的銑削方法可用特殊的夾持方法，如圖 M04-8 為利用附有分度的轉盤(rotary table)夾持工件銑削的情形。不論以何種方式夾持工件皆應使工件確實夾牢且不破壞工件之加工面，並使工件欲銑之方向路徑對準。利用虎鉗夾持大量生產之工件時，虎鉗之校驗必須準確。床台亦需隨時保護避免撞擊或刮傷等，以免損害床台之精度。

端銑刀
工件(氣缸頭)
轉盤

圖 M04-8　使用轉盤夾持氣缸頭進氣閥座與排氣閥座

學後評量

一、是非題

　　(　)1. 銑床虎鉗可分為無旋轉底座(MV)，及有旋轉底座(MVS)兩種。

　　(　)2. 使用銑床虎鉗僅以鉗體受力。

　　(　)3. 工具室製造加工適用萬向虎鉗。

( )4.使用 T 形螺栓夾持工件時，工件下方須墊以平行規。

( )5.使用銑床虎鉗夾持工件，應事先校驗虎鉗之精度。

二、選擇題

( )1.下列有關銑床虎鉗之敘述，何項錯誤？　(A)顎夾與鉗體皆能承受銑削應力　(B)僅鉗體承受銑削應力　(C)銑床虎鉗有旋轉底座　(D)銑床虎鉗無旋轉底座　(E)以夾緊板(鉗口)寬度表示規格。

( )2.下列有關銑床工件之夾持，何項錯誤？　(A)使用銑床虎鉗夾持　(B)使用 T 形螺栓及承塊夾持　(C)使用手夾鉗夾持　(D)使用分度轉盤夾持　(E)使用分度頭夾持。

( )3.下列有關銑床工件之夾持，何項正確？　(A)使用銑床虎鉗夾持時，工件與虎鉗間應墊以平行規　(B)工件與床台間應墊以平行規再夾持　(C)使用 T 形螺栓與承塊夾持時，螺栓應靠近承塊　(D)工具室製造加工，常用銑床虎鉗夾持　(E)夾持圓桿工件最好以銑床虎鉗直接夾持。

( )4.欲銑削一□50×80 的六面體，通常用何種方法夾持？　(A)萬能虎鉗　(B)T 形螺栓及承塊　(C)轉盤　(D)銑床虎鉗　(E)分度頭。

( )5.欲銑削車床溜板鞍台之基準面，宜用何種方法夾持？　(A)銑床虎鉗　(B)萬能虎鉗　(C)轉盤　(D)分度頭　(E)T 形螺栓及承塊。

參考資料

註 M04-1：經濟部標準檢驗局：機工虎鉗(銑床及牛頭鉋床用)。台北，經濟部標準檢驗局，民國 65 年，第 1～3 頁。

實用機工學知識單

項目	銑削法與銑削條件的選擇	學習目標	能正確的說出銑削的方法與銑削條件的選擇

前　言

　　銑削視銑刀的迴轉方向與工件進刀方向而分向上銑、向下銑，依工件與銑床之加工條件作適當的選擇。正確的選擇切削速度與進刀方向有助於切削效率的提高。

說　明

M05-1　銑削法

　　銑刀的構造比單刃刀具(車刀)複雜，而其銑削作用也來得複雜，如圖 M05-1，銑刀在一定中心位置上轉動，且工件按一定之速度進刀，每刃所銑得之面是每刃所得的軌跡，並不是一個簡單的平面，亦不是一圓面，而是扁橢擺線(oblate trochoid)，如圖上的0′、1′、2′、3′、4′曲線。因此當第一刃銑過後，第二刃來到時，第一刃所銑得之0′點已推進0點，第二刃再00′線的P點時就已接觸工件，所以0′P間之曲面第二刃無法切削到，因此理論上，銑刀所銑得的加工面是由這些曲面連接而成，並非一平面，然而一般銑削時銑刀之迴轉速度高於工件進刀速度許多，因此0′P0之間幾近一平面。由此可知，欲獲得一細緻平面，適當的提高銑刀迴轉數及降低工件進刀速度是一良好的方法，且因直齒銑刀是一刃一刃的銑削，每刃承受突來之作用力，容易產生震動，若利用螺旋齒銑刀，則其每刃平均受力更能獲得良好之表面。

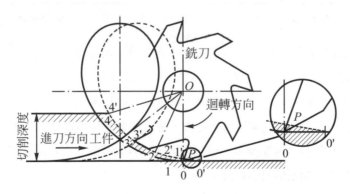

圖 M05-1　銑削原理

　　銑削時銑刀之迴轉方向與進刀方向成逆向者稱為逆銑法，如圖 M05-2(a)，亦稱向上銑法(conventional or up-milling)；若兩者相順銑削時稱為順銑法，亦稱為向下銑法(climb or down-milling)如圖(b)。向上銑法

413

為一般常用的方法，其切削層厚度是由零漸增至最大後歸於零，銑刀受力始輕末重，較易保持其銳利性及耐用性，且銑刀施於工件上之合力方向G及水平力方向H與進刀方向相反如圖M05-3，雖較耗動力但可消除床台螺桿與螺帽間的無效運動，惟每一銑刀刃在銑削易引起周期性的震動。

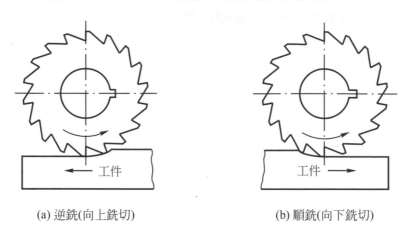

(a) 逆銑(向上銑切)　　　　　　　　(b) 順銑(向下銑切)

圖 M05-2　銑削法

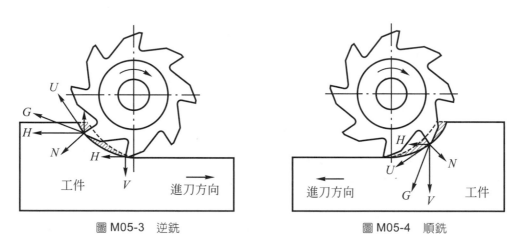

圖 M05-3　逆銑　　　　　　　　圖 M05-4　順銑

向下銑法和向上銑法相反，其銑削層開始較厚，再次減少而歸於零，銑刀受力成為始重末輕，較易受損，尤以鑄、鍛工件更易損及銑刀刃，然銑刀施於工件之合力方向G朝下，垂直分力方向V向下作用如圖M05-4，正好壓住工件，且銑削時無震動，故向下銑法較適於長薄工件，銑削後表面細緻、厚度均勻，但因水平分力方向H與進刀方向一致，雖可節省動力，卻因床台螺桿與螺帽間的間隙所產生的無效運動，易使工作台運行不圓滑，利用此法優點雖多，但具須有消除無效運動之反背隙裝置(anti-backlash device)如圖M05-5 及圖 M05-6，否則不能達到預期效果。

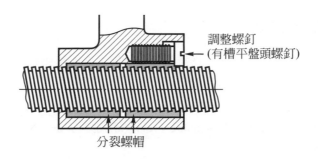

圖 M05-5　反背隙裝置

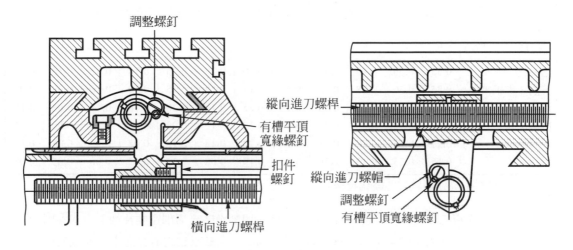

圖 M05-6　縱橫向進刀分裂螺帽之調整螺釘

M05-2　切削速度的選擇

銑削的切削速度係指銑刀切削點(周邊一點)的線速度，視銑刀材料、工件材料、銑床性能、進刀大小、銑削深度及加工程度而異，一般銑刀的切削速度如表 M05-1(註 M05-1)。

表 M05-1　銑刀的切削速度(m/min)

工件材料	高速鋼銑刀	碳化物銑刀
機械用鋼	21～30	45～75
工 具 鋼	18～20	40～60
鑄　　鐵	15～25	40～60
青　　銅	20～35	60～120
鋁	150～300	300～600

銑削時最好以較慢之切削速度開始，然後視情況逐漸增進直至適當。實際應用時皆以心軸迴轉數表示之，故通常以公式$N = \dfrac{300V}{D}$求心軸迴轉數，式中N為心軸迴轉數(rpm)；V為切削速度(m/min)；D為銑刀直徑(mm)；由上述公式可求得正確之心軸迴轉數，但為了工作方便，常作成圖表以利工作時查閱。

M05-3 進刀與加工時間

銑床的進刀有兩種不同的表示方法，一為銑刀每轉一周工件所移動距離，一為工件每分鐘的移動距離，前者的進刀機構係與心軸聯動隨心軸迴轉數而變化，後者係獨立為一進刀機構。前者雖以理論為基礎，但實際應用卻以後者較為實際。故新式銑床常採獨立進刀機構，即以每分鐘移動距離 (F) 表示之，即 $F = f \cdot z \cdot N$，式中 f 為銑刀每刃每轉進刀量(mm/z · rev)，z為銑刀刃數，N為心軸迴轉數(rpm)。一般銑刀的進刀量如表 M05-2(註 M05-2)。

表 M05-2　各種銑刀之進刀量(公厘/刃 · 轉)

工件材料 \ 銑刀種類 銑刀材料	平面銑刀		螺旋齒銑刀		側銑刀		端銑刀		型齒銑刀		開縫鋸	
	①	②	①	②	①	②	①	②	①	②	①	②
鋁	0.55	0.50	0.45	0.40	0.33	0.30	0.28	0.25	0.18	0.15	0.13	0.13
黃銅、青銅(中)	0.35	0.30	0.28	0.25	0.20	0.18	0.18	0.15	0.10	0.10	0.08	0.08
鑄鐵(中)	0.33	0.40	0.25	0.33	0.18	0.25	0.18	0.20	0.10	0.13	0.08	0.10
機械用鋼	0.30	0.40	0.25	0.33	0.18	0.23	0.15	0.20	0.10	0.13	0.08	0.10
工具鋼(中)	0.25	0.35	0.20	0.28	0.15	0.20	0.13	0.18	0.08	0.10	0.08	0.10
不銹鋼	0.15	0.25	0.13	0.20	0.10	0.15	0.08	0.13	0.05	0.08	0.05	0.08

註：銑刀材料①高速鋼銑刀②碳化物銑刀

進刀量的大小亦視工件材料、刀具材料、銑床性能、切削深度、切削速度及加工方式等因素而定，一般粗銑時可在負荷的範圍內切削較深，平面銑削為 3～5mm，端銑為銑刀直徑之半，並以較快進刀至預留 0.4～0.8mm 的精削量，銑鍵座時，更應提高迴轉數、降低進刀量，除此以外，更須視實際情形加以調整適當的進刀量，而不能以理論數字來決定其進刀量。

銑削之削除量(R)係以單位時間之削除體積表示之，$R = t \cdot w \cdot F(mm^3/min)$，式中t＝切削深度(mm)，w＝銑削寬度(mm)，F＝進刀量(mm/min)。而銑削工件所需時間$T = \dfrac{L}{F}$(min)，式中L為銑削行程(mm)，為工件銑削長度(ℓ)、銑刀與工件接近距離(ℓ_1)及銑刀與工件接觸前及離開後之預留距離(約 5mm)之和，即 $L = \ell + \ell_1 + 5$(mm)，其中 $\ell_1 = \sqrt{\left(\dfrac{D}{2}\right)^2 - \left(\dfrac{D}{2} - t\right)^2} = \sqrt{t(D-t)}$，式中D＝銑刀直徑(mm)，如圖 M05-7。

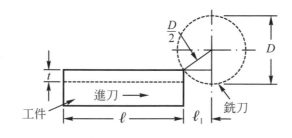

圖 M05-7　銑削行程

學後評量

一、是非題

( ) 1. 銑削鑄鍛件宜用向上銑法，銑削長薄工件宜用向下銑法。

( ) 2. 以 ϕ100mm 高速鋼銑刀，銑削低碳鋼($V= 25$m/min)時，心軸迴轉數宜採用 75rpm。

( ) 3. 銑床之進刀量，通常以每分鐘移動距離表示之。

( ) 4. 以 8 刃的碳化物平面銑刀，75rpm 的迴轉數銑削低碳鋼，宜用 180mm/min 的進刀量。

( ) 5. 以 ϕ100mm 的普通銑刀，150mm/min 的進刀量，銑削工件深 2mm，長 100mm，則需時 8 分鐘。

二、選擇題

( ) 1. 普通銑刀銑平面，其每刃所得之軌跡是　(A)漸開線　(B)扁橢擺線　(C)擺線　(D)外擺線　(E)內擺線。

( ) 2. 下列有關銑削法之敘述，何項錯誤？　(A)銑削時銑刀之迴轉方向與進刀方向相逆者稱為向上銑法　(B)順銑亦稱為向下銑法　(C)長薄的工件適合向下銑法　(D)向下銑法須有消除無效運動之反背隙裝置　(E)鑄鍛件適合向下銑法。

( ) 3. 以直徑 ϕ75 的碳化物銑刀，銑削低碳鋼，切削速度 75m/min，則應選擇心軸迴轉數為　(A)75　(B)150　(C)300　(D)450　(E)750　rpm。

( ) 4. 以直徑 ϕ100，齒數 6 齒的碳化物平面銑刀，銑削低碳鋼，切削速度 75m/min，每齒進刀量 0.40mm/轉，則其每分鐘進刀量為　(A)225　(B)300　(C)400　(D)540　(E)700　mm。

( ) 5. 以 ϕ100 的高速鋼普通銑刀，進刀量 180mm/min，銑削一工件長度 100mm，銑削深度 3mm，則所需時間為　(A)0.68　(B)0.86　(C)6.8　(D)8.6　(E)18　(分)。

參考資料

註 M05-1：S.F.Krar,J.W.Oswald, and J.E. St. Amand: *Technology of machine tool*. New York: McGraw-Hill Book Company, 1977,p.230.

註 M05-2：同註 M05-1，p.231。

實用機工學知識單

項目	銑平面、端銑、側銑、銑槽、鑽孔與搪孔	學習目標	能正確的說出銑平面、端銑、側銑、銑槽、鑽孔與搪孔的工作方法

前 言

銑床典型工作如銑平面、端銑、側銑、銑槽、鑽孔及搪孔等，其工作皆有一定之步驟。

說 明

M06-1 銑平面

銑床實際上最普通的工作是銑平面，用臥式銑床以普通銑刀銑平面如圖 M06-1，其操作步驟如下：

1. 選擇銑刀：選擇一銑刀，使其寬度足以銑削全部表面。
2. 上銑刀。
3. 上工件：勿使工件過分突出虎鉗叉頭，工件下方墊以平行規，務使工件緊貼平行規及虎鉗。如未能確知工件之各面是否平行及垂直時，可將如圖 M06-2 之第二面置於鉗體，則第三面與顎夾間應墊以銅桿，參見圖 M06-1。

圖 M06-1　普通銑刀銑平面

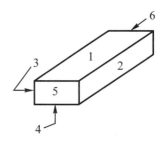

圖 M06-2　銑六面體之順序

4. 選擇銑削速度、迴轉數與進刀速度。
5. 接觸。
6. 昇高銑削深度，並固定深度位置。
7. 試銑：用手工進刀銑削 5mm 長後，退回原銑削處。
8. 檢查銑削面之平行度及精確性，若有需要則再調整之。

9. 自動進刀銑削第一面，並給予適當切削劑，完成後退回至原銑削位置。銑削六面體之順序如圖M06-2。

10. 卸除工件，清理虎鉗後，將第一面緊貼虎鉗鉗體，顎夾與第四面間墊以銅桿，以確使第一面緊貼鉗體，再銑削第二面。

11. 依10.之步驟，銑削第三面。惟應注意第二面須緊貼平行規，以確使第三面平行於第二面。

12. 銑削第四面時，以第二面緊貼虎鉗鉗體，因第二面與第三面均已銑削，此時不需再使用銅桿，惟第一面須緊貼平行規。

13. 銑削第五面時以第一面緊貼虎鉗鉗體，以角尺校驗第二面與第五面之垂直度，如圖M06-3，或以針盤指示錶校驗之。

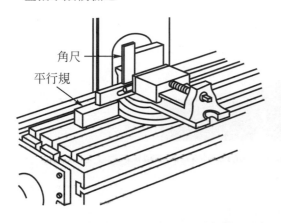

圖 M06-3　以角尺校驗第五面

圖 M06-4　平面銑刀銑六面體

14. 銑削第六面時，以第一面緊貼虎鉗鉗體，第五面緊貼平行規。每銑一面均須去毛頭。

15. 立式銑床銑削的步驟與上述臥式銑床銑平面的步驟相同，如圖M06-4示使用平面銑刀銑六面體。

M06-2　端銑削

利用端銑刀銑削成垂直、水平或有角度的平面謂之端銑。端銑刀銑削平面與平面銑刀銑削平面之操作相同，參見圖M06-4，唯端銑刀之端刃與周邊刃成直角，切削時形成一垂直邊，而常用於銑削階級或溝槽等工作，如圖M06-5示使用雙螺旋刃、方端直柄端銑刀銑削平面的情形，圖M06-6示端銑削階級的情形。

圖 M06-5　端銑削

圖 M06-6　端銑階級

419

　　利用主軸頭可調整的立式銑床銑削端面或溝槽時，需事先調整其主軸頭與懸臂沿機柱水平移動及旋轉定位，並調整主軸頭之左右旋轉及俯仰定位(參見 "銑床的種類與規格" 單元)。主軸頭沿旋臂左右旋轉定位，以適合沿橫向進刀之角度銑削，歸零時，針盤指示錶校驗床台之縱向進刀方向，其分度相同，如圖M06-7；主軸頭沿懸臂俯仰角度定位，以適合沿縱向進刀之角度銑削，歸零時，針盤指示錶調整床台之橫向進刀方向，其分度亦須相同，如圖M06-8，針盤指示錶之測量深度不宜超過0.5mm。

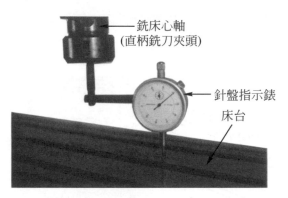

圖 M06-7　手動旋轉心軸，使針盤指示錶校驗主軸頭左右旋轉角度歸零

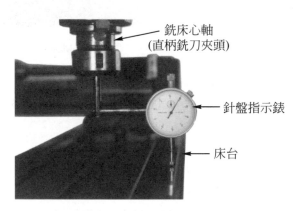

圖 M06-8　手動旋轉心軸，使針盤指示錶校驗主軸頭俯仰角度歸零

　　端銑削前，端銑刀應先予定位，端銑刀的定位包括徑向定位與軸向定位如圖M06-9，徑向定位時，可將單光紙(例如厚度約 0.02mm 之薄紙)貼於工件側面，移動工件靠近銑刀徑向，當單光紙被銑刀刮除時，即表示銑刀已接觸工件側面，或稱歸零，例如圖示欲在工件側面 15mm 處銑一溝槽時，則銑刀徑向歸零後，移動工件31mm(16＋15 ＝ 31)。更精確的徑向歸零可使用定心棒(centering bar)如圖M06-10，圖M06-11(a)示工件側面未歸零，定心棒下段軸心偏離，圖(b)示工件側面已歸零定心棒上下段同一軸心，圖(c)示沿工件側面檢查工件側面是否與進刀方向是否平行(或垂直)。軸向的歸零工作，則在工件上表面貼一單光紙，移動工件上昇，端銑刀刮除單光紙時，即表示銑刀已接觸工件上表面，或稱歸零，參見圖M06-9，可依圖示上昇銑削深度，例如圖示，床台需昇高 6mm。

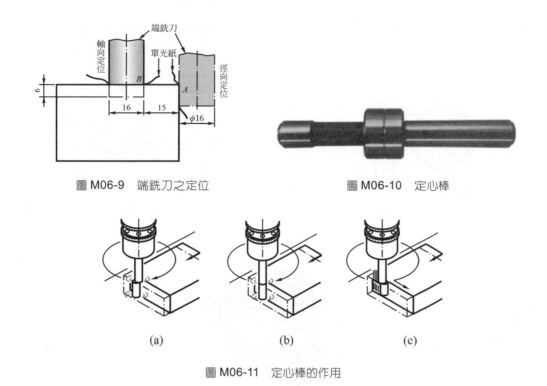

圖 M06-9　端銑刀之定位　　　　　　　　　圖 M06-10　定心棒

圖 M06-11　定心棒的作用

　　銑削面與基準面形成一角度稱爲角度銑削，角度銑削視銑削面與基準面的關係及端銑刀的銑削方式而選用不同的方法。

1. 利用具有旋轉底座之銑床虎鉗，將鉗體在旋轉底座上，依其刻度旋轉一角度後定位。如圖 M06-12 示一有旋轉底座之銑床虎鉗，圖 M06-13 示以角尺校驗鉗口與銑床機柱面成垂直，圖 M06-14 示針盤指示錶校驗鉗口垂直於機柱面，圖 M06-15 示以萬能量角器校驗鉗口與機柱面成60°。此種定位通常以端銑刀之週邊刃銑削使銑削面與鉗口成一角度如圖 M06-16，或稱週邊銑削(peripheral milling) (註 M06-1)。

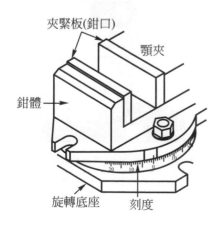

圖 M06-12　有旋轉底座之銑床虎鉗

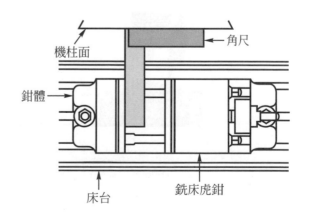

圖 M06-13　角尺校驗鉗口垂直於機柱面

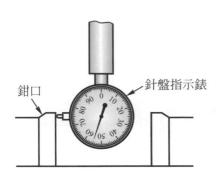

圖 M06-14　針盤指示錶校驗鉗口垂直於機柱面

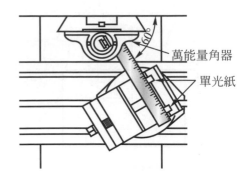

圖 M06-15　萬能量角校驗鉗口與機柱面成60°

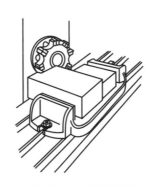

圖 M06-16　周邊銑削

2. 利用端銑刀之端刃銑削角度時，可先在工件銑削面之側面畫一參考線，再將參考線置放與鉗口平行，使銑削面平行床台面而銑削之，需要較精確的斜度(角度)時，可用針盤指示錶校驗之，如圖 M06-17 示一工件之斜度(slope)為 1：5 時，針盤指示錶以床台縱向移動 40mm 時，針盤指示錶轉動 8mm，如圖 M06-18。

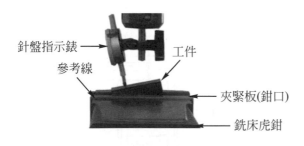

圖 M06-17　針盤指示錶校驗工件斜度之一
　　　　　　（橫向進刀視圖）

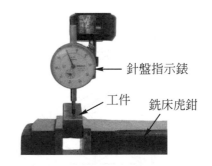

圖 M06-18　針盤指示錶校驗工件斜度之二
　　　　　　（縱向進刀視圖）

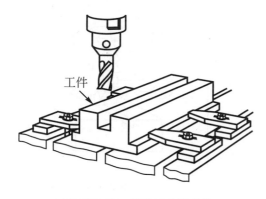

圖 M06-19　端銑刀銑削溝槽

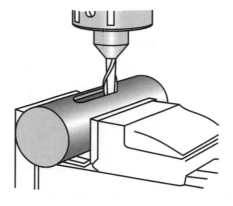

圖 M06-20　端銑刀銑鍵座

圖 M06-21　銑削內開口

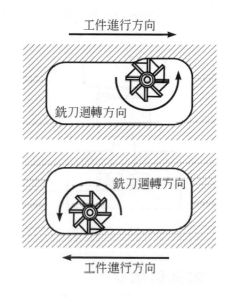

圖 M06-22　採用逆銑銑溝槽

　　利用端銑刀銑削溝槽如圖 M06-19，是常用的銑削法，尤其是兩端未通的溝槽如鍵座，使用端銑刀銑削是最佳的方法，如圖 M06-20，兩端未通的溝槽銑削應使用雙刃、三刃及具有中心切削作用的四刃端銑刀，以便在溝槽兩端作軸向進刀，圖 M06-21 示在工件上銑削一內開口(internal opening)。溝槽銑削時，若溝槽之槽寬大於端銑刀直徑時，應注意採用逆銑法，如圖 M06-22(註 M06-2)。

M06-3　側銑與銑槽

　　利用側銑刀銑削工件之側面謂之側銑如圖 M06-23，銑槽工作除以端銑削完成外，亦可用側銑刀或切槽銑刀完成之，如圖 M06-24 示側銑刀銑直槽。

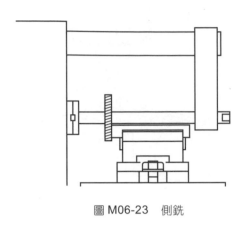

圖 M06-23　側銑

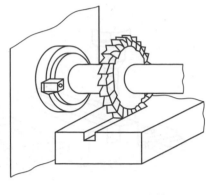

圖 M06-24　銑直槽

　　銑削 T 形槽或鳩尾槽時，一般先用端銑刀銑一直槽，再用 T 形銑刀或鳩尾銑刀銑削之，T 形槽有一定規格參考 CNS5061(註 M06-3)，選擇銑刀應依其規格選擇之。圖 M06-25 示銑 T 形槽的情形，圖 M06-26 示銑一鳩尾槽。

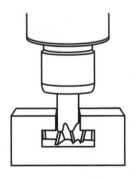

圖 M06-25　銑 T 形槽

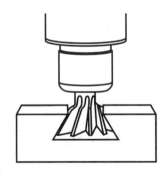

圖 M06-26　銑鳩尾槽

M06-4　鑽孔與搪孔

　　在銑床上鑽孔或搪孔，可獲得精確的定位與尺寸，圖 M06-27 示在立式銑床上鑽孔，圖 M06-28 示搪孔頭的應用。

圖 M06-27　鑽孔(龍昌機械公司)

424

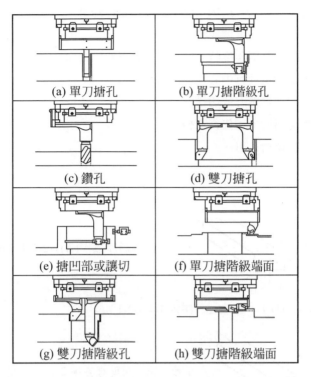

(a) 單刀搪孔	(b) 單刀搪階級孔
(c) 鑽孔	(d) 雙刀搪孔
(e) 搪凹部或讓切	(f) 單刀搪階級端面
(g) 雙刀搪階級孔	(h) 雙刀搪階級端面

圖 M06-28 搪孔頭之應用

M06-5 銑床工作安全規則

1. 銑刀及銑刀心軸必須保持清潔。
2. 所用之銑刀須經正確研磨並保持鋒利的刃口。
3. 銑刀裝置完成後，儘量避免敲擊，移動床台以調整工作位置時，必須與銑刀保持適當距離。
4. 當操作立式銑床時，所用端銑刀，切勿切削進刀太深及進刀太快，以免損傷銑刀或傷及操作者。
5. 切勿利用機器之動力以旋緊或放鬆銑刀心軸螺帽。
6. 檢查所選用之切削速度及進刀是否適當。俟銑刀轉動以後，始能向工件進刀。
7. 當銑刀銑削工件時，手必須遠離銑刀。
8. 利用刷子清除切屑。

學後評量

一、是非題

( ) 1. 銑削方塊之順序為銑基準面後，先銑平行面，再銑垂直面。

( ) 2. 銑削六面體之第 4、5、6 面時不需使用銅桿。

( ) 3. 利用端銑刀，銑削成垂直、水平或有角度的平面，稱為面銑。

（　）4.使用主軸頭可調整的立式銑床，銑削前應作定位歸零。

（　）5.端銑刀之定位包括徑向定位與軸向定位。

（　）6.利用端銑刀之端面銑削角度時，使銑削面垂直於床台面。

（　）7.端銑鍵座時，應使用具有中心孔的四刃端銑刀。

（　）8.銑槽可用側銑刀、端銑刀或切槽銑刀。

（　）9.銑 T 形槽或鳩尾槽時，須先銑直槽。

（　）10.搪孔頭適用於精密搪孔用。

二、選擇題

（　）1.如圖示之方塊 ，則其銑削順序為 　(A)1-2-3-4-5-6 　(B)2-3-4-5-6-1

　　　(C)3-2-4-1-5-6 　(D)1-4-2-3-5-6 　(E)6-5-4-3-2-1。

（　）2.銑削如圖示 六面體之第 5 面垂直於第 2 面時，是用何種量具測量？ 　(A)平行

　　　規 　(B)畫針盤 　(C)角尺 　(D)分規 　(E)游標尺。

（　）3.銑削面與銑刀軸成垂直之銑削稱為 　(A)銑垂直面 　(B)面銑削 　(C)側銑 　(D)銑槽 　(E)銑 T 形槽。

（　）4.下列何項工作不適用端銑刀銑削？ 　(A)階級銑削 　(B)角度銑削 　(C)溝槽銑削 　(D)大平面平面銑削 　(E)鍵座。

（　）5.立式銑床心軸之調整不包括下列何項？ 　(A)調整床台角度 　(B)主軸頭與懸臂沿機柱水平移動 (C)主軸頭與懸臂沿機柱旋轉定位 　(D)主軸頭沿懸臂左右旋轉角度定位 　(E)主軸頭沿臂側向之俯仰角度調整中心軸調整俯角或仰角。

（　）6.端銑刀以其刃數區分，其中不能作軸向進刀的是 　(A)雙刃直槽 　(B)雙刃螺旋槽 　(C)三刃 (D)具有中心切削作用的四刃 　(E)具有中心孔的四刃端銑刀。

（　）7.銑削淺溝直槽宜用何種端銑刀？ 　(A)球鼻端 　(B)錐度球端 　(C)方端 　(D)錐度圓弧端 　(E)角度圓弧端。

（　）8.下列何種銑刀不能銑槽？ 　(A)平側銑刀 　(B)切槽銑刀 　(C)端銑刀 　(D)普通銑刀 　(E)交錯齒側銑刀。

（　）9.下列何項銑削工作，須先銑直槽？ 　(A)銑平面 　(B)側銑 　(C)周邊銑削 　(D)搪孔 　(E)銑 T 形槽。

(　　)10.下列何項是不安全的銑床工作？　(A)使用正確的銑削速度與進刀　(B)使用機器動力旋緊銑刀心軸螺帽　(C)銑刀轉動後，工件始能進刀　(D)銑削時，手必須遠離銑刀　(E)利用刷子清除切屑。

參考資料

註 M06-1：John R. Walker: *Machining fundamentals*. Illinois: The Goodheart-Willcox Company, Inc., 1981, pp.254～260.

註 M06-2：John R. Walker: *Modern metalworking*. Illinois: The Goodheart-Willcox Company, Inc., 1965, pp. 38-33.

註 M06-3：經濟部標準檢驗局：T 形槽(工具機用)。台北，經濟部標準檢驗局，民國 68 年，第 1 頁。

實用機工學知識單

項目	銑床特殊工作	學習目標	能正確的說出銑床特殊工作的方法

前 言

　　銑床除用於平面銑削等典型工作外，亦可用於成形銑削、銑割、銑鍵座、騎銑及排銑等工作。

說 明

M07-1　成形銑削法

　　利用型齒銑刀銑削工件謂之成形銑削，例如用鳩尾銑刀銑削鳩尾槽，或用輪廓銑刀銑削輪廓如圖 M07-1，皆屬成形銑削。

圖 M07-1　銑輪廓

M07-2　銑 割

　　利用開縫鋸在銑床上將材料鋸開謂之銑割，銑割時勿使銑刀遠離虎鉗以免產生震動如圖 M07-2，銑削薄鐵板時只要銑刀刃口微微超過板厚即可如圖 M07-3，以免銑刀刃口橫跨工件斷面。利用多把開縫鋸銑刀間隔並排之一次銑割下料，則謂之排鋸。

M07-3　銑鍵座

　　銑鍵座與銑槽相同，惟須依鍵之規格選擇銑刀，銑削時中心線定位可依圖 M07-4 之方法，使圖示D等於D′，亦即等於工件半徑減銑刀寬度之半。鍵座深度係自槽邊測量之。鍵座規格請參考手冊。

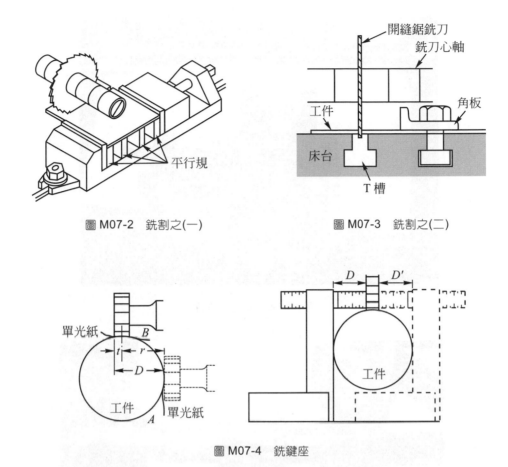

圖 M07-2　銑割之(一)

圖 M07-3　銑割之(二)

圖 M07-4　銑鍵座

　　半圓鍵(woodruff key)如圖 M07-5，圖(a)為半圓鍵，(b)為半圓鍵座銑刀，(c)銑刀安置之正視圖，(d)為側視圖。半圓鍵之規格以鍵寬×高表示之如半圓鍵 6×14(CNS172)(註 M07-1)，銑削時依其鍵寬與鍵之半徑選擇適當的半圓鍵座銑刀銑削之。

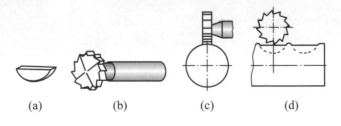

(a)　　　　　(b)　　　　　(c)　　　　　(d)

圖 M07-5　銑削半圓鍵

M07-4　騎　銑

　　側銑刀間隔某一定距離而同時銑削兩平行側面謂之騎銑或跨銑，騎銑常配合分度頭工作用於銑方頭、六角頭等，如圖 M07-6。

圖 M07-6 騎銑六角頭

圖 M07-7 排銑

M07-5 排 銑

　　用兩把或兩把以上之銑刀，同時連接裝在一銑刀心軸上，同時銑削謂之排銑如圖 M07-7，若用螺旋齒銑刀排銑，應注意務必使螺旋方向相反，以抵消其推力。

學後評量

一、是非題

( )1.利用型齒銑刀銑削工件謂之成形銑削。

( )2.銑削薄板料時,應使銑刀刃口微微超過板厚即可。

( )3.銑半圓鍵座時,依半圓鍵之寬與高選擇銑刀直徑與寬度。

( )4.兩把側銑刀間隔銑削兩平面謂之排銑。

( )5.使用螺旋齒銑刀排銑時,務必使兩銑刀之螺旋方向相同。

二、選擇題

( )1.下列何項銑削是成形銑削? (A)銑平面 (B)側銑 (C)銑直槽 (D)週邊銑削 (E)銑輪廓。

( )2.銑割工件應使用何種銑刀? (A)普通銑刀 (B)平面銑刀 (C)端銑刀 (D)開縫鋸 (E)角度銑刀。

( )3.銑削六角頭螺栓之六角頭宜用 (A)平面銑削 (B)排鋸 (C)騎銑 (D)排銑 (E)端銑。

( )4.一半圓鍵規格 6×14,其鍵寬是 (A)6 (B)14 (C)28 (D)56 (E)84。

( )5.銑削半圓鍵座應選用 (A)端銑刀 (B)半圓鍵座銑刀 (C)T 形銑刀 (D)鋸割銑刀 (E)切槽銑刀。

參考資料

註 M07-1:經濟部標準檢驗局:半圓鍵。台北,經濟部標準檢驗局,民國 72 年,第 1 頁。

實用機工學知識單

項目	分度頭與分度法	學習目標	能正確的說出分度頭的種類與直接分度法及簡單分度法的操作方法

前　言

　　銑床工作的範圍之所以能廣泛，乃得力於分度頭的應用，利用直接分度法或簡單分度法即可獲得工件的等分工作。

說　明

M08-1　分度頭的種類

　　分度頭依其構造可分為三類：普通分度頭(plain dividing head)、萬能分度頭(universal dividing head)及螺旋萬能分度頭(spiral universal dividing head)。

1. 普通分度頭：分度頭的心軸水平放置不能傾斜，適於分度正齒輪及直槽的銑削如圖M08-1，或稱一般用分度頭。

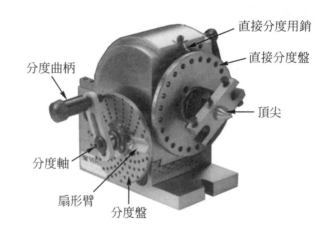

直接分度用銷
直接分度盤
分度曲柄
頂尖
分度軸
扇形臂
分度盤

圖 M08-1　普通分度頭(右側用)　　　　　　圖 M08-2　萬能分度頭(左側用)
　　　　　　(維昶機具廠公司)　　　　　　　　　　　　　(維昶機具廠公司)

2. 萬能分度頭：分度頭的構造使心軸能固定在任意角度，適於分度正齒輪、斜齒輪等的銑削如圖M08-2。

3. 螺旋萬能分度頭：為萬能分度頭附有齒輪裝置，適於分度銑削正齒輪、斜齒輪及利用齒輪裝置連接床台螺桿和分度頭蝸桿，以銑削螺旋齒輪及螺旋槽等，如圖M08-3。其齒輪搭配請參考"螺旋槽的銑削"單元。

三種分度頭的構造雖不盡相同，但其分度原理則是相同，一般以螺旋萬能分度頭應用最廣泛，分度頭附有尾座及中心架以利長工件的銑削。分度頭有左右側之分，右側用分度頭使用時，須需將分度頭置於床台右側，尾座置於左側如圖 M08-4；左側用分度頭使用時，則將分度頭置於床台左側，尾座置於右側如圖 M08-5；視心軸轉向而選用，使切削應力向分度頭之方向，即右側用分度頭銑削時銑刀應右轉切削(向上銑時)，工件向左進刀。

圖 M08-3　螺旋萬能分度頭(左側用)
　　　　　　(維昶機具廠公司)

圖 M08-4　右側用分度頭

圖 M08-5　左側用分度頭

分度頭的構造依製造廠商而異，如圖 M08-6 爲布朗‧沙普型(Brown & Sharp type)分度頭之剖面圖。圖 M08-7 爲辛西納地型(Cincinati type)分度頭之剖面圖，然其基本原理仍爲相同。

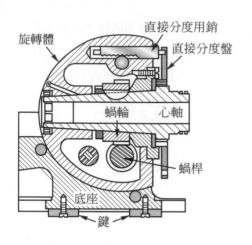

圖 M08-6　布朗‧沙普型分度頭

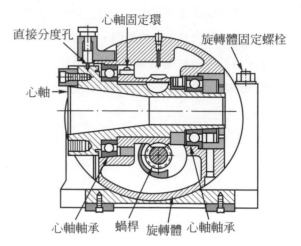

圖 M08-7　辛西納地型分度頭

M08-2　分度法

　　分度頭之分度法有直接分度法(direct indexing)、簡單分度法(simple indexing)、複式分度法(compound indexing)、差動分度法(differential indexing)四種，其中以直接分度法與簡單分度法為最常用(註 M08-1)。

1. 直接分度法：為分度法中最簡單之方法，使用時應先使分度頭內之蝸桿與蝸輪脫離，再拉出直接分度用銷，用手轉動而產生分度，參考 M08-2。此種方法可迅速達到分度的目的，惟限於幾種簡單的分度數，因直接分度板上只有 24 孔、30 孔及 36 孔等三種孔數，而限於 24 的因數(2、3、4、6、8、12、24)，30 的因數(2、3、5、6、10、15、30)，36 的因數(2、3、4、6、9、12、18、36)才能分度(亦可自行設計直接分度盤)，且精度無法要求太高。如欲銑一六角頭的螺栓，利用直接分度法則：$\frac{24}{6} = 4$，即以 24 孔之直接分度盤每次轉動 4 個間隔即可，如圖 M08-8 之 AB、BC；若 $\frac{30}{6} = 5$，即以 30 孔之直接分度盤每次轉動 5 個間隔即可；若 $\frac{36}{6} = 6$，即以 36 孔之直接分度盤每次轉動 6 個間隔即可。其餘的分度只要為直接分度盤上之孔數的因數即可分度。

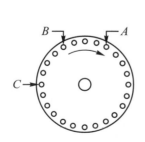

圖 M08-8　六等分直接分度法

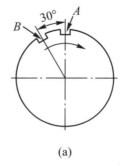
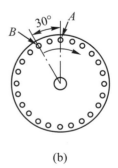

(a)　　　　　　　　(b)

圖 M08-9　直接分度法分度角度

如利用直接分度法銑削兩槽，其夾角為30°如圖 M08-9(a)，若以 24 孔直接分度盤分度，則因 $\frac{360°}{24} = 15°$，即每轉一間隔轉動15°，故30°須轉$\frac{30°}{15°} = 2$ 間隔如圖(b)；若以 30 孔直接分度盤分度，則因$\frac{360°}{30} = 12°$，即每一間隔為12°，故無法直接分度30°；若以 36 孔直接分度盤分度，則因$\frac{360°}{36} = 10°$，即每一間隔10°，而$\frac{30°}{10°} = 3$，即每次轉動 3 個間隔。其餘角度只要為10°、12°、15°之倍數，皆可以此法獲得其分度。

2. 簡單分度法：直接分度法限用於少數幾個分度且精確度較差，故一般分度大多採用簡單分度法，簡單分度法能分度之範圍較廣，但仍有一定範圍，簡單分度法係利用單線的蝸桿與 40 齒的蝸輪所組成如圖M08-10，當分度盤不動，分度曲柄轉動 1 周時蝸桿轉動 1 周，因蝸桿為單線，蝸輪為 40 齒，故蝸輪隨之轉動 1 齒，即$\frac{1}{40}$周，而心軸即為蝸輪心軸，故心軸亦轉$\frac{1}{40}$周。若分度曲柄轉動 10 周則心軸轉動$\frac{1}{4}$周，以此類推，當分度曲柄轉動 40 周時心軸即轉動 1 周，故欲將工件等分若干份(N)時，曲柄所需之轉數$n = \frac{40}{N}$。如欲銑一 20 齒之齒輪，則每銑一齒間時，分度曲柄變轉之轉數$n = \frac{40}{20} = 2$ 轉，即每銑一齒間，應轉動分度曲柄 2 轉，才能重新銑第二齒間。若欲銑一 12 齒之齒輪，則分度曲柄轉數$n = \frac{40}{12} = 3\frac{1}{3}$轉，即每銑一齒間應轉動分度曲柄 $3\frac{1}{3}$轉，才能重新銑第二齒間，$\frac{1}{3}$轉係指孔數的$\frac{1}{3}$(間隔)，如用 18 孔，則為$\frac{18}{3} = 6$間隔如圖M08-11，可用扇形臂固定其 6 間隔之最外兩點A、B孔，第一次若用A孔，則第二次轉 3 轉後再用B孔即可。分度盤上的孔數依各廠商而異，如布朗‧沙普型分度頭之分度盤上的孔數：1 號為 15、16、17、18、19、20。2 號為：21、23、27、29、31、33。3 號為：37、39、41、43、47、49。

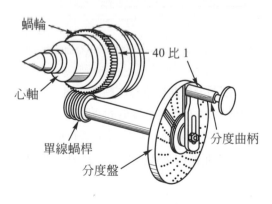

圖 M08-10　簡單分度法原理

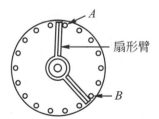

圖 M08-11　簡單分度法

辛西納地分度頭分度盤孔數正面為：24、25、28、30、34、37、38、39、41、42、43。背面為 46、47、49、51、53、54、57、58、59、62、66。

如以布朗‧沙普型分度盤爲例，欲銑削一 26 齒齒輪，其分度 $n = \frac{40}{26} = 1\frac{7}{13}$ 轉，即 $1\frac{21}{39}$ 轉，即 1 轉又 39 孔的 21 間隔(非 21 孔)，其餘的分度法以此類推。

簡單分度法亦可應用分度角度，由上述知分度曲柄轉動 1 周，則心軸轉動 $\frac{1}{40}$ 周，即 $360° \times \frac{1}{40}$ $= 9°$，故欲分割之角度 θ 除以 9 即可獲得分度曲柄轉數 n，即 $n = \frac{\theta}{9}$，如欲求 36° 之工件，$n = \frac{36}{9} = 4$

轉即可，即可分割每等分 36° 之工件。同理若欲求 $12\frac{1}{2}°$ 的分度則：$n = \frac{12\frac{1}{2}°}{9} = 1\frac{7}{18}$ 轉，即分度曲柄應轉動 1 轉又 18 孔的 7 個間隔。

一般手冊均有準確的分度表如表 M08-1，查表即可獲得適當的分度而不必計算，如欲求 1°47′8″ 的分度，則因 11°47′8″ = 11×60×60×+ 47×60 + 8 = 42428″，而 9° = 32400″，故分度曲柄轉數 $n =$ $\frac{42428}{32400} = 1.3095$ 轉，由表知 0.3095 之分度曲柄轉數為 $\frac{13}{42}$，或由工作經驗知 0.3095×42 = 12.9990 ÷ 13，即每次轉 1 圈又 42 孔的 13 個間隔(辛西納地型分度頭)。若未備有手冊可查，可用數學輾轉相除法求其分數的因數。但仍有些許的誤差，此乃近似值。

表 M08-1 分度表

分度數	分度曲柄轉數	分度數	分度曲柄轉數	分度數	分度曲柄轉數	分度數	分度曲柄轉數
0.3095	13/42	0.3158	6/19	0.3208	17/53	0.3243	12/37
0.3103	9/29	0.3171	13/41	0.3214	9/28	0.3256	14/43
0.3125	5/16	0.3182	21/66	0.3220	19/59	0.3261	15/46
0.3137	16/51	0.3191	15/47	0.3226	10/31		
0.3148	17/54	0.3200	8/25	0.3235	11/34		

學後評量

一、是非題

( )1. 銑削螺旋齒輪，應使用萬能分度頭。

( )2. 以直接分度法等分六角頭螺栓之銑削，分度頭分度曲柄應每次轉動 4 圈。

( )3. 以直接分度法銑削 30° 夾角之兩槽，每次轉動 24 孔直接分度盤的 3 間隔。

( )4. 以簡單分度法等分 30 齒正齒輪，則分度曲柄每次轉動 1 圈又 21 孔分度盤的 7 間隔。

( )5. 以簡單分度法銑削 12° 的夾角之兩槽，則分度曲柄每次轉動 1 圈又 27 孔分度盤的 9 間隔。

二、選擇題

( )1. 銑削螺旋齒輪應選擇 (A)普通分度頭 (B)萬能分度頭 (C)螺旋萬能分度頭 (D)轉盤 (E)銑床虎鉗。

( )2. 使用 36 孔的直接分度板，分度 12 等分，則每次轉動 (A)3 間隔 (B)3 轉 (C)4 間隔 (D)4 轉 (E)6 間隔。

(　)3.使用 24 孔的直接分度板，分度45°的工件，則每次轉動　(A)$\frac{24}{45}$間隔　(B)$1\frac{21}{24}$間隔　(C)$1\frac{1}{3}$轉 (D)$1\frac{21}{24}$轉　(E)3 間隔。

(　)4.利用簡單分度法，分度 30 齒齒輪，每次應轉動　(A)$\frac{3}{4}$轉　(B)$1\frac{1}{3}$轉　(C)2 轉　(D)$3\frac{1}{3}$轉 (E)$3\frac{3}{4}$轉。

(　)5.利用簡單分度法，分度一30°工件的鑽孔，則每次應轉動　(A)$\frac{3}{4}$轉　(B)$1\frac{1}{3}$轉　(C)2 轉　(D) $3\frac{1}{3}$轉　(E)$3\frac{3}{4}$轉。

參考資料

註 M08-1：蔡德藏：實用機工學。台中，正工出版社，民國 76 年，第 417～429 頁。

實用機工學知識單

項目	銑正齒輪	學習目標	能正確的計算正齒輪各部份尺寸並說出銑削方法

前 言

　　兩軸短距離間之傳動，欲使其保持一定速比，利用齒輪傳動為最佳方法之一，齒輪依軸之相交情況分平行軸用齒輪如正齒輪、內齒輪、人字齒輪；相交軸用齒輪如斜齒輪；不平行又不相交軸用齒輪如蝸輪與蝸桿等。若依其齒曲線而分，則有漸開線與擺線之分。如一直線沿一圓週邊轉動時，此直線上任一點之軌跡即謂之漸開線。漸開線之基圓愈大漸開線愈平直，此種齒輪之模數與壓力角相同即可互換。擺線有正擺、內擺、外擺之分，如一圓在一直線上滾動，則其圓周上任一點之軌跡謂之正擺線，若在基圓內側滾動則為內擺線，在基圓外測滾動則為外擺線，此種齒輪欲互換時須模數與滾圓直徑相同。一般齒輪採用漸開線者較多，因其曲線形狀簡單，製造容易及囓合容易等優點，但精密用的測量儀器及鐘錶等則採用擺線者較多，亦有以兩種複合使用之齒輪。若依齒形而言，尚有全齒、短齒及株狀齒等之分類，詳細尺寸請參考手冊。

說 明

M09-1　齒輪製造

　　齒輪的製造不外鑄造、衝壓、切削、粉末冶金、滾造及輪磨等方法，大多數齒輪以切削法製造，大量生產齒輪常以齒輪鉋製機(gear shaper)如圖 M09-1 至圖 M09-3，或滾齒機(gear hobber)如圖 M09-4 至圖 M09-5 切削之。但少量或基本訓練仍以銑床銑削之。

圖 M09-1　齒輪鉋製機(凱傑國際公司)

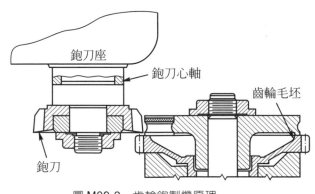

圖 M09-2　齒輪鉋製機原理

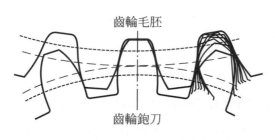

圖 M09-3 齒輪演生原理

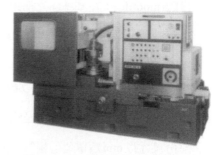

圖 M09-4 滾齒機(凱傑國際公司)

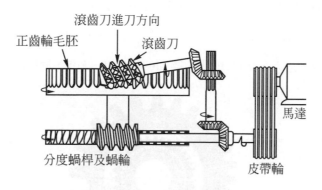

圖 M09-5 滾齒機原理

M09-2 正齒輪的各部份名稱、符號及計算

在一圓柱摩擦輪上製齒輪,亦即圓柱齒輪之齒交線係基準圓柱面之演生線者,謂之正齒輪(spur gear),一般平行軸之轉動皆用此種齒輪,如車床之搭配齒輪。圖 M09-6(a)為一對正齒輪,(b)為一對正內齒輪,在齒輪對之兩個齒輪中齒數較少者稱為小齒輪(pinion),齒數較多者謂之大齒輪(gear)。

正齒輪的各部分名稱、符號及計算如下,參考圖 M09-7(CNS5717、5978)(註 M09-1)。

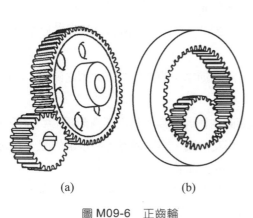

(a)　　　　　(b)

圖 M09-6 正齒輪

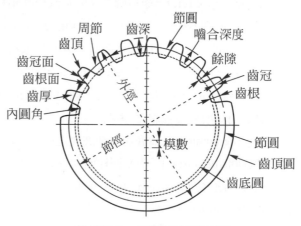

圖 M09-7 正齒輪各部分名稱

1. 模數(module)：在基準面之節距除以π所得之商，亦即齒輪每輪齒在節圓直徑(d)上所佔有的長度謂之模數(m)，用以表示公制齒輪輪齒的大小，$m = \dfrac{d}{z} = \dfrac{d_a}{z+2}$，式中z為齒數，d為節圓直徑，$d_a$為齒頂圓直徑，用模數時以mm為其單位，模數(m) 5mm 比模數(m) 3mm 之輪齒的齒形大，圓柱形齒輪用，模數第一系列 0.05mm～60mm 共 34 種(CNS183)(註 M09-2)。模數與徑節(P)成倒數關係，即$m = \dfrac{1}{P} \times 25.4$ 或$P = \dfrac{1}{m} \times 25.4$。公制齒輪以模數(m)作為計算齒輪各部份尺寸之基本參數，計算所得各部份尺寸以mm為單位；相對地，英制齒輪以徑節(P)作為尺寸基本參數，計算所得各部份尺寸，以吋為單位。公制齒輪與英制齒輪兩者各有不同算式，不得混用。

2. 徑節(diameter pitch)：π除以在基準面節距所得之商，亦即齒輪每吋節圓直徑所佔有的齒數謂之節徑(P)。用以表示英制齒輪之輪齒大小，$P = \dfrac{z}{d} = \dfrac{z+2}{d_a}$，其值為無名數，用 8P或 8 徑節表示其輪齒之大小，徑節愈小齒形愈大，8P比10P大，圖 M09-8 為4P～80P不同徑節之齒形的相對大小。

圖 M09-8　徑節的大小

3. 齒冠(addendum)：齒頂與基準圓間之徑向距離，亦即節圓外側之齒高，其沿徑齒冠(h_a)等於模數(m)，即$h_a = m$。

4. 齒頂圓(tip circle)：齒頂圓柱面與垂直於其軸線之平面相交的圓，亦即通過各齒冠端的圓，亦稱外圓。齒頂圓直徑(外圓直徑，外徑)(tip diameter)$d_a = (z + 2) \times m$。

5. 節圓(pitch circle)：節圓柱面與垂直於其軸線之平面相交之圓，亦即兩齒輪嚙合時相當於摩擦輪之滾動圓，節圓直徑(節徑)(pitch diameter)$d = m \times z$。

6. 節點(pitch point)：相互嚙合之兩齒輪其兩節圓相切之點謂之節點。節圓柱的表面謂之節面，節面與輪齒相交所成之線謂之節線。

7. 齒根(dedendum)：齒底與基準圓間之徑向距離，亦即節圓內側的齒高，其沿徑向齒根$h_f = 1.250m$。

8. 齒底圓(root circle)：齒底圓柱面與垂直於其軸線之平面相交之圓，亦即通過各齒根部的圓，亦稱齒根圓，齒底圓直徑(root diameter)$d_f = d - 2h_f = d_a - 2h$，其中h為齒深。

9. 餘隙(clearance)：沿中心線，界於齒輪之齒底圓柱面與其嚙合齒輪之齒頂圓柱面間之距離，亦即齒冠及齒根之差，其沿徑向距離，餘隙$c = h_f - h_a = 0.250m$。

10. 周節(circular pitch)：相鄰兩齒輪兩相對應點沿節圓周所量得的弧長，周節$p = \dfrac{\pi \times d}{z} = \pi \times m$。

11. 齒廓面(tooth flank)：齒頂圓柱面與齒底圓柱面間之齒輪表面部份。節線與齒冠間的表面謂之齒冠面 (addendum flank)。節線與齒根間的表面謂之齒根面(dedendum flank)，包括連接餘隙底面之內圓角。

12. 齒厚(tooth thickness)：界於輪齒之兩齒廓間之基準圓的弧長，亦即節圓周上齒之厚度(s)，為周節之半$\left(\dfrac{p}{2}\right)$，即$s = 1.5708m$。

13. 齒深(tooth depth)：齒頂圓與齒底圓間之徑向距離，亦即齒之全高(h)亦稱齒高，為齒冠與齒根之和，即$h = 2.250m$，為輪齒之銑削深度。

14. 作用線(line of action)：兩橫向輪齒齒廓於其接觸點之公法線，亦即兩嚙合齒輪之一對輪齒之接觸點 至節點的連線謂之作用線如圖 M09-9。

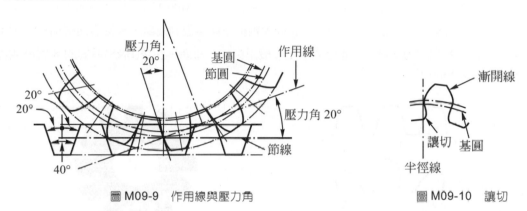

圖 M09-9　作用線與壓力角　　　　　　圖 M09-10　讓切

15. 壓力角(pressure angle)：作用線與在節點上與節圓切線間之夾角，或兩齒輪的中心線的垂直線與作 用線的交角，參見圖 M09-9，並恆在$14\frac{1}{2}°\sim22\frac{1}{2}°$，標準壓力角($\alpha$)為$14\frac{1}{2}°$與20°兩種，CNS 以20° 之壓力角為標準，20°壓力角齒輪對高速而輪齒較少之傳動有減少讓切，增長輪齒作用線之利，使 輪齒強度增加，且作用均勻、靜聲。本節之計算係以壓力角20°為基準。

16. 干涉(interference)與讓切(undercut)：齒輪輪齒在作用線以外之接觸謂之干涉。在齒數極少時，為避 免干涉，常給予讓切，讓切為輪齒表面之一部分與漸開線相鄰，在經過漸開線與基圓假想交點的半 徑線內側齒面如圖 M09-10。

17. 中心距(centre disance)：齒輪對兩軸間之最短距離，等於兩節徑(d_{a_1}、d_{a_2})和之半或齒數和(z_1、z_2)乘模 數(m)之半。即

$$中心距(a) = \frac{d_{a_1} + d_{a_2}}{2} = \frac{m(z_1 + z_2)}{2}$$

18. 孔徑(bore diameter)：齒輪心軸孔的直徑謂之孔徑，須與外圓同軸。

【例 1】一模數為 5mm，齒數為 30 的正齒輪，其各部份尺寸為若干？

解：　已知m＝ 5mm，z＝ 30 齒，則：

(1)齒冠$h_a = m = 5mm$。

(2)齒頂圓直徑d_a＝m(z ＋ 2)＝ 5(30 ＋ 2)＝ 160mm。

(3)節圓直徑d＝m · z＝ 5×30 ＝ 150mm。

(4)齒根h_f＝ 1.250m＝ 1.250×5 ＝ 6.25mm。

(5)齒底圓直徑d_f＝d－2h_f＝ 150－2×6.25 ＝ 137.50mm。

(6)餘隙c＝h_f－h_a＝ 6.25－5 ＝ 1.25mm。

(7)周節p＝πm＝π×5 ＝ 15.708mm。

(8)齒厚s＝ 1.5708m＝ 1.5708×5 ＝ 7.854mm。

(9)齒深h＝ 2.250m＝ 2.250×5 ＝ 11.25mm。

M09-3　齒輪銑刀

　　同一模數之較小齒輪(即齒數較少)，其曲率半徑愈小，如圖 M09-11 示一 12 齒與 120 齒之齒形曲線。理論上為得到一對齒輪有平滑之傳動作用，則相同模數但不同齒數的齒輪，其輪齒齒形曲線亦須不同，但實際上同一模數以 8 把銑刀銑削之輪齒已能滿足一般用齒輪，布朗·沙普(B&S)系統的 8 號漸開線齒輪銑刀之切削範圍如表 M09-1。

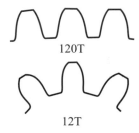

120T

12T

圖 M09-11　齒形曲線比較

圖 M09-12　齒輪銑刀

表 M09-1　布朗·沙普(B&S)銑刀切削範圍

銑刀號數	齒數範圍	銑刀號數	齒數範圍
1	135～齒條	5	21～25
2	55～134	6	17～20
3	35～54	7	14～16
4	26～34	8	12～13

表 M09-2　半號銑刀切削範圍

銑刀號數	齒數範圍	銑刀號數	齒數範圍
1 1/2	80～134	5 1/2	19～20
2 1/2	42～54	6 1/2	15～16
3 1/2	30～34	7 1/2	13
4 1/2	23～25		

　　為更精確的獲得輪齒齒形曲線，若干廠商有半號銑刀，即在布朗·沙普系統之兩號數間加半號，其切削範圍如表 M09-2。

　　若干廠商有以 ABC……VWX 等 24 種英文字母銑刀使用，惟使用者不多。齒輪銑刀如圖 M09-12，通常在銑刀上標註有壓力角、模數(徑節)、號數、齒曲線及齒深等資料。

M09-4　銑削正齒輪

　　以臥式銑床銑削正齒輪之步驟如下：

1. 檢查銑床與工件：未使用銑床前應先檢查銑床各部份的情形是否正常，及檢查工件是否正確，如外徑及外徑與孔徑的同軸度等。

2. 選擇銑刀：以所欲銑削齒輪的模數、齒數、齒曲線及壓力角等選擇適當的銑刀。

3. 上銑刀：清潔所選之銑刀及銑刀心軸，並將銑刀裝在銑刀心軸之適當位置。

4. 對中心：調整分度頭的中心，使和銑刀中心一致如圖 M09-13。

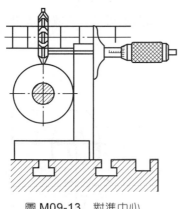

圖 M09-13　對準中心

圖 M09-14　銑削正齒輪

5. 上工件：將齒輪胚件以車床心軸(lathe mandral)等固緊後，裝於分度頭上，並檢查其外圓是否與車床心軸同心。

6. 選擇切削及進刀速度：依切削速度及進刀速度選擇的條件及要領，選擇適當的心軸迴轉數(及迴轉方向)與進刀速度。

7. 準備切削劑：依工件材料選擇適當的切削劑。

8. 求分度數：依齒數選擇適當的分度數。

9. 接觸：將床台搖昇，使工件外圓表面輕觸迴轉中的銑刀，並將千分圈歸零。

10. 決定齒深：退出工件，搖昇總齒深。

11. 銑齒：進刀銑第一齒間(tooth space)完成後退出，分度進刀銑第二齒間，成形一輪齒(gear tooth)時給予檢驗，合格後繼續操作至完成。在分度時應注意務使分度曲柄之旋轉方向一致(與第一次接觸時)，以免產生無效運動，若因分度曲柄運行過量，則應退回更多再前進。圖 M09-14 示銑削正齒輪。

12. 檢查成品：成品銑削完成卸除後應再檢查及去毛頭等。

　　將一正齒輪之節圓直徑增至無窮大，亦即在某一表面上具有一系列等距相同齒之平板或直條則稱爲齒條(rack)，齒條之模數及齒深與普通正齒輪相同，惟銑削時是將齒條胚料裝與銑刀心軸平行，每銑一齒間以橫向進刀移動其周節長。周節p＝πm，若欲銑m＝ 3mm 的齒條，每銑一齒間之橫向移動量惟p＝ 3.1416×3＝ 9.4248mm，惟一般銑床橫向進刀千分圈每格爲 0.02mm，故可採用 9.42mm，然銑削較長齒條時(如 250或 300mm 以上)，最後誤差會更大，有些銑床爲此附有齒條銑製附屬件(rack milling attachment)。

M09-5　齒輪檢驗

　　齒輪於試銑或銑削完成時均應施以檢查，齒輪之檢查常以輪齒規(gear tooth gage)比較如圖 M09-15；或以輪齒游標卡齒測量弦齒厚；或以盤式分厘卡測量齒間變量與分度變量；或以輪齒針規測量節圓直徑。

圖 M09-15　輪齒規

　　輪齒游標卡尺(gear tooth verier caliper)如圖 M09-16，係由垂直與水平的兩游標卡尺組成，其游尺原理與讀法與一般游標卡尺相同，使用時應先調整上尺(垂直尺)為弦齒冠並固定之，而後推合平尺(水平尺)測量其弦齒厚，並與理論數值校驗之，即可獲得輪齒之準確性。

圖 M09-16　輪齒檢驗

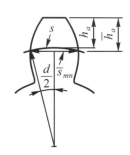

圖 M09-17　輪齒檢驗

　　輪齒之弦齒厚(chordal tooth thickness)係指節圓周上輪齒弧線之弦長如圖 M09-17 之 $\overline{S}_{mn}$ 長，自弦齒厚之弦至齒冠的沿徑向距離謂之弦齒冠(chordal heigh)，故輪齒游標卡尺上尺之距離為弦齒冠 $\overline{h}_a$ 而非(弧線)齒冠 h_a，測量時上尺之位置如圖 M09-18。

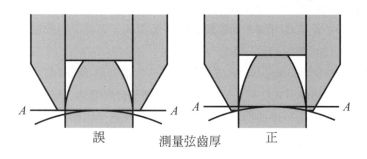

誤　　　測量弦齒厚　　　正

圖 M09-18　上尺的位置

弦齒冠 $\overline{h}_a = \dfrac{d}{2}\left(1 - \cos\dfrac{90°}{z}\right) + h_a$ ；

弦齒厚 $\overline{s}_{mn} = d \cdot \sin\dfrac{90°}{z}$ 。

【例 2】模數為 5mm，齒數為 20 之弦齒冠及弦齒厚為多少？

　　　　 m = 5mm；z = 20　∴ d = 5×20 = 100mm，h_a = m = 5mm

　　　　∴ 弦齒冠 $\overline{h}_a = \dfrac{100}{2}\left(1 - \cos\dfrac{90°}{20}\right) + 5 = 5.154$mm

弦齒厚$\bar{s}_{mn}=100\times\sin\dfrac{90°}{20}=7.846$mm

　　檢驗輪齒時，其弦齒冠及弦齒厚除由公式計算獲得其值外，亦可查表而獲得，表M09-3示模數為1mm或徑節為1的弦齒冠與弦齒厚。

　　盤形外分厘卡(disc type outside micrometer)，與一般外分厘卡相同，僅其卡砧為盤形，測量輪齒之位移(displacement)以檢查齒間變量(spacing variation)與分度變量(indexing variation)，測量時選擇適當之跨齒距(span measurement)齒數(z_t)使其測量面正切於基圓，且測量點最靠近節圓的位置，而求跨齒距(s_t)如圖M09-19。輪齒針規用以檢查齒輪節圓直徑，係將規定直徑之兩針置於相對之齒間如圖 M09-20，以比測儀測量其相對距離如圖 M09-21，或以齒輪分厘卡(gear micrometer)直接測量之如圖 M09-22。

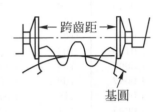

圖 M09-19　盤式分厘卡測量跨齒距

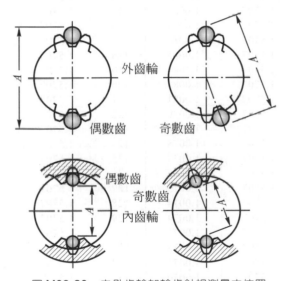
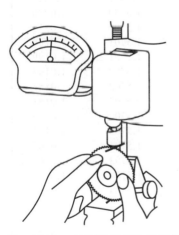

圖 M09-20　內外齒輪加輪齒針規測量之位置　　圖 M09-21　比測儀測量相對距離

圖 M09-22　齒輪分厘卡(台灣三豐儀器公司)

表 M09-3　弦齒厚與齒冠(m = 1mm 或 P = 1；α = 20°或14$\frac{1}{2}$°)

齒數 z	弦齒厚 $\bar{s}_{mn}$	弦齒冠 $\bar{h}_a$	齒數 z	弦齒厚 $\bar{s}_{mn}$	弦齒冠 $\bar{h}_a$	齒數 z	弦齒厚 $\bar{s}_{mn}$	弦齒冠 $\bar{h}_a$
6	1.5529	1.1022	51	1.5706	1.0121	96	1.5707	1.0064
7	1.5568	1.0873	52	1.5706	1.0119	97	1.5707	1.0064
8	1.5607	1.0769	53	1.5706	1.0117	98	1.5707	1.0063
9	1.5628	1.0684	54	1.5706	1.0114	99	1.5707	1.0062
10	1.5643	1.0616	55	1.5706	1.0112	100	1.5707	1.0061
11	1.5654	1.0559	56	1.5706	1.0110	101	1.5707	1.0061
12	1.5663	1.0514	57	1.5706	1.0108	102	1.5707	1.0060
13	1.5670	1.0474	58	1.5706	1.0106	103	1.5707	1.0060
14	1.5675	1.0440	59	1.5706	1.0105	104	1.5707	1.0059
15	1.5679	1.0411	60	1.5706	1.0102	105	1.5707	1.0059
16	1.5683	1.0385	61	1.5706	1.0101	106	1.5707	1.0058
17	1.5686	1.0362	62	1.5706	1.0100	107	1.5707	1.0058
18	1.5688	1.0342	63	1.5706	1.0098	108	1.5707	1.0057
19	1.5690	1.0324	64	1.5706	1.0097	109	1.5707	1.0057
20	1.5692	1.0308	65	1.5706	1.0095	110	1.5707	1.0056
21	1.5694	1.0294	66	1.5706	1.0094	111	1.5707	1.0056
22	1.5695	1.0281	67	1.5706	1.0092	112	1.5707	1.0055
23	1.5696	1.0268	68	1.5706	1.0091	113	1.5707	1.0055
24	1.5697	1.0257	69	1.5707	1.0090	114	1.5707	1.0054
25	1.5698	1.0247	70	1.5707	1.0088	115	1.5707	1.0054
26	1.5698	1.0237	71	1.5707	1.0087	116	1.5707	1.0053
27	1.5699	1.0228	72	1.5707	1.0086	117	1.5707	1.0053
28	1.5700	1.0220	73	1.5707	1.0085	118	1.5707	1.0053
29	1.5700	1.0213	74	1.5707	1.0084	119	1.5707	1.0052
30	1.5701	1.0208	75	1.5707	1.0083	120	1.5707	1.0052
31	1.5701	1.0199	76	1.5707	1.0081	121	1.5707	1.0051
32	1.5702	1.0193	77	1.5707	1.0080	122	1.5707	1.0051
33	1.5702	1.0187	78	1.5707	1.0079	123	1.5707	1.0050
34	1.5702	1.0181	79	1.5707	1.0078	124	1.5707	1.0050
35	1.5702	1.0176	80	1.5707	1.0077	125	1.5707	1.0049
36	1.5703	1.0171	81	1.5707	1.0076	126	1.5707	1.0049
37	1.5703	1.0167	82	1.5707	1.0075	127	1.5707	1.0049
38	1.5703	1.0162	83	1.5707	1.0074	128	1.5707	1.0048
39	1.5704	1.0158	84	1.5707	1.0074	129	1.5707	1.0048
40	1.5704	1.0154	85	1.5707	1.0073	130	1.5707	1.0047
41	1.5704	1.0150	86	1.5707	1.0072	131	1.5708	1.0047
42	1.5704	1.0147	87	1.5707	1.0071	132	1.5708	1.0047
43	1.5705	1.0143	88	1.5707	1.0070	133	1.5708	1.0047
44	1.5705	1.0140	89	1.5707	1.0069	134	1.5708	1.0046
45	1.5705	1.0137	90	1.5707	1.0068	135	1.5708	1.0046
46	1.5705	1.0134	91	1.5707	1.0068	150	1.5708	1.0041
47	1.5705	1.0131	92	1.5707	1.0067	250	1.5708	1.0025
48	1.5705	1.0129	93	1.5707	1.0067	rack	1.5708	1.0000
49	1.5705	1.0126	94	1.5707	1.0066			
50	1.5705	1.0123	95	1.5707	1.0065			

註：m或P不為 1 的$\bar{s}_{mn}$及$\bar{h}_a$，可將其表內同齒數之值乘以m或除以P。

如m = 5；z = 20，其$\bar{s}_{mn}$ = 1.5692×5 = 7.846mm；$\bar{h}_a$ = 1.0308×5 = 5.154mm。

學後評量

一、是非題

( )1.一模數為 5mm，齒數為 30 的正齒輪，其外徑為 φ160mm。

( )2.一模數為 3mm，齒數為 20 的正齒輪，其齒深為 11.25mm。

( )3.一模數為 5mm，齒數為 20 的正齒輪，其弦齒冠為 5.154mm。

( )4.一模數為 3mm，齒數為 30 的正齒輪，其弦齒厚為 7.846mm。

( )5.銑削 30 齒的正齒輪，使用 7 號齒輪銑刀。

二、選擇題

( )1.模數 3mm 齒數 20 的正齒輪，其齒頂圓直徑(d_a)是 (A)20 (B)30 (C)60 (D)66 (E)68 mm。

( )2.模數 5mm 齒數 40 的正齒輪，其齒根(h_f)為 (A)4 (B)5 (C)6.25 (D)20 (E)40 mm。

( )3.模數 1mm 齒數 20 的正齒輪，其弦齒冠為($\bar{h}_a$) 1.0308mm，若模數為 3mm，齒數 20 時，其弦齒冠為 (A)0.3436 (B)0.5154 (C)1.0308 (D)2.0616 (E)3.0924 mm。

( )4.模數 1mm 齒數 40 的正齒輪，其弦齒厚為 1.5704mm，若模數為 5mm，齒數為 40 時，其弦齒厚為 (A)7.852 (B)6.2816 (C)1.5704 (D)0.3926 (E)0.3140 mm。

( )5.下列何種量具不能檢驗齒輪 (A)輪齒游標尺 (B)塊規 (C)輪齒規 (D)盤式分厘卡 (E)齒輪分厘卡。

參考資料

註 M09-1：(1)經濟部標準檢驗局：齒輪名詞編彙-幾何學之意義。台北，經濟部標準檢驗局，民國 90 年，第 25 頁。

(2)經濟部標準檢驗局：齒輪計算用參數之符號、名稱及單位。台北，經濟部標準檢驗局，民國 73 年，第 2～12 頁。

註 M09-2：經濟部標準檢驗局：一般機械及重機械用圓柱齒輪-模數。台北，經濟部標準檢驗局，民國 90 年，第 1 頁。

實用機工學知識單

項目	研磨的分類	學習目標	能正確的說出研磨的分類及意義

前　言

　　利用磨料磨除工件之多餘量以獲得所需之形狀、尺寸及精加工面的工具機謂之磨床，此等操作謂之研磨。研磨工作在機械加工中居於首要地位，切削刀具的磨銳、機械零件的精確製造及精加工者皆有賴研磨。

說　明

　　研磨工件之範圍廣泛而有不同的分類(註 G01-1)：

1. 按磨屑破裂程度分：
   (1) 研削：工件被移除的磨屑與脫離的磨料，無原來材質之結晶狀態者，如油脂混合磨料之研削。
   (2) 磨削：工件被移除的磨屑與脫離的磨料，尚能保持原來材質的較大結晶狀態者，如砂輪的磨削。
2. 按磨料結合或塗佈製品分：
   (1) 磨料結合製品：使用結合劑與磨料結合成一定形狀，如砂輪及磨石等供研磨。
   (2) 磨料塗佈製品：在布面或紙面上塗佈膠著劑後將磨料膠著在面上，如砂布及砂帶等供給研磨用如圖 G01-1。

圖 G01-1　磨料塗佈製品(中國砂輪企業公司)

   (3) 磨料散粒或磨料與油脂混合劑：將磨料散粒或與油脂混合，供給研磨如拋光、擦光等。
3. 按機械加工方式分：
   (1) 輪磨(grinding)：為研磨工作中最常用的砂輪磨削，係使用砂輪磨除工件之多餘量，如平面磨削、刀具磨削、內外圓磨削及粗磨等。

(2) 搪光(honing)：利用磨石用手工或機力旋轉，而將工件磨光及矯正生產內孔過程所留下之內孔成彩虹形、桶形、錐度、不圓及殘留刀痕等之缺點如圖 G01-2，圖 G01-3 為手工內徑搪光機。

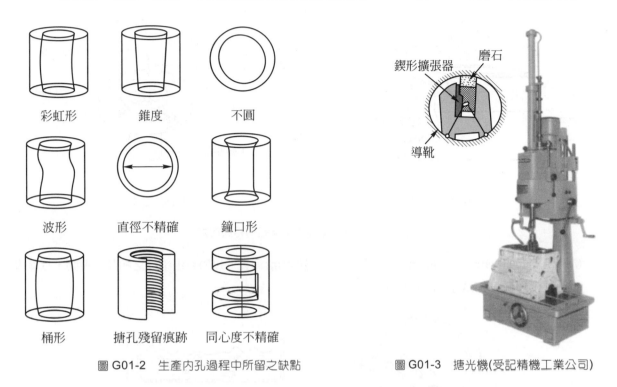

彩虹形　　　　錐度　　　　不圓

波形　　　　直徑不精確　　　鐘口形

桶形　　　搪孔殘留痕跡　　同心度不精確

鍥形擴張器　　磨石

導靴

圖 G01-2　生產內孔過程中所留之缺點　　　　圖 G01-3　搪光機(受記精機工業公司)

(3) 研光(lapping)：將磨料及油脂混合塗於工件欲磨面與機器之疊蓋間，而後旋轉其一，以產生極細緻且精確的工件，亦稱疊磨或拉半如圖 G01-4。

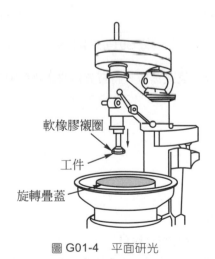

軟橡膠襯圈

工件

旋轉疊蓋

圖 G01-4　平面研光

(4) 拋光(polishing)：以磨料黏附在布類或氈類做成的拋光輪上，用以磨除粗糙工件表面的工作。

(5) 擦光(buffing)：在旋轉的毛質或棉質的擦光輪面上塗抹磨料油脂混合劑，與工件摩擦而擦光工作。

(6) 超光(super-finishing)：利用磨石之擺動(oscillation)磨光，以改進機製研磨之表面所殘留之缺點，使之更耐磨耗的方法，圖 G01-5 示工件與磨石之相對運動。

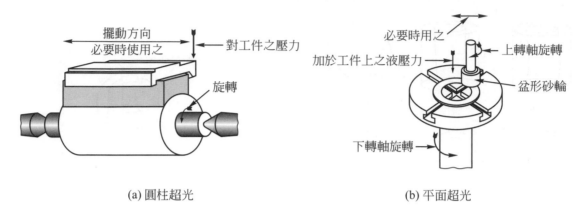

(a) 圓柱超光   (b) 平面超光

圖 G01-5 超光之工件與磨石的相對運動

(7) 滾筒磨光(barrel-finishing)：將工件置於多邊形的滾筒裏，以磨料由滾筒之顛動或振動，以除去工件之瑕疵、毛頭等如圖 G01-6。

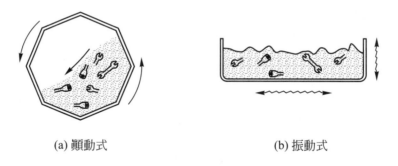

(a) 顛動式   (b) 振動式

圖 G01-6 滾筒磨光

(8) 噴砂(sand-blast)：用壓縮空氣或蒸氣，將石英粉或金剛砂噴射工件欲加工處以清淨之。

(9) 砂布、磨石等其他工作。

學後評量

一、是非題

( ) 1. 砂輪是磨料的塗佈製品。

( ) 2. 使用砂輪磨除工件之多餘量謂之輪磨。

( ) 3. 搪光，係指使用磨石磨光，並矯正生產內孔過程所殘留下之刀痕等缺點之加工。

( ) 4. 利用磨石之擺動磨光，以改進機製研磨所殘留之缺點者，謂之超光。

( ) 5. 大型機架之去除毛頭，宜用滾筒磨光。

二、選擇題

( ) 1. 砂輪是磨料的　(A)塗佈製品　(B)結合製品　(C)磨料散粒　(D)磨料與油脂混合劑　(E)磨料散粒與切削劑混合劑。

( ) 2. 利用磨石之擺動磨光，以改進機製研磨之表面所殘留之缺點的加工稱之為　(A)輪磨　(B)研光　(C)搪光　(D)拋光　(E)超光。

( ) 3. 使用砂輪磨除工件之多餘量稱之為　(A)輪磨　(B)研光　(C)搪光　(D)拋光　(E)超光。

( ) 4. 利用磨石，用機力旋轉，將工件磨光，並矯正生產內孔過程所留下之殘留刀痕等缺點，稱之為　(A)輪磨　(B)研光　(C)搪光　(D)拋光　(E)超光。

( ) 5. 將工件置於多邊形滾筒裡，以磨料由滾筒之顛動或振動以除去工件之毛頭，稱之為　(A)輪磨　(B)拋光　(C)噴砂　(D)滾筒磨光　(E)平面磨光。

參考資料

註 G01-1：齊人鵬：研磨工作概要。台北，中國砂輪企業股份有限公司，民國 64 年，第 1～3 頁。

實用機工學知識單

項目	砂輪規格與選用	學習目標	能正確的說出砂輪規格與選用的方法

前 言

　　輪磨為研磨工作中使用最為普遍的工作，其最主要者為砂輪(grinding wheel)。砂輪係以經過選整之磨料拌以結合劑，再經成形及燒結而成。

說 明

G02-1　砂輪之標識

　　每一砂輪出廠後均需經試驗以確定其可用性，並用檢驗票標示其規格，如圖 G02-1 為中國砂輪企業公司砂輪檢驗票，所表示之砂輪規格為：形狀 1、緣形 A、尺寸：外徑 255mm、厚度 25mm、孔徑 19mm、磨料 C、粒度 46、結合度 K、組織 8、結合劑(製法)V、最高使用周速 2000 公尺/分。通常表示砂輪之規格則依上述之順序表示之(CNS991)(註 G02-1)，即：

　　1 A 255×25×19

　　C 46 K 8 V 2000

圖 G02-1　砂輪檢驗票(中國砂輪企業公司)

G02-2 形狀與緣形

砂輪的規格有三萬餘種，而一般使用之標準形狀與緣形如圖 G02-2 及圖 G02-3 所示(CNS3965)(註 G02-2)。

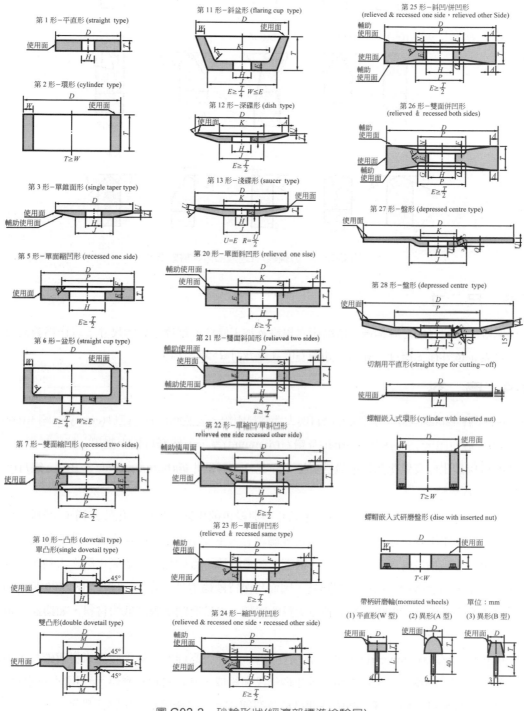

圖 G02-2 砂輪形狀(經濟部標準檢驗局)

453

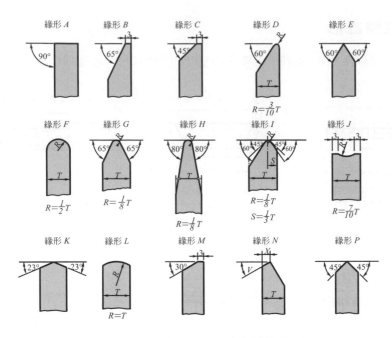

圖 G02-3　砂輪緣形(經濟部標準檢驗局)

G02-3　尺　寸

選擇適當形狀與緣形之砂輪後，依磨床之規格及加工條件，選擇並表示尺寸，以作為製造及採購之依據，尺寸之表示依外徑、厚度、孔徑，如圖 G02-1 之尺寸 255×25×19。

G02-4　磨　料

研磨用的磨料(abrasives)可分為天然磨料與人造磨料兩類，天然磨料有：剛砂(emery)、剛玉(corundum)、石英(quartz)、燧石(flint)、石榴石(garnet)及鑽石(diamond)等，天然磨料較少應用。

人造磨料以碳化矽及氧化鋁應用最為廣泛，除此外尚有碳化硼(boron carbide，BC)、鐵丹(rouge)及鋼砂(crushed steel)等。

碳化矽(silicon carbide，SiC)磨料有黑色碳化矽與綠色碳化矽，黑色碳化矽亦稱 C 磨料，係以氧化矽質原料與碳材，用電阻爐反應生成鑄錠，經研碎篩選者，主要由黑色之α-碳化矽結晶所組成，比重較其他磨料為低，可減少砂輪旋轉所生之離心力，最適於製造砂輪，且碳化矽有熔氧化鋁之大熱傳導度，膨脹係數小，在作業中容易發散因研磨所生之熱量，因而易保持砂輪本身之強度。硬度 HK2400(Knoop hardness 諾布氏硬度)(鑽石硬度 HK7000)，屬高硬而尖銳的磨料，適於磨削抗張度低的材料，如鑄鐵、黃銅、紫銅及鋁等。

綠色碳化矽(green silicon carbide)磨料亦稱GC磨料，係將高純度之氧化矽質原料與碳材，用電阻爐反應生成鑄錠，經研碎篩選，主要由綠色之碳化矽結晶所組成，其性質與C磨料大致相同。韌性較C磨料低而硬度則較高，即極硬而脆，適合磨削特硬材料及超硬合金，如玻璃及碳化物刀具等。

　　氧化鋁(aluminum oxide，Al₂O₃)磨料有褐色氧化鋁、白色氧化鋁、淡紅色氧化鋁、單結晶氧化鋁、人造鋼砂及鋁鋯質等，褐色氧化鋁亦稱A磨料，係將氧化鋁質礦石用電爐熔解還原以提高氧化鋁之含量，經研碎其凝固物篩選者，主要係含二氧化鈦之剛玉結晶所組成，顏色呈褐色，質硬而強韌，硬度為HK2100，適於磨削抗張強度高的材料，如硬鋼及半硬鋼等。

　　白色氧化鋁(white aluminum oxide)磨料亦稱 WA 磨料，係以精製之氧化鋁用電爐熔解，而將其凝固物研碎篩選者，主要由純白色剛玉結晶所組成，其韌性較普通氧化鋁磨料之韌性低但硬度則較高，適於磨削特別強韌的材料如高速鋼等。淡紅色(玫瑰色)氧化鋁(rose aluminum oxide)磨料簡稱 PA 磨料，係以精製之氧化鋁加入若干量之氧化鉻及其他物質，用電爐熔解，將其凝固物研碎篩選者，主要由淡紅色之剛玉結晶所組成，性韌適合於刀具磨削或表面磨削。單結晶氧化鋁(single crystal aluminum oxide)磨料簡稱 HA 磨料，係將鋁礬土或精製之氧化鋁質原料用電爐熔解，其凝固物不以機械輾碎而以特殊方法解碎後篩選，主要由單一結晶之剛玉所組成，適合於比 WA 磨料硬的高硬度合金鋼磨削。人造鋼砂磨料簡稱 AE 磨料，係將氧化鋁質礦石用電解爐熔解還原而成灰黑色凝固塊狀物，經研碎篩選者，主要由剛玉結晶及富鋁紅柱石(mullite)結晶所組成。鋁鋯質磨料簡稱 AZ 磨料，係將精製氧化鋁中添加氧化鋯原料，用電爐熔解，冷卻凝固物，再經研碎者，主要含氧化鋁晶體及氧化鋯鋁共晶，呈鐵灰色(CNS3788)(註 G02-3)。

　　磨料的選用依被磨削之材質而定，磨削強韌的材料則應使用韌性較大的磨料，磨削抗張強度低的材料應使用韌性較小的磨料，以使磨料刃尖在磨鈍到韌性的臨界點時，可連續再生新的刃尖。例如C磨料韌性低顆粒易破碎，易使新生刃尖露出而適於研磨鑄鐵等抗張強度低的材料。

G02-5　粒　度

　　磨料粒度係以每25.4mm長直線上所有的篩孔數目，所選各種不同尺寸之磨料號數謂之磨料粒度(grain size)，如 46 號即表示能通過每 25.4mm 長 46 個篩孔的顆粒，然實際上為某一範圍之不同粒徑的顆粒所混合，其規格有：粗粒#8、#10、#12、#14、#16、#20、#24、#30、#36、#46、#54、#60、#70、#80、#90、#100、#120、#150、#180、#220，微粉：#240、#280、#320、#360、#400、#500、#600、#700、#800、#1000、#1200、#1500、#2000、#2500、#3000、#4000、#6000、#8000等，其中#4000、#6000、#8000僅適用於 WA、GC 磨料(CNS3787、CNS3788)(註 G02-4)。

　　磨削時依磨削性質而選擇不同之粒度。如：

1. 磨削量多而又係粗磨時用粗粒度。
2. 鑲配磨削或工具磨削時用中粒度。
3. 被磨削的材質堅硬而緻密者使用較細粒度，材質軟而展性大者使用粗粒度。
4. 砂輪與工件接觸面積小者，用細粒度如磨削螺紋。接觸面大者用粗粒度如平面磨削。
5. 砂輪大者用粗粒度，脆質的結合劑用細粒度。
6. 利用混合粒度(如#24 與#36 混合)可增進磨削效率，因其中較粗顆粒可提高磨削效率，細顆粒可使表面細緻。

G02-6　結合度

　　砂輪磨料顆粒保持的能力，或結合體本身及磨料顆料脫落之抗力，亦即砂輪之耗減程度謂之結合度 (grade)，亦稱砂輪的強度(與顆料的硬度無關)，如果磨料顆粒和結合劑的結合極強，在磨削時顆粒不易脫落者謂之硬砂輪，反之則謂之軟砂輪，結合度以 A、B、C……X、Y、Z 等二十六等級表示之，其中 A 級最軟，Z 級最硬(CNS991)(註 G02-5)。

　　磨削時應選擇適當結合度的砂輪，使磨料在磨鈍時能自行脫落舊顆粒而露出新顆粒(即所謂自生作用)，若砂輪太硬則磨料雖已磨鈍但仍不脫落，使砂輪緣平滑而導致磨削不良，如灼傷或工件變形等。若砂輪太軟則雖遇較小之磨削力，仍自行脫落而無法磨削。選擇適當的結合度的方法為：

1. 被磨削的材質軟者使用硬砂輪，材質硬者使用軟砂輪。
2. 砂輪磨削速度高者使用軟砂輪，低者使用硬砂輪。
3. 工件速度快者使用硬砂輪，慢者使用軟砂輪。
4. 砂輪與工件接觸面積小者使用硬砂輪，接觸面積大者使用軟砂輪。
5. 工件粗糙不平者使用硬砂輪，細緻者使用軟砂輪。
6. 機械精度良好或操作人員熟練者使用軟砂輪。

G02-7　組　織

　　磨料、結合劑與空隙(void)之空間距離的關係謂之砂輪的組織(structure)，唯空間距離之測定困難，而以砂輪體積中磨料所佔的百分比(磨料率)表示之如圖 G02-4 示三種不同的組織。組織以 0、1、2、3、4、5、6、7、8、9、10、11、12、13、14 表示之，其中 0 級最密(磨料率 62 %)，14 級最疏(磨料率 34 %)(CNS991)(註 G02-6)，組織的疏密將影響磨屑由組織空間的排出、冷卻劑在砂輪與工件間之流動、冷卻劑及於工件上的多寡與表面粗糙度等。選擇適當組織為：

1. 工件材質軟，且有延展性的用疏砂輪，硬且脆者用密的砂輪。
2. 磨削接觸面大者用疏砂輪，接觸面積小用密組織砂輪，以使散熱容易。
3. 磨削切入量深或加工面不必精細者用疏砂輪，切入量少或加工面精細者用密砂輪。

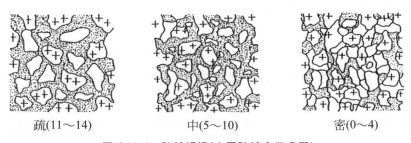

疏(11～14)　　　　　　　中(5～10)　　　　　　　密(0～4)

圖 G02-4　砂輪組織(中國砂輪企業公司)

G02-8　製　法

砂輪是由磨料顆料與結合劑混合製成，結合劑之於砂輪不只是使磨料保持在一起，並使砂輪在一定速度下安全迴轉。砂輪製法依結合劑的不同而有下列五種基本類型：

1. 瓷質燒結法：瓷質燒結法係利用瓷質結合劑(vitrified bond)與磨料顆粒混合成型、乾燥及整型後，於 1400℃之溫度燒結經 7 日，爐冷卻後取試驗其平衡、結合度及組織等而製成砂輪如圖 G02-5(註 G02-7)，亦稱 V 法。通常一小型砂輪之工作日程約 20 天，瓷質燒結法之成型有壓製、混土及壓製混土合用法等三種，而以混土法最常用。

   瓷質燒結法之砂輪使用範圍廣泛，約佔磨削工作之 75～90 %，因其具有下列優點：

   (1) 結合劑之結合力強，磨料顆粒保持時間長，磨削力大。

   (2) 砂輪面上多小孔，易使磨料的尖刃顯露，磨削力強。

   (3) 不受酸、水、油及溫度之影響，切削劑使用範圍廣泛。

   (4) 砂輪結合度範圍廣，使用範圍亦廣。

   (5) 組織均均、硬度均勻。

   然製造時間過長，大型砂輪(直徑 900mm 以上)不易製造。

2. 水玻璃結合法：結合劑之主要原料爲水玻璃結合劑(silicate bond)，製造時先將矽石末或黏土粉過磅稱重加入水玻璃，再稱重後加入磨料及其他變質劑混合，而成型、乾燥，在 260℃～300℃之溫度下加熱 20～80 小時後，爐冷 1～2 日取出試驗及修整後使用，亦稱 S 法。

   水玻璃法之砂輪主要用於單位時間內磨削量多時使用之。普通用於木工刀具類之磨削，銑刀、鉸刀、車刀及鉋刀等之磨削及平面磨削等。水玻璃燒結法之砂輪比瓷質燒結法製造容易，大直徑之砂輪(可達 1500mm)亦可製造，磨削時水玻璃有潤滑作用可防止熱之發生。但其彈性較差，有因濕氣而劣化的缺點，且與 C 磨料之結合力較弱，僅適用 A 磨料。

3. 橡膠結合法：將橡膠結合劑(rubber bond)予以輾壓加入磨料混壓加熱至 255℃約半小時後取出即可，亦稱爲 R 法，適於磨削鑄鐵製品、溝槽磨削以及木材切割等，使用水及苛性鹼爲切削劑。

4. 蟲膠結合法：利用蟲膠結合劑(shellac bond)與磨料加熱混合成型，加壓加熱至 300℃後取出，亦稱 E 法。結合力較弱，不適於粗磨及過熱使用，苛性鹼及油類切削劑不可使用，但因具有彈性適於粗磨。

5. 樹脂結合法：將樹脂結合劑(resinoid bond)如電木(bakelite)等加熱、混入磨料、成型、加壓力，加熱至 160℃～180℃後製成，亦稱 B 法。適於各種金屬、玻璃、陶器及各種塑性物質的切斷，可使用油及鹼液爲切削劑。

除上述五種基本製法外，常有其他製法，如中國砂輪企業公司有：

1. 發泡樹脂結合法：係以胺基甲酸脂(poly urethane)爲結合劑的製法，亦稱 BU 法，適用於拋光用。

2. 氧化鎂結合法：係以氧氯化鎂(magnesia oxychloride)爲結合劑的製法，亦稱 Mg 法，適用於刀具磨削或極薄工件之平面磨削，可避免發生灼熱現象，最高磨削速度爲 1000m/min。

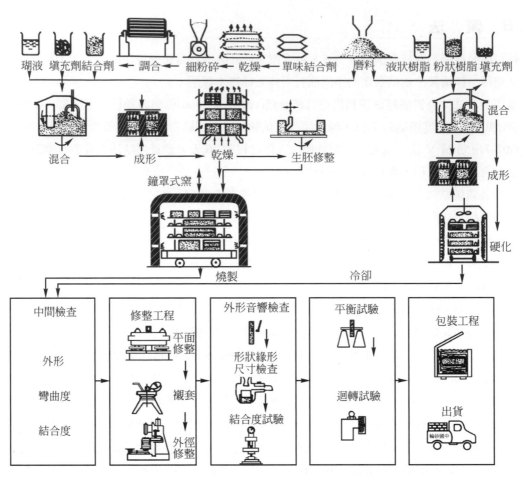

圖 G02-5　砂輪之製造流程(中國砂輪企業公司)

G02-9　砂輪的選擇

綜上所述，砂輪之選擇依下列之因素考慮之：

1. 工件材質與硬度：
   (1) 磨料：鋼料用 A 磨料，鑄鐵及非鐵合金用 C 磨料。
   (2) 粒度：硬脆材質用細粒度，軟延性材質用粗粒度。
   (3) 結合度：硬材質用軟結合度，軟材質用硬結合度。

2. 磨除量與加工程度：
   (1) 粒度：粗磨及磨削量多用粗粒度，精磨及磨削量少用細粒度。
   (2) 製法：一般磨削用 V 法，高精度可選用 B、R 或 E 法。

3. 接觸面積：
   (1) 粒度：接觸面積大用粗粒度，接觸面積小用細粒度。
   (2) 結合度：接觸面積大用軟結合度，接觸面積小用硬結合度。

表 G02-1　砂輪規格推薦表(V 法)（中國砂輪企業公司）

工件材料	種類	方式／硬度・直徑	圓筒輪磨 355以下	圓筒輪磨 355-455	圓筒輪磨 455-610	圓筒輪磨 610以上	無心輪磨	平面水平軸 205以下	平面水平軸 205-355	平面水平軸 355-510	平面垂直軸 環形	平面垂直軸 瓦片形	內輪磨 16以下	內輪磨 16-32	內輪磨 32-50	內輪磨 50-75	內輪磨 75-125
鋼	炭鋼	HRC25以下	A60M	A54M	A46M	A46L	A60M	WA46K	WA46J	WA36J	WA30J	WA24K	A80M	A60L	A54K	A46K	A46J
鋼	炭鋼	HRC25以上	WA60M	WA54L	WA46L	WA46K	WA54L	WA46J	WA46I	WA36I	WA36J	WA30J	WA80L-M	WA60K-L	WA54J-K	WA46J-K	WA46I-J
鋼	合金鋼	HRC55以下	SA60L·WA	SA54L·WA	SA46L·WA	SA46L·WA	WA60L	SA46J·WA	SA46I·WA	SA36I·WA	SA30I·WA	SA24J·WA	WA80L-M	WA60K-L	WA54J-K	WA46J-K	WA46I-J
鋼	合金鋼	HRC55以上	SA60K·WA	SA54K·WA	SA46K·WA	SA46J·WA	SA60K-L·WA	SA46I·WA	SA46H·WA	SA36H·WA	SA36H·WA	SA30I·WA	SA80L·WA	SA60K·WA	SA54J·WA	SA46J·WA	SA46I·WA
鋼	工具鋼	HRC60以下	SA60K·WA	SA54K·WA	SA46K·WA	SA46J·WA	SA60K-L·WA	SA46I·WA	SA46H·WA	SA36H·WA	SA36H·WA	SA30I·WA	SA80L·WA	SA60K·WA	SA54J·WA	SA46J·WA	SA46I·WA
鋼	工具鋼	HRC60以上	SA60J·WA	SA54J·WA	SA46J·WA	SA46I·WA	SA60K·WA	SA46H·WA	SA46G·WA	SA36G·WA	SA36G·WA	SA30H·WA	SA80K·WA	SA60J·WA	SA54I·WA	SA46I·WA	SA46H·WA
鋼	不銹鋼		WA60K	WA54K	WA46K	WA46J	WA60K-L	WA46I	WA46H	WA36H	WA36H	WA24I	WA80L	WA60K	WA54J	WA46J	WA46I
鋼	耐熱鋼		C·WA46L	C·WA46L	C·WA36L	C·WA36L	C·WA54L	SA36J·WA	SA30J·WA	SA30I·WA	SA30I·WA	SA24I·WA	C54K	C54K	C36K	C36K	
鑄鐵	普通鑄鐵		C60J	C54K	C46K	C36K	C60L	C46J	C46I	C36I	C36I	C24J	C80K	C60J	C54I	C46I	C36I
鑄鐵	特殊鑄鐵		GC60I	GC54J	GC46J	GC36J	GC60K	GC46I	GC46H	GC36H	GC36H	GC24I	GC80J	GC60I	GC54H	GC46H	GC36H
鑄鐵	冷硬鑄鐵		GC60I	GC54J	GC46J	GC36J	C46K	GC46I	C30I	GC36H	C30H	C24I	—	—	—	—	—
鑄鐵	黑心及白心展性鑄鐵		WA60M	WA54M	WA46M	WA46L	WA60M	WA46K	WA46J	WA36J	WA36J	WA24K	WA80M	WA60L	WA54K	WA46K	WA46J
非鐵金屬	黃銅		C46J	C46J	C36J	C36J	C46K	C30J	C30I	C30H	C30H	C24I	—	—	C36I	—	—
非鐵金屬	青銅		WA54L	WA54L	WA36I	WA36I	C36N	WA46K	WA46J	WA36J	WA36J	WA24J	—	WA60L	—	—	—
非鐵金屬	鋁合金		C46J	C46J	C36J	C36J	C46K	C30J	C30I	C30H	C30H	WA24J	WA60L	WA46K	—	—	—
非鐵金屬	超硬合金		GC80I	GC60I	GC60I	GC60I	—	GC60-100H-I	GC60-100H-I	—	GC60G	—	—	—	—	—	—
非金屬	玻璃		C80K	C80K	C80K	C80K	—	C60K	C60K	C60K	—	—	—	—	C80I	—	—
非金屬	炭精(硬)		C36L	C36L	C36L	C36L	C36N	C24M	C24M	C24M	—	—	—	—	—	—	—
非金屬	陶瓷		C·GC54K	C·GC54K	C·GC54K	C·GC54K	C46K	C·GC36K	C·GC36K	C·GC36K	—	—	—	—	—	—	—
非金屬	大理石		—	—	—	—	—	—	—	—	GC60J	GC60J	—	—	—	—	GC60J

4. 濕磨或乾磨：濕磨用砂輪之結合度比乾磨硬一級。
5. 砂輪速度依據形狀及製法選擇，不可超過砂輪檢驗票規定之使用速度(參見圖 G02-1)。
6. 依輪磨工作要求可更進一步的選擇磨料種類。
7. 機械馬力較大者可選用結合度較硬的砂輪。
   砂輪之選用如表 G02-1。

學後評量

一、是非題

( ) 1. 一砂輪規格 1A 255×25×19 C 46 K 8 V 2000，表示砂輪是平直形，K 結合劑。

( ) 2. 砂輪尺寸是以外徑 × 孔徑 × 厚度表示。

( ) 3. 磨削高速鋼適用 WA 磨料，磨碳化物刀具適用 GC 磨料。

( ) 4. 磨削量多，用粗粒度，磨削硬材料，用軟砂輪、密組織。

( ) 5. 瓷質結合劑之結合力強，磨料顆粒保持時間長、磨削力大。

( ) 6. 水玻璃結合法適用於 C 磨料。

( ) 7. 磨削接觸面積大，用粗粒度、硬結合度。

( ) 8. 濕磨用砂輪之結合度比乾磨硬一級。

( ) 9. 磨床機械馬力較大者，選用較軟結合度砂輪。

( ) 10. 水平軸平面磨削，砂輪直徑 ϕ205 以下，磨削硬度 HRC60 以下之工具鋼，宜選用 GC46I。

二、選擇題

( ) 1. 一砂輪規格 1A 255×25×19 C46 K8V 2000，其結合度是　(A)A　(B)C　(C)K　(D)8　(E)V。

( ) 2. 一砂輪規格 1A 255×25×19 C46 K8V 2000，其砂輪孔徑是　(A)8　(B)19　(C)25　(D)46　(E)255。

( ) 3. 輪磨高速鋼車刀，宜選用何種磨料？　(A)C　(B)GC　(C)A　(D)WA　(E)A38。

( ) 4. 輪磨碳化物車刀，宜選用何種磨料？　(A)C　(B)GC　(C)A　(D)WA　(E)A38。

( ) 5. 磨削量多又係粗磨，宜選用何種粒度？　(A)粗粒度　(B)中粒度　(C)細粒度　(D)微粉　(E)中細混合粒度。

( ) 6. 硬結合度的砂輪，適合於何種加工？　(A)工件材料硬　(B)砂輪磨削速度高　(C)砂輪與工件接觸面積小　(D)工件表面細緻　(E)工件材質軟。

( ) 7. 疏組織的砂輪，適合於何種加工？　(A)工件材質硬且脆　(B)磨削接觸面積大　(C)磨削切入量少　(D)加工面精細　(E)磨削接觸面積大。

( ) 8. 製造砂輪之結合劑以何種最常用　(A)B　(B)E　(C)R　(D)V　(E)S　法。

( ) 9. 瓷質結合劑的規格表示字母是　(A)S　(B)B　(C)V　(D)R　(E)E。

( ) 10. 以工件材質與硬度，選擇砂輪時，下列敘述何項錯誤？　(A)鑄鐵選用 A 磨料　(B)硬脆材料選用細粒度　(C)軟延性材料用粗粒度　(D)硬材質用軟結合度　(E)軟材質用硬結合度。

參考資料

註 G02-1：經濟部標準檢驗局：瓷質燒結研磨輪。台北，經濟部標準檢驗局，民國 84 年，第 7～8 頁。

註 G02-2：經濟部標準檢驗局：研磨輪之形狀與尺度。台北，經濟部標準檢驗局，民國 76 年，第 1～9 頁。

註 G02-3：經濟部標準檢驗局：人造磨料。台北，經濟部標準檢驗局，民國 76 年，第 1 頁。

註 G02-4：⑴經濟部標準檢驗局：磨料粒度。台北，經濟部標準檢驗局，民國 84 年，第 1 頁。

　　　　　⑵同註 G02-3，第 2 頁。

註 G02-5：同註 G02-1，第 2 頁。

註 G02-6：同註 G02-1，第 2、4 頁。

註 G02-7：中國砂輪企業股份有限公司：砂輪概要。台北，中國砂輪企業股份有限公司，民國 71 年，第 15 頁。

實用機工學知識單

項目	砂輪的使用	學習目標	能正確的說出砂輪的用途與使用方法

前　言

砂輪為一磨料結合製品，其用途廣泛，使用時應保持銳利並注意安全。

說　明

G03-1　砂輪的用途

砂輪之基本用途有下列五種：

1. 表面輪磨：

 (1) 平面輪磨：利用平面磨床輪磨工件平面。

 (2) 圓筒輪磨：利用圓筒磨床或無心磨床等輪磨工件之外徑或圓錐。

 (3) 內輪磨：利用內磨床輪磨工件之內徑或內錐孔。

 (4) 其他曲線輪磨：如齒輪磨床磨齒輪，凸輪磨床磨凸輪等。

2. 粗磨(snagging)：利用砂輪機磨除工件多餘量，如圖 G03-1 及圖 G03-2，不注重工件精度，不特別扶持，如磨除鑄件之冒口等，亦稱排障磨削，常用有機結合劑砂輪。

圖 G03-1　手提式砂輪機(明峯永業公司)　　　圖 G03-2　圓盤式手提砂輪機(明峯永業公司)

手持磨削(off-hand grinding)係手持工件於砂輪機上輪磨，所使用之砂輪較粗磨之砂輪軟、粒度細。

3. 精光面輪磨：工件利用砂輪磨光工件，精度可注重或不必注重，如鋼板及圓鋼之磨光。

4. 切割：使用砂輪切割下料，比鋸條鋸割快速、精確、光滑且整齊。

5. 刀具刃輪磨：利用砂輪輪磨刀具刃。

G03-2 砂輪的使用

使用砂輪應注意下列事項(CNS2223)(註 G03-1)：

1. 砂輪質弱易碎，切勿墜落或撞擊，儲存時放正，勿受潮受熱。

2. 一般砂輪的破壞由於不檢查、超過磨削速度或疏忽所造成。因此安裝前先檢查砂輪外觀有無瑕疵和裂紋，用木錘輕敲聽辨音響清濁，如聲音破啞者切勿使用。音響檢查(ring test)時砂輪要乾燥，輕敲的位置在砂輪任一側面之垂直中心線兩旁 45°，距離輪緣 25～50mm 如圖 G03-3，輕敲後砂輪轉 45° 重覆檢查。

3. 校對機器速度，勿使砂輪超過規定磨削速度。

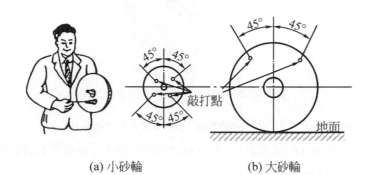

(a) 小砂輪   (b) 大砂輪

圖 G03-3 砂輪之音響檢查

4. 夾持砂輪的緣盤，其直徑不得小於砂輪直徑 1/3，緣盤安裝時請注意下列事項如圖 G03-4。

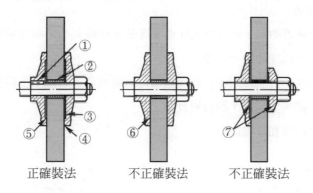

正確裝法   不正確裝法   不正確裝法

圖 G03-4 緣盤的應用

(1) 背緣盤應以鍵固著在磨床心軸上。

(2) 砂輪心軸孔直徑宜較磨床心軸直徑稍大。

(3) 緣盤內側應有凹窩。

(4) 緣盤與砂輪接觸面間須夾裝 0.25mm 以下的吸墨紙或橡皮墊。

(5) 緣盤係以內側外周部分夾持砂輪。

(6) 緣盤全面與砂輪接觸很危險。

(7) 兩緣盤尺寸不同很危險。

5. 安裝時切勿用手錘敲打，勿強力將砂輪裝在心軸上或改變其中心孔尺寸，勿將螺帽上得特別緊。砂輪緊裝於緣盤後應予平衡檢查如圖 G03-5，並調整平衡塊。

圖 G03-5 砂輪平衡檢查(福裕事業公司)

6. 工件支架位置要調整適當，其與砂輪磨削面之距離勿大於 3mm。

7. 應用品質良好、尺寸適宜的保護罩，以防砂輪爆裂時的傷害，保護罩未裝妥時切勿開動機器，砂輪在保護罩裡的露出情形如圖 G03-6。

8. 保護罩舌板與砂輪之距離不得超過 6.35mm，其角度應調整適當，正誤情形如圖 G03-7。

9. 新裝或久未開動的砂輪機，應在保護罩內以工作速度空轉一分鐘以上再使用，切勿在砂輪啓動時正對著砂輪的前面站立。

10. 切勿在平直形砂輪側邊磨削，切勿將工件過度擠壓在砂輪上，切勿磨削性質不良之材料。在砂輪使用前先關掉切削劑，以免砂輪不平衡。

11. 磨削中砂輪有填塞或平滑、作用不良且易過熱時應即修整。有不平衡時應即整形。

12. 機器基礎要堅固，軸承要適宜，潤滑要良好。

13. 磨削時請注意保護眼睛和呼吸器官。

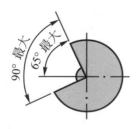

(a) 工具磨床、砂輪機

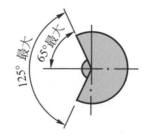

(b) 工件與砂輪接觸面在水平線下時

圖 G03-6 護罩的露出(經濟部標準檢驗局)

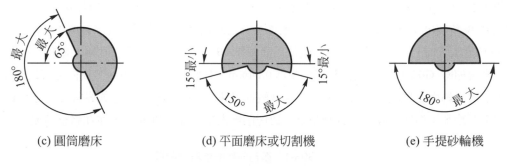

(c) 圓筒磨床　　　　　　(d) 平面磨床或切割機　　　　　(e) 手提砂輪機

圖 G03-6　護罩的露出(經濟部標準檢驗局) (續)

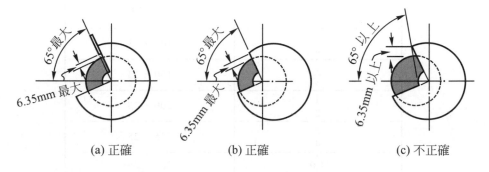

(a) 正確　　　　　　　　　(b) 正確　　　　　　　　　(c) 不正確

圖 G03-7　護罩舌板的應用(經濟部標準檢驗局)

G03-3　砂輪的修整及整形

　　為使磨削工作有良好的效果，砂輪必須隨時保持鋒利的磨刃及平衡，而需常加以修整或整形。利用修整器(dresser)修整已平滑或填塞之砂輪表面謂之修整(dressing)，若用於修整砂輪回復正確的形狀、平衡或改變砂輪使用面，以為特殊工作之磨削時謂之整形(truing)。

　　砂輪修整器之種類繁多，如碳化硼或碳化矽修整棒、碳化矽磨輪、機械式修整器及鑽石修整器等，其中以機械式修整器與鑽石修整器使用最為廣泛。機械式砂輪修整器(mechinical dressers)係在夾持器上裝以金屬輪，如圖 G03-8，此輪可在夾持器之心軸上自由轉動，常用於修整砂輪機之砂輪；有槽殼形(grooved shell)金屬輪，用於精修整用；使用機械式修整器時夾持器置放於支架上，右手握持把柄，左手壓制柄體，使輪齒壓入砂輪裡而不生火花。如圖 G03-9 示一碳化硼砂輪修整器。

圖 G03-8　機械式砂輪修整器

圖 G03-9　碳化硼砂輪修整器

　　鑽石砂輪修整器(diamond dressers)用於整形及修整砂輪如圖 G03-10，鑽石砂輪修整器係將鑽石鑲銲在夾持柄中，利用其尖銳部分修整砂輪，修整時依砂輪的規格與操作情況選擇適當的修整器如表 G03-1，並為防止鑽石刺入太深而傷害鑽石，常由砂輪緣之最高點開始整形或修整，修整器與砂輪之旋轉方向應成 5°～10°之拖曳角度(drag angle)，以防修整器震顫及鑿進砂輪面而將鑽石尖銳部分磨平(角度太小時)，或磨損夾持柄(角度太大時)，夾持柄亦應與砂輪使用面傾斜 60°～70°，以避免在砂輪上畫有鑽石痕跡，並可使鑽石自行磨銳如圖 G03-11。每次修整粗修整為 0.04mm，細修整為 0.015mm，橫向進刀以 0.03mm/rev 為宜，並視欲得砂輪面之精細與否給予適當之深度與進刀速度。乾磨砂輪以乾式修整之，每次修整時宜有適當時間使鑽石冷卻；濕磨砂輪以濕式修整之，使切削劑大量流在砂輪面上，並在修整前流出。

表 G03-1　鑽石砂輪修整器之選擇

鑽石大小(克拉)	砂輪尺寸
$\frac{1}{5}$	75 × 13
$\frac{1}{4}$	100 × 13
$\frac{1}{3}$	150 × 13
$\frac{1}{2}$	200 × 25
$\frac{3}{4}$	255 × 25
1.0	305 × 25
$1\frac{1}{4}$	355 × 32
$1\frac{1}{2}$	405 × 38
2.0	510 × 50
$2\frac{1}{2}$	610 × 75
3.0	610 × 100

圖 G03-10　鑽石砂輪修整器(台灣鑽石工業公司)

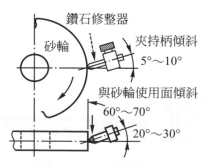

圖 G03-11　修整器的安裝

如欲得特殊形狀時，可用成形之擠壓修整(crush-dressing)如圖 G03-12。

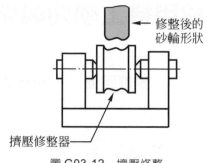

→ 修整後的
砂輪形狀

擠壓修整器

圖 G03-12 擠壓修整

學後評量

一、是非題

( ) 1. 砂輪可以表面磨削、粗磨、手持磨削、精光面磨削、切割及刀具刃磨削等。

( ) 2. 音響檢查砂輪時,砂輪要乾燥,輕敲的位置在距離輪緣 5～10mm 處。

( ) 3. 夾持砂輪的緣盤,其直徑不得小於砂輪直徑 1/3,背緣盤要固定在心軸上。

( ) 4. 砂輪保護罩舌板與砂輪之距離,不得小於 6.35mm。

( ) 5. 啟動或使用砂輪,切勿面對砂輪之切線方向。

( ) 6. 為獲得平直磨削,可以在平直形砂輪側面磨削。

( ) 7. 砂輪填塞或平滑時,應給予修整,以保持銳利。

( ) 8. 使用機械式砂輪修整器修整時,金屬輪應輕觸砂輪使其產生火花。

( ) 9. 鑽石砂輪修整器修整時,應與砂輪使用面傾斜 20°～30°。

( ) 10. 鑽石砂輪修整器修整砂輪時,粗修整量為 0.4mm。

二、選擇題

( ) 1. 平面輪磨是屬於 (A)粗磨 (B)精光面輪磨 (C)表面輪磨 (D)切割 (E)刀具刃輪磨。

( ) 2. 使用手提砂輪機,磨除鑄料冒口,稱之為 (A)粗磨 (B)精光面輪磨 (C)表面輪磨 (D)手持磨削 (E)圓筒輪磨。

( ) 3. 砂輪之音響檢查是距離輪緣多少 mm 的位置,輕敲砂輪? (A)1mm (B)5mm (C)10mm (E)15mm (D)25mm。

( ) 4. 夾持砂輪的緣盤,其直徑為 (A)小於砂輪直徑 $\frac{1}{3}$ (B)大於砂輪直徑 $\frac{1}{3}$ (C)大於直徑 $\frac{1}{2}$ (D)大於直徑 $\frac{2}{3}$ (E)小於砂輪直徑 $\frac{1}{5}$。

( ) 5. 使用鑽石砂輪修整修器整砂輪時,修整器與砂輪之旋轉方向應成幾度拖曳角度? (A)0° (B)2° (C)3° (D)6° (E)15°。

參考資料

註 G03-1:經濟部標準檢驗局:研磨輪安全規章。台北,經濟部標準檢驗局,民國 76 年,第 1～10 頁。

實用機工學知識單

項目	砂輪機	學習目標	能正確的說出砂輪機的使用方法

前　言

砂輪機主要用於磨鑿子、車刀及鑽頭等刀具，或手持磨削工件。

說　明

砂輪機之形式如圖 G04-1 爲落地式，如圖 G04-2 爲檯上式。砂輪之安裝應注意安全(參考"砂輪的使用"單元)，砂輪機心軸之螺紋，左端爲左旋螺紋，右端爲右旋螺紋以防螺帽鬆脫。使用時應注意下列事項(註 G04-1)：

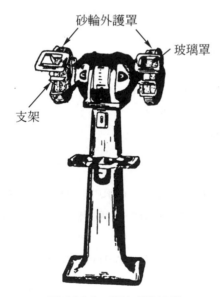

圖 G04-1　落地式砂輪機

圖 G04-2　檯上式砂輪機

1. 砂輪機須按廠商規定，適時、適質並適量的潤滑。
2. 使用前檢查砂輪及工具支架是否確實固緊，並視需要以砂輪整器修整之如圖 G04-3。
3. 應使用安全玻璃罩或戴護目鏡，並不得站立於砂輪正前方。
4. 磨削時壓力要適當，並時時泡水以免工件過熱。
5. 磨削量多，用粗砂輪，成形後用細砂輪精磨。
6. 砂輪機之磨削速度高達 1800m/min 以上，應隨時注意安全。

圖 G04-3 修整砂輪

學後評量

一、是非題

( ) 1. 砂輪機心軸之螺紋，左端為左旋螺紋，右端為右旋螺紋。

( ) 2. 使用砂輪機應戴護目鏡，磨削壓力要適當。

( ) 3. 使用砂輪機應站在正前方。

( ) 4. 磨高速鋼車刀或鑽頭等刀具時，應隨時泡水，避免過熱。

( ) 5. 磨削量多時，用細砂輪，磨削量少時，用粗砂輪。

二、選擇題

( ) 1. 砂輪機工件支架位置與砂輪磨削面之距離為 (A)15mm (B)12mm (C)10mm (D)6mm (E) 3mm 以下。

( ) 2. 砂輪機保護罩舌板與砂輪之距離以 (A)6mm 以下 (B)7～10mm (C)11～15mm (D)16～20mm (E)21mm 以上 為宜。

( ) 3. 下列有關砂輪機使用的敘述，何項錯誤？ (A)使用砂輪機應戴護目鏡 (B)磨削量多用粗砂輪 (C)精磨用細砂輪 (D)使用砂輪側面磨削較易使刀口平齊 (E)磨削壓力要適當。

( ) 4. 下列裝置砂輪機的砂輪，何項不正確？ (A)背緣以鍵固定在心軸上 (B)砂輪緣盤兩邊一樣大 (C)砂輪緣盤要全面與砂輪接觸 (D)砂輪機右端使用右旋螺帽上緊 (E)砂輪之迴轉數一定，要 選擇適當周邊速度的砂輪。

( ) 5. 下列何種砂輪修整器，不適合於修整砂輪機砂輪？ (A)碳化矽修整桿 (B)碳化矽磨輪 (C)機 械式修整器 (D)鑽石修整器 (E)擠壓修整器。

參考資料

註 G04-1：John R. Walker. *Modern metalworking.* Illinois: The Goodheart-Willcox Company, Inc., 1965, pp. 33-1～33-3.

實用機工學知識單

項目	平面輪磨	學習目標	能正確的說出平面輪磨的種類與平面輪磨的方法

前　言

平面輪磨可分為水平心軸與垂直心軸兩類，常以磁力夾頭夾持工件輪磨之(註 G05-1)。

說　明

G05-1　平面輪磨

平面輪磨(surface grinding)分為：

1.　利用水平心軸平面磨床，即使用平直形砂輪的使用面來輪磨如圖 G05-1 及圖 G05-2。
2.　利用垂直心軸平面磨床，即使用盆形砂輪的使用面來輪磨，如圖 G05-3 及圖 G05-4。

平面磨床之規格係以最大磨削面積表示之，如 150×450mm 之平面磨床，即其橫向行程 150mm，縱向行程 450mm。

砂輪之裝置及使用隨廠商設計而異，但工件之夾持不外乎利用磁力夾頭及直接固定在床台或虎鉗上，後者工件之夾持法與銑床工件之夾持相似，適用於大工件或特殊之工件，小工件之磨削可用磁力夾頭夾持之。

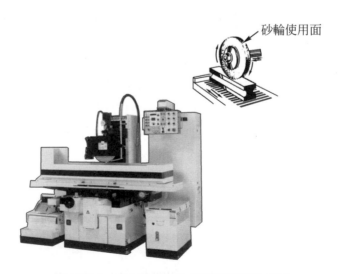

圖 G05-1　水平軸往復台磨床(福裕事業公司)

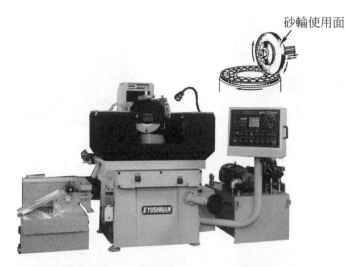

圖 G05-2　水平軸旋轉台磨床(宇宣機械公司)

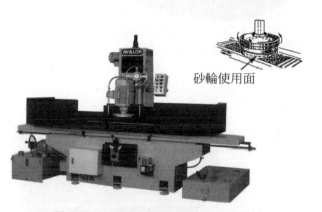

圖 G05-3　垂直軸往復台磨床(宇宣機械公司)

圖 G05-4　垂直軸旋轉台磨床(宇宣機械公司)

　　磁力夾頭有永久磁鐵及直流電磁鐵兩種如圖 G05-5 至圖 G05-7。永久磁力夾頭之構造與原理如圖 G05-8，當操作桿置於"開"(ON)之位置時，導磁桿及非磁分離板成直線，因此磁力循最小抵抗路線通至工件，以完成磁路而吸緊工件。當操作桿置於"閉"(OFF)之位置時則放鬆工件。直流電磁鐵，通直流電時由於線圈之感應，構成磁場而吸緊工件。往復式夾頭用於往復床台，旋轉式磁力夾頭用於旋轉床台。

　　利用磁力夾頭夾持工件有迅速簡便之效，但於磨削完成後，工件常有剩磁，此種剩磁有害於工件，故應予以去磁(demagnetizing)，去磁之方法，若為直流電磁鐵，可採用雙極開關使電流反方向而去磁，或使用如圖 G05-9 所示之去磁器去磁。

圖 G05-5 往復式永久磁鐵磁力夾頭
(維昶機具廠公司)

圖 G05-6 往復式電磁鐵磁力夾頭
(維昶機具廠公司)

圖 G05-7 旋轉式磁力夾頭(光達磁性工業公司)

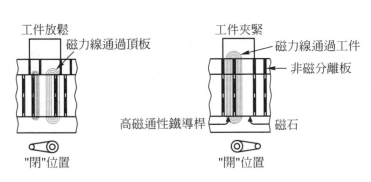

圖 G05-8 永久磁鐵磁力夾頭

圖 G05-9 去磁器(維昶機具廠公司)

G05-2 磨床工作安全規則

1. 操作任何型式磨床應予遵守之安全規則:

(1) 在任何時間操作磨床時,均須戴上安全防護罩。

(2) 檢查磨床各部分裝置是否安全。

(3) 用手持磨削工件時,所使用之支架與砂輪之距離以不超過 3mm 為原則,以免振動及顫抖。

(4) 調整支架與砂輪之距離後,須將支架固定並鎖緊之。

(5) 在旋轉中的砂輪或工件切勿用手接觸。

(6) 工作時須捲起袖口。

(7) 不可佩戴長領帶工作,如有必要佩戴領帶時,可以領結替代之。

(8) 工作者所穿之襯衣必須裝入褲內不可露在外面。

(9) 必須戴著帽子工作，掩護長髮以免危險。

(10) 工作中不可在磨床之周圍亂跑，以免妨害工作者之情緒，擾亂工場秩序。

2. 磨床本身之安全措施：

(1) 工件必須裝牢於磨床上。

(2) 砂輪須正確裝置於磨床心軸上。

(3) 檢查砂輪有否破裂之處。

(4) 砂輪之周邊速度須正確。

學後評量

一、是非題

( ) 1. 垂直軸平面磨床，使用平直形砂輪磨削工件。

( ) 2. 平面磨床之規格，以最大磨削面積表示之，即其橫向行程×縱向行程。

( ) 3. 磁力夾頭可為永久磁鐵式與交流電磁鐵式兩種。

( ) 4. 使用永久磁鐵式磁力夾頭可採用雙極開關去磁。

( ) 5. 使用磨床前，應先檢查各部份裝置是否安全。

二、選擇題

( ) 1. 不能使用平直形砂輪的使用面來輪磨的磨床是　(A)水平軸往復台平面磨床　(B)水平軸旋轉台平面磨床　(C)垂直軸往復台平面磨床　(D)圓筒磨床　(E)內磨床。

( ) 2. 一平面磨床規格 150×450mm，表示　(A)縱向行程 150mm　(B)橫向行程 150mm　(C)橫向行程 450mm　(D)磨削面積 150mm　(E)磨削面積 450mm。

( ) 3. 下列有關磁力夾頭之敘述，何項正確？　(A)往復式磁力夾頭只有永久磁鐵式　(B)永久磁鐵式磁力夾頭，在 "ON" 後同時去磁　(C)電磁鐵使用交流電　(D)永久磁鐵式使用直流電　(E)電磁鐵式可採用雙極開關使電流反向去磁。

( ) 4. 使用平直形砂輪的往復式平面磨床，用鑽石砂輪修整器修整砂輪時應與砂輪使用面傾斜　(A) 5°　(B)10°　(C)$12\frac{1}{2}$°　(D)25°　(E)45°。

( ) 5. 使用鑽石砂輪修整器粗修整砂輪時，每次修整量為　(A)0.04　(B)0.14　(C)0.24　(D)0.34　(E) 0.44　mm。

參考資料

註 G05-1：John L. Feirer: *Machine tool metalworking*. New York: McGraw-Hill Book Company, 1973, pp. 499～500.

實用機工學知識單

項目	圓筒輪磨與內輪磨	學習目標	能正確的說出圓筒輪磨與內輪磨的方法

前　言

　　圓柱、圓錐之磨削使用圓筒磨床，內徑之磨削使用內磨床或圓筒磨床之內輪磨附件。磨削時應正確的選擇磨削速度與進刀，才能獲得良好的磨削效果(註 G06-1)。

說　明

G06-1　圓筒磨床與圓筒輪磨

　　圓筒輪磨(cylindrical grinding)亦稱外徑輪磨或外圓輪磨，如圖 G06-1，將工件支持在兩頂尖間用以磨外徑、磨肩、型磨及外錐度磨削等如圖 G06-2。一般皆用瓷質燒結法之砂輪，特別精細的工件則使用有機混合砂輪，磨削時工件的旋轉方向相同，工件旋轉速度因其材質而異，精磨時速度較快，一般粗磨時為 6～9m/min，精磨時為 9～12m/min，一般粗磨磨削深度 0.02～0.10mm，精磨為 0.005～0.010mm；未經熱處理的工件，預留量為 0.15～0.25mm，長又大而經熱處理的工件預留量為 0.50～0.75mm。

圖 G06-1　圓筒磨床(楊鐵工廠公司)

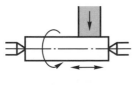 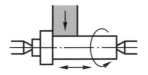 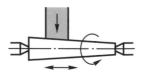 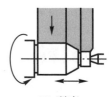

(a) 外徑磨削　　　(b) 外徑、端面磨削－磨肩　　　(c) 外錐度磨削　　　(d) 型磨

圖 G06-2　圓筒磨床之磨削

G06-2　無心磨床與無心輪磨

　　無心輪磨亦稱無心圓筒輪磨(centerless cylindrical grinding)如圖 G06-3 及圖 G06-4，係由一高速迴轉的砂輪及與之相對的一低速調整輪形成一通路，工件在通路上被支持板支撐著，調整輪用以使工件轉動而磨及工件全周，並使工件進刀及支持工件承受砂輪之推力如圖 G06-5。

圖 G06-3　無心磨床(主新德精機企業公司)

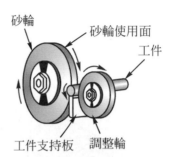

圖 G06-4　無心輪磨

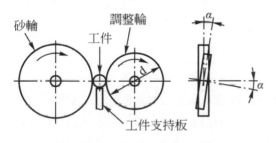

圖 G06-5　無心輪磨的原理

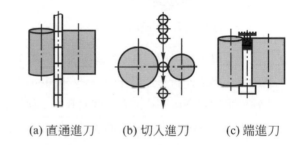

(a) 直通進刀　　(b) 切入進刀　　(c) 端進刀

圖 G06-6　無心輪磨方式

　　無心磨削之輪磨方式有三：1.直通進刀磨削(through-feed grinding)如圖 G06-6(a)。2.切入進刀輪磨(in-feed grinding)如圖(b)用於型磨、磨肩等。3.端進刀輪磨(end-feed grinding)，用於磨錐度等如圖(c)。直通進刀輪磨時工件通過砂輪係由調整輪所推進，調整輪可自水平方向成0°～7°或至10°的傾斜以完成輪磨工作，參見圖 G06-5，而工件進刀速度可由公式$F＝\pi dN\sin\alpha$求得。式中

　　　　F＝工件每分鐘進刀(mm/min)

　　　　d＝調整輪直徑(mm)

　　　　N＝調整輪速度(rpm)

　　　　α＝調整輪之傾斜角度

　　由公式知調整輪的速度與直徑都影響工件之進刀，工件欲磨削直徑及砂輪之損耗亦由調整輪調整之。

　　無心輪磨為磨削圓筒之最佳方法，因其具有下列優點：

1. 無心磨床不需中心孔、頂尖或夾具等設備。

2. 工件由調整輪及支持板支持，可免除工件之撓曲，因而磨削快、產量多。

3. 無心磨削是一種連續的磨削，且工件真圓度的磨削在直徑方向較半徑方向準確。

4. 操作容易。

5. 工件具有熱處理應變時，可用直通進刀輪磨之間歇磨削消除其應變，而獲得良好的真圓度。

G06-3　內磨床與內輪磨

內輪磨(internal grinding)有三種：

1. 工件在夾頭上或面板上任一固定位置旋轉，砂輪在其孔內旋轉並做進刀磨削，如圖 G06-7。

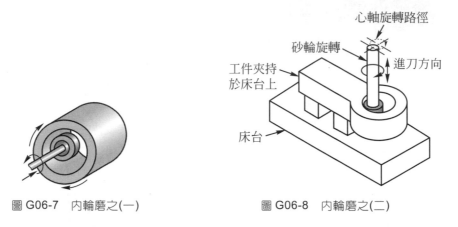

圖 G06-7　內輪磨之(一)　　　　　圖 G06-8　內輪磨之(二)

2. 工件旋轉並移動(進刀)，砂輪在固定位置上旋轉。

3. 砂輪旋轉並作行星運動(planetary motion)及進刀，工件不旋轉如圖 G06-8。

內輪磨可用以磨削圓孔或有錐度的孔，工件的夾持務必精確，夾頭心軸與軸承間必須精確，否則磨出之孔將會不圓。內輪磨之砂輪心軸應儘量短而粗，以避免因壓彎而磨成喇叭口。內磨床設計時皮帶輪一端的心軸軸承應較大，強度亦較大，用以抵抗因皮帶調緊而造成心軸之撓曲。且使用比外徑輪磨較軟結合度的砂輪，以減少砂輪跳離工件之可能性。

內磨床磨削時砂輪與工作旋轉方向的關係參見圖 G06-7。圖 G06-9 示無心內輪磨，工作前，外徑應先磨圓(最好以無心磨床輪磨之)，工件由壓力滾子帶動，其外徑在支持滾子與調整滾子之間旋轉，砂輪在內側磨削之。此種內輪磨後之內徑真圓度視外徑真圓度而定，通常此類工作多自動操作。

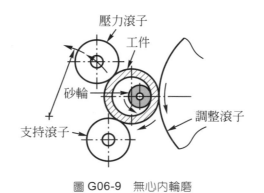

圖 G06-9　無心內輪磨

G06-4 輪磨速度與進刀

輪磨工作中之磨削速度有二：1.砂輪速度，2.工件速度。

砂輪速度為砂輪周界上一點的線速度，以每分鐘若干公尺(m/min)表示之，與各種迴轉切削相似，常以心軸迴轉數表示，即：

$$N = \frac{300V}{D}$$

式中　　　N＝心軸迴轉數(rpm)

　　　　　V＝磨削線速度(周邊速度)(m/min)

　　　　　D＝砂輪直徑(mm)

砂輪之速度甚為重要，如速度太高則磨料磨蝕之速度較快，造成光滑之輪面，成為硬磨。如速度太低則磨料易於脫落而造成軟磨。砂輪最適當速度，即使砂輪之磨料在磨蝕時，即自行脫落為最佳，最高的速度不可超過檢驗票上所規定之使用周邊速度範圍。表 G06-1 為各種不同砂輪磨削之砂輪速度(註 G06-2)，表 G06-2 為不同砂輪形狀之砂輪速度(CNS3966)(註 G06-3)。

表 G06-1　砂輪速度之一 (中國砂輪企業公司)

磨削法	砂輪速度 (m/min)
平 面 輪 磨	1200～1800
圓 筒 輪 磨	1700～2000
內 　 輪 　 磨	600～1800
工 具 輪 磨	1400～1800
刀 具 輪 磨	1200～1800
碳 化 物 刀 具	900～1500
切 　 　 　 割	2600～3400

表 G06-2　砂輪速度之二(m/min) (經濟部標準檢驗局)

形狀　　　　　　　　　　　製法	V	E、R、B
1、3、5、7、10、12、13、20～26	1700～2000	2000～3000
2	1500～1800	1500～2100
6、11	1400～1800	1800～2400
切割砂輪(有補強材料)		3000～4800△
切割砂輪(無補強材料)		2700～3800△
螺紋輪磨砂輪	2000～3800△	2000～3800△

註：1.砂輪形狀請參考 "砂輪規格與選用" 單元。

　　2.△使用高速時，注意砂輪心軸之設計、砂輪之強度、砂輪保護罩及磨削時所加之壓力等。

工件速度與砂輪速度必須有適當之比例，若工件速度太低，則砂輪易於填塞打滑，工作速度太高則砂輪易於磨蝕，工件之速度如表 G06-3(註 G06-4)。

表 G06-3　工件速度(m/min) (中國砂輪企業公司)

磨削法	工件材料	軟鋼	淬火鋼	工具鋼	鑄鋼	銅合金	鋁合金
圓筒輪磨	粗磨	10～20	15～20	15～20	10～15	25～30	25～40
	細磨	6～15	6～16	6～16	6～15	14～20	28～30
	精磨	5～10	5～10	5～10	5～10	—	—
無心輪磨	細磨	11～20	21～40	21～40	—	—	—
內 輪 磨	細磨	20～40	16～50	16～40	20～50	40～60	40～70
平面輪磨	細磨	6～15	30～50	6～30	16～20	—	—

進刀為工件轉動一周(圓筒輪磨)，工件移過砂輪的距離，粗磨時，工件每轉動一周，工件移動距離為輪面寬度的 $\frac{2}{3}$；精磨時，工件移動的距離為輪面寬度的 $\frac{1}{2}$。影響磨削工作的另一條件為磨削深度，磨削深度係依砂輪與工件互相接觸之弧長而變化，磨削深度太小雖加工面良好，但易使砂輪磨蝕，深度太大時則加工面粗糙，砂輪易於填塞，適量的磨削深度如表 G06-4(註 G06-5)。

表 G06-4　磨削深度(mm)(中國砂輪企業公司)

磨削法	工件材料		軟鋼	淬火鋼 (HRC41 以上)	工具鋼	不銹鋼 耐熱鋼	鑄鋼
圓筒	沿軸	細磨	0.005～0.010	0.010～0.020	0.005～0.010	0.005～0.010	0.005～0.010
		粗磨	0.020～0.040	0.030～0.040	0.020～0.030	0.020～0.030	0.020～0.040
	沿徑	細磨	0.005～0.015	0.005～0.010	～0.005	—	0.005～0.010
		粗磨	0.015～0.040	0.020～0.040	0.005～0.010	—	0.015～0.040
無心輪磨		細磨	0.005～0.010	0.005～0.015	0.020～0.030	—	—
		粗磨	0.015～0.030	0.020～0.040	0.020～0.030	0.020～0.030	0.010～0.030
內輪磨		細磨	0.005～0.010	0.005～0.010	～0.005	～0.005	0.005～0.010
		粗磨	0.015～0.030	0.015～0.030	0.005～0.015	—	0.015～0.030
平面	水平軸	細磨	0.005～0.010	0.005～0.010	0.005～0.015	—	0.005～0.010
		粗磨	0.015～0.030	0.015～0.030	0.020～0.040	0.020～0.030	0.015～0.040
	垂直軸	細磨	—	0.015～0.020	0.005～0.010	—	0.005～0.015
		粗磨	0.010～0.030	—	0.015～0.020	—	0.030～0.040

欲使磨削良好，則須正確的選擇砂輪規格、磨削速度與進刀及適當冷卻劑與操作。表 G06-5 示輪磨可能產生問題之原因。

表 G06-5　輪磨產生問題之原因

問題	可能原因
工件磨削表面顫動	砂輪不平衡或承套不適合。 砂輪鈍化，打滑或超負載。 未依工件選擇適當的砂輪。 工件未支持良好，中心孔或頂尖磨損，或未適當潤滑。 支持板使用不當，或未調整適當。 床台或工件速度太高。 因過度的橫向進刀而使切削太重。 不平衡的工件(如曲軸等)迴轉太快或遠離夾頭。 驅動皮帶不良。 機器安裝不當。
工件刮傷	使用不潔的冷卻劑。 砂輪未適當的修整，或修整器鈍化、裂傷、斷裂或夾持、固定不當。 砂輪修整時床台速度太快或切削深度太深。 砂輪太粗。
工件上有螺旋痕跡	修整器未對準工件中心–太高。
工件燒傷	冷卻劑不足或未適當的冷卻磨削點。 砂輪鈍化、打滑或超負載。 砂輪太硬。 砂輪速度太高或工件速度太低。 過度的橫向進刀。
工件磨後兩端直徑不同	床台未歸零。 頭座或尾座未適當的裝置於床台上。 頂尖不圓或裝置不當。 工件中心孔不潔、不圓或與頂尖不配合。 未使用或未調整背支架。
工件尺寸不一致	砂輪頭滑座鬆動。 橫向進刀螺桿鬆動。
磨床心軸發熱或失速	心軸潤滑油不足或不當。 橫向進刀太重，超過機器能量。 心軸驅動皮帶太緊。

學後評量

一、是非題

（　）1.圓筒輪磨係在兩頂尖間磨削工件，無心輪磨不需兩頂尖。

（　）2.圓筒輪磨與無心輪磨均可磨削外徑、外錐度、磨肩及型磨等。

( )3.無心輪磨外徑時，工件之半徑真圓度比直徑佳。

( )4.內輪磨之砂輪心軸應盡量短而粗，且砂輪結合度比外徑輪輪磨軟。

( )5.輪磨時，砂輪之速度太高，則磨料之磨蝕速度較快而造成軟磨。

二、選擇題

( )1.下列何項不是圓筒輪磨的工作？ (A)外徑磨削 (B)磨肩 (C)外錐度磨削 (D)型磨 (E)磨平面。

( )2.圓筒輪磨時，粗磨削深度為 (A)0.05 (B)0.15 (C)0.25 (D)0.35 (E)0.45 mm為宜。

( )3.下列有關無心輪磨之敘述，何項正確？ (A)無心輪磨工件需鑽中心孔 (B)磨肩應採用切入進刀輪磨 (C)磨錐度應採用直通進刀輪磨 (D)無心輪磨完成之工件真圓度半徑方向較直徑方向準確 (E)直通輪磨時工件通過砂輪是由工件支持板推進。

( )4.下列有關內輪磨之敘述，何項錯誤？ (A)內輪磨可以磨內錐度 (B)內輪磨之砂輪心軸宜短而粗 (C)內輪磨用砂輪結合度比圓筒輪磨軟 (D)內輪磨時砂輪迴轉方向與工件迴轉方向相同 (E)內磨床皮帶端心軸軸承應較大。

( )5.下列有關輪磨速度之敘述，何項錯誤？ (A)砂輪速度太高形成硬磨 (B)砂輪速度太低會形成軟磨 (C)磨削深度太小時砂輪易於填塞 (D)工件速度太低砂輪易於填塞打滑 (E)工件速度太高，則砂輪易於磨蝕。

參考資料

註 G06-1：John L. Feirer: *Machine tool metalworking.* New York: McGraw-Hill Book Company, 1973, pp. 493～498.

註 G06-2：中國砂輪企業股份有限公司：精密研磨加工技術概說。台北，中國砂輪企業股份有限公司，民國 79 年，第 74 頁。

註 G06-3：經濟部標準檢驗局：研磨輪最高使用周邊速度。台北，經濟部標準檢驗局，民國 76 年，第 1 頁。

註 G06-4：中國砂輪企業股份有限公司：砂輪概要。台北，中國砂輪企業股份有限公司，民國 71 年，第 33 頁。

註 G06-5：同註 G06-4。

實用機工學知識單

項目	工具磨床與鑽石砂輪	學習目標	能正確的說出工具磨床的使用方法與鑽石砂輪的選擇

前 言

碳化物車刀與銑刀等刀具之磨削,一般採用工具磨床,尤其碳化物刀具之精磨均需使用鑽石砂輪。

說 明

G07-1　工具磨床

萬能磨床(universal grinder)可輪磨圓柱、圓筒、圓錐及錐孔,亦可輪磨水平方向或垂直方向的平面,此種磨床之頭座、砂輪頭及尾座均可迴轉,床台亦可旋轉若干角度,並附有內輪磨裝置等。

萬能工具磨床(universal cutter & tool grinder)用於工具室,以輪磨銑刀及鑽頭等各種刀具及小工件之外徑、內徑如圖G07-1(註G07-1),並配有各種附件及增廣其用途,圖G07-2至圖G07-7示其各種輪磨工作(註G07-2)。

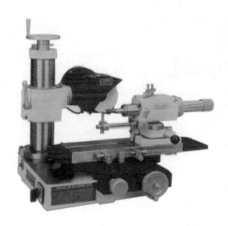

圖 G07-1　萬能工具磨床(福裕事業公司)

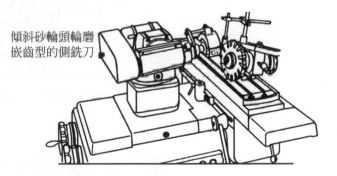

傾斜砂輪頭輪磨嵌齒型的側銑刀

圖 G07-2　萬能工具磨床工作之(一)

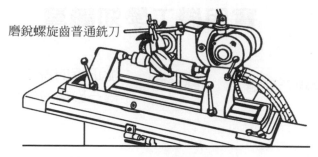

磨銳螺旋齒普通銑刀

圖 G07-3　萬能工具磨床工作之(二)

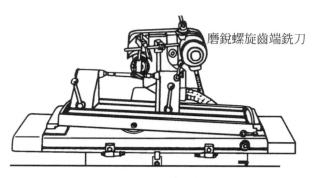

磨銳螺旋齒端銑刀

圖 G07-4　萬能工具磨床工作之(三)

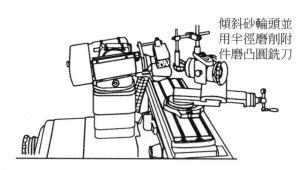

傾斜砂輪頭並
用半徑磨削附
件磨凸圓銑刀

圖 G07-5　萬能工具磨床工作之(四)

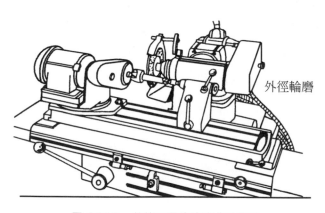

外徑輪磨

圖 G07-6　萬能工具磨床工作之(五)

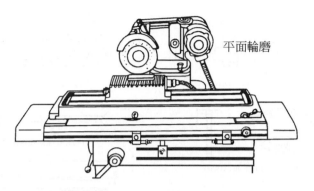

平面輪磨

圖 G07-7 萬能工具磨床工作之(六)

G07-2 鑽石砂輪

鑽石砂輪(diamond grinding wheels)係使用鑽石爲磨料拌以結合劑以粉末冶金技術將其燒結而成。爲碳化物刀具磨削工作所必備,並於磨削後以鑽石磨石(diamond stone)礪光之。

鑽石砂輪之規格係以磨料、粒度、結合度、密度、結合劑及鑽石層之厚度等表示之,如 SD-150-N100BA3.0。

鑽石砂輪使用之磨料分爲天然鑽石(natural diamond,ND)及人造鑽石(synthetic diamond,SD or manufacture diamond,MD)等兩大類,輪磨碳化物刀具用者常爲人造鑽石,因其製造時可由人工技術控制其結晶之發展,而獲得理想之不整齊多角形,易被結合劑所結合,質脆而易保持尖銳,增加磨削效率。

鑽石砂輪之粒度台灣鑽石工業公司之分類爲:#30、#60、#80、#100、#120、#150、#180、#220、#280、#320、#400、#600、#1000、#2000 及#3000 等;結合度之分類爲:J(軟)、L、N(中)、P、R(硬)等;密度係指每單位容積內所含的鑽石量,即每一立方公分中所含的鑽石克拉數(cts/cc),有 50 %(2.2cts/cc)、75 %(3.3cts/cc)及 100 %(4.4cts/cc)等,密度愈高工作性能愈好但價格愈貴,碳化物刀具磨削用之密度在 75 % 或 100 %爲佳。

鑽石砂輪所用之結合劑,有合成樹脂結合劑(resinoid bond,B)、瓷質結合劑(vitrified bond,V)與金屬結合劑(metalic bond,M)等三大類,並可加入適當的填充劑(filler),以調整結合度配合磨削條件,鑽石層之厚度有 1.5、2.0 及 3.0mm 三種。圖 G07-8 示鑽石砂輪之各種型式。

鑽石砂輪之性能以「磨削比」(grinding ratio)表示之,即工件磨除之體積與鑽石砂輪損耗之體積比。砂輪之切削速度,濕式爲 1400～1700m/min,乾式爲 770～1000m/min。金屬結合劑之鑽石砂輪,無論何時均應使用濕磨。鑽石砂輪乾磨時如有填塞或平滑現象時,可使用浮石、細砂布或棒形修整磨石修整,並用冷卻劑。切勿使用鑽石砂輪修整器修整(註 G07-3)。

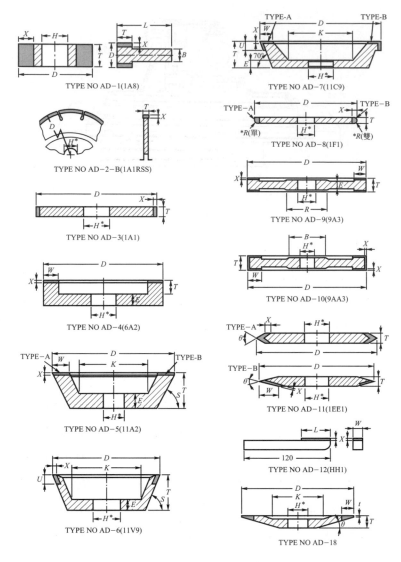

圖 G07-8 鑽石砂輪各種型式(台灣鑽石工業公司)

學後評量

一、是非題

( )1.工具磨床用以輪磨車刀及銑刀等刀具。

( )2.精磨碳化物刀具,宜用鑽石砂輪。

( )3.一鑽石砂輪 SD150-N100BA3.0,表示密度 150。

( )4.金屬結合劑的鑽石砂輪,應用濕磨。

( )5.鑽石砂輪填塞時,使用鑽石砂輪修整器修整之。

二、選擇題

( ) 1. 下列何項不是萬能工具磨床的工作？ (A)磨普通銑刀 (B)磨側銑刀 (C)磨端銑刀 (D)外徑輪磨 (E)無心輪磨。

( ) 2. 一鑽石砂輪規格 SD-150-N100BA3.0，表示粒度是 (A)100 (B)150 (C)30 (D)30 (E)300。

( ) 3. 一鑽石砂輪規格 SD-150N100BA3.0，表示結合度是 (A)S (B)D (C)N (D)B (E)A。

( ) 4. 一鑽石砂輪規格 SD-150-N100BA3.0，表示密度，即每立方公分鑽石量為 (A)1.1cts/cc (B)2.2cts/cc (C)3.3cts/cc (D)4.4cts/cc (E)5.5cts/cc。

( ) 5. 下列有關鑽石砂輪之敘述，何項錯誤？ (A)鑽石砂輪之性能以磨除量表示 (B)鑽石砂輪濕磨之磨削速度為 1400～1700m/min (C)金屬結合劑之鑽石砂輪應使用濕磨 (D)鑽石砂輪填塞時以浮石修整 (E)鑽石砂輪平滑時不可使用鑽石砂輪修整器修整。

參考資料

註 G07-1：K.O.Lee Company: *Instruction manual*. South Dakota: K.O.Lee Company,1973, p.1.

註 G07-2：Geber Wichmann. *Operating intructions for cutter and tool grinder*. Berlin: Gebr Wichmann, 1959, pp.7～8.

註 G07-3：台灣鑽石工業股份有限公司：鑽石砂輪簡介。台北，台灣鑽石工業股份有限公司，民國 67 年，第 1～2 頁。

實用機工學知識單

項目	砂布與磨石	學習目標	能正確的說出砂布與磨石的選擇與使用方法

前　言

工件表面之砂光使用砂布，工具刃口之礪光則使用磨石。

說　明

G08-1　砂　布

將磨料顆粒以輸送帶經過一高靜電場，並黏結在一塗有動物膠或合成樹脂的背襯上，而成為砂布如圖 G08-1，此種電塗法之砂布其磨料皆為豎立且分佈均勻，任何天然或人造磨料皆易於製造。

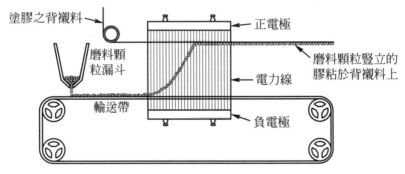

圖 G08-1　砂布的製造

砂布之用途視其磨料種類而不同，剛砂及氧化鋁磨料適於鋼材之磨光；碳化矽磨料適於磨光鑄鐵、青銅、玻璃、陶瓷器、硬橡膠及皮革等；燧石適於磨光木材。

砂布單張者尺寸為 230×280mm(9″×11″)，每包 5 打(60 張)，成捲常用者寬 25～200mm(1″～8″)，長度為 45700mm(50 碼)等，無接縫砂布帶寬度為 100～200mm(4″～8″)長度 915mm 或 1525mm(36″或 60″)等。單張砂布撕切時應沿長方向撕切。

表示砂布係以其磨料種類及磨料粒度表示之，砂布之磨料如表 G08-1，單張之粒度有#24、#30、#36、#40、#50、#60、#80、#100、#120、#150、#180、#220、#240、#280、#320及#400等(CNS1076)(註 G08-1)。

表 G08-1　砂布磨料(經濟部標準檢驗局)

砂布種類(依磨料材質分類)	磨料之種類
氧化鋁(AA)	人造磨料 A、WA、PA、HA
碳化矽(CC)	人造磨料 C、GC
剛砂(E)	天然磨料剛砂與人造磨料 AE
石榴石(G)	天然磨料石榴石

G08-2　磨　石

　　人造磨石(簡稱磨石或油石)之種類依磨料材質、粒度、結合度及研磨面區分(CNS13488)(註 G08-2)，均用於磨銳各種刀具，所使用之磨料為氧化鋁或碳化矽磨料，常用粒度及結合度如表 G08-2。粗磨石用於遲鈍刀具之磨銳或快速磨銳切削刀具之刃口，中粗磨石用於木工刀具及一般刀具之磨銳，細磨石用於雕刻刀具及成型刀具等之磨銳。

表 G08-2　磨石之粒度及結合度

磨料粗細	粒度	結合度
極粗	120、150	P、Q
粗	180、200	P、Q
中粗	240、280	P、Q
細	320	P、Q
極細	400	P、Q

磨石之形狀如圖 G08-2，其使用場合為：

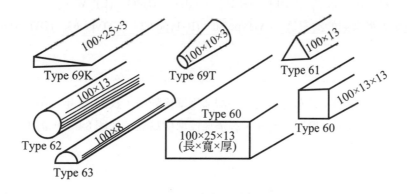

圖 G08-2　磨石形狀(中國砂輪企業公司)

Type 60、61、63、69K 磨銳螺紋模及刀具。

Type 60 磨銳帶曲線邊木工刀具、鉸刀、車刀、鉋刀及直刃刀具等。

Type 62、69T 磨銳螺絲攻

磨石使用時應注意：

1. 保持磨料尖銳及磨石面潔淨與濕潤。

2. 新磨石應先在機油裏浸漬數日再使用，使用後放置在木盒裏，並滴以數滴清潔的機油。

3. 保持磨面的平均。磨面不平均時應予修正。

4. 粗磨銳時用水為切削劑，以沖除磨屑，細磨銳時用油為切削劑。使用後應沖洗乾淨，如填塞時可用汽油或氨水清洗，但切勿用松節油。

學後評量

一、是非題

( )1. 磨光鋼料，宜用碳化矽磨料之砂布。

( )2. 砂布之規格，以磨料種類及磨料粒度表示之。

( )3. 單張砂布之規格為 230×280mm，撕切時應沿短方向撕切。

( )4. 礪光或磨銳刀具刃口，應選擇適當之磨石形狀(號數)。

( )5. 新磨石應先在機油裏浸漬數日再使用，填塞時可用松節油清洗。

二、選擇題

( )1. 下列何項磨料不適於砂布磨料？　(A)氧化鋁　(B)剛砂　(C)碳化矽　(D)石榴石　(E)人造磨石。

( )2. 砂布單張尺寸為 230×280mm，每包　(A)5 張　(B)1 打　(C)5 打　(D)10 打　(E)100 張。

( )3. 下列有關砂布之敘述，何項錯誤？　(A)單張砂布撕切時沿長方向　(B)成捲砂布每捲 5 公尺長　(C)磨鋼料宜選用氧化鋁磨料　(D)磨鑄鐵宜選用碳化矽磨料　(E)砂布是以磨料種類及粒度表示。

( )4. 磨石之結合度一般為　(A)EF　(B)IJ　(C)MN　(D)PQ　(E)VW。

( )5. 磨銳車刀最常用的磨石是　(A)Type 60　(B)Type 62　(C)Type 63　(D)Type 69　(E)Type 69T。

參考資料

註 G08-1：經濟部標準檢驗局：砂布。台北，經濟部標準檢驗局，民國 73 年，第 1 頁。

註 G08-2：經濟部標準檢驗局：磨石。台北，經濟部標準檢驗局，民國 84 年，第 1 頁。

實用機工學知識單

項目	鋼之熱處理	學習目標	能正確的說出鋼熱處理的步驟及退火、淬火、回火的意義

前 言

　　金屬材料之常溫組織因加熱溫度、加熱時間及冷卻速度等因素而變化，其機械性質則因組織而有顯著的不同。為獲得所需之機械性質，常將金屬材料給予熱處理。熱處理是指金屬在固體情況時給予加熱浴及冷卻的操作，目的在改變金屬之機械性質而不改變其化學成分者。

說 明

H01-1　熱處理之三步驟

　　熱處理的三個主要步驟(要項)是：

1. 將金屬加熱至預定溫度。
2. 使金屬浸浴於該溫度內所規定之時間。
3. 藉熱處理將金屬冷卻至常溫。

　　鋼之加熱使內部組織變為γ鐵的沃斯田鐵組織，以為建立肥粒鐵與碳化物之組織基地：

(1) 加熱速率：在熱處理範圍內，加熱速率影響鋼之熱應力，γ鐵變為α鐵時，加熱速率亦有影響，硬而脆之鋼料的加熱速率較緩。

(2) 加熱溫度：加熱溫度之選擇是依據鋼內所含成分而定，碳化物與純鐵在固溶體中比例亦為加熱溫度之依據，在熱處理範圍內溫度越高則碳化物之溶解度越大，沃斯田鐵結晶組織越粗大。

(3) 加熱方法：依成份形狀而異，如電爐加熱較安全，煤氣加熱較方便經濟，在熔鹽中加熱或在油中加熱較為妥當等，需因時、地、物及習慣而不同。如圖H01-1為一電爐，上層為高溫加熱爐，用以加熱至淬火溫度；中層為低溫加熱爐，用以加熱至回火溫度；下層為冷卻液儲存槽，用以淬火等。

　　鋼之浸浴時間與加熱溫度對材料內部變化有直接影響，加熱時間長則碳化物進入固溶體越多，其中沃斯田鐵也分解均勻，但結晶粒較大，若時間過長則起氧化現象，故以均勻加熱並保持一定時間。

　　鋼之冷卻速度對組織有很大的影響：

(1) 冷卻對合金元素的影響：

① 鋼內如有合金存在，則妨礙沃斯田鐵之變態溫度(因由於較細而硬之波來鐵組織所形成)。

② 空氣硬化之合金鋼，其變態速度因合金元素，而促進鋼質硬化成為麻田散鐵組織(即高級合金鋼在緩冷情況下，實行硬化處理比普通碳鋼較速之原因)。

(2) 冷卻對沃斯田鐵顆粒之影響：在冷卻以前將沃斯田鐵最高溫度處理(即增大其顆粒組織)時，粗沃斯田鐵晶粒組織阻礙變態速度，而有較硬脆之波來鐵產生(與同類鋼具有細微組織而言)。

(3) 冷卻對機件斷面厚度之影響：厚的機件冷卻要慢，使其內部組織與表皮同時均勻，並注意其投入淬火液之方向，以避免變形，圖 H01-2 示正確投入與不正確投入所造成之變形。

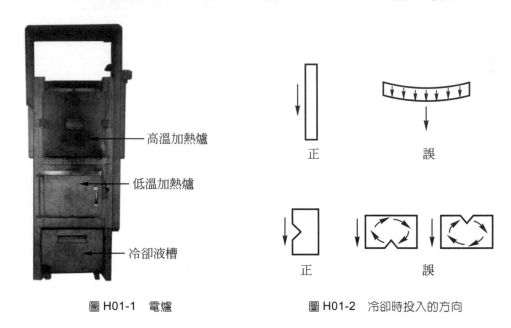

<table>
<tr><td>高溫加熱爐</td><td></td></tr>
<tr><td>低溫加熱爐</td><td>正　　　　　誤</td></tr>
<tr><td>冷卻液槽</td><td>正　　　　　誤</td></tr>
</table>

圖 H01-1　電爐　　　　　　　　　圖 H01-2　冷卻時投入的方向

H01-2　鋼之熱處理的種類

鋼之熱處理的種類有：退火(annealing)、淬火(quenching)及回火(tempering)等(註 H01-1)。

H01-3　鋼之退火

1. 退火之意義：退火有兩種，即製程退火(process annealing)與完全退火(full annealing)。依其方式不同而加熱至A_3上方0°～40℃(亞共析鋼完全退火)，或A_1上方0°～40℃(共析鋼或過共析鋼完全退火)如圖 H01-3，經適當時間再冷卻的一種熱處理方式。

2. 退火的目的：

(1) 製程退火：

① 使鋼軟化適於切削。

② 除去常溫加工及鍛造等所生內部應力。

(2) 完全退火：使晶粒微細以增進其延展性。

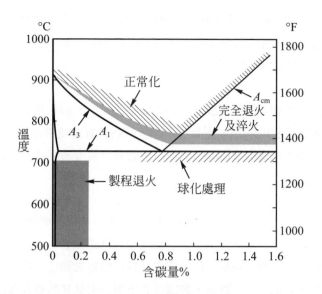

圖 H01-3　熱處理溫度

3. 加熱溫度：

(1) 製程退火在 500℃～700℃。

(2) 亞共析鋼之完全退火在A_3上方 20℃～40℃。

(3) 共析鋼及過共析鋼之完全退火在A_1上方 20℃～40℃。

表 H01-1 示美國材料試驗協會(American Society for Testing Materials ASTM)規定之退火溫度。

表 H01-1　鍛鋼及鑄鋼含碳量及退火溫度表

鍛軋鋼材		鑄鋼	
含碳量%	退火溫度℃	含碳量%	退火溫度℃
0.12％以下 0.12～0.29 0.30～0.49 0.50～1.0 1.0～1.5	875～925 840～875 815～840 790～815 800	0.16 以下 0.16～0.34 0.35～0.54 0.55～0.79	925 875 850 830

退火時溫度高過則常有過熱(over-heat)或燒著(burning)現象，應避免之。

4. 加熱及浸浴時間：

(1) 依鋼材之大小及形狀而定。

(2) 通常 0.1～0.5％C 鍛鋼加熱時間，每斷面寬 25mm 約 1 小時，浸浴時間為加熱時間的$\frac{1}{5}$～$\frac{1}{2}$，斷面寬每增 25mm 約增 30 分，斷面寬為 100～125mm 為$2\frac{3}{4}$小時，125～200mm 為$3\frac{1}{2}$小時，浸浴時間為其半。

(3) 0.65～1.25％C之工具鋼加熱至 800℃～900℃，斷面寬每 25mm 則加熱 45 分。浸浴時間宜較長，以使其中未溶之雪明碳鐵有自由活動之機會，以利雪明碳鐵(球狀)之生成(球狀雪明碳鐵比網狀雪明碳鐵軟)，以達易於切削之目的。

5. 退火冷卻：

(1) 因冷卻速度直接影響鋼之性質，故其冷卻視成分、大小、形狀及退火目的而定。

(2) 含碳量較低(0.4％以下)則可置於空氣中冷卻，較高者宜在爐中冷卻。

(3) 以軟化除去常溫加工內應力為目的時應徐冷，若需有強度及彈性時宜稍速。

H01-4 鋼之淬火

1. 意義：將鋼加熱至A_3上方 40℃(亞共析鋼)或A_1上方 40℃(共析鋼與過共析鋼)，保持一適當時間，再急速冷卻於一適當低溫之液體或空氣中，以得某一特殊組織者。

2. 目的：在於使鋼質變硬、增加強度、晶粒細密且具有相當之韌性。若硬度雖高但晶粒粗鬆則影響脆性甚大，晶粒粗細可視處理後之斷面，若竭目力所視仍未見其晶粒者為佳，倘晶粒可數，且反光則晶粒粗，雖硬度高亦非佳品。

3. 加熱浸浴時間：視材質、機件大小及形狀而定。

4. 冷卻速率：視材質而定。水比氣體好，但合金工具鋼易破裂，則用油為佳。

5. 淬火對鋼件機械性質的影響：鋼在淬火後除增加硬度、強度及耐磨性外其他優點甚少，但在某些鋼料則其機械性質之改良頗有助益，如 SAE1015 經淬火後硬度不高、展性小，但韌性極佳，因經淬火晶粒較細，表 H01-2 示其比較。

表 H01-2　SAE1015 不同處理方式之機械性質比較

處理情況	抗張強度 kgf/mm²	降伏點 kgf/mm²	伸長率 %	斷面收縮率 %	硬度 HBS	附註
滾軋	47	32	31.5％	64.5％	137	與正常化相似
正常化(927℃)	46	31	32％	63.5％	134	
退火(870℃)	42	28	35％	66.5％	108	過軟不易切削
淬火(775℃)	68	44	19.8％	50.0％	201	雖較退火硬，但易於切削

6. 鋼料成分與淬火急冷之關係：不同的鋼料成分直接影響淬火之冷卻速度，各種冷卻方式如下：

(1) 工具鋼複雜機件急冷破裂，可加入 1.0％～2.0％之鎢於高碳鋼中即可避免破裂(用鎢使其晶粒不易因溫度稍高而變粗)，如再加入 1％～1.5％之鉻、0.15～0.3％之釩以油淬之，更可使之得到完全硬化的結果。

(2) 中碳鋼內(含碳 0.4～0.5％)加入 1.5～1.8％之錳，經淬油冷卻，使其強韌性遠較普通碳鋼為優，如加入 0.8～1.0％之鉻及 0.2％之釩於中碳鋼中，亦可使其強度及韌性獲得改善。

(3) 鎳與鉻加入低碳鋼中，其總和在 5％以下，以油冷卻之，即可得到完全硬化；若總和在 5％以上、含碳量在 0.3％以上，加熱至淬火溫度時，冷卻於空氣中亦可得完全硬化。

(4) 鉬加入鋼中為減低淬火時冷速最有效之成份，水硬鋼中加入鉬則成油硬鋼，油硬鋼加入鉬則成自硬鋼。

(5) 高速工具鋼之所以能自硬者,係因其成分有大量鎢、鉻、鉬、釩及鈷等元素。

(6) 鋼中之合金成分並非愈多即能在緩冷之條件下淬火,25％Cr、16％Ni之耐熱鋼,無論用何種方法冷卻均不能硬化,因此種高合金鋼已不屬淬火範圍;如高錳鋼(12～14％之Mn)以1050℃急冷,反而變軟而易於切削,即所謂水韌法(water toughening)。

7. 冷速及冷卻劑:

冷速與冷卻劑在熱處理時對機件或工具處理後之優劣非常重要。流動的冷卻劑與振動冷卻比靜止冷卻效果較好;因靜止之冷卻其冷速不論如何快,如將紅熱之鋼淬火時,鋼之表面立即發生氣體,此種氣體若不急速去除,則附著在鋼之表皮,使其與冷卻劑隔絕,致使冷卻效果不能充分發揮,使鋼本身產生波來鐵斑點(軟點),若以流動冷卻劑或振動工件即可避免,流動冷卻劑溫度可保持不變(約20℃),而振動工件不易保持各部位之均勻冷卻,振動工件有急冷、緩冷,而導致其小量變形,故以流動者為最佳。

碳鋼在淬火時欲得完全硬化,須急冷方能達成,但鋼已冷至攝氏300℃之後,若再急速冷卻則有裂脆之虞,故理想之冷卻劑在300℃以上要能急速冷卻,而在300℃以下則緩冷,故常在流動之水中冷卻至330℃,再投入油中緩緩冷卻。

冷卻劑不宜上升至80℃以上,因至80℃時雖流動或振動工件也易產生波來鐵斑點(因冷卻速度不佳),以水作冷卻劑時,須保持清潔,灰沙附著亦損冷卻速度。

用油作冷卻劑時,切勿使油溫升高至著火點,油溫須保持在100℃以下,在此溫度冷卻遠比同溫之水為佳,因水在此溫度會立刻汽化,不能再吸取鋼中之熱量而油則否,採用油料須含極少之揮發物及脂肪,揮發物增加油之稠度及減低冷速,油中之脂肪遇鹼性則變為肥皂。

用食鹽水溶液淬火易使工件銹蝕,須充分洗淨,食鹽水比純水冷速大,多用於簡單之機件或工具為宜。

5％氫氧化鈉水溶液為最佳之冷卻劑,其冷速既大又不腐蝕工件,且淬火後工件能有光潔之表面為其特點。

8. 局部淬火處理:如大齒輪、頂尖、端銑刀等。用氧乙炔焰(oxyacetylene flame)或高週波電導線圈感應,適用於複雜、薄小之機件,以防止變形且加熱快,無脫碳現象。

9. 時效作用(aging effect):淬火後之工件常有質量效應現象,必經一段時間之後方能安定,謂之時效作用,故淬火後之工件,常加以回火使之安定。

H01-5 　鋼之回火

1. 意義:經淬火後之鋼件再加熱至A_1以下(400℃～700℃),保持適當時間再冷卻者,亦稱為韌化。

2. 目的:鋼件急冷而造成緊張之熱內應力、韌性小、內部組織不安定,故回火之目的在調整、安定內部組織、消除內應力及增加韌性,以勝任壓力及張力。

3. 回火加熱法:回火時直接與火焰接觸易造成局部加熱過速,而導致變形或淬裂。一般回火加熱方法有:

(1) 灼熱傳熱回火法：將一鐵板或鐵管加熱至回火溫度較高之溫度，然後將工件置於其上或送入其中，保持適當時間後取出冷卻之。

(2) 熱砂回火法：將顆粒均勻之砂子置於盤中或箱中加熱至規定溫度後，將工件置於砂中保持適當時間取出冷卻之，此法較灼熱傳熱之溫度均勻，且可得黑色表面。

(3) 油煮回火法：將工件置於油中煮，適於 250℃ 之全部回火處理。

(4) 熔鹽回火法：用二分硝酸鉀(KNO₃)、三分硝酸鈉(NaNO₃)之溶鹽煮工件，適用於回火溫230°～540℃之回火，回火時，機件可懸掛浸入其中，其法操作容易、變形少、硬度均勻並可獲得良好的表面。

(5) 熔鉛回火法：工件局部回火用熔融鉛傳熱，以使工件獲得所需之溫度。一般均加錫以降低其熔點。使用時宜用夾鉗夾持工件浸入其中，並防止鉛中毒。

(6) 熱空氣回火法：利用電爐加熱空氣使之獲得回火溫度，為最佳之回火加熱法。

4. 回火對組織的影響：

(1) 低溫回火時殘留的沃斯田鐵變為麻田散鐵，使抗拉強度與硬度增大，減低淬火內應力略增展性。

(2) 回火於 200℃ 以上時麻田散鐵隨回火溫度增高而減低；伸長率與斷面收縮率則隨之增加。

5. 回火色(tempering color)：

回火時，砂光之鋼表面生氧化膜而呈特有之顏色，由此顏色可判斷回火溫度如表 H01-3，唯回火色除因溫度變化外並因回火時間而異，若同一溫度加熱較久則回火色變為較高溫度之顏色，故回火色之判斷並非正確無誤。

表 H01-3　回火溫度與回火色

回火色	淡黃	黃	褐	紫	藍	暗青	青	淺灰	灰青	灰
溫度℃	200	220	240	260	280	290	320	330	350	400

學後評量

一、是非題

( ) 1. 熱處理的三步驟是加熱、浸浴及冷卻。

( ) 2. 製程退火加熱至A₁以上，以使鋼軟化適於切削。

( ) 3. 將亞共析鋼加熱至A₃上方40℃保持一適當時間，再急冷於適當低溫之液體或空氣中，以得某一特殊組織者稱為淬火。

( ) 4. 鋼淬火的目的，在使鋼質變硬、增加強度、晶粒變粗為佳。

( ) 5. 工件淬火後必須回火，以消除因淬火急冷造成的緊張之熱內應力，並增加韌性。

二、選擇題

( ) 1. 下列有關鋼熱處理的加熱敘述何項錯誤？　(A)硬而脆之鋼料的加熱速率較緩　(B)在熱處理範圍內，溫度越高則碳化物之溶解度越大　(C)鋼之浸浴時間越長，則碳化物浸入固溶體越多

(D)鋼之浸浴時間過長，則起氧化現象　(E)鋼之浸浴時間越長，則結晶粒越小。

(　)2.加熱至A₁或A₃上方 0℃～40℃ 經適當時間再冷卻的熱處理方式是　(A)製程退火　(B)完全退火　(C)淬火　(D)回火　(E)表面硬化。

(　)3.使鋼料軟化以適於切削的熱處理是　(A)製程退火　(B)完全退火　(C)淬火　(D)回火　(E)表面硬化。

(　)4.使鋼料變硬、增加強度、晶粒細密且具有相當之韌性的熱處理是　(A)製程退火　(B)完全退火　(C)淬火　(D)回火　(E)表面硬化。

(　)5.經淬火後之鋼料再加熱至A₁以下(400℃～700℃)，保持適當時間再冷卻者的熱處理方式是　(A)製程退火　(B)完全退火　(C)淬火　(D)回火　(E)表面硬化。

參考資料

註 H01-1：E. Paul DeGaemo, J. Temple Black, and Romnald A. kohser. *Materials and process in manufacturing*. New York: Macmillan Publishing Company, 1984, pp.129～132.

實用機工學知識單

項目	碳鋼與高速鋼的熱處理	學習目標	能正確的說出碳鋼與高速鋼熱處理的方法

前 言

碳鋼為一般機件使用最廣泛的材料，高速鋼是一般刀具的材料，經熱處理後均能獲得理想之機械性質。

說 明

H02-1 碳鋼之熱處理

各種特殊鋼材之熱處理均視其鋼材成份而定，日立牌碳工具鋼SK2之熱處理如圖 H02-1。SK2(SAE10120)之退火溫度 750℃～780℃，浸浴 1～2 小時，在靜止空氣中冷卻。淬火溫度 760℃～820℃，浸浴適當時間在水中冷卻。回火溫度 150℃～200℃，浸浴適當時間，在靜止空氣中冷卻，可獲得 HRC63 以上之硬度。各種碳鋼在不同回火溫度所得之硬度如圖 H02-2(註 H02-1)。

SK5(SAE1086)之退火溫度 740℃～760℃，浸浴 1～2 小時，在爐中冷卻。淬火溫度 830℃～860℃，浸浴適當時間，在水中淬硬。回火溫度 450℃～500℃，浸浴適當時間，在靜止空氣中冷卻，可獲得 HRC45 左右之硬度。

機械構造用鋼(SAE1045)(S45C)之淬火溫度 820℃～870℃，浸浴適當時間，在水中冷卻，回火溫度 550℃～650℃，浸浴適當間後急冷之，可獲得 HBS201～269 之硬度，70kgf/mm² 之抗拉強度。

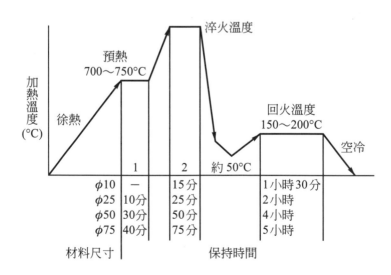

圖 H02-1　日立牌碳工具鋼之熱處理方法(永大特殊鋼公司)

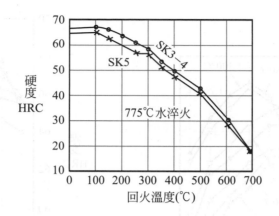

圖 H02-2　SK3～4 及 SK5 回火溫度與硬度的關係(永大特殊鋼公司)

H02-2　高速鋼之熱處理

　　高速鋼分為鎢系高速鋼與鉬系高速鋼，鎢系高速鋼如 SKH2、SKH3、SKH4 及 SKH10，鉬系高速鋼如 SKH51～SKH59，由電爐煉出的全靜鋼製造之(CNS2904)(註 H02-2)。日立牌高速鋼之熱處理方法如圖 H02-3。

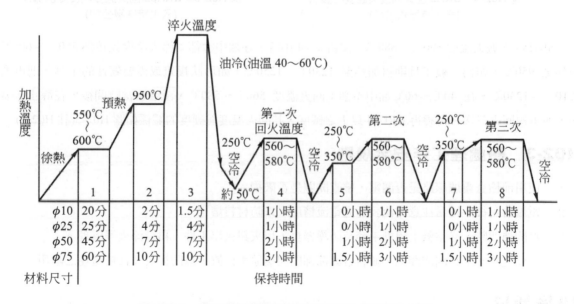

圖 H02-3　日立牌高速鋼之熱處理方法(永大特殊鋼公司)

　　SKH2 之退火溫度 820℃～880℃，浸浴 2～4 小時，在爐中冷卻；淬火溫度先預熱 550℃～600℃再預熱至 950℃，如為一般工具，則再加熱至 1270℃～1290℃，如形狀複雜或需要韌性的工具，加熱至 1250℃～1270℃，在 40℃～60℃油中冷卻；回火溫度 560℃～580℃，浸浴適當時間後，在靜止空氣中冷卻，並重複回火二次，可獲得 HRC62 以上之硬度，其回火溫度與硬度的關係如圖 H02-4。

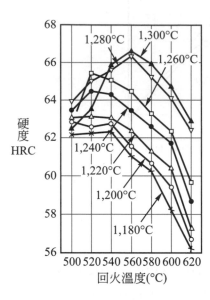

圖 H02-4　SKH2 回火溫度與硬度的關係
（永大特殊鋼公司）

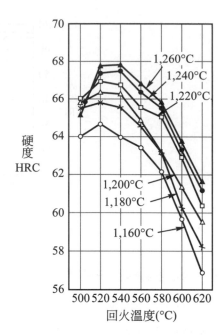

圖 H02-5　SKH55 回火溫度與硬度的關係
（永大特殊鋼公司）

SKH55 之退火溫度 800℃～880℃，浸浴 2～4 小時，在爐中冷卻；淬火溫度先預熱 550℃～600℃，再預熱至 950℃，如為一般工具則再加熱至 1230℃～1250℃，如形狀複雜或需要韌性的工具，則再加熱至 1210℃～1230℃，在 40℃～60℃油中冷卻；回火溫度 560℃～580℃，浸浴適當時間後，在靜止空氣中冷卻，並重複回火三次，可獲得 HRC64 以上之硬度，其回火溫度與硬度的關係如圖 H02-5(註 H02-3)。

H02-3　熱處理工作安全規則

1. 使用前檢查電爐線路是否漏電，檢查開關是否破損。
2. 電爐啟用後，經常注意電流表通過電流情形，以防材料熔化。
3. 打開爐門時，必須戴上隔熱手套及防護器具，用夾鉗夾出工件，再行淬火等處理。
4. 操作完畢必須將開關關閉，並將各調節部門回復原來位置，以防火災及維持電爐之耐用。

學後評量

一、是非題

（　）1. SK2 之淬火溫度 760℃～820℃，在水中冷卻，回火溫度 150℃～200℃，在靜止空氣中冷卻。

（　）2. 回火溫度提高時，則其硬度隨之提高。

（　）3. SKH2 之淬火溫度為 830℃～880℃，在爐中冷卻。

（　）4. SKH55 製作之一般工具，淬火溫度先預熱 550℃～600℃，再預熱至 950℃，再加熱至 1230℃～1250℃，在油中冷卻，並給予三次回火。

（　）5. 操作電爐必須戴隔熱手套及防護器具，並用夾鉗夾工件。

二、選擇題

（　）1. 碳工具鋼 SK2 之淬火溫度為　(A)150℃～200℃　(B)560℃～580℃　(C)760℃～820℃　(D)820℃～870℃　(E)1250℃～1270℃。

（　）2. 機械構造用鋼之淬火溫度為　(A)150℃～200℃　(B)560℃～580℃　(C)760℃～820℃　(D)820℃～870℃　(E)1250℃～1270℃。

（　）3. 形狀複雜需要韌性的高速鋼 SKH2 之淬火溫度是　(A)150℃～200℃　(B)560℃～580℃　(C)760℃～820℃　(D)820℃～870℃　(E)1250℃～1270℃。

（　）4. 碳工具鋼 SK2 之回火溫度為　(A)150℃～200℃　(B)560℃～580℃　(C)760℃～820℃　(D)820℃～870℃　(E)1250℃～1270℃。

（　）5. SKH55 高速鋼經淬火及三次回火後之硬度為　(A)HRC60　(B)HRC64　(C)HRC67　(D)HRC68　(E)HRC71。

參考資料

註 H02-1：日立金屬株式會社：日立高級特殊鋼。日本，日立金屬株式會社，1995，第 22～24 頁。

註 H02-2：經濟部標準檢驗局：高速工具鋼鋼料。台北，經濟部標準檢驗局，民國 86 年，第 1 頁。

註 H02-3：同註 H02-1，第 2～4 頁。

實用機工學知識單

項目	鋼的表面硬化	學習目標	能正確的說出鋼之表面硬化的方法

前　言

　　鋼的表面硬化(surface-hardening)在使工件有堅硬的表面，以抵抗磨耗、減少疲勞，並保持充分之延性及韌性以抵抗破裂。

說　明

　　鋼的表面硬化有兩類：第一類係將含碳量極少，雖經淬火仍不能硬化之低碳鋼或特殊鋼，混合以滲碳劑加熱至A_1以上，使工件表面與碳質接觸而成為含碳較高的鋼材，再施以淬火處理使其表面硬化，如滲碳法(carburizing)、氮化法(nitriding)、氰化法(cyaniding)及滲碳氮化法(carbo-nitriding)等。另一類係迅速加熱於已含足以硬化之碳的鋼材，使其表面已達淬火溫度而內部尚未達到淬火溫度時給予淬火，以獲得硬化表層，而對內部毫無影響，如感應硬化法(inducting hardening)及火焰硬化(flame hardening)。各種表面硬化法分述如下：

1. 固體滲碳法：將機件與增碳劑置於碳匣內，以蓋密封後加熱至A_1以上，使鋼材吸入碳質而成高碳鋼，再淬火而獲得表面硬度。滲碳匣係以軟鋼板焊接或鑄鋼製成，亦有以不銹鋼或耐蝕之高鎳高鉻鋼製成，形狀宜狹長，大小適當，以利內部溫度之上升。裝工件前先將滲碳劑如木炭(或骨灰)60 ％及碳酸鋇($BaCO_3$) 40 ％，或木炭(骨灰)60 ％～70 ％、碳酸鋇 30 ％～20 ％及碳酸鈉($NaCO_3$) 10 ％等搗緊一層，然後將工件置於其上，再搗緊滲碳劑於工件上。工件離匣底視滲碳厚度宜留 10～25mm 間隔，工件與工件之間亦需留 10mm 距離，第二層工件之裝置如前述直至匣頂，匣頂須裝 50mm 厚之滲碳劑，搗緊後加蓋以黏土或石棉密封以防漏氣。

　　將滲碳匣置於爐中加熱 700℃，再急熱至 895℃ 或 1098℃，使工件獲得所需之滲碳層，同一時間滲碳於 895℃ 時，滲碳層較淺，含碳量可達 0.7 ％，滲碳於 1098℃ 時，含碳量可達 1.3 ％。

　　鋼料滲碳前須保持光潔，以免因油污銹蝕而影響其滲入，採用木炭滲碳後需除其外表滲碳劑，以骨灰為滲碳劑應注意磷硫之成份以愈少愈佳。滲碳後視滲碳溫度給予熱處理，滲碳溫度在鋼件原含碳量時之A_3稍上方，滲碳後中心部份組織變為微細，表皮則為粗大，此時熱處理僅需將表皮之粗大晶粒變細後淬火之，而將滲碳件加熱至A_1稍上方(780℃)淬火即可。若滲碳溫度在A_3上方甚高溫度處，則中心部份之晶粒粗大則須兩次淬火，第一次加熱至中心含碳量之A_3稍上方淬火之，使中心晶粒變細。第二次加至表皮含碳量之A_1稍上方(780℃)淬火之，使表面獲得細晶粒及高硬度。

　　淬火後工件宜回火以除去其內應力，且使殘留之沃斯田鐵變為麻田散鐵。若需高硬度，則宜回火於 100℃～170℃，若需有韌性，宜回火於 400℃ 以下，以獲得糙斑鐵之組織(註 H03-1)。通常少量滲碳皆採此法，可獲 0.75mm～4mm 之滲碳層。其滲碳深度與處理溫度見表 H03-1，碳質滲入深度見表 H03-2。

表 H03-1　滲碳深度(mm)、處理溫度(℃)與時間(小時)

滲碳深度	870℃	930℃	980℃	1015℃
0.80	7	5	3	2
1.5	16	8	5	4
3	25	14	9	8

表 H03-2　碳質滲入深度(mm)與時間(小時)

深度　時間　滲碳劑	2	4	6	8	10	12
木　　炭	0.8	1.0	1.3	1.5	1.8	1.9
木炭與碳酸鋇	1.4	2.2	2.7	2.9	3.2	—

2. 液體滲碳法：將工件置氰化鉀或氰化鈉加入碳酸鉀或碳酸鈉、氯化鉀等(NaCN54 ％，Na₂CO₃44 ％)之鹽池(坩堝)中，加熱至A₁以上，使工件與溶液內之氰相作用而生碳化物。此法適用於小型及中型工件之表面硬化。並須遠離滲碳所造成之氣體以免中毒。

3. 氣體滲碳法：利用煤氣、甲烷、碳化氫等氣體為增碳劑，在箱爐或迴轉爐中加熱至 950℃，在適當時間後，取工件淬火、回火而獲得表面硬化層，適用大量而薄硬化層的工件。

4. 氮化法：對含有 Al、Cr、V、Mn、Si 等元素中一種或多種合金鋼，無法用滲碳法獲得表面硬度者，而須以氮化法為之，如氮化鋼(Al-Cr-Mo)及鉻釩鋼(Cr-V)等。氮化後表面之硬度與高碳鋼淬火後相當或有過之。且有抗蝕、耐磨及不變形等優點。惟氮化前須加工切削，使其氮化部份留適當的厚度，並先淬火、回火使內應力消失後再氮化。

　　氮化時將工件置於氮化匣內。並以鋼絲網疊置使其四周通氣。密閉氮化匣置於加熱爐中(以電爐為佳)，通入NH₃於匣內，保持 500℃±10℃之溫度，並排除爐內空氣以免產生氧化膜，並避免爐溫過高，因爐溫高於 550℃時硬度反而降低。增長氮化時間時不減硬度而增氮化層厚度，但實用上以 100 小時為限，其厚度約 0.70mm，10 小時厚度約 0.15mm，50 小時約 0.50mm，氮化完成後，降低爐溫並繼續通入NH₃以免氧化，俟溫度降低至 150℃以下，始啓匣取工件。若利用溶化之氰化鹽以氮化工件，則謂之液體氮化。

5. 氰化法：將工件浸浴再溶解的氰化鈉鹽池中，加熱至A₁略上方，而獲得工件之表面硬化法，亦稱液體碳氮法，適於小工件之處理。

6. 滲碳氮化法：將工件置於富有碳氣體及氨氣中加熱至A₁略上方，以獲得表面硬化的效果者，亦稱乾氰化法。

7. 火焰硬化法：利用氧乙炔焰迅速加熱於含碳足夠產生淬火硬度的工件表面至淬火溫度，並即時冷卻，使獲得堅硬的表面及富有韌性的內部的硬化法。為獲得迅速加熱的效果，可一次利用幾個火炬以免內部因受加熱時間的增長而受影響。

8. 感應硬化法：亦稱高週波淬火，是將工件外部纏繞適當的線圈，並通過高週波之電流，其週率在1kHz～2MHz(hertz 赫)，視硬化深度而改變線圈之設計，調整工件與線圈之距離，或輸入的電流以及週率。亦即控制表面加熱厚度即可控制硬化深度。加熱後即行冷卻而達到表面淬火之目的。含碳量約 0.45～0.50％之鋼料，最適於高週波的表面硬化，週波之選擇以工件的成份及形狀而異。普通1mm 及 3mm 硬化深度所用的週率為 200kHz 及 20kHz。即高週率適於小零件，低週率適於大零件，一般曲軸、齒輪及車床床軌等皆可用感應硬化法處理之。圖 H03-1 示一心軸之感應硬化。

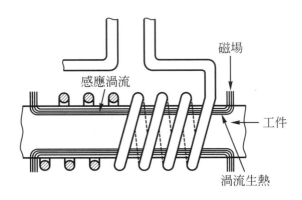

圖 H03-1　感應硬化法

學後評量

一、是非題

( )1.鋼的表面硬化，一指含碳量不足的鋼料給予滲碳後加以淬火、回火，一指含碳量足夠者給予迅速加熱，使工件內部未達淬火溫度時，即給予淬火的熱處理方法。

( )2.固體滲碳法適用於小零件、薄滲碳層，液體、氣體滲碳法適用於大工件、厚滲碳層。

( )3.同一滲碳層厚度，滲碳溫度愈高時間愈短，同滲碳溫度，時間愈長滲碳層愈厚。

( )4.氮化鋼及鉻釩鋼，宜用氣體滲碳法表面硬化。

( )5.感應硬化時，小工件用高週率，大工件用低週率。

二、選擇題

( )1.使用木炭及碳酸鋇為滲碳劑的表面硬化法稱為　(A)固體滲碳法　(B)液體滲碳法　(C)氣體滲碳法　(D)氮化法　(E)氰化法。

( )2.鋼料經固體滲碳法滲碳後之淬火溫度為　(A)150℃　(B)200℃　(C)400℃　(D)700℃　(E)780℃。

( )3.鋼料經固體滲碳法滲碳，淬火後為獲得高硬度，則其回火溫度為　(A)150℃　(B)200℃　(C) 400℃　(D)700℃　(E)780℃。

( )4.含有Al、Cr、V、Mn、Si等元表素之合金鋼，宜用何種方法表面硬化？　(A)氣體滲碳法　(B) 液體滲碳法　(C)固體滲碳法　(D)氮化法　(E)氰化法。

( )5.感應硬化法所使用之高週波電流之週率為　(A)1～2Hz　(B)1～2kHz　(C)10～20kHz　(D) 100～200kHz　(E)1k～2MHz。

參考資料

註 H03-1：金鴻儒：鋼熱處理學。高雄，百成書店，民國 59 年，第 126～131 頁。

實用機工學知識單

項目	洛氏硬度試驗法	學習目標	能正確的說出洛氏硬度試驗的方法

前 言

金屬材料為提供設計與理論計算之依據，或判定各種加工過程是否適當，或為瞭解各種材料之機械性質，或為了檢驗成品是否合乎標準等目的，則常需加以試驗。金屬材料的試驗包括各種機械性質的試驗，如拉伸、壓縮、剪斷、彎曲、硬度、衝擊、疲勞、潛變及火花等試驗；非破壞性試驗的瑕疵探測試驗；顯微鏡組織之檢查；用 X 射線繞射法分析其結晶與檢查殘留應力等四種，在機械製造中之試驗常偏重於機械性質之試驗，尤以硬度試驗最常用。

說 明

H04-1 硬度的意義

硬度的意義視其試驗方法而異：

1. 壓痕硬度(indentation hardness)：受靜力或動力作用時，對殘留變形之抵抗程度。
2. 蕭氏硬度(rebound hardness)：對於衝擊荷量之能量吸收程度。
3. 畫痕硬度(scratch hardness)：對於畫痕之抵抗程度。
4. 耐磨硬度(waer hardness)：對於磨耗之抵抗程度。
5. 切削硬度(cutting hardness)：對於切削之抵抗程度，亦稱為切削性(machinability)。

由於通常硬度試驗儀器多屬於第一類，如洛氏、勃氏、維克氏硬度試驗，或有第二類如蕭氏硬度試驗機，因而常用之硬度以壓痕硬度為多，反跳硬度次之。

H04-2 硬度的應用

應用硬度的目的在：(1)以硬度分類檢驗同樣材料，但硬度與強度不盡相同，雖然壓痕硬度與抗拉硬度對構造用鋼有一定的關係，可由硬度判定其強度，但其他材料並無此類關係。(2)硬度試驗可檢驗材料品質是否均勻，熱處理表面硬化及常溫加工之是否適用，為品質控制的方法之一。

H04-3 洛氏硬度試驗法

洛氏硬度試驗法(Rockwell hardness test)，係使用壓痕器(indentor)如鑽石圓錐壓痕器(錐角120°、錐尖半徑 0.2mm)、鋼珠或超硬合金珠壓凹，硬度數由刻度圓盤直接讀數，為目前使用最廣之硬度試驗法如圖 H04-1，刻度盤上外周黑色刻度，內周紅色刻度皆為 100 等分，每等分表示 1/500mm 之壓痕深度，紅色刻度之 30 與黑色刻度之 0 相一致，以第一類而言，黑色尺度之壓痕器為鑽石圓錐，為 C 尺度(HRC)，紅色尺度的壓痕器為φ1.5875mm 鋼珠，稱為 B 尺度(HRB)，壓痕器、試驗負載及刻度選擇如表 H04-1(CNS10422)(註 H04-1)。

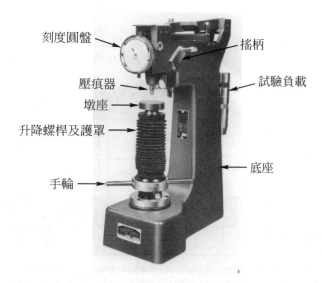

刻度圓盤　搖柄　壓痕器　試驗負載　墩座　升降螺桿及護罩　底座　手輪

圖 H04-1　洛氏硬度試驗機(三光儀器公司)

表 H04-1　洛氏硬度壓痕器、試驗負載及刻度之選擇

標度	壓痕器	試驗負載 (kgf)	刻度	用途
A	鑽石圓錐	60	黑	碳化物等硬材料或剃刀片等硬薄片。
C		150	黑	硬度 HRC70 以下之材料，淬火狀態硬鋼。
F	φ1.5875mm 鋼珠或超硬合金珠	60	紅	HRE 之代用。
B		100	紅	硬度 HRB30 至 100 之材料，退火狀態之低、中碳鋼。
G		150	紅	磷青銅等較 HRB 標度更硬之金屬。
H	φ3.175mm 鋼珠或超硬合金珠	60	紅	
E		100	紅	軸承合金等軟質材料。

　　試驗之程序如圖 H04-2，將已磨平之試樣置於墩座上，舉高墩座使之緊壓壓痕器，施以初負載 10kgf，此時壓痕器略壓入試樣，使刻度盤上之指針歸零(此時小指針指示至初負載點，大指針垂直向上歸零)，徐徐加入續負載使其總負載等於所需之試驗負載，如 HRC，則初負載為 10kgf，再加續負載 140kgf，則總負載為 150kgf，總負載加入後視硬度而異，持續 2～6 秒(CNS2114)(註 H04-2)。

　　使材料充分產生塑性變形，除去續負載時，由刻度盤上讀出其硬度並記錄之，如一般高速鋼車刀為 HRC66～67，銼刀為 HRC62～63，再除去初負載取出試樣。

　　試驗時須先以標準試樣校正其誤差，試樣須磨平且平行背面，厚度須使壓痕背面無壓凹痕跡，極硬材料可薄至 0.75mm，圓柱體試樣先磨一小平面後試驗之，各壓痕中心距離須大於壓痕直徑四倍，壓痕中心距離試樣邊緣須在壓痕直徑兩倍以上，負載之加入避免衝擊。

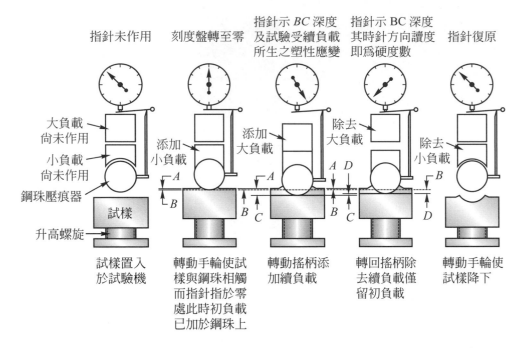

圖 H04-2　洛氏硬度試驗程序

學後評量

一、是非題

( )1. 受靜力或動力作用時，對殘留變形之抵抗程度謂之壓痕硬度，如洛氏、勃氏及維克氏硬度。

( )2. HRC 之壓痕器為鑽石圓錐，150kgf 總負載，讀黑色刻度。

( )3. 退火狀態之低、中碳鋼硬度適用 HRC。

( )4. 一般高速鋼車刀硬度為 HRC62～63，銼刀硬度為 HRC66～67。

( )5. 試驗材料前應先以標準試樣校正誤差。

二、選擇題

( )1. 受靜力或動力作用時，對殘留變形之抵抗程度之硬度試驗稱為　(A)壓痕硬度　(B)反跳硬度　(C)畫痕硬度　(D)耐磨硬度　(E)切削硬度。

( )2. 蕭氏硬度試驗用之硬度為　(A)壓痕硬度　(B)反跳硬度　(C)畫痕硬度　(D)耐磨硬度　(E)切削硬度。

( )3.淬火狀態的硬度,宜用何種硬度試驗? (A)HRA (B)HRB (C)HRC (D)HBS (E)HS。

( )4.洛氏硬度試驗碳化物宜用何種壓痕器及負載? (A)ϕ1.5875 鋼珠 60kg (B)ϕ1.5875 鋼珠 150kg (C)ϕ3.175 鋼珠 60kg (D)ϕ3.175 鋼珠 100kg (E)鑽石圓錐 60kg。

( )5.HRC 洛氏硬度試驗之初負載為 10kg,則續負載為 (A)50kg (B)80kg (C)100kg (D)140kg (E)150kg。

參考資料

註 H04-1:經濟部標準檢驗局:洛氏硬度試驗機及洛氏表面硬度試驗機。台北,經濟部標準檢驗局,民國 72 年,第 1 頁。

註 H04-2:經濟部標準檢驗局:洛氏硬度試驗法。台北,經濟部標準檢驗局,民國 100 年,第 1 頁。

實用機工學知識單

項目	勃氏、維克氏及蕭氏硬度試驗法	學習目標	能正確的說出勃氏、維克氏及蕭氏硬度試驗的方法

前　言

勃氏硬度、維克氏硬度屬壓痕硬度，蕭氏硬度屬反跳硬度，各有其適用之範圍。

說　明

H05-1　勃氏硬度試驗法

勃氏硬度試驗法(Brinell hardness test)係利用鋼珠或超硬合金珠為壓痕器壓入於試樣之水平磨光表面，使之產生充分塑性變形，而以其壓痕之表面積與負載關係計算其硬度，原則上鋼珠壓具適用於 HBS450 以下，超硬合金珠適用於 HBW650 以下，唯對硬度超過 HBS(或 HBW)320 之材料，盡量使用超硬合金珠(CNS2113)(註 H05-1)，鋼珠大小之選擇需視試樣而異，並選定適當的負載，使其壓痕直徑在 0.2～0.6D 範圍內。珠徑與負載之關係如表 H05-1，材料愈薄選用較小之珠徑。

表 H05-1　珠徑與負載

珠徑 (D) (mm)	試驗負載 (F) (kgf)	硬度符號	適用材料 (HBS) (參考用)
10	3000	HBS(或 HBW)(10/3000)	鋼 鑄鐵(140 以上) 銅或銅合金(200 以上)
5	750	HBS(或 HBW)(5/750)	
10	1500	HBS(或 HBW)(5/1500)	
10	1000	HBS(或 HBW)(10/1000)	鑄鐵(140 以下) 銅及銅合金(35～200) 輕金屬及其合金
10	500	HBS(或 HBW)(10/500)	銅及銅合金(35 以下) 輕金屬及其合金

勃氏硬度試驗機之型式有數種，圖 H05-1 為一以油壓施加負載者，試驗時，將試樣置於墩座上，升高使與鋼珠接觸，活塞施以負載，負載由重錘平衡之，試驗鋼料時並持續 10～15 秒，除去壓力，取出試樣，以顯微鏡量取試體表面壓痕直徑，讀至 0.01mm 而計算其壓痕表面積，並求其勃氏硬度(Brinell hardness number HBS)，HBS 使用鋼珠壓痕器，HBW 表示使用超硬合金珠壓痕器。硬度 320 以下時可簡寫 HB，其計算式為：

表 H05-2　勃氏硬度數(珠徑φ10mm，試驗負載 500kgf 或 3000kgf)

壓痕直徑 mm	硬度數		壓痕直徑 mm	硬度數		壓痕直徑 mm	硬度數	
	500kgf	3000kgf		500kgf	3000kgf		500kgf	3000kgf
2.00	158	945	3.70	44.9	269	5.40	20.1	121
2.05	150	899	3.75	43.6	262	5.45	19.7	118
2.10	143	856	3.80	42.4	255	5.50	19.3	116
2.15	136	817	3.85	41.3	248	5.55	18.9	114
2.20	130	780	3.90	40.2	241	5.60	18.6	111
2.25	124	745	3.95	39.1	235	5.65	18.2	109
2.30	119	712	4.00	38.1	229	5.70	17.8	107
2.35	114	682	4.05	37.1	223	5.75	17.5	105
2.40	109	653	4.10	36.2	217	5.80	17.2	103
2.45	104	627	4.15	35.3	212	5.85	16.8	101
2.50	100	601	4.20	34.4	207	5.90	16.5	99.2
2.55	96.3	578	4.25	33.6	201	5.95	16.2	97.3
2.60	92.6	555	4.30	32.8	197	6.00	15.9	95.5
2.65	89.0	534	4.35	32.0	192	6.05	15.6	93.7
2.70	85.7	514	4.40	31.2	187	6.10	15.3	92.0
2.75	82.6	495	4.45	30.5	183	6.15	15.1	90.3
2.80	79.6	477	4.50	29.8	179	6.20	14.8	88.7
2.85	76.8	461	4.55	29.1	174	6.25	14.5	87.1
2.90	74.1	444	4.60	28.4	170	6.30	14.2	85.5
2.95	71.5	429	4.65	27.8	167	6.35	14.0	84.0
3.00	69.1	415	4.70	27.1	163	6.40	13.7	82.5
3.05	66.8	401	4.75	26.5	159	6.45	13.5	81.0
3.10	64.6	388	4.80	25.9	156	6.50	13.3	79.6
3.15	62.5	375	4.85	25.4	152	6.55	13.0	78.2
3.20	60.5	363	4.90	24.8	149	6.60	12.8	76.8
3.25	58.6	352	4.95	24.3	146	6.65	12.6	75.4
3.30	56.8	341	5.00	23.8	143	6.70	12.4	74.1
3.35	55.1	331	5.05	23.3	140	6.75	12.1	72.8
3.40	53.4	321	5.10	22.8	137	6.80	11.9	71.6
3.45	51.8	311	5.15	22.3	134	6.85	11.7	70.4
3.50	50.3	302	5.20	21.8	131	6.90	11.5	69.2
3.55	48.9	293	5.25	21.4	128	6.95	11.3	68.0
3.60	47.5	285	5.30	20.9	126			
3.65	46.1	277	5.35	20.5	123			

$$HBS(或 HBW) = \frac{F}{S} = \frac{2F}{\pi D(D - \sqrt{D^2 - d^2})}$$

式中 　　F＝試驗負載(kgf)

　　　　S＝壓痕表面積(mm²)

　　　　D＝鋼珠或超硬合金珠直徑(mm)

　　　　d＝壓痕直徑(mm)

　　但通常直接查表，一硬度 HBS350 即表示勃氏硬度 350，鋼珠直徑φ10，試驗負載 3000kgf，持續時間 10～15sec；若鋼珠直徑φ5，試驗負載 750kgf，則表示 HBS(5/750)350。試驗時，試樣表面須為磨光平面，試樣厚度需為壓痕深度 8 倍以上，壓痕中心距離試樣邊緣須在2.5d以上，壓痕中心距離各須為壓痕直徑 4 倍以上；壓痕直徑就相互直交之二方向測定後求其平均值；並試驗數次求得平均硬度數，若試驗值與平均值相差 2％以上者，須棄之不予平均。壓痕器使用後，其加力方向與其直交方向二直徑之差，超過 0.01mm 者則不可再使用。表 H05-2 為勃氏硬度數。

圖 H05-1　油壓式勃氏硬度試驗機

H05-2　維克氏硬度試驗法

　　維克氏硬度試驗法(Vickers hardness test)之壓痕器為鑽石方錐，其相對面夾角為136°，試驗負載自 0.3 至 50kgf，視材料之厚薄軟硬而選用，圖 H05-2 為維克氏硬度試驗機，使用時，置試樣於墩座上，負載由槓桿緩緩加於壓痕器，使之深陷試樣表面，持續 30 秒後除去壓力，以顯微鏡觀測其壓痕，以公式求其硬度，其公式為：

$$HV = VPH = \frac{2P\sin\frac{136°}{2}}{d^2} = 1.8544P/d^2$$

　　式中 VPH(Vickers pyramid hardness)即維克氏方錐硬度，P＝試驗負載(kgf)，d＝壓痕平均對角線長度 (mm)。或查表求得其硬度，如維克氏硬度 640，負載 30kgf，時間 30 秒，則以 HV(30)640 表示之。

　　試驗時試樣厚度須為壓痕對角線長度之 1.5 倍以上，各壓痕中心之相互距離須大於4d，壓痕中心距離試樣邊緣須在2d以上(CNS2115)(註 H05-2)。

圖 H05-2 維克氏硬度試驗機(三光儀器公司)

H05-3 蕭氏硬度試驗法

蕭氏硬度試驗法(Shore hardness test)為動力荷重之硬度數，以一定重量之小錘自一定高度落下於試體之水平磨光面上，而以其反跳高度表示其硬度如圖H05-3，適用於HS5～105，標準小錘直徑為ϕ6.25mm，長18.7mm，重2.36g，下端有小粒金剛石，其尖端半徑為0.25mm，在玻璃管中由254mm 高度落下，撞擊試樣表面，試樣表面產生一極微壓痕而消耗一部份能量，殘餘之能量使小錘反跳而指示其硬度，材料硬者壓痕淺，消耗能量少，故反跳高度高。但小錘與試樣材料之彈性有關，試樣彈性係數大者反跳亦高，故此法僅適用於性能相同之材料才能比較其硬度，玻璃管刻度分140格，硬度數(HS)為100時相當於麻田散鐵之高碳鋼硬度。

圖 H05-3 蕭氏硬度試驗機(三光儀器公司)

蕭氏硬度試驗利用反跳高度表示其硬度，有二種型式：一種以擴大鏡讀取反跳高度，一種指針指示其反跳高度，使用簡便，試體厚度可達至極薄程度(如刮鬍刀片0.15mm)，且壓痕微小不影響試體之外表，使

511

用時玻璃管須垂直,避免小錘與管壁摩擦,試樣須壓緊於墩座上,並給予 20kgf 之壓力,同試體測試五次求其平均值,同一點不可重複測試(CNS7095)(註 H05-3)。

H05-4 各種硬度之間的關係

各種硬度之間無精確之關係,但其近似關係可就同一材料用各種方法求之,此種關係因材料機械加工及熱處理而異,不能過分信任。

維克氏與勃氏二硬度在低硬度處兩者相一致,因此時勃氏之鋼珠無變形,圖 H05-4 中A為壓力非一定,而壓痕直徑恆為珠徑之 0.375 倍時之硬度,在 HBW500 至 600 以上時,鋼珠硬度較低於維克氏硬度,在 HBS300 以上始生偏差。

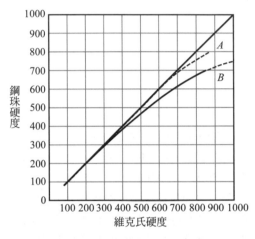

圖 H05-4　鋼珠硬度與維克氏硬度關係

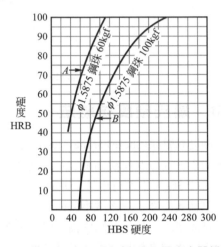

圖 H05-5　HBS 與 HRB 硬度之關係

圖 H05-5 示 HBS 及 HRB 之關係,圖 H05-6 示 HBS、HRC、HRB 及 HV 之間的關係,此等關係皆就構造用鋼而求得者,鋼之硬度與抗拉強度間亦有關係,例如通常之碳鋼與合金鋼之 HBS(HBW)乘 0.3∼0.34 約等於其抗拉強度(kgf/mm²)。構造用鋼之各種硬度之間抗拉強度之關係如表 H05-3。

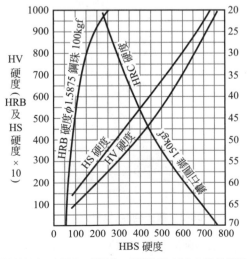

圖 H05-6　HBS、HRC、HRB 及 HV 之間的關係

表 H05-3　構造用鋼各種硬度與抗拉強度之關係

HR				HBS	HV	HS	抗拉強度 kgf/mm²
HRA 60kgf D.C.	HRB φ1.5875 100kgf S.B.	HRC 150kgf D.C.	HRD 100kgf D.C.				
				986			
				898			
				857			
				817			
89		72	82	782	1220	107	
87		69	80	744	1114	100	
85		67	78	713	1021	96	
84		65	76	683	940	92	232
83		63	74	652	867	88	222
82		61	72	627	803	85	214
81		59	71	600	746	81	194
80		57	69	578	694	78	189
79		55	68	555	649	75	175
78		53	67	532	606	72	164
77		52	65	512	587	70	159
76		50	64	495	551	68	153
76		49	63	477	534	66	149
75		47	62	460	502	64	146
74		46	61	444	474	61	138
73		45	60	430	460	59	135
73		44	59	418	435	57	126
72		42	58	402	423	55	122
71		40	57	387	401	53	114
71		39	56	375	390	52	112
70		38	55	364	380	50	107
69		36	54	345	361	49	104
69		35	53	340	344	47	100
68		34	52	332	335	46	98
68		32	52	321	320	45	96
67		31	51	311	312	44	94
67		30	50	302	305	42	90
66		29	49	293	291	41	87
66		28	49	286	285	40	85
65		27	48	277	278	39	81
65		25	47	269	272	38	79

表 H05-3　構造用鋼各種硬度與抗拉強度之關係 (續)

HR				HBS	HV	HS	抗拉強度 kgf/mm²
HRA 60kgf D.C.	HRB φ1.5875 100kgf S.B.	HRC 150kgf D.C.	HRD 100kgf D.C.				
64		24	46	262	261	37	77
64		23	45	255	255	36	75
63		21	45	248	250	36	74
63	100	20	44	241	240	35	72
62	99	19	43	235	235	34	69
62	98	18	42	228	226	33	67
61	97	17	41	223	221	33	66
61	96	16	40	217	217	32	65
60	95	15	39	212	213	31	63
60	94	13	38	207	209	30	61
59	93	12	37	202	201	30	60
58	92	11	36	196	197	29	59
58	91	10	35	192	190	29	58
57	90	9	34	187	186	28	56
56	89	8	34	183	183	28	55
			33				
56	88	7	32	179	177	27	54
55	87	5		174	174	27	53
55	86	4		170	171	26	52
54	85	3		166	165	26	51
53	84	1		163	162	25	50
53	83			159	159	25	49
52	82			156	154	24	48
52	81			153	152	24	47
51	80			149	149	23	46
50	78			146	147	23	45

學後評量

一、是非題

( ) 1. 勃氏硬度鋼珠壓痕器適用 HBS450 以下，惟超過 HBS320 以上盡量使用超硬合金珠。

( ) 2. 勃氏硬度試驗鋼料用 ϕ10mm 鋼珠，試驗負載 300kgf。

( ) 3. 一硬度標註 HV(30)500，表示維克氏硬度 30，試驗負載 500kgf。

( ) 4. 蕭氏硬度僅適用於性能相同之材料才能比較硬度。

( ) 5. 通常碳鋼之勃氏硬度乘 0.3～0.34，約等於其抗拉強度(kgf/mm²)。

二、選擇題

( ) 1. 鋼料以勃氏硬度試驗法試驗時之珠徑與負載應為若干？ (A)ϕ10，3000kg (B)ϕ5，750kg (C)ϕ10，1500kg (D)ϕ10，1000kg (E)ϕ10，500kg。

( ) 2. 一材料經硬度試驗後表示 HBS(5/750)350，則其硬度為 (A)HBS5 (B)HBS50 (C)HBS250 (D)HBS350 (E)HBS750。

( ) 3. 一材料硬度為 HV(30)60 表示何種硬度試驗法？ (A)洛氏 (B)勃氏 (C)維克氏 (D)蕭氏 (E)畫痕 硬度。

( ) 4. 麻田散鐵之高碳鋼硬度為 (A)HRC100 (B)HRB100 (C)HBS100 (D)HV100 (E)HS100。

( ) 5. 碳鋼之 HBS 硬度的幾倍約等於其抗拉強度(kgf/mm²)？ (A)0.1～0.2 (B)0.3～0.34 (C)0.5～1 (D)1～2 (E)2～4 倍。

參考資料

註 H05-1：經濟部標準檢驗局：勃氏硬度試驗法。台北，經濟部標準檢驗局，民國 67 年，第 1～2 頁。

註 H05-2：經濟部標準檢驗局：維克氏硬度試驗法。台北，經濟部標準檢驗局，民國 72 年，第 1～2 頁。

註 H05-3：經濟部標準檢驗局：蕭氏硬度試驗法。台北，經濟部標準檢驗局，民國 78 年，第 1～2 頁。

參考書目

本教材之編撰曾參考下列書籍，僅向編著者致謝。

一、中文部份

1. 朱有功、魏天柱：工廠管理。台北：三民書局股份有限公司，民國 70 年。
2. 經濟部標準檢驗局：中國國家標準。台北：經濟部標準檢驗局，民國 105 年(分類目錄)。
3. 日立金屬株式會社：日立高級特殊鋼。日本，日立金屬株式會社，1995。
4. 林永憲：尖端螺紋及孔加工技術。台北：松錄文化事業公司，民國 80 年。
5. 行政院國際經濟合作發展委員會人力資源小組：金工基本知識。台北，行政院國際經濟合作發展委員會人力資源小組，民國 55 年。
6. 中國砂輪企業股份有限公司：砂輪概要。台北：中國砂輪企業股份有限公司，民國 71 年。
7. 蔡德藏、胡有光、張秋雄、施順序、林潤玉、王國興、許明洲、阮坤霖、廖木春、邱廣泉、曾錦章、鄧獻峰：高工機工科「機工實習」教學設計之研究。台中，台中高級工業職業學校機工科能力本位教學小組，民國 73 年。
8. 齊人鵬：研磨工作概要。台北：中國砂輪企業股份有限公司，民國 64 年。
9. 蔡德藏：碳化物刀具之選擇、磨削與應用。台北：全華科技圖書公司，民國 76 年。
10. 周賢溪：銑床手冊。台北：啓學出版社，民國 66 年。
11. 中國砂輪企業股份有限公司：精密研磨加工技術概說。台北：中國砂輪企業股份有限公司，民國 79 年。
12. 蔡德藏：實用機工學。台中：正工出版社，民國 76 年。
13. 華文廣：實用機工學(上冊)。台北：台灣商務印書館，民國 42 年。
14. 台中精機廠股份有限公司：縮短機台停頓時間。台中：台中精機廠股份有限公司，民國 71 年。
15. 金鴻儒：鋼熱處理學。高雄，百成書店，民國 59 年。
16. 蔡德藏：鋼材之砂輪火花試驗研究。台中：樹德學報，民國 62 年 12 月，第二期。
17. 小栗富士雄：機械設計圖表便覽。台北：台隆書店，民國 61 年。
18. 台灣鑽石工業股份有限公司：鑽石砂輪簡介。台北：台灣鑽石工業股份有限公司，民國 67 年。

二、英文部份

1. Funakubo Saw Mfg. Co., Ltd., *Band saw blade*. Tokyo: Funakubo Saw Mfg. Co., Ltd., 1978.
2. Labour Department for Industiral Professional Education. *Basic proficiences metal wroking—filing, chiselling, shearing, scraping, fitting*. Labour Department for Industrial Professional Education, 1958.
3. Francis T. Farago. *Handbook of dimensional measurement*. New Jersey: General Motors Corporation, 1974.
4. South Bend Lathe. *How to run a drill press*. Indiana: South Bend Lathe, 1961.
5. South Bend Lathe. *How to run a lathe*. Indiana: South Bend Lathe, 1966.

6. K.O.Lee Company。 *Instruction manual*. South Dakota: K.O.Lee Company,1973.

7. International Organization for Standardization. *International Standards (ISO)*. Switzerland: International Organization for Standardization, 2000 (catalogue).

8. Warren T. White, John E. Neely, Richard R. Kibble, and Roland O. Meyer. *Machine tools and machining practies*. New York: John Wiley & Sons, 1977.

9. John L. Feirer. *Machine tool metalworking*. New York: McGraw-Hill Book Company, 1973.

10. Willard J. McCarthy & Victor E. Repp. *Machine tool technology*. Illinois: Mcknight Publishing Company, 1979.

11. Erik Oberg and Franklin D. Jones. *Machinery's handbook*. New York: Industrial Press Inc., 1971.

12. John R. Walker: *Machining fundamentals*. Illinois: The Goodheart-Willcox Company, Inc., 1981.

13. Henry D. Burghardt, Aaron Axelrod, and James Anderson. *Machine tool operation*. New York: McGraw-Hill Book Company, 1960.

14. E.Paul DeGarmo, J. Temple Black, and Ronald A. Kohser. *Materials and processes in manufacturing*. New York: Macmillan Publishing Company, 1984.

15. Myron L. Begeman and B.H. Amstead. *Manufacturing processes*. New York: John Wiley & Sons, Inc., 1969.

16. Labours Department for Industrial Prefessional Education. *Measuring*. Labours Department for Industrial Prefessional Education, 1958.

17. The Sandvik Steel Works. *Milling tools*. Sweden: The Sendvik Steel Works. 2001.

18. Mitutoyo Mfg. Co., Ltd.. *Mitutoyo precision measuring instruments*. Japan: Mitutoyo Mfg. Co., Ltd., 1984.

19. John R. Walker. *Modern metalworking*. Illinois: The Goodheart-Willcox Company, Inc., 1965.

20. Geber Wichmann. *Operating intructions for cutter and tool grinder*. Berlin: Gebr Wichmann, 1959.

21. OSG Corporation. *OSG Products information. vol. 61*. Japan: OSG Corporation.

22. L. S. Starret Company. *Starret tools*. Massachusetes: The L.S. Starret Company. 1976.

23. S. F. Krar, J. W. Oswald, and J. E. St. Amand. *Technology of machine tool*. New York : McGraw-Hill Book Company, 1977.

24. The Sandvik Steel Works. *Setting guide for T-MAX milling cutters*. Sweden: The Sandvik Steel Works.

25. The Sandvik Steel Works. *Turning tools*. Sweden: The Sandvik Steel Works. 2002.

圖文轉載目錄

本教材之編撰承下列公司、單位同意轉載產品圖文及資料，僅此致謝。

1.	三光儀器股份有限公司	32.	惠豐貿易行股份有限公司
2.	三和精機廠股份有限公司	33.	福裕事業股份有限公司
3.	三協工具製造股份有限公司	34.	楊鐵工廠股份有限公司
4.	大誼工業股份有限公司	35.	經濟部標準檢驗局
5.	大寶精密工具股份有限公司	36.	維昶機具廠有限公司
6.	中國砂輪企業股份有限公司	37.	龍昌機械股份有限公司
7.	主上工業有限公司	38.	璟龍企業有限公司
8.	主新德精機企業股份有限公司	39.	韻光機械工業股份有限公司
9.	永大特殊鋼股份有限公司		
10.	永進機械工業股份有限公司		
11.	台中精機廠股份有限公司		
12.	台灣山域股份有限公司		
13.	台灣三豐儀器股份有限公司		
14.	台灣鑽石工業股份有限公司		
15.	宇宣機械股份有限公司		
16.	伍將機械工業股份有限公司		
17.	光達磁性工業股份有限公司		
18.	利高機械工業股份有限公司		
19.	良苙機械股份有限公司		
20.	扶德有限公司		
21.	東台精機股份有限公司		
22.	昇岱實業有限公司		
23.	和和機械股份有限公司		
24.	明峯永業股份有限公司		
25.	受記精機工業股份有限公司		
26.	宗順超硬切削工具製造有限公司		
27.	春瑞機械工廠股份有限公司		
28.	特根企業股份有限公司		
29.	鼎維工業股份有限公司		
30.	勝竹機械工具股份有限公司		
31.	凱傑國際股份有限公司		

附錄　三角函數

度	sin	cos	tan	cot		度	sin	cos	tan	cot	
0°00'	0.0000	1.0000	0.0000	∞	90°00'	8°00'	0.1392	0.9903	0.1405	7.1154	82°00'
10	0.0029	1.0000	0.0029	343.77	50	10	0.1421	0.9897	0.1435	6.9682	50
20	0.0058	1.0000	0.0058	171.89	40	20	0.1449	0.9894	0.1465	6.8269	40
30	0.0087	1.0000	0.0087	114.59	30	30	0.1478	0.9890	0.1495	6.6912	30
40	0.0116	0.9999	0.0116	85.940	20	40	0.1507	0.9886	0.1524	6.5606	20
50	0.0145	0.9999	0.0145	68.750	10	50	0.1536	0.9881	0.1554	6.4348	10
1°00'	0.0175	0.9998	0.0175	57.290	89°00'	9°00'	0.1564	0.9877	0.1584	6.3138	81°00'
10	0.0204	0.9998	0.0204	49.104	50	10	0.1593	0.9872	0.1614	6.1970	50
20	0.0233	0.9997	0.0233	42.964	40	20	0.1622	0.9868	0.1644	6.0844	40
30	0.0262	0.9997	0.0262	38.188	30	30	0.1650	0.9863	0.1673	5.9758	30
40	0.0291	0.9996	0.0291	34.368	20	40	0.1679	0.9858	0.1703	5.8708	20
50	0.0320	0.9995	0.0320	31.242	10	50	0.1708	0.9853	0.1733	5.7694	10
2°00'	0.0349	0.9994	0.0349	28.636	88°00'	10°00'	0.1736	0.9848	0.1763	5.6713	80°00'
10	0.0378	0.9993	0.0378	26.432	50	10	0.1765	0.9843	0.1793	5.5764	50
20	0.0407	0.9992	0.0407	24.542	40	20	0.1794	0.9838	0.1823	5.4845	40
30	0.0436	0.9990	0.0437	22.904	30	30	0.1822	0.9833	0.1853	5.3955	30
40	0.0465	0.9989	0.0466	21.470	20	40	0.1851	0.9827	0.1883	5.3093	20
50	0.0494	0.9988	0.0495	20.206	10	50	0.1880	0.9822	0.1914	5.2257	10
3°00'	0.0523	0.9986	0.0524	19.081	87°00'	11°00'	0.1908	0.9816	0.1944	5.1446	79°00'
10	0.0552	0.9985	0.0553	18.075	50	10	0.1937	0.9811	0.1974	5.0658	50
20	0.0581	0.9983	0.0582	17.169	40	20	0.1965	0.9805	0.2004	4.9894	40
30	0.0610	0.9981	0.0612	16.350	30	30	0.1994	0.9799	0.2035	4.9152	30
40	0.0640	0.9980	0.0641	15.605	20	40	0.2022	0.9793	0.2065	4.8430	20
50	0.0669	0.9978	0.0670	14.924	10	50	0.2051	0.9787	0.2095	4.7729	10
4°00'	0.0698	0.9976	0.0699	14.301	86°00'	12°00'	0.2079	0.9781	0.2126	4.7046	78°00'
10	0.0727	0.9974	0.0729	13.727	50	10	0.2108	0.9775	0.2156	4.6382	50
20	0.0756	0.9971	0.0758	13.197	40	20	0.2136	0.9769	0.2186	4.5736	40
30	0.0785	0.9969	0.0787	12.706	30	30	0.2164	0.9763	0.2217	4.5107	30
40	0.0814	0.9967	0.0816	12.251	20	40	0.2193	0.9757	0.2247	4.4494	20
50	0.0843	0.9964	0.0846	11.826	10	50	0.2221	0.9750	0.2278	4.3897	10
5°00'	0.0872	0.9962	0.0875	11.430	85°00'	13°00'	0.2250	0.9744	0.2309	4.3315	77°00'
10	0.0901	0.9959	0.0904	11.059	50	10	0.2278	0.9737	0.2339	4.2747	50
20	0.0929	0.9957	0.0934	10.712	40	20	0.2306	0.9730	0.2370	4.2193	40
30	0.0958	0.9954	0.0963	10.385	30	30	0.2334	0.9724	0.2401	4.1653	30
40	0.0987	0.9951	0.0992	10.078	20	40	0.2363	0.9717	0.2432	4.1126	20
50	0.1016	0.9948	0.1022	9.7882	10	50	0.2391	0.9710	0.2462	4.0611	10
6°00'	0.1045	0.9945	0.1051	9.5144	84°00'	14°00'	0.2419	0.9703	0.2493	4.0108	76°00'
10	0.1074	0.9942	0.1080	9.2553	50	10	0.2447	0.9696	0.2524	3.9617	50
20	0.1103	0.9939	0.1110	9.0098	40	20	0.2476	0.9689	0.2555	3.9136	40
30	0.1132	0.9936	0.1139	8.7769	30	30	0.2504	0.9681	0.2586	3.8667	30
40	0.1161	0.9932	0.1169	8.5555	20	40	0.2532	0.9674	0.2617	3.8208	20
50	0.1190	0.9929	0.1198	8.3450	10	50	0.2560	0.9667	0.2648	3.7760	10
7°00'	0.1219	0.9925	0.1228	8.1443	83°00'	15°00'	0.2588	0.9659	0.2679	3.7321	75°00'
10	0.1248	0.9922	0.1257	7.9530	50	10	0.2616	0.9652	0.2711	3.6891	50
20	0.1276	0.9918	0.1287	7.7704	40	20	0.2644	0.9644	0.2742	3.6470	40
30	0.1305	0.9914	0.1317	7.5958	30	30	0.2672	0.9636	0.2773	3.6059	30
40	0.1334	0.9911	0.1346	7.4287	20	40	0.2700	0.9628	0.2805	3.5656	20
50	0.1363	0.9907	0.1376	7.2687	10	50	0.2728	0.9621	0.2836	3.5261	10
8°00'	0.1392	0.9903	0.1405	7.1154	82°00'	16°00'	0.2756	0.9613	0.2867	3.4874	74°00'
	cos	sin	cot	tan	度		cos	sin	cot	tan	度

度	sin	cos	tan	cot		度	sin	cos	tan	cot	
16°00'	0.2756	0.9613	0.2867	3.4874	74°00'	24°00'	0.4067	0.9135	0.4452	2.2460	66°00'
10	0.2784	0.9605	0.2899	3.4495	50	10	0.4094	0.9124	0.4487	2.2286	50
20	0.2812	0.9596	0.2931	3.4124	40	20	0.4120	0.9112	0.4522	2.2113	40
30	0.2840	0.9588	0.2962	3.3759	30	30	0.4147	0.9100	0.4557	2.1943	30
40	0.2868	0.9580	0.2994	3.3402	20	40	0.4173	0.9088	0.4592	2.1775	20
50	0.2896	0.9572	0.3026	3.3052	10	50	0.4200	0.9075	0.4628	2.1609	10
17°00'	0.2924	0.9563	0.3057	3.2709	73°00'	25°00'	0.4226	0.9063	0.4663	2.1445	65°00'
10	0.2952	0.9555	0.3089	3.2371	50	10	0.4253	0.9051	0.4699	2.1283	50
20	0.2979	0.9546	0.3121	3.2041	40	20	0.4279	0.9038	0.4734	2.1123	40
30	0.3007	0.9537	0.3153	3.1716	30	30	0.4305	0.9026	0.4770	2.0965	30
40	0.3035	0.9528	0.3185	3.1397	20	40	0.4331	0.9013	0.4806	2.0809	20
50	0.3062	0.9520	0.3217	3.1084	10	50	0.4358	0.9001	0.4841	2.0655	10
18°00'	0.3090	0.9511	0.3249	3.0777	72°00'	26°00'	0.4384	0.8988	0.4877	2.0503	64°00'
10	0.3118	0.9502	0.3281	3.0475	50	10	0.4410	0.8975	0.4913	2.0353	50
20	0.3145	0.9492	0.3314	3.0178	40	20	0.4436	0.8962	0.4950	2.0204	40
30	0.3173	0.9483	0.3346	2.9887	30	30	0.4462	0.8949	0.4986	2.0057	30
40	0.3201	0.9474	0.3378	2.9600	20	40	0.4488	0.8936	0.5022	1.9912	20
50	0.3228	0.9465	0.3411	2.9319	10	50	0.4514	0.8923	0.5059	1.9768	10
19°00'	0.3256	0.9455	0.3443	2.9042	71°00'	27°00'	0.4540	0.8910	0.5095	1.9626	63°00'
10	0.3283	0.9446	0.3476	2.8770	50	10	0.4566	0.8897	0.5132	1.9486	50
20	0.3311	0.9436	0.3508	2.8502	40	20	0.4592	0.8884	0.5169	1.9347	40
30	0.3338	0.9426	0.3541	2.8239	30	30	0.4617	0.8870	0.5206	1.9210	30
40	0.3365	0.9417	0.3574	2.7980	20	40	0.4643	0.8857	0.5243	1.9074	20
50	0.3393	0.9407	0.3607	2.7725	10	50	0.4669	0.8843	0.5280	1.8940	10
20°00'	0.3420	0.9397	0.3640	2.7475	70°00'	28°00'	0.4695	0.8829	0.5317	1.8807	62°00'
10	0.3448	0.9387	0.3673	2.7228	50	10	0.4720	0.8816	0.5354	1.8676	50
20	0.3475	0.9377	0.3706	2.6985	40	20	0.4746	0.8802	0.5392	1.8546	40
30	0.3502	0.9367	0.3739	2.6746	30	30	0.4772	0.8788	0.5430	1.8418	30
40	0.3529	0.9356	0.3772	2.6511	20	40	0.4797	0.8774	0.5467	1.8291	20
50	0.3557	0.9346	0.3805	2.6279	10	50	0.4823	0.8760	0.5505	1.8165	10
21°00'	0.3584	0.9336	0.3839	2.6051	69°00'	29°00'	0.4848	0.8746	0.5543	1.8040	61°00'
10	0.3611	0.9325	0.3872	2.5826	50	10	0.4874	0.8732	0.5581	1.7917	50
20	0.3638	0.9315	0.3906	2.5605	40	20	0.4899	0.8718	0.5619	1.7796	40
30	0.3665	0.9304	0.3939	2.5386	30	30	0.4924	0.8704	0.5658	1.7675	30
40	0.3692	0.9293	0.3973	2.5172	20	40	0.4950	0.8689	0.5696	1.7556	20
50	0.3719	0.9283	0.4006	2.4960	10	50	0.4975	0.8675	0.5735	1.7437	10
22°00'	0.3746	0.9272	0.4040	2.4751	68°00'	30°00'	0.5000	0.8660	0.5774	1.7321	60°00'
10	0.3773	0.9261	0.4074	2.4545	50	10	0.5025	0.8646	0.5812	1.7205	50
20	0.3800	0.9250	0.4108	2.4342	40	20	0.5050	0.8631	0.5851	1.7090	40
30	0.3827	0.9239	0.4142	2.4142	30	30	0.5075	0.8616	0.5890	1.6977	30
40	0.3854	0.9228	0.4176	2.3945	20	40	0.5100	0.8601	0.5930	1.6864	20
50	0.3881	0.9216	0.4210	2.3750	10	50	0.5125	0.8587	0.5969	1.6753	10
23°00'	0.3907	0.9205	0.4245	2.3559	67°00'	31°00'	0.5150	0.8572	0.6009	1.6643	59°00'
10	0.3934	0.9194	0.4279	2.3369	50	10	0.5175	0.8557	0.6048	1.6534	50
20	0.3961	0.9182	0.4314	2.3183	40	20	0.5200	0.8542	0.6088	1.6426	40
30	0.3987	0.9171	0.4348	2.2998	30	30	0.5225	0.8526	0.6128	1.6319	30
40	0.4014	0.9159	0.4383	2.2817	20	40	0.5250	0.8511	0.6168	1.6212	20
50	0.4041	0.9147	0.4417	2.2637	10	50	0.5275	0.8496	0.6208	1.6107	10
24°00'	0.4067	0.9135	0.4452	2.2460	66°00'	32°00'	0.5299	0.8480	0.6249	1.6003	58°00'
	cos	sin	cot	tan	度		cos	sin	cot	tan	度

度	sin	cos	tan	cot		度	sin	cos	tan	cot	
32°00'	0.5299	0.8480	0.6249	1.6003	58°00'	40°00'	0.6428	0.7660	0.8391	1.1918	50°00'
10	0.5324	0.8465	0.6289	1.5900	50	10	0.6450	0.7642	0.8441	1.1847	50
20	0.5348	0.8450	0.6330	1.5798	40	20	0.6472	0.7623	0.8491	1.1778	40
30	0.5373	0.8434	0.6371	1.5697	30	30	0.6494	0.7604	0.8541	1.1708	30
40	0.5398	0.8418	0.6412	1.5597	20	40	0.6517	0.7585	0.8591	1.1640	20
50	0.5422	0.8403	0.6453	1.5497	10	50	0.6539	0.7566	0.8642	1.1571	10
33°00'	0.5446	0.8387	0.6494	1.5399	57°00'	41°00'	0.6561	0.7547	0.8693	1.1504	49°00'
10	0.5471	0.8371	0.6536	1.5301	50	10	0.6583	0.7528	0.8744	1.1436	50
20	0.5495	0.8355	0.6577	1.5204	40	20	0.6604	0.7509	0.8796	1.1369	40
30	0.5519	0.8339	0.6619	1.5108	30	30	0.6626	0.7490	0.8847	1.1303	30
40	0.5544	0.8323	0.6661	1.5013	20	40	0.6648	0.7470	0.8899	1.1237	20
50	0.5568	0.8307	0.6703	1.4919	10	50	0.6670	0.7451	0.8952	1.1171	10
34°00'	0.5592	0.8290	0.6745	1.4826	56°00'	42°00'	0.6691	0.7431	0.9004	1.1106	48°00'
10	0.5616	0.8274	0.6787	1.4733	50	10	0.6713	0.7412	0.9057	1.1041	50
20	0.5640	0.8258	0.6830	1.4641	40	20	0.6734	0.7392	0.9110	1.0977	40
30	0.5664	0.8241	0.6873	1.4550	30	30	0.6756	0.7373	0.9163	1.0913	30
40	0.5688	0.8225	0.6916	1.4460	20	40	0.6777	0.7353	0.9217	1.0850	20
50	0.5721	0.8208	0.6959	1.4370	10	50	0.6799	0.7333	0.9271	1.0786	10
35°00'	0.5736	0.8192	0.7002	1.4281	55°00'	43°00'	0.6820	0.7314	0.9325	1.0724	47°00'
10	0.5760	0.8175	0.7046	1.4193	50	10	0.6841	0.7294	0.9380	1.0661	50
20	0.5783	0.8158	0.7089	1.4106	40	20	0.6862	0.7274	0.9435	1.0599	40
30	0.5807	0.8141	0.7133	1.4019	30	30	0.6884	0.7254	0.9490	1.0538	30
40	0.5831	0.8124	0.7177	1.3934	20	40	0.6905	0.7234	0.9545	1.0477	20
50	0.5854	0.8107	0.7221	1.3848	10	50	0.6926	0.7214	0.9601	1.0416	10
36°00'	0.5878	0.8090	0.7265	1.3764	54°00'	44°00'	0.6947	0.7193	0.9657	1.0355	46°00'
10	0.5901	0.8073	0.7310	1.3680	50	10	0.6967	0.7173	0.9713	1.0295	50
20	0.5925	0.8056	0.7355	1.3597	40	20	0.6988	0.7153	0.9770	1.0235	40
30	0.5948	0.8039	0.7400	1.3514	30	30	0.7009	0.7133	0.9827	1.0176	30
40	0.5972	0.8021	0.7445	1.3432	20	40	0.7030	0.7112	0.9884	1.0117	20
50	0.5995	0.8004	0.7490	1.3351	10	50	0.7050	0.7092	0.9942	1.0058	10
37°00'	0.6018	0.7986	0.7536	1.3270	53°00'	45°00'	0.7071	0.7071	1.0000	1.0000	45°00'
10	0.6041	0.7969	0.7581	1.3190	50		cos	sin	cot	tan	度
20	0.6065	0.7951	0.7627	1.3111	40						
30	0.6088	0.7934	0.7673	1.3032	30						
40	0.6111	0.7916	0.7720	1.2954	20						
50	0.6134	0.7898	0.7766	1.2876	10						
38°00'	0.6157	0.7880	0.7813	1.2799	52°00'						
10	0.6180	0.7862	0.7860	1.2723	50						
20	0.6202	0.7844	0.7907	1.2647	40						
30	0.6225	0.7826	0.7954	1.2572	30						
40	0.6248	0.7808	0.8002	1.2497	20						
50	0.6271	0.7790	0.8050	1.2423	10						
39°00'	0.6293	0.7771	0.8098	1.2349	51°00'						
10	0.6316	0.7753	0.8146	1.2276	50						
20	0.6338	0.7735	0.8195	1.2203	40						
30	0.6361	0.7716	0.8243	1.2131	30						
40	0.6383	0.7698	0.8292	1.2059	20						
50	0.6406	0.7679	0.8342	1.1988	10						
40°00'	0.6428	0.7660	0.8391	1.1918	50°00'						
	cos	sin	cot	tan	度						

$\sin \theta = AC/AB$

$\cos \theta = BC/AB$

$\tan \theta = AC/BC$

$\csc \theta = AB/AC$

$\sec \theta = AB/BC$

$\cot \theta = BC/AC$

	ϕ之範圍						$\phi =$			
	0° $\backsim$ 90°	90° $\backsim$ 180°	180° $\backsim$ 270°	270° $\backsim$ 360°		$\pm\alpha$	90°$\pm\alpha$	180°$\pm\alpha$	270°$\pm\alpha$
$\sin \varphi$	+	+	−	−		$\pm\sin\alpha$	$+\cos\alpha$	$\mp\sin\alpha$	$-\cos\alpha$
$\cos \varphi$	+	−	−	+		$+\cos\alpha$	$\mp\sin\alpha$	$-\cos\alpha$	$\pm\sin\alpha$
$\tan \varphi$	+	−	+	−		$\pm\tan\alpha$	$\mp\cot\alpha$	$\pm\tan\alpha$	$\mp\cot\alpha$
$\cot \varphi$	+	−	+	−		$\pm\cot\alpha$	$\mp\tan\alpha$	$\pm\cot\alpha$	$\mp\tan\alpha$

國家圖書館出版品預行編目資料

實用機工學：知識單 / 蔡德藏編著. — 第七版. --
　新北市：全華圖書, 2013. 09
　　面；　公分
　ISBN 978-957-21-9142-2(平裝)
　1. 機械工作法

446.89　　　　　　　　　　　102016812

實用機工學－知識單(第七版)

作者 / 蔡德藏

發行人 / 陳本源

執行編輯 / 葉家豪

出版者 / 全華圖書股份有限公司

郵政帳號 / 0100836-1 號

印刷者 / 宏懋打字印刷股份有限公司

圖書編號 / 0211606

七版六刷 / 2021 年 12 月

定價 / 新台幣 500 元

ISBN / 978-957-21-9142-2(平裝)

全華圖書 / www.chwa.com.tw

全華網路書店 Open Tech / www.opentech.com.tw

若您對本書有任何問題，歡迎來信指導 book@chwa.com.tw

臺北總公司(北區營業處)
地址：23671 新北市土城區忠義路 21 號
電話：(02) 2262-5666
傳真：(02) 6637-3695、6637-3696

南區營業處
地址：80769 高雄市三民區應安街 12 號
電話：(07) 381-1377
傳真：(07) 862-5562

中區營業處
地址：40256 臺中市南區樹義一巷 26 號
電話：(04) 2261-8485
傳真：(04) 3600-9806(高中職)
　　　(04) 3601-8600(大專)